N. BOURBAKI

ÉLÉMENTS DE MATHÉMATIQUE

N. BOURBAKI

ÉLÉMENTS DE MATHÉMATIQUE

ALGÈBRE

Chapitre 10

Algèbre homologique

Réimpression inchangée de l'édition originale de 1980

ISBN-10 3-540-34492-6 Springer Berlin Heidelberg New York
ISBN-13 978-3-540-34492-6 Springer Berlin Heidelberg New York

Springer est membre du Springer Science+Business Media
springer.com

Maquette de couverture: WMXDesign GmbH, Heidelberg
Imprimé sur papier non acide 41/3100/YL - 5 4 3 2 1 0 -

Mode d'emploi de ce traité

NOUVELLE ÉDITION

1. Le traité prend les mathématiques à leur début, et donne des démonstrations complètes. Sa lecture ne suppose donc, en principe, aucune connaissance mathématique particulière, mais seulement une certaine habitude du raisonnement mathématique et un certain pouvoir d'abstraction. Néanmoins, le traité est destiné plus particulièrement à des lecteurs possédant au moins une bonne connaissance des matières enseignées dans la première ou les deux premières années de l'Université.

2. Le mode d'exposition suivi est axiomatique et procède le plus souvent du général au particulier. Les nécessités de la démonstration exigent que les chapitres se suivent, en principe, dans un ordre logique rigoureusement fixé. L'utilité de certaines considérations n'apparaîtra donc au lecteur qu'à la lecture de chapitres ultérieurs, à moins qu'il ne possède déjà des connaissances assez étendues.

3. Le traité est divisé en Livres et chaque Livre en chapitres. Les Livres actuellement publiés, en totalité ou en partie, sont les suivants :

Théorie des Ensembles	désigné par	E
Algèbre	—	A
Topologie générale	—	TG
Fonctions d'une variable réelle	—	FVR
Espaces vectoriels topologiques	—	EVT
Intégration	—	INT
Algèbre commutative	—	AC
Variétés différentielles et analytiques	—	VAR
Groupes et algèbres de Lie	—	LIE
Théories spectrales	—	TS

Dans les *six premiers* Livres (pour l'ordre indiqué ci-dessus), chaque énoncé ne fait appel qu'aux définitions et résultats exposés précédemment dans le chapitre en cours ou dans les chapitres *antérieurs dans l'ordre suivant* : E; A, chapitres I à III ; TG, chapitres I à III ; A, chapitres IV et suivants ; TG, chapitres IV et suivants ; FVR ; EVT ; INT. A partir du septième Livre, le lecteur trouvera éventuellement, au début de chaque Livre ou chapitre, l'indication précise des autres Livres ou chapitres utilisés (les six premiers Livres étant toujours supposés connus).

4. Cependant, quelques passages font exception aux règles précédentes. Ils sont placés entre deux astérisques : * ... *. Dans certains cas, il s'agit seulement de faciliter la compréhension du texte par des exemples qui se réfèrent à des faits que le lecteur peut déjà connaître par ailleurs. Parfois aussi, on utilise, non seulement les résultats supposés connus dans tout le chapitre en cours, mais des résultats démontrés ailleurs dans le traité. Ces passages seront employés librement dans les parties qui supposent connus les chapitres où ces passages sont insérés et les chapitres auxquels ces passages font appel. Le lecteur pourra, nous l'espérons, vérifier l'absence de tout cercle vicieux.

5. A certains Livres (soit publiés, soit en préparation) sont annexés des *fascicules de résultats*. Ces fascicules contiennent l'essentiel des définitions et des résultats du Livre, mais aucune démonstration.

6. L'armature logique de chaque chapitre est constituée par les *définitions*, les *axiomes* et les *théorèmes* de ce chapitre ; c'est là ce qu'il est principalement nécessaire de retenir en vue de ce qui doit suivre. Les résultats moins importants, ou qui peuvent être facilement retrouvés à partir des théorèmes, figurent sous le nom de « propositions », « lemmes », « corollaires », « remarques », etc. ; ceux qui peuvent être omis en première lecture sont imprimés en petits caractères. Sous le nom de « scholie », on trouvera quelquefois un commentaire d'un théorème particulièrement important.

Pour éviter des répétitions fastidieuses, on convient parfois d'introduire certaines notations ou certaines abréviations qui ne sont valables qu'à l'intérieur d'un seul chapitre ou d'un seul paragraphe (par exemple, dans un chapitre où tous les anneaux considérés sont commutatifs, on peut convenir que le mot « anneau » signifie toujours « anneau commutatif »). De telles conventions sont explicitement mentionnées à la tête du chapitre ou du paragraphe dans lequel elles s'appliquent.

7. Certains passages sont destinés à prémunir le lecteur contre des erreurs graves, où il risquerait de tomber ; ces passages sont signalés en marge par le signe Z (« tournant dangereux »).

8. Les exercices sont destinés, d'une part, à permettre au lecteur de vérifier qu'il a bien assimilé le texte ; d'autre part à lui faire connaître des résultats qui n'avaient pas leur place dans le texte ; les plus difficiles sont marqués du signe ¶.

9. La terminologie suivie dans ce traité a fait l'objet d'une attention particulière. *On s'est efforcé de ne jamais s'écarter de la terminologie reçue sans de très sérieuses raisons.*

10. On a cherché à utiliser, sans sacrifier la simplicité de l'exposé, un langage rigoureusement correct. Autant qu'il a été possible, les *abus de langage ou de notation*, sans lesquels tout texte mathématique risque de devenir pédantesque et même illisible, ont été signalés au passage.

11. Le texte étant consacré à l'exposé dogmatique d'une théorie, on n'y trouvera qu'exceptionnellement des références bibliographiques ; celles-ci sont groupées dans des *Notes historiques*. La bibliographie qui suit chacune de ces Notes ne comporte le plus souvent que les livres et mémoires originaux qui ont eu le plus d'importance dans l'évolution de la théorie considérée ; elle ne vise nullement à être complète.

Quant aux exercices, il n'a pas été jugé utile en général d'indiquer leur provenance, qui est très diverse (mémoires originaux, ouvrages didactiques, recueils d'exercices).

12. Dans la nouvelle édition, les renvois à des théorèmes, axiomes, définitions, remarques, etc. sont donnés en principe en indiquant successivement le Livre (par l'abréviation qui lui correspond dans la liste donnée au n° 3), le chapitre et la page où ils se trouvent. A l'intérieur d'un même Livre la mention de ce Livre est supprimée ; par exemple, dans le Livre d'Algèbre,

E, III, p. 32, cor. 3

renvoie au corollaire 3 se trouvant au Livre de Théorie des Ensembles, chapitre III, page 32 de ce chapitre ;

II, p. 24, prop. 17

renvoie à la proposition 17 du Livre d'Algèbre, chapitre II, page 24 de ce chapitre.

Les fascicules de résultats sont désignés par la lettre R ; par exemple : EVT, R signifie « fascicule de résultats du Livre sur les Espaces vectoriels topologiques ».

Comme certains Livres doivent seulement être publiés plus tard dans la nouvelle édition, les renvois à ces Livres se font en indiquant successivement le Livre, le chapitre, le paragraphe et le numéro où se trouve le résultat en question ; par exemple :

AC, III, § 4, n° 5, cor. de la prop. 6.

CHAPITRE X

Algèbre homologique

§ 1. COMPLÉMENTS D'ALGÈBRE LINÉAIRE

Dans ce paragraphe, la lettre A *désigne un anneau. Sauf mention expresse du contraire, tous les modules considérés sont des modules à gauche, tous les idéaux considérés sont des idéaux à gauche.*

Les définitions et les résultats s'appliquent aux modules à droite, en les considérant comme modules à gauche sur l'anneau opposé.

Si M *est un* A*-module et si* $a \in A$, *on note* a_M *l'homothétie* $x \mapsto ax$ *de* M. *On a donc* $1_M = \mathrm{Id}_M$ (*application identique de* M) ; *lorsqu'il n'y a pas de confusion possible, on écrit parfois simplement* 1 *au lieu de* 1_M.

Enfin, on note 0 *un* A*-module réduit à son élément neutre, choisi une fois pour toutes* (*cf.* II, p. 8).

1. Diagrammes commutatifs

Soient par exemple B, C, D, E, F cinq ensembles, et soient f une application de E dans F, g une application de B dans C, h une application de D dans E, u une application de B dans D et v une application de C dans E. Pour résumer une situation de ce genre, on fait souvent usage de diagrammes ; par exemple, on résumera la situation précédente par le diagramme suivant (E, II, p. 14) :

$$\begin{array}{ccccc} B & \xrightarrow{g} & C & & \\ {\scriptstyle u}\downarrow & & \downarrow{\scriptstyle v} & & \\ D & \xrightarrow[h]{} & E & \xrightarrow[f]{} & F\,. \end{array} \tag{1}$$

Dans un tel diagramme, le groupe de signes $E \xrightarrow{f} F$ schématise le fait que f est une application de E dans F. Lorsqu'il ne peut y avoir d'ambiguïté sur f, on supprime la lettre f, et on écrit simplement $E \rightarrow F$.

Lorsque B, C, D, E, F sont des groupes (resp. des A-modules) et f, g, h, u, v des homomorphismes de groupes (resp. A-modules), on dit pour abréger que le diagramme (1) est un *diagramme de groupes* (resp. de A-*modules*).

En principe, un diagramme n'est pas un objet mathématique, mais seulement une *figure*, destinée à faciliter la lecture d'un raisonnement. En pratique, on se sert souvent des diagrammes comme de *symboles abréviateurs*, qui évitent de nommer tous les ensembles et toutes les applications que l'on veut considérer ; on dit ainsi « considérons le diagramme (1) » au lieu de dire : « soient B, C, D, E, F cinq ensembles... et v une application de C dans E » ; voir par exemple l'énoncé de la prop. 1 du nº 2.

Considérons par exemple le diagramme suivant :

$$
\begin{array}{ccccccc}
B & \xrightarrow{f} & C & \xrightarrow{g} & D & \xrightarrow{h} & E \\
{\scriptstyle b}\downarrow & & {\scriptstyle c}\downarrow & & {\scriptstyle d}\downarrow & & {\scriptstyle e}\downarrow \\
B' & \xrightarrow[f']{} & C' & \xrightarrow[g']{} & D' & \xrightarrow[h']{} & E' .
\end{array} \tag{2}
$$

A tout chemin composé d'un certain nombre de segments du diagramme parcouru dans le sens indiqué par les flèches, on fait correspondre une application de l'ensemble représenté par l'origine du premier segment dans l'ensemble représenté par l'extrémité du dernier segment, savoir la composée des applications représentées par les divers segments parcourus. Pour tout sommet du diagramme, par exemple C, on convient qu'il y a un chemin réduit à C et on lui fait correspondre l'application identique 1_C.

Dans (2), il y a par exemple trois chemins partant de B et aboutissant à D' ; les applications correspondantes sont $d \circ g \circ f$, $g' \circ c \circ f$ et $g' \circ f' \circ b$. On dit qu'un diagramme est *commutatif* si, pour tout couple de chemins du diagramme ayant même origine et même extrémité, les deux applications correspondantes sont égales ; en particulier si un chemin a son extrémité confondue avec son origine, l'application correspondante doit être l'identité.

Pour que le diagramme (2) soit commutatif, il faut et il suffit que l'on ait les relations :

$$
f' \circ b = c \circ f, \qquad g' \circ c = d \circ g, \qquad h' \circ d = e \circ h ; \tag{3}
$$

autrement dit, il faut et il suffit que les trois diagrammes carrés extraits de (2) soient commutatifs. En effet, les relations (3) entraînent $d \circ g \circ f = g' \circ c \circ f$ puisque $d \circ g = g' \circ c$ et $g' \circ c \circ f = g' \circ f' \circ b$ puisque $c \circ f = f' \circ b$; donc les trois chemins partant de B et aboutissant à D' donnent la même application. On vérifie de même que les quatre chemins partant de B et aboutissant à E' (resp. les trois chemins partant de C et aboutissant à E') donnent la même application. Les relations (3) signifient que les deux chemins partant de B (resp. C, D) et aboutissant à C' (resp. D', E') donnent la même application. Tous les autres couples de sommets de (2) ne peuvent être joints que par un chemin au plus, et le diagramme (2) est donc bien commutatif.

Par la suite, nous laisserons au lecteur le soin de formuler et de vérifier des résultats analogues pour d'autres types de diagrammes.

2. Le diagramme du serpent

PROPOSITION 1. — *Considérons un diagramme commutatif de* A-*modules*

$$\begin{array}{ccccc} \mathrm{M} & \xrightarrow{u} & \mathrm{N} & \xrightarrow{v} & \mathrm{P} \\ {\scriptstyle f}\downarrow & & {\scriptstyle g}\downarrow & & {\scriptstyle h}\downarrow \\ \mathrm{M}' & \xrightarrow[u']{} & \mathrm{N}' & \xrightarrow[v']{} & \mathrm{P}' . \end{array} \tag{4}$$

On suppose que les deux lignes de (4) *sont exactes. Alors :*

(i) *Si h est injectif, on a*

$$\mathrm{Im}\,(g) \cap \mathrm{Im}\,(u') = \mathrm{Im}\,(u' \circ f) = \mathrm{Im}\,(g \circ u) . \tag{5}$$

(ii) *Si f est surjectif, on a*

$$\mathrm{Ker}\,(g) + \mathrm{Im}\,(u) = \mathrm{Ker}\,(v' \circ g) = \mathrm{Ker}\,(h \circ v) . \tag{6}$$

Prouvons (i). Il est clair que l'on a

$$\mathrm{Im}\,(u' \circ f) = \mathrm{Im}\,(g \circ u) \subset \mathrm{Im}\,(g) \cap \mathrm{Im}\,(u') .$$

Inversement, soit $y' \in \mathrm{Im}\,(g) \cap \mathrm{Im}\,(u')$. Il existe $y \in \mathrm{N}$ tel que $y' = g(y)$. Comme $v' \circ u' = 0$, on a $0 = v'(y') = v'(g(y)) = h(v(y))$, d'où $v(y) = 0$ puisque h est injectif. Comme (u, v) est une suite exacte, il existe $x \in \mathrm{M}$ tel que $y = u(x)$, d'où $y' = g(u(x))$.

Prouvons (ii). Comme $v \circ u = 0$ et $v' \circ u' = 0$, il est clair que

$$\mathrm{Ker}\,(g) + \mathrm{Im}\,(u) \subset \mathrm{Ker}\,(v' \circ g) = \mathrm{Ker}\,(h \circ v) .$$

Inversement, soit $y \in \mathrm{Ker}\,(v' \circ g)$. Alors $g(y) \in \mathrm{Ker}\,(v')$, et il existe $x' \in \mathrm{M}'$ tel que $u'(x') = g(y)$ puisque la suite (u', v') est exacte. Comme f est surjectif, il existe $x \in \mathrm{M}$ tel que $f(x) = x'$, d'où $g(y) = u'(f(x)) = g(u(x))$; on en conclut que $y - u(x) \in \mathrm{Ker}\,(g)$, ce qui termine la démonstration.

Lemme 1. — *Considérons un diagramme commutatif de* A-*modules*

$$\begin{array}{ccc} \mathrm{M} & \xrightarrow{u} & \mathrm{N} \\ {\scriptstyle f}\downarrow & & {\scriptstyle g}\downarrow \\ \mathrm{M}' & \xrightarrow[u']{} & \mathrm{N}' . \end{array} \tag{7}$$

Alors il existe un homomorphisme et un seul u_1 : $\mathrm{Ker}\,(f) \to \mathrm{Ker}\,(g)$, *et un homomorphisme et un seul u_2 :* $\mathrm{Coker}\,(f) \to \mathrm{Coker}\,(g)$, *tels que les diagrammes*

$$\begin{array}{ccc} \mathrm{Ker}\,(f) & \xrightarrow{u_1} & \mathrm{Ker}\,(g) \\ {\scriptstyle i}\downarrow & & {\scriptstyle j}\downarrow \\ \mathrm{M} & \xrightarrow[u]{} & \mathrm{N} \end{array} \tag{8}$$

et

$$\begin{array}{ccc} M' & \xrightarrow{u'} & N' \\ {\scriptstyle p}\downarrow & & \downarrow{\scriptstyle q} \\ \mathrm{Coker}\,(f) & \xrightarrow[u_2]{} & \mathrm{Coker}\,(g) \end{array} \tag{9}$$

soient commutatifs, i et j désignant les injections canoniques, p et q les surjections canoniques.

En effet, si $x \in \mathrm{Ker}\,(f)$, on a $f(x)=0$ et $g(u(x))=u'(f(x))=0$, donc $u(x) \in \mathrm{Ker}\,(g)$, et l'existence et l'unicité de u_1 sont alors immédiates. De même, on a

$$u'(f(\mathrm{M})) = g(u(\mathrm{M})) \subset g(\mathrm{N}),$$

donc u' donne par passage aux quotients un homomorphisme

$$u_2 : \mathrm{Coker}\,(f) \to \mathrm{Coker}\,(g),$$

qui est le seul homomorphisme pour lequel (9) soit commutatif.

Partons maintenant d'un diagramme *commutatif* (4) de A-modules ; il lui correspond en vertu du lemme 1 un diagramme commutatif

$$\begin{array}{ccccc} \mathrm{Ker}\,(f) & \xrightarrow{u_1} & \mathrm{Ker}\,(g) & \xrightarrow{v_1} & \mathrm{Ker}\,(h) \\ {\scriptstyle i}\downarrow & & {\scriptstyle j}\downarrow & & {\scriptstyle k}\downarrow \\ \mathrm{M} & \xrightarrow{u} & \mathrm{N} & \xrightarrow{v} & \mathrm{P} \\ {\scriptstyle f}\downarrow & & {\scriptstyle g}\downarrow & & {\scriptstyle h}\downarrow \\ \mathrm{M}' & \xrightarrow[u']{} & \mathrm{N}' & \xrightarrow[v']{} & \mathrm{P}' \\ {\scriptstyle p}\downarrow & & {\scriptstyle q}\downarrow & & {\scriptstyle r}\downarrow \\ \mathrm{Coker}\,(f) & \xrightarrow[u_2]{} & \mathrm{Coker}\,(g) & \xrightarrow[v_2]{} & \mathrm{Coker}\,(h) \end{array} \tag{10}$$

où i, j, k sont les injections canoniques, p, q, r les surjections canoniques, u_1, u_2 (resp. v_1, v_2) les homomorphismes déduits de u, u' (resp. v, v') par le lemme 1.

PROPOSITION 2. — *Supposons que dans le diagramme commutatif* (4), *les suites* (u, v) *et* (u', v') *soient exactes. Alors :*

(i) *On a* $v_1 \circ u_1 = 0$; *si u' est injectif, la suite* (u_1, v_1) *est exacte.*

(ii) *On a* $v_2 \circ u_2 = 0$; *si v est surjectif, la suite* (u_2, v_2) *est exacte.*

(iii) *Supposons u' injectif et v surjectif. Il existe alors un homomorphisme et un seul* $d : \mathrm{Ker}\,(h) \to \mathrm{Coker}\,(f)$ *ayant la propriété suivante : si* $z \in \mathrm{Ker}\,(h)$, $y \in \mathrm{N}$ et $x' \in \mathrm{M}'$ *vérifient les relations* $v(y) = k(z)$ *et* $u'(x') = g(y)$, *on a* $d(z) = p(x')$. *De plus la suite*

$$(*) \quad \mathrm{Ker}\,(f) \xrightarrow{u_1} \mathrm{Ker}\,(g) \xrightarrow{v_1} \mathrm{Ker}\,(h) \xrightarrow{d} \mathrm{Coker}\,(f) \xrightarrow{u_2} \mathrm{Coker}\,(g) \xrightarrow{v_2} \mathrm{Coker}\,(h)$$

est exacte.

$$\begin{array}{ccccc}
\mathrm{Ker}(f) & \xrightarrow{u_1} & \mathrm{Ker}(g) & \xrightarrow{v_1} & \mathrm{Ker}(h) \\
\downarrow i & & \downarrow j & & \downarrow k \\
\mathrm{M} & \xrightarrow{u} & \mathrm{N} & \xrightarrow{v} & \mathrm{P} \\
\downarrow f & & \downarrow g & & \downarrow h \\
\mathrm{M}' & \xrightarrow{u'} & \mathrm{N}' & \xrightarrow{v'} & \mathrm{P}' \\
\downarrow p & & \downarrow q & & \downarrow r \\
\mathrm{Coker}(f) & \xrightarrow{u_2} & \mathrm{Coker}(g) & \xrightarrow{v_2} & \mathrm{Coker}(h)
\end{array}$$

Prouvons (i). Comme u_1 et v_1 ont mêmes graphes que les restrictions de u et v à $\mathrm{Ker}(f)$ et $\mathrm{Ker}(g)$ respectivement, on a $v_1 \circ u_1 = 0$. On a

$$\mathrm{Ker}(v_1) = \mathrm{Ker}(g) \cap \mathrm{Ker}(v) = \mathrm{Ker}(g) \cap \mathrm{Im}(u) = \mathrm{Im}(j) \cap \mathrm{Im}(u) .$$

Mais d'après la prop. 1 (i), on a $\mathrm{Ker}(v_1) = \mathrm{Im}(j \circ u_1) = \mathrm{Im}(u_1)$ si u' est injectif.

Prouvons (ii). Comme u_2 et v_2 proviennent de u et v par passage aux quotients, il est clair que $v_2 \circ u_2 = 0$. Supposons v surjectif ; comme q et p sont surjectifs, on a, en vertu des hypothèses et de la prop. 1 (ii)

$$\begin{aligned}\mathrm{Ker}(v_2) &= q(\mathrm{Ker}(v_2 \circ q)) = q(\mathrm{Ker}(v') + \mathrm{Im}(g)) = q(\mathrm{Ker}(v')) \\ &= q(\mathrm{Im}(u')) = \mathrm{Im}(q \circ u') = \mathrm{Im}(u_2 \circ p) = \mathrm{Im}(u_2) .\end{aligned}$$

Prouvons enfin (iii). Pour $z \in \mathrm{Ker}(h)$, il existe $y \in \mathrm{N}$ tel que $v(y) = k(z)$ puisque v est surjectif ; en outre, on a $v'(g(y)) = h(k(z)) = 0$, et par suite il existe un *unique* $x' \in \mathrm{M}'$ tel que $u'(x') = g(y)$ puisque u' est injectif. Montrons que l'élément $p(x') \in \mathrm{Coker}(f)$ est *indépendant* de l'élément $y \in \mathrm{N}$ tel que $v(y) = k(z)$. En effet, si $y_1 \in \mathrm{N}$ est un second élément tel que $v(y_1) = k(z)$, on a $y_1 = y + u(x)$ où $x \in \mathrm{M}$; montrons que si $x'_1 \in \mathrm{M}'$ est tel que $u'(x'_1) = g(y_1)$, on a $x'_1 = x' + f(x)$; en effet, on a $u'(x' + f(x)) = u'(x') + u'(f(x)) = g(y) + g(u(x)) = g(y + u(x)) = g(y_1)$. Enfin, on en conclut que $p(x'_1) = p(x') + p(f(x)) = p(x')$. On peut donc poser $d(z) = p(x')$ et on a ainsi défini une application $d : \mathrm{Ker}(h) \to \mathrm{Coker}(f)$.

Si maintenant z_1, z_2 sont des éléments de $\mathrm{Ker}(h)$, si $\lambda_1, \lambda_2 \in \mathrm{A}$ et $z = \lambda_1 z_1 + \lambda_2 z_2$, on prendra des éléments y_1 et y_2 de N tels que $v(y_1) = k(z_1)$ et $v(y_2) = k(z_2)$ et on choisira pour $y \in \mathrm{N}$ l'élément $\lambda_1 y_1 + \lambda_2 y_2$; il est alors immédiat que

$$d(z) = \lambda_1 d(z_1) + \lambda_2 d(z_2) ,$$

donc d est un *homomorphisme*.

Supposons que $z = v_1(t)$ pour un $t \in \mathrm{Ker}(g)$; on prendra alors pour $y \in \mathrm{N}$ l'élément $j(t)$. Comme $g(j(t)) = 0$, on en conclut $d(z) = 0$, donc $d \circ v_1 = 0$. Inversement, supposons que $d(z) = 0$. Avec les notations précédentes, on a donc $x' = f(x)$, où

$x \in \mathrm{M}$. Dans ce cas, on a $g(y) = u'(f(x)) = g(u(x))$, ou encore $g(y - u(x)) = 0$. L'élément $y - u(x)$ est donc de la forme $j(n)$ pour $n \in \mathrm{Ker}\,(g)$, et on a

$$k(z) = v(y) = v(u(x) + j(n)) = v(j(n)) = k(v_1(n))\,;$$

comme k est injectif, $z = v_1(n)$, ce qui prouve que la suite $(*)$ est exacte en Ker (h).

Enfin, on a (toujours avec les mêmes notations)

$$u_2(d(z)) = u_2(p(x')) = q(u'(x')) = q(g(y)) = 0 \quad \text{donc} \quad u_2 \circ d = 0\,.$$

Inversement, supposons qu'un élément $w = p(x')$ de Coker (f) soit tel que

$$u_2(w) = u_2(p(x')) = 0 \quad (\text{avec } x' \in \mathrm{M}')\,.$$

On a donc $q(u'(x')) = 0$, et par suite $u'(x') = g(y)$ pour un $y \in \mathrm{N}$; comme $v'(u'(x')) = 0$, on a $v'(g(y)) = 0$, donc $h(v(y)) = 0$, autrement dit $v(y) = k(z)$ pour un $z \in \mathrm{Ker}\,(h)$, et par définition $w = d(z)$, ce qui montre que la suite $(*)$ est exacte en Coker (f). On a vu dans (i) qu'elle est exacte en Ker (g) et dans (ii) qu'elle est exacte en Coker (g), ce qui achève de prouver (iii).

COROLLAIRE 1. — *Supposons que le diagramme* (4) *soit commutatif et ait ses lignes exactes. Alors* :

(i) *Si u', f et h sont injectifs, g est injectif.*

(ii) *Si v, f et h sont surjectifs, g est surjectif.*

L'assertion (i) est conséquence de l'assertion (i) de la prop. 2 : en effet on a Ker $(f) = 0$ et Ker $(h) = 0$, donc Ker $(g) = 0$.

L'assertion (ii) est conséquence de l'assertion (ii) de la prop. 2 : en effet, on a Coker $(f) = 0$ et Coker $(h) = 0$, donc Coker $(g) = 0$.

COROLLAIRE 2. — *Supposons que le diagramme* (4) *soit commutatif et ait ses lignes exactes. Dans ces conditions* :

(i) *Si g est injectif et si f et v sont surjectifs, alors h est injectif.*

(ii) *Si g est surjectif et si h et u' sont injectifs, alors f est surjectif.*

Pour prouver (i), considérons le diagramme

$$\begin{array}{ccccc} u(\mathrm{M}) & \xrightarrow{w} & \mathrm{N} & \xrightarrow{v} & \mathrm{P} \\ {\scriptstyle f'}\downarrow & & {\scriptstyle g}\downarrow & & {\scriptstyle h}\downarrow \\ u'(\mathrm{M}') & \xrightarrow[w']{} & \mathrm{N}' & \xrightarrow[v']{} & \mathrm{P}' \end{array}$$

où f' est l'application ayant même graphe que la restriction de g à $u(\mathrm{M})$, w et w' les injections canoniques ; il est clair que ce diagramme est commutatif et a ses lignes exactes. En outre w' est injectif, et par hypothèse v est surjectif ; on a donc par la prop. 2 (iii), une suite exacte

$$\mathrm{Ker}\,(g) \longrightarrow \mathrm{Ker}\,(h) \xrightarrow{d} \mathrm{Coker}\,(f')\,;$$

puisque g est injectif et que f' est surjectif, on a donc Ker $(h) = 0$.

Pour prouver (ii), considérons le diagramme

$$\begin{array}{ccccc} M & \xrightarrow{u} & N & \xrightarrow{w} & v(N) \\ {\scriptstyle f}\downarrow & & {\scriptstyle g}\downarrow & & {\scriptstyle h'}\downarrow \\ M' & \xrightarrow[u']{} & N' & \xrightarrow[w']{} & v'(N') \end{array}$$

où cette fois h' est l'application ayant même graphe que la restriction de h à $v(N)$, et w et w' ont respectivement mêmes graphes que v et v' ; ce diagramme est commutatif et ses lignes sont exactes. En outre w est surjectif et par hypothèse u' est injectif ; on a donc, par la prop. 2 (iii), une suite exacte

$$\mathrm{Ker}\,(h') \xrightarrow{d} \mathrm{Coker}\,(f) \longrightarrow \mathrm{Coker}\,(g)\,;$$

puisque g est surjectif et que h' est injectif, on a donc $\mathrm{Coker}\,(f) = 0$.

COROLLAIRE 3 (Lemme des cinq). — *Considérons un diagramme commutatif de* A-*modules*

$$\begin{array}{ccccccccc} M_1 & \xrightarrow{u_1} & M_2 & \xrightarrow{u_2} & M_3 & \xrightarrow{u_3} & M_4 & \xrightarrow{u_4} & M_5 \\ {\scriptstyle f_1}\downarrow & & {\scriptstyle f_2}\downarrow & & {\scriptstyle f_3}\downarrow & & {\scriptstyle f_4}\downarrow & & {\scriptstyle f_5}\downarrow \\ M'_1 & \xrightarrow{u'_1} & M'_2 & \xrightarrow{u'_2} & M'_3 & \xrightarrow{u'_3} & M'_4 & \xrightarrow{u'_4} & M'_5 \end{array}$$

où les lignes sont exactes.

(i) *Si f_2 et f_4 sont injectifs et f_1 surjectif, f_3 est injectif.*

(ii) *Si f_2 et f_4 sont surjectifs et f_5 injectif, f_3 est surjectif.*

En particulier, si f_1, f_2, f_4 et f_5 sont des isomorphismes, il en est de même de f_3.

Pour prouver (i), posons $\tilde{M}_2 = \mathrm{Coker}\,(u_1)$, $\tilde{M}'_2 = \mathrm{Coker}\,(u'_1)$ et notons $\tilde{f}_2 : \tilde{M}_2 \to \tilde{M}'_2$ l'application déduite de f_2. Il résulte du cor. 2 (i) que $\tilde{f}_2$ est injectif. En appliquant le cor. 1 (i) au diagramme

$$\begin{array}{ccccc} \tilde{M}_2 & \xrightarrow{\tilde{u}_2} & M_3 & \xrightarrow{u_3} & M_4 \\ {\scriptstyle \tilde{f}_2}\downarrow & & {\scriptstyle f_3}\downarrow & & {\scriptstyle f_4}\downarrow \\ \tilde{M}'_2 & \xrightarrow{\tilde{u}'_2} & M'_3 & \xrightarrow{u'_3} & M'_4 \end{array}$$

où $\tilde{u}_2$ et $\tilde{u}'_2$ sont déduits de u_2 et u'_2, on voit que f_3 est injectif.

Pour prouver (ii), posons $\tilde{M}_4 = \mathrm{Ker}\,(u_4)$, $\tilde{M}'_4 = \mathrm{Ker}\,(u'_4)$ et notons $\tilde{f}_4 : \tilde{M}_4 \to \tilde{M}'_4$ l'application induite par f_4. Il résulte du cor. 2 (ii) que $\tilde{f}_4$ est surjectif. En appliquant le cor. 1 (ii) au diagramme

$$\begin{array}{ccccc} M_2 & \xrightarrow{u_2} & M_3 & \xrightarrow{\tilde{u}_3} & \tilde{M}_4 \\ {\scriptstyle f_2}\downarrow & & {\scriptstyle f_3}\downarrow & & {\scriptstyle \tilde{f}_4}\downarrow \\ M'_2 & \xrightarrow{u'_2} & M'_3 & \xrightarrow{\tilde{u}'_3} & \tilde{M}'_4 \end{array}$$

où $\tilde{u}_3$ et $\tilde{u}'_3$ ont même graphe que u_3 et u'_3, on voit que f_3 est surjectif.

3. Modules plats

DÉFINITION 1. — *On dit que le* A-*module* E *est* plat, *si pour toute suite exacte de* A-*modules à droite et d'homomorphismes*

$$\text{(11)} \qquad M' \xrightarrow{u} M \xrightarrow{v} M'' ,$$

la suite d'applications **Z**-*linéaires*

$$\text{(12)} \qquad M' \otimes_A E \xrightarrow{u \otimes 1} M \otimes_A E \xrightarrow{v \otimes 1} M'' \otimes_A E$$

est exacte.

PROPOSITION 3. — *Pour que le* A-*module* E *soit plat, il faut et il suffit que, pour tout* A-*homomorphisme injectif* $u : M' \to M$ *de* A-*modules à droite, l'application* $u \otimes 1 : M' \otimes_A E \to M \otimes_A E$ *soit injective.*

Si E est plat et $u : M' \to M$ injectif, la suite $0 \longrightarrow M' \xrightarrow{u} M$ est exacte, donc aussi la suite $0 \longrightarrow M' \otimes_A E \xrightarrow{u \otimes 1} M \otimes_A E$, et $u \otimes 1$ est injectif. Inversement, considérons la suite exacte (11) ; posons $M''_1 = v(M)$, et soit $i : M''_1 \to M''$ l'injection canonique et $p : M \to M''_1$ l'application $m \mapsto v(m)$. La suite $M' \xrightarrow{u} M \xrightarrow{p} M''_1 \longrightarrow 0$ est exacte ; d'après II, p. 58, prop. 5, la suite $M' \otimes_A E \xrightarrow{u \otimes 1} M \otimes_A E \xrightarrow{p \otimes 1} M''_1 \otimes_A E$ est donc exacte. Par ailleurs, on a $v = i \circ p$, donc $(v \otimes 1) = (i \otimes 1) \circ (p \otimes 1)$; si E satisfait à la condition de l'énoncé, alors $i \otimes 1$ est injectif, donc

$$\operatorname{Ker}(v \otimes 1) = \operatorname{Ker}(p \otimes 1) = \operatorname{Im}(u \otimes 1)$$

et la suite (12) est exacte.

PROPOSITION 4. — (i) *Soient* $(E_i)_{i \in I}$ *une famille de* A-*modules*, $E = \bigoplus_{i \in I} E_i$ *leur somme directe. Pour que le* A-*module* E *soit plat, il faut et il suffit que chacun des* E_i *le soit.*

(ii) *Soient* I *un ensemble préordonné filtrant à droite*, $(E_\alpha, f_{\beta\alpha})$ *un système inductif de* A-*modules relatif à* I, $E = \varinjlim E_\alpha$ *sa limite inductive. Si chacun des* A-*modules* E_α *est plat, alors* E *est plat.*

Soit $M' \to M \to M''$ une suite exacte de A-modules à droite.

(i) Pour que la suite $\bigoplus_{i \in I} (M' \otimes_A E_i) \to \bigoplus_{i \in I} (M \otimes_A E_i) \to \bigoplus_{i \in I} (M'' \otimes_A E_i)$ soit exacte, il faut et il suffit que chacune des suites $M' \otimes_A E_i \to M \otimes_A E_i \to M'' \otimes_A E_i$ le soit (II, p. 13, prop. 7) ce qui démontre (i) puisque $\bigoplus (M \otimes_A E_i)$ s'identifie canoniquement à $M \otimes_A E$ (II, p. 61, prop. 7).

(ii) Par hypothèse, chacune des suites $M' \otimes_A E_i \to M \otimes_A E_i \to M'' \otimes_A E_i$ est exacte, donc aussi la suite $M' \otimes_A E \to M \otimes_A E \to M'' \otimes_A E$, puisque le passage à la limite inductive commute avec le produit tensoriel (II, p. 93, prop. 7) et conserve l'exactitude (II, p. 91, prop. 3).

Exemples. — 1) Il est clair que A_s est un A-module plat ; il résulte alors de la prop. 4 (i) que tout A-module libre, et plus généralement tout A-module projectif, est plat (voir aussi II, p. 63, cor. 6).

* Inversement, tout A-module plat de *présentation finie* est projectif (n° 5). *

2) D'après la prop. 4 (ii), tout A-module qui est limite inductive d'un système inductif filtrant de A-modules libres est plat. Nous démontrerons une réciproque au n° 6.

3) Si A est semi-simple, tout A-module est projectif (VIII, § 5, n° 1, prop. 1) donc plat.

4) * Si A est un anneau local artinien (non nécessairement commutatif), un A-module est plat si et seulement s'il est libre (AC II, § 3, n° 2, cor. 2 de la prop. 5). *

5) Si A est intègre, le corps des fractions K de A est un A-module plat (II, p. 118, prop. 27).

6) * En AC II et III, nous étudierons deux exemples importants de A-modules plats lorsque A est commutatif : les anneaux de fractions $S^{-1}A$, et lorsque A est nœthérien, les séparés complétés de A pour les topologies J-adiques. *

7) Soit $a \in A$ tel que l'application $a_A : x \mapsto ax$ de A dans A soit injective (« a n'est pas diviseur à gauche de 0 »). Si E est un A-module plat, alors l'homothétie a_E est injective, puisque s'identifiant à $a_A \otimes 1 : A_d \otimes_A E \to A_d \otimes_A E$. En particulier, *si* A *est intègre, tout* A-*module plat est sans torsion*. Inversement, *si* A *est principal, tout* A-*module sans torsion est plat* : en effet, si le A-module E est sans torsion, tout sous-module de type fini de E est libre (VII, § 4, n° 4, cor. 2 au th. 4), et E est réunion filtrante croissante de sous-modules plats, donc est plat (prop. 4 (ii)).

8) Soient B un anneau et $\rho : A \to B$ un homomorphisme. Si E est un A-module plat, le B-module $E_{(B)} = B \otimes_A E$ est plat. Soit en effet $u : N' \to N$ un homomorphisme injectif de B-modules à droite ; alors $u \otimes_B 1_{E_{(B)}}$ s'identifie canoniquement à l'homomorphisme $u \otimes_A 1_E : N' \otimes_A E \to N \otimes_A E$, qui est injectif si E est plat.

9) Supposons que $A = K[X, Y]$, où K est un corps. Alors l'idéal maximal $\mathfrak{m}$ engendré par X et Y est un A-module sans torsion, mais non plat. Considérons en effet l'anneau $B = A/(Y)$, qui est isomorphe à $K[X]$, donc intègre. Le B-module $\mathfrak{m}_{(B)}$ est isomorphe à $\mathfrak{m}/Y\mathfrak{m} = (X, Y)/(XY, Y^2)$ dans lequel la classe de Y est de torsion. Par suite, $\mathfrak{m}_{(B)}$ n'est pas un B-module plat, donc $\mathfrak{m}$ n'est pas plat.

10) Supposons A commutatif. Soit B l'algèbre $A[X_1, \ldots, X_n]/(P)$, où P est un polynôme non nul. Pour tout idéal premier $\mathfrak{p}$ de A, notons $\kappa(\mathfrak{p})$ le corps des fractions de l'anneau intègre $A/\mathfrak{p}$, $E(\mathfrak{p})$ l'algèbre $\kappa(\mathfrak{p})[X_1, \ldots, X_n]$ et $P(\mathfrak{p})$ l'image de P dans $E(\mathfrak{p})$ par l'application canonique.

On peut montrer que, pour que B soit un A-module plat, il suffit que $P(\mathfrak{p}) \neq 0$ pour tout idéal premier $\mathfrak{p}$ de A. Si A est intègre, cette condition est nécessaire.

* En langage géométrique, considérons la projection $\pi : \mathrm{Spec}(B) \to \mathrm{Spec}(A)$. Pour tout $\mathfrak{p} \in \mathrm{Spec}(A)$, la fibre $\pi^{-1}(\mathfrak{p})$ s'identifie à la sous-variété $V_{\mathfrak{p}}$ de l'espace affine $\mathbf{A}^n_{\kappa(\mathfrak{p})} = \mathrm{Spec}(E(\mathfrak{p}))$ définie par $P(\mathfrak{p})$, et l'ensemble F des $\mathfrak{p}$ pour lesquels cette sous-variété est l'espace tout entier (*i.e.* pour lesquels $P(\mathfrak{p}) = 0$) est un fermé de

Spec (A). La condition précédente signifie que ce fermé est vide, autrement dit que pour tout $\mathfrak{p}$ la sous-variété $V_{\mathfrak{p}}$ est une hypersurface dans $\mathbf{A}^n_{\kappa(\mathfrak{p})}$. *

11) * Soient S et X deux espaces analytiques complexes et $f : X \to S$ un morphisme. On dit que f est *plat* en un point x de X si $\mathcal{O}_{X,x}$, considéré comme $\mathcal{O}_{S,f(x)}$-module au moyen de l'homomorphisme $f^* : \mathcal{O}_{S,f(x)} \to \mathcal{O}_{X,x}$, est plat. L'ensemble des points de X où f est plat est un ouvert de X, et la restriction de f à cet ouvert est une application ouverte. Si X et S sont des *variétés* analytiques connexes de dimension finie, f est plat (en tout point de X) si et seulement si $f(X)$ est ouvert dans S et les fibres $f^{-1}(s)$, pour $s \in f(X)$, ont toutes la même dimension. *

4. Modules de présentation finie

On appelle *présentation* (ou *présentation de longueur* 1) d'un A-module E une suite exacte

$$L_1 \to L_0 \to E \to 0 \tag{13}$$

de A-modules où L_0 et L_1 sont *libres*.

Tout A-module E admet une présentation. On sait en effet (II, p. 27, prop. 20) qu'il existe un homomorphisme surjectif $u : L_0 \to E$, où L_0 est libre ; si R est le noyau de u, il existe de même un homomorphisme surjectif $v : L_1 \to R$ où L_1 est libre. Si l'on considère v comme un homomorphisme de L_1 dans L_0, la suite $L_1 \xrightarrow{v} L_0 \xrightarrow{u} E \longrightarrow 0$ est exacte par définition, d'où notre assertion.

Si $\rho : A \to B$ est un homomorphisme d'anneaux, toute présentation (13) de E fournit une présentation de $E_{(B)} = B \otimes_A E$:

$$B \otimes_A L_1 \to B \otimes_A L_0 \to B \otimes_A E \to 0 \tag{14}$$

en vertu de II, p. 58, prop. 5 et du fait que $B \otimes_A L$ est un B-module libre lorsque L est libre.

On dit qu'une présentation (13) d'un module E est *finie* si les modules libres L_0 et L_1 ont des bases finies. Il est clair que si la présentation (13) est finie, il en est de même de la présentation (14). On dit que E est un A-*module de présentation finie* s'il admet une *présentation finie*.

Proposition 5. — (i) *Tout module admettant une présentation finie est de type fini.*

(ii) *Si* A *est un anneau nœthérien à gauche, tout* A-*module de type fini admet une présentation finie.*

(iii) *Tout module projectif de type fini admet une présentation finie.*

L'assertion (i) résulte trivialement des définitions. Supposons A nœthérien à gauche et E de type fini. Il existe alors un homomorphisme surjectif $u : L_0 \to E$, où L_0 est un A-module libre ayant une base finie ; le noyau R de u est de type fini, donc il y a un homomorphisme surjectif $v : L_1 \to R$ où L_1 est libre de base finie, et la suite exacte $L_1 \xrightarrow{v} L_0 \xrightarrow{u} E \longrightarrow 0$ est une présentation finie de E ; d'où (ii).

Enfin, supposons que E soit un module projectif de type fini ; il est alors facteur direct d'un module libre de type fini L_0 (II, p. 40, cor. 1) ; le noyau R de l'homomorphisme surjectif $L_0 \to E$ est alors isomorphe à un quotient de L_0, donc est de type fini, et on termine comme ci-dessus.

PROPOSITION 6. — *Soient* A *un anneau*, E *un* A-*module de présentation finie. Pour toute suite exacte*

$$0 \longrightarrow F \xrightarrow{j} G \xrightarrow{p} E \longrightarrow 0$$

où G *est de type fini, le module* F *est de type fini.*

Soit $L_1 \xrightarrow{r} L_0 \xrightarrow{s} E \longrightarrow 0$ une présentation finie ; si (e_i) est une base de L_0, il existe pour chaque i un élément $g_i \in G$ tel que $p(g_i) = s(e_i)$; l'homomorphisme $u : L_0 \to G$ tel que $u(e_i) = g_i$ pour tout i est donc tel que $s = p \circ u$. Comme $s \circ r = 0$, on a $u(r(L_1)) \subset \operatorname{Ker} p$, et comme $\operatorname{Ker} p$ est isomorphe à F, on voit qu'il y a un homomorphisme $v : L_1 \to F$ tel que le diagramme

$$\begin{array}{ccccccc} L_1 & \xrightarrow{r} & L_0 & \xrightarrow{s} & E & \longrightarrow & 0 \\ \downarrow{\scriptstyle v} & & \downarrow{\scriptstyle u} & & \downarrow{\scriptstyle 1_E} & & \\ F & \xrightarrow[j]{} & G & \xrightarrow[p]{} & E & \longrightarrow & 0 \end{array}$$

soit commutatif. Comme j est injectif et s surjectif, on peut appliquer la proposition 2 de X, p. 4, autrement dit il y a une suite exacte

$$\operatorname{Ker} 1_E \xrightarrow{d} \operatorname{Coker} v \longrightarrow \operatorname{Coker} u \longrightarrow \operatorname{Coker} 1_E .$$

Ceci montre que $\operatorname{Coker} v$ est isomorphe à $G/u(L_0)$, qui est de type fini par hypothèse. On a en outre la suite exacte

$$0 \to v(L_1) \to F \to \operatorname{Coker} v \to 0$$

et comme $v(L_1)$ et $\operatorname{Coker} v$ sont de type fini, il en est de même de F (II, p. 17, cor. 5).

PROPOSITION 7. — *Soit* M *un* A-*module. Il existe un ensemble ordonné* I *filtrant à droite et un système inductif de* A-*modules de présentation finie* $(M_\alpha, \varphi_{\beta\alpha})$ *relatif à* I *tel que* M *soit isomorphe à* $\varinjlim M_\alpha$. *Si* M *possède un système générateur de n éléments, on peut supposer qu'il en est de même des* M_α.

Considérons une présentation

$$A_s^{(K)} \xrightarrow{u} A_s^{(L)} \xrightarrow{v} M \longrightarrow 0 ;$$

soit I l'ensemble des couples $\alpha = (K', L')$, où K' (resp. L') est une partie finie de K (resp. L), tels que u induise une application u_α du sous-module $A_s^{K'}$ de $A_s^{(K)}$ dans le sous-module $A_s^{L'}$ de $A_s^{(L)}$; pour $\alpha \in I$, soit M_α le conoyau de u_α et $v_\alpha : A_s^{L'} \to M_\alpha$ l'application canonique, de sorte que l'on a un diagramme commutatif à lignes exactes :

$$\begin{array}{ccccccc} A_s^{(K)} & \xrightarrow{u} & A_s^{(L)} & \xrightarrow{v} & M & \longrightarrow & 0 \\ \uparrow{\scriptstyle i_\alpha} & & \uparrow{\scriptstyle j_\alpha} & & \uparrow{\scriptstyle f_\alpha} & & \\ A_s^{K'} & \xrightarrow{u_\alpha} & A_s^{L'} & \xrightarrow{v_\alpha} & M_\alpha & \longrightarrow & 0 , \end{array}$$

où i_α et j_α sont les injections canoniques, et où f_α est déduit de j_α par passage aux quotients. Ordonnons l'ensemble I par la relation

$$\alpha = (K', L') \leqslant \beta = (K'', L'') \quad \text{si} \quad K' \subset K'', \quad L' \subset L'';$$

pour $\alpha \leqslant \beta$, soit $\varphi_{\beta\alpha} : M_\alpha \to M_\beta$ l'homomorphisme déduit par passage aux quotients de l'inclusion de $A_s^{L'}$ dans $A_s^{L''}$. On vérifie alors aussitôt que l'ensemble ordonné I est filtrant, que $(M_\alpha, \varphi_{\beta\alpha})$ est un système inductif de A-modules et que (φ_α) est un système inductif de A-homomorphismes. Par passage à la limite inductive, on obtient un diagramme commutatif

$$\begin{array}{ccccccc} A_s^{(K)} & \xrightarrow{u} & A_s^{(L)} & \xrightarrow{v} & M & \longrightarrow & 0 \\ \uparrow{\scriptstyle i} & & \uparrow{\scriptstyle j} & & \uparrow{\scriptstyle \varphi} & & \\ \varinjlim A_s^{K'} & \longrightarrow & \varinjlim A_s^{L'} & \longrightarrow & \varinjlim M_\alpha & \longrightarrow & 0\,; \end{array} \tag{15}$$

les lignes de ce diagramme sont exactes (II, p. 91, prop. 3) ; puisque i et j sont bijectifs, φ l'est aussi (X, p. 7, cor. 3), d'où la proposition.

5. Homomorphismes d'un module de présentation finie

Soit E un A-module. Si I est un ensemble préordonné filtrant et (G_i, u_{ji}) un système inductif de A-modules relatif à I, les applications canoniques $G_i \to \varinjlim G_i$ induisent des homomorphismes $\mathrm{Hom}_A(E, G_i) \to \mathrm{Hom}_A(E, \varinjlim G_i)$, d'où un homomorphisme dit *canonique*

$$\varinjlim_{i \in I} \mathrm{Hom}_A(E, G_i) \to \mathrm{Hom}_A(E, \varinjlim_{i \in I} G_i)\,. \tag{16}$$

Soient B un autre anneau, F un B-module, G un (A, B)-bimodule ; on a défini en II, p. 75 un homomorphisme canonique :

$$\mathrm{Hom}_A(E, G) \otimes_B F \to \mathrm{Hom}_A(E, G \otimes_B F)\,. \tag{17}$$

PROPOSITION 8. — *a) Si le* A*-module* E *est de type fini* (resp. *de présentation finie*), *l'homomorphisme canonique* (16) *est injectif* (resp. *bijectif*).

b) Supposons que le B*-module* F *soit plat ; si le* A*-module* E *est de type fini* (resp. *de présentation finie*), *l'homomorphisme canonique* (17) *est injectif* (resp. *bijectif*).

Démontrons par exemple *b*), la démonstration de *a*) étant analogue. Considérons A, B, F, G comme fixés, et, pour tout A-module à droite E, posons

$$T(E) = \mathrm{Hom}_A(E, G) \otimes_B F\,, \qquad T'(E) = \mathrm{Hom}_A(E, G \otimes_B F)$$

et notons ν_E l'homomorphisme (17) ; pour tout homomorphisme $v : E \to E'$ de A-modules à droite, posons $T(v) = \mathrm{Hom}(v, 1_G) \otimes 1_F$ et $T'(v) = \mathrm{Hom}(v, 1_G \otimes 1_F)$.

Soit $L_1 \xrightarrow{v} L_0 \xrightarrow{w} E \to 0$ une présentation de E ; nous supposons le module libre L_0 (resp. les modules libres L_0 et L_1) *de type fini*. Le diagramme

$$(18)\qquad \begin{array}{ccccccc} 0 \to & T(E) & \xrightarrow{T(w)} & T(L_0) & \xrightarrow{T(v)} & T(L_1) \\ & \downarrow{\scriptstyle \nu_E} & & \downarrow{\scriptstyle \nu_{L_0}} & & \downarrow{\scriptstyle \nu_{L_1}} \\ 0 \to & T'(E) & \xrightarrow[T'(w)]{} & T'(L_0) & \xrightarrow[T'(v)]{} & T'(L_1) \end{array}$$

est commutatif, et sa seconde ligne est exacte (II, p. 36, th. 1) ; en outre, la suite

$$0 \to \mathrm{Hom}_A(E, G) \to \mathrm{Hom}_A(L_0, G) \to \mathrm{Hom}_A(L_1, G)$$

est exacte (*loc. cit.*), et comme F est *plat*, la première ligne de (18) est aussi une suite exacte (X, p. 8, déf. 1). Cela étant, on sait que ν_{L_0} est bijectif (resp. que ν_{L_0} et ν_{L_1} sont bijectifs) (II, p. 75, prop. 2). Si on suppose seulement ν_{L_0} bijectif, il résulte de (18) que $\nu_{L_0} \circ T(w) = T'(w) \circ \nu_E$ est injectif, donc ν_E l'est aussi. Si on suppose que ν_{L_0} et ν_{L_1} sont tous deux bijectifs, on déduit du cor. 2 (ii) de X, p. 6 que ν_E est surjectif, et comme on vient de voir que ν_E est injectif, il est bijectif.

COROLLAIRE. — *Tout module plat et de présentation finie est projectif.*

Soit en effet E un A-module plat et de présentation finie. Appliquant (*b*) au cas $B = A$, $G = {}_sA_d$, $F = E$, on voit que l'homomorphisme canonique

$$\mathrm{Hom}_A(E, A) \otimes_A E \to \mathrm{Hom}_A(E, E)$$

est surjectif. Cela implique que E est projectif (II, p. 77, remarque 1).

D'après le corollaire précédent et la prop. 5 de X, p. 10, il y a identité entre modules plats de présentation finie et modules projectifs de type fini. En revanche, il existe des modules plats de type fini qui ne sont pas de présentation finie, donc qui ne sont pas projectifs (*cf.* X, p. 170, exercice 17, voir toutefois X, p. 169, exercices 13 et 14).

6. Structure des modules plats

Lemme 2. — *Soient* I *un ensemble ordonné filtrant à droite,* $(E_\alpha, \varphi_{\beta\alpha})$ *un système inductif d'ensembles relatif à* I, E *sa limite inductive et* $\varphi_\alpha : E_\alpha \to E$, $\alpha \in I$, *les applications canoniques. Soit* $f : I \to I$ *une application telle que* $f(\alpha) > \alpha$ *pour* $\alpha \in I$, *et supposons donnés, pour chaque* $\alpha \in I$, *un ensemble* L_α *et des applications* $u_\alpha : E_\alpha \to L_\alpha$ *et* $v_\alpha : L_\alpha \to E_{f(\alpha)}$ *telles que* $v_\alpha \circ u'_\alpha = \varphi_{f(\alpha),\alpha}$. *Soit* J *l'ensemble ordonné obtenu en munissant* I *de la relation* « $\alpha \leqslant \beta$ *si* $\alpha = \beta$ *ou* $f(\alpha) \leqslant \beta$ ». *Si* $\alpha, \beta \in J$ *avec* $\alpha \leqslant \beta$, *soit* $\psi_{\beta\alpha} : L_\alpha \to L_\beta$ *l'application telle que* $\psi_{\beta\alpha} = \mathrm{Id}$ *si* $\alpha = \beta$, $\psi_{\beta\alpha} = u_\beta \circ \varphi_{\beta,f(\alpha)} \circ v_\alpha$ *si* $f(\alpha) \leqslant \beta$. *Si* $\alpha \in J$, *soit* $\psi_\alpha : L_\alpha \to E$ *l'application* $\varphi_{f(\alpha)} \circ v_\alpha$. *Alors l'ensemble ordonné* J *est filtrant,* $(L_\alpha, \psi_{\beta\alpha})$ *est un système inductif relatif à* J, (ψ_α) *est un système inductif d'applications et l'application* $\psi : \varinjlim_{\alpha \in J} L_\alpha \to E$ *déduite des* ψ_α *est bijective.*

Il est clair que J est filtrant. Si α, $\beta \in \mathrm{J}$ avec $\alpha < \beta$, on a

$$\begin{aligned}\psi_\beta \circ \psi_{\beta\alpha} &= \varphi_{f(\beta)} \circ v_\beta \circ u_\beta \circ \varphi_{\beta, f(\alpha)} \circ v_\alpha \\ &= \varphi_{f(\beta)} \circ \varphi_{f(\beta),\beta} \circ \varphi_{\beta, f(\alpha)} \circ v_\alpha = \varphi_{f(\alpha)} \circ v_\alpha = \psi_\alpha \ ;\end{aligned}$$

de même, si α, β, $\gamma \in \mathrm{J}$ avec $\alpha < \beta < \gamma$, on a

$$\begin{aligned}\psi_{\gamma\beta} \circ \psi_{\beta\alpha} &= u_\gamma \circ \varphi_{\gamma, f(\beta)} \circ v_\beta \circ u_\beta \circ \varphi_{\beta, f(\alpha)} \circ v_\alpha \\ &= u_\gamma \circ \varphi_{\gamma, f(\beta)} \circ \varphi_{f(\beta),\beta} \circ \varphi_{\beta, f(\alpha)} \circ v_\alpha = u_\gamma \circ \varphi_{\gamma, f(\alpha)} \circ v_\alpha = \psi_{\gamma\alpha} \ .\end{aligned}$$

Démontrons la dernière assertion : pour chaque $\alpha \in \mathrm{J}$, on a

$$\psi_\alpha \circ u_\alpha = \varphi_{f(\alpha)} \circ v_\alpha \circ u_\alpha = \varphi_{f(\alpha)} \circ \varphi_{f(\alpha),\alpha} = \varphi_\alpha \ ,$$

donc $\varphi_\alpha(\mathrm{E}_\alpha) = \psi_\alpha(u_\alpha(\mathrm{E}_\alpha)) \subset \psi_\alpha(\mathrm{L}_\alpha)$, et ψ est *surjective*. Soit $\alpha \in \mathrm{J}$ et soient x, $y \in \mathrm{L}_\alpha$ avec $\psi_\alpha(x) = \psi_\alpha(y)$, *i.e.* $\varphi_{f(\alpha)}(v_\alpha(x)) = \varphi_{f(\alpha)}(v_\alpha(y))$; il existe $\beta \in \mathrm{I}$, $\beta \geqslant f(\alpha)$ tel que

$$\varphi_{\beta, f(\alpha)}(v_\alpha(x)) = \varphi_{\beta, f(\alpha)}(v_\alpha(y)) \ ,$$

donc

$$\psi_{\beta,\alpha}(x) = u_\beta(\varphi_{\beta, f(\alpha)}(v_\alpha(x))) = u_\beta(\varphi_{\beta, f(\alpha)}(v_\alpha(y))) = \psi_{\beta,\alpha}(y) \ .$$

et ψ est *injective*.

THÉORÈME 1 (D. Lazard). — *Pour tout* A-*module* E, *les conditions suivantes sont équivalentes* :

(i) E *est plat*.

(ii) *Pour tout* A-*module* P *de présentation finie, l'homomorphisme canonique*

$$\mathrm{Hom}_{\mathrm{A}}(\mathrm{P}, \mathrm{A}) \otimes_{\mathrm{A}} \mathrm{E} \to \mathrm{Hom}_{\mathrm{A}}(\mathrm{P}, \mathrm{E})$$

est surjectif.

(iii) *Pour tout* A-*module* P *de présentation finie et tout homomorphisme* $u : \mathrm{P} \to \mathrm{E}$, *il existe un* A-*module* L *libre de type fini et des homomorphismes* $v : \mathrm{P} \to \mathrm{L}$ *et* $w : \mathrm{L} \to \mathrm{E}$ *tels que* $u = w \circ v$.

(iv) *Il existe un ensemble ordonné filtrant* J, *un système inductif de modules libres de type fini* $(\mathrm{L}_j)_{j \in \mathrm{J}}$ *et un isomorphisme de* E *sur* $\varinjlim \mathrm{L}_j$.

(iv) $\Rightarrow$ (i) : cela résulte de la prop. 4 (ii) de X, p. 8.

(i) $\Rightarrow$ (ii) : cela résulte de la prop. 8*b*) de X, p. 12.

(ii) $\Rightarrow$ (iii) : soient P un A-module de présentation finie et $u : \mathrm{P} \to \mathrm{E}$ un homomorphisme ; d'après (ii), il existe $v_1, \ldots, v_n \in \mathrm{Hom}_{\mathrm{A}}(\mathrm{P}, \mathrm{A})$, $w_1, \ldots, w_n \in \mathrm{E}$ tels que $u(x) = \sum v_i(x)\, w_i$ pour tout $x \in \mathrm{P}$; si $v : \mathrm{P} \to \mathrm{A}^n$ est l'homomorphisme de composantes (v_i) et $w : \mathrm{A}^n \to \mathrm{E}$ l'homomorphisme $(a_i) \mapsto \sum a_i\, w_i$, on a bien $u = w \circ v$.

(iii) $\Rightarrow$ (iv) : supposons (iii) vérifiée, et soit $(\mathrm{E}_\alpha, \varphi_{\beta,\alpha})$ un système inductif, relatif à un ensemble filtrant I, de A-modules de présentation finie, de limite inductive E

(X, p. 11, prop. 7). Quitte à remplacer I par le produit lexicographique $I \times \mathbf{N}$, avec $E_{(\alpha,n)} = E_\alpha$ pour tout n, on peut supposer que I n'a pas de plus grand élément. Pour chaque $\alpha \in I$, soient L_α un A-module libre de type fini et $u_\alpha : E_\alpha \to L_\alpha$, $v'_\alpha : L_\alpha \to E$ des homomorphismes tels que $v'_\alpha \circ u_\alpha$ soit l'application canonique φ_α de E_α dans E ; puisque L_α est libre de type fini et I sans plus grand élément, il existe un indice $\beta > \alpha$ et un homomorphisme $v''_\alpha : L_\alpha \to E_\beta$ tels que $v'_\alpha = \varphi_\beta \circ v''_\alpha$; puisque $\varphi_\beta \circ v''_\alpha \circ u_\alpha = \varphi_\beta \circ \varphi_{\beta,\alpha}$ et que E_α est de présentation finie, il résulte de la prop. 8*a*) de X, p. 12, qu'il existe $\gamma \geqslant \beta$ tel que $\varphi_{\gamma\beta} \circ v''_\alpha \circ u_\alpha = \varphi_{\gamma\beta} \circ \varphi_{\beta\alpha} = \varphi_{\gamma\alpha}$; posons $\gamma = f(\alpha)$ et soit v_α l'homomorphisme $\varphi_{\gamma\beta} \circ v''_\alpha$ de L_α dans $E_{f(\alpha)}$; on a $v_\alpha \circ u_\alpha = \varphi_{f(\alpha),\alpha}$. On peut alors appliquer le lemme 2, d'où (iv).

COROLLAIRE. — *Supposons* A *commutatif. Pour tout* A-*module plat* E, *les* A-*modules* $\mathbf{T}(E)$, $\mathbf{S}(E)$, $\mathbf{\Lambda}(E)$, $\mathbf{T}^n(E)$, $\mathbf{S}^n(E)$, $\mathbf{\Lambda}^n(E)$ *sont plats.*

En effet, E est la limite inductive d'un système filtrant (L_j) de A-modules libres de type fini, donc $\mathbf{T}(E)$ (resp. $\mathbf{S}(E)$, etc.) est limite inductive du système filtrant des A-modules libres $\mathbf{T}(L_j)$ (resp. $\mathbf{S}(L_j)$, etc.), donc est plat (*cf.* III, p. 61, prop. 6, p. 62, th. 1, p. 73, prop. 8, p. 75, th. 1, p. 83, prop. 9, et p. 86, th. 1).

Remarque. — Considérant dans (ii) une présentation finie $A_s^J \xrightarrow{c} A_s^I \to P \to 0$, on obtient la condition (ii') encore équivalente aux précédentes :

(ii') *Pour toute matrice finie* $(c_{ij})_{i \in I, j \in J}$ *d'éléments de* A, *toute solution*

$$e = (e_i)_{i \in I} \in E^I$$

du système d'équations linéaires et homogènes

$$\sum_{i \in I} c_{ij} e_i = 0 , \qquad j \in J ,$$

peut s'écrire $b_1 z_1 + \cdots + b_n z_n$, *où* $b_1, \ldots, b_n \in E$ *et où, pour* $r = 1, \ldots, n$, $z_r = (z_{r,i})_{i \in I}$ *est une solution dans* A^I *du système d'équations*

$$\sum_{i \in I} z_{r,i} c_{ij} = 0, \qquad j \in J .$$

7. Modules injectifs

DÉFINITION 2. — *On dit que le* A-*module* E *est* injectif *si, pour toute suite exacte de* A-*modules et d'homomorphismes*

$$M' \xrightarrow{u} M \xrightarrow{v} M'' , \tag{19}$$

la suite d'applications **Z**-*linéaires*

$$\mathrm{Hom}_A(M'', E) \xrightarrow{\mathrm{Hom}_A(v,1)} \mathrm{Hom}_A(M, E) \xrightarrow{\mathrm{Hom}_A(u,1)} \mathrm{Hom}_A(M', E) \tag{20}$$

est exacte.

Lemme 3. — *Pour que le* A-*module* E *soit injectif, il faut et il suffit que, pour toute application* A-*linéaire injective* $u : M' \to M$, *l'application*

$$\mathrm{Hom}_A(u, 1) : \mathrm{Hom}_A(M, E) \to \mathrm{Hom}_A(M', E)$$

soit surjective.

Si E est injectif et si $u : M' \to M$ est injectif, alors la suite $0 \to M' \xrightarrow{u} M$ est exacte, donc aussi la suite $\mathrm{Hom}(M, E) \xrightarrow{\mathrm{Hom}(u,1)} \mathrm{Hom}(M', E) \to 0$, et $\mathrm{Hom}(u, 1)$ est surjectif. Inversement considérons la suite exacte (19); posons $M''_1 = v(M)$ et soient $i : M''_1 \to M''$ l'injection canonique et $p : M \to M''_1$ l'application $m \mapsto v(m)$. La suite $M' \xrightarrow{u} M \xrightarrow{p} M''_1 \to 0$ est exacte; d'après II, p. 36, th. 1, la suite

$$\mathrm{Hom}_A(M''_1, E) \xrightarrow{\mathrm{Hom}(p,1)} \mathrm{Hom}_A(M, E) \xrightarrow{\mathrm{Hom}(u,1)} \mathrm{Hom}_A(M', E)$$

est exacte. Par ailleurs, on a $\mathrm{Hom}(v, 1) = \mathrm{Hom}(p, 1) \circ \mathrm{Hom}(i, 1)$. Si E satisfait à la condition du lemme, $\mathrm{Hom}(i, 1)$ est surjectif, donc l'image de $\mathrm{Hom}(v, 1)$ est aussi celle de $\mathrm{Hom}(p, 1)$, et la suite (20) est exacte.

Remarque. — Soient E un A-module injectif, $u : M' \to M$ et $f : M' \to E$ des homomorphismes de A-modules. Si $\mathrm{Ker}\, u \subset \mathrm{Ker}\, f$, il existe un homomorphisme $g : M \to E$ tel que $g \circ u = f$. Cela résulte en effet de ce qui précède appliqué à l'homomorphisme injectif $M'/\mathrm{Ker}\, u \to M$ déduit de u.

PROPOSITION 9. — *Soient* $(E_i)_{i \in I}$ *une famille de* A-*modules*, $E = \prod E_i$ *leur produit. Pour que le* A-*module* E *soit injectif, il faut et il suffit que chacun des* E_i *le soit.*

Soit $u : M' \to M$ un homomorphisme injectif de A-modules. Pour que l'homomorphisme produit $\prod_{i \in I} \mathrm{Hom}_A(M, E_i) \to \prod_{i \in I} \mathrm{Hom}_A(M', E_i)$ soit surjectif, il faut et il suffit que chacun des homomorphismes $\mathrm{Hom}_A(M, E_i) \to \mathrm{Hom}_A(M', E_i)$ le soit (II, p. 10, prop. 5); cela démontre la proposition puisque $\prod_{i \in I} \mathrm{Hom}_A(M, E_i)$ s'identifie canoniquement à $\mathrm{Hom}_A(M, E)$.

PROPOSITION 10. — *Soit* E *un* A-*module. Pour que* E *soit injectif, il faut et il suffit que, pour tout idéal* $\mathfrak{a}$ *de* A *et tout* A-*homomorphisme* $f : \mathfrak{a} \to E$, *il existe* $e \in E$ *tel que* $f(a) = ae$ *pour tout* $a \in \mathfrak{a}$.

Supposons E injectif; soient $\mathfrak{a}$ un idéal de A, $f : \mathfrak{a} \to E$ un A-homomorphisme, et notons $i : \mathfrak{a} \to A$ l'injection canonique. Alors l'application

$$\mathrm{Hom}_A(i, 1) : \mathrm{Hom}_A(A, E) \to \mathrm{Hom}_A(\mathfrak{a}, E)$$

est surjective (déf. 2); si $g \in \mathrm{Hom}_A(A, E)$ est tel que $f = g \circ i$, on a

$$f(a) = g(a) = ag(1)$$

pour tout $a \in \mathfrak{a}$.

Inversement, supposons la condition de l'énoncé vérifiée, soient M un A-module, N un sous-module de M, $u : N \to E$ un A-homomorphisme, et prouvons qu'il existe un A-homomorphisme $\bar{u} : M \to E$ prolongeant u (*cf. lemme* 3). Soit $\mathscr{P}$ l'ensemble des couples (P, v) où P est un sous-module de M contenant N et v un homomorphisme de P dans E prolongeant u. L'ensemble $\mathscr{P}$ ordonné par la relation de prolongement est *inductif* : si (P_j, v_j) est une famille totalement ordonnée d'éléments de $\mathscr{P}$, posons $Q = \cup P_j$ et soit $w : Q \to E$ l'unique application induisant v_j sur P_j pour tout j; alors $(Q, w) \in \mathscr{P}$ et (Q, w) majore (P_j, v_j) pour tout j. Soit alors (P, v) un élément maximal de $\mathscr{P}$ (E, III, p. 20, th. 2); il suffit de prouver que $P = M$. Soit $x \in M$ et soit $\mathfrak{a}$ l'idéal des $a \in A$ tels que $ax \in P$; posons $f(a) = v(ax)$ pour $a \in \mathfrak{a}$; on obtient ainsi un A-homomorphisme $f : \mathfrak{a} \to E$. Soit alors e un élément de E tel que $f(a) = ae$ pour tout $a \in \mathfrak{a}$. Posons $P' = P + Ax$ et soit $v' : P' \to E$ l'unique A-homomorphisme tel que $v'(p + ax) = v(p) + ae$ pour $p \in P, a \in A$; alors (P', v') appartient à $\mathscr{P}$ et majore (P, v), donc $P' = P$, c'est-à-dire $x \in P$, ce qui achève la démonstration.

COROLLAIRE 1. — *Si l'anneau* A *est nœthérien à gauche, tout module somme directe de* A*-modules injectifs est injectif.*

Soit $(E_i)_{i \in I}$ une famille de A-modules injectifs, soient E leur somme directe, $\mathfrak{a}$ un idéal de A et $u : \mathfrak{a} \to E$ un A-homomorphisme. Comme A est nœthérien, $\mathfrak{a}$ est de type fini, et par suite l'application canonique

$$\varphi : \bigoplus_{i \in I} \mathrm{Hom}_A(\mathfrak{a}, E_i) \to \mathrm{Hom}_A(\mathfrak{a}, E)$$

est bijective ; soit (u_i) l'image réciproque de u par φ. Puisque chaque E_i est injectif, et la famille (u_i) à support fini, il existe un élément $(e_i)_{i \in I}$ de E tel que $u_i(a) = ae_i$ pour tout $a \in \mathfrak{a}$ et tout $i \in I$, donc $u(a) = a((e_i))$ pour tout $a \in \mathfrak{a}$, et E est injectif.

Remarque. — Si tout A-module somme directe de A-modules injectifs est injectif, l'anneau A est nœthérien à gauche (X, p. 170, exercice 21).

Supposons A intègre. On dit que le A-module E est *divisible* si l'homothétie a_E est surjective pour tout élément non nul a de A.

COROLLAIRE 2. — *Supposons* A *intègre.*

a) Tout A*-module injectif est divisible.*

b) Tout A*-module sans torsion* (II, p. 115) *et divisible est injectif.*

c) Si A *est principal, tout* A*-module divisible est injectif.*

Si $a \in A$ est non nul, alors a_A est injectif; d'autre part, pour tout A-module E, l'homothétie a_E s'identifie canoniquement à

$$\mathrm{Hom}(a_A, 1) : \mathrm{Hom}_A(A, E) \to \mathrm{Hom}_A(A, E),$$

donc E est divisible si et seulement si $\mathrm{Hom}(a_E, 1_E)$ est surjectif pour tout $a \in A$ non nul. L'assertion *a)* résulte donc de la définition 2 (X, p. 15).

Soit E un A-module divisible ; supposons A principal (resp. E sans torsion) et prouvons que E est injectif par application de la prop. 10. Soient $\mathfrak{a}$ un idéal de A et $f : \mathfrak{a} \to E$ un A-homomorphisme. Soit $x \in \mathfrak{a}$ tel que $\mathfrak{a} = Ax$ (resp. tel que $x \neq 0$ si $\mathfrak{a} \neq 0$), et soit $e \in E$ tel que $xe = f(x)$. Prouvons que pour tout $a \in \mathfrak{a}$, on a

$$f(a) = ae ;$$

cela est clair si $a \in Ax$, d'où l'assertion dans le cas où A est principal ; si E est sans torsion et si $xa \in \mathfrak{a}$, on a $xf(a) = f(ax) = axe$, donc $f(a) = ae$ puisque x est non nul si $a \neq 0$.

Exemples. — 1) Si A est intègre, le corps des fractions K de A est un A-module injectif. Si A est principal, K/A est un A-module injectif.

2) Par exemple, les **Z**-modules **Q** et **Q**/**Z** sont injectifs.

3) Soit A un anneau principal et soit a un élément *non nul* de A. Alors A/aA est un A/aA-module injectif (X, p. 170, exercice 20).

8. Modules cogénérateurs injectifs

PROPOSITION 11. — *Soient* B *un anneau,* F *un* B-*module et* P *un* (B, A)-*bimodule. Si* F *est un* B-*module injectif et* P *un* A-*module plat,* $\mathrm{Hom}_B(P, F)$ *est un* A-*module injectif.*

Soit $u : M' \to M$ un homomorphisme injectif de A-modules. On a un diagramme commutatif

$$\begin{array}{ccc} \mathrm{Hom}_A(M, \mathrm{Hom}_B(P, F)) & \xrightarrow{\mathrm{Hom}_A(u,1)} & \mathrm{Hom}_A(M', \mathrm{Hom}_B(P, F)) \\ \beta\downarrow & & \downarrow\beta' \\ \mathrm{Hom}_B(P \otimes_A M, F) & \xrightarrow{\mathrm{Hom}(1_P \otimes u, 1_F)} & \mathrm{Hom}_B(P \otimes_A M', F) \end{array}$$

où β et β' sont les isomorphismes canoniques de II, p. 74. Comme P est plat sur A, l'homomorphisme $1_P \otimes u : P \otimes_A M' \to P \otimes_A M$ est injectif. Comme F est injectif, $\mathrm{Hom}(1_P \otimes u, 1_F)$ est surjectif, donc aussi $\mathrm{Hom}_A(u, 1)$, ce qui prouve que $\mathrm{Hom}_F(P, F)$ est un A-module injectif (X, p. 16, lemme 3).

DÉFINITION 3. — *On dit que le* A-*module* E *est* cogénérateur *si, pour tout* A-*module* M *et tout élément non nul* x *de* M, *il existe un* A-*homomorphisme* $u : M \to E$ *tel que* $u(x) \neq 0$.

On dit que le A-module L est *générateur* si, pour tout A-module M et tout élément x de M, il existe un A-homomorphisme $u : L \to M$ tel que $x \in u(L)$. Par exemple, le A-module A_s est générateur.

PROPOSITION 12. — *Soit* E *un* A-*module injectif. Pour que* E *soit cogénérateur, il faut et il suffit que* $\mathrm{Hom}_A(S, E) \neq 0$ *pour tout* A-*module simple* S.

La condition est évidemment nécessaire. Inversement, soient M un A-module et x un élément non nul de M ; le sous-module Ax de M possède un quotient simple S (VIII, § 2, nº 1, prop. 3). Si $\mathrm{Hom}_A(S, E) \neq 0$, alors $\mathrm{Hom}_A(Ax, E) \neq 0$ et il existe un homomorphisme $f : Ax \to E$ tel que $f(x) \neq 0$; comme E est injectif, f se prolonge en un homomorphisme u de M dans E et on a $u(x) = f(x) \neq 0$.

Exemple. — Le $\mathbf{Z}$-module injectif $\mathbf{Q}/\mathbf{Z}$ (X, p. 18, exemple 2) est cogénérateur. En effet, tout $\mathbf{Z}$-module simple est isomorphe à un module $\mathbf{Z}/p\mathbf{Z}$, $p \neq 0$, et $\mathrm{Hom}_{\mathbf{Z}}(\mathbf{Z}/p\mathbf{Z}, \mathbf{Q}/\mathbf{Z})$ est non nul (il contient par exemple l'application déduite par passage aux quotients de l'homomorphisme $x \mapsto x/p$ de $\mathbf{Z}$ dans $\mathbf{Q}$).

PROPOSITION 13. — *Soient* B *un anneau,* F *un* B-*module injectif cogénérateur,* P *un* (B, A)-*bimodule. Supposons* P *plat sur* A *et tel que* $P \otimes_A S \neq 0$ *pour tout* A-*module simple* S (* *c'est-à-dire fidèlement plat sur* A *au sens de* AC, I $_*$). *Alors le* A-*module* $\mathrm{Hom}_B(P, F)$ *est cogénérateur et injectif.*

En effet, $\mathrm{Hom}_B(P, F)$ est injectif d'après la prop. 11. D'autre part, pour tout A-module simple S, $\mathrm{Hom}_A(S, \mathrm{Hom}_B(P, F))$ est isomorphe à $\mathrm{Hom}_B(P \otimes_A S, F)$, donc est non nul puisque $P \otimes_A S \neq 0$ et que le B-module F est cogénérateur ; le A-module $\mathrm{Hom}_B(P, F)$ est donc cogénérateur d'après la prop. 12.

COROLLAIRE 1. — *Le* A-*module* $E_A = \mathrm{Hom}_{\mathbf{Z}}(A, \mathbf{Q}/\mathbf{Z})$ *est injectif et cogénérateur.*

On applique la prop. 13 avec $B = \mathbf{Z}$, $F = \mathbf{Q}/\mathbf{Z}$ (*exemple*) et $P = A_d$.

Pour tout A-module M, posons
$$I^0(M) = E_A^{\mathrm{Hom}(M, E_A)}$$
et soit $e_M : M \to I^0(M)$ l'homomorphisme qui associe à $m \in M$ l'élément
$$(\varphi(m))_{\varphi \in \mathrm{Hom}(M, E_A)} \in I^0(M).$$
Alors :

COROLLAIRE 2. — *Le* A-*module* $I^0(M)$ *est injectif et le* A-*homomorphisme* $e_M : M \to I^0(M)$ *est injectif.*

En effet, $I^0(M)$ est injectif, puisque E_A est injectif (X, p. 16, prop. 9), d'autre part e_M est injectif puisque E_A est cogénérateur.

COROLLAIRE 3. — *Tout* A-*module est isomorphe à un sous-module d'un* A-*module injectif.*

COROLLAIRE 4. — *Pour que le* A-*module* E *soit injectif, il faut et il suffit que tout* A-*homomorphisme injectif* $f : E \to F$ *possède une rétraction* A-*linéaire.*

Supposons E injectif et soit $f : E \to F$ un A-homomorphisme injectif. Alors $\mathrm{Hom}_A(f, 1_E) : \mathrm{Hom}_A(F, E) \to \mathrm{Hom}_A(E, E)$ est surjectif ; il existe donc $r \in \mathrm{Hom}_A(F, E)$ tel que $r \circ f = 1_E$ et r est une rétraction A-linéaire de f. Inversement, il existe un A-module injectif I et un A-homomorphisme injectif $f : E \to I$ (cor. 2) ; si f possède une rétraction A-linéaire, E est injectif d'après la prop. 9 de X, p. 16.

9. Enveloppes injectives

DÉFINITION 4. — *Soit* M *un* A-*module. Une* enveloppe injective *de* M *est un couple* (I, i), *où* I *est un* A-*module injectif et* $i : M \to I$ *un homomorphisme possédant la propriété suivante :*

(E) *pour qu'un sous-module* P *de* I *soit nul, il faut et il suffit que* $i^{-1}(P)$ *soit nul.*

Notons que (E) implique que i est injectif. On identifie souvent M au sous-module $i(M)$ de I, et on dit alors que I est une enveloppe injective de M.

Exemple 1. Supposons A intègre et M sans torsion. Soient K le corps des fractions de A et $i : M \to K \otimes_A M$ l'homomorphisme canonique. Alors $(K \otimes_A M, i)$ est une enveloppe injective de M (II, p. 116, prop. 26 et X, p. 17, cor. 2).

THÉORÈME 2. — *Soit* M *un* A-*module.*

a) M *possède des enveloppes injectives.*

b) *Si* (I, i) *et* (J, j) *sont deux enveloppes injectives de* M, *il existe un isomorphisme* $f : I \to J$ *tel que* $f \circ i = j$.

On notera que l'homomorphisme f dont l'existence est affirmée dans *b*) n'est pas uniquement déterminé en général.

a) On peut supposer que M est un sous-module d'un A-module injectif E (X, p. 19, cor. 3). Considérons l'ensemble ordonné par inclusion $\mathscr{F}$ des sous-modules I de E, contenant M, et tels que l'injection canonique $i : M \to I$ satisfasse à la propriété (E). Puisque $\mathscr{F}$ est inductif, il possède un élément maximal (E, III, p. 20) ; soit I un élément maximal de $\mathscr{F}$. Il suffit de prouver que I est un sous-module *facteur direct* de E. Soit N un sous-module de E tel que $N \cap I = 0$, et maximal pour cette propriété (un tel N existe d'après *loc. cit.*). L'homomorphisme composé

$$I \xrightarrow{u} E \xrightarrow{v} E/N ,$$

où u et v sont les homomorphismes canoniques, est injectif ; puisque E est injectif, il existe donc un homomorphisme $w : E/N \to E$ tel que $w \circ v \circ u = u$, c'est-à-dire $w \circ v(x) = x$ pour $x \in I$. Posons $I' = \operatorname{Im}(w) = \operatorname{Im}(w \circ v)$ et soit $i' : M \to I'$ l'injection canonique. Alors $I \subset I'$; pour achever la démonstration, il suffit de prouver que i' satisfait à la condition (E) : cela entraîne que $I = I'$ (caractère maximal de I) donc que $w \circ v$ est un projecteur de E sur I.

Soit donc P un sous-module de I' tel que $P \cap M = 0$. On a $P = w \circ v(Q)$, où Q est un sous-module de E contenant N ; de plus

$$Q \cap M = w \circ v(Q \cap M) \subset P \cap M = 0 ,$$

donc $Q \cap I = 0$ puisque $i : M \to I$ possède la propriété (E). D'après le caractère maximal de N, cela implique $Q = N$, c'est-à-dire $v(Q) = 0$, donc $P = 0$, ce qu'il fallait démontrer.

b) Soient (I, i) et (J, j) deux enveloppes injectives de M. Puisque J est injectif, il existe un homomorphisme $f : I \to J$ tel que $f \circ i = j$; on a

$$i^{-1}(\operatorname{Ker} f) = \operatorname{Ker} j = 0 ,$$

donc $\operatorname{Ker} f = 0$ et f est injectif. Alors $f(I)$ est un sous-module injectif de J, donc facteur direct ; puisque j satisfait à (E), cela implique $f(I) = J$ et f est bijectif.

Remarques. — 1) Soient (I, i) une enveloppe injective de M et $j : M \to J$ un homomorphisme injectif de M dans un A-module injectif J. D'après la démonstration ci-dessus, il existe un homomorphisme *injectif* $f : I \to J$ tel que $f \circ i = j$.

2) Soit (I, i) une enveloppe injective de M. Identifions M au sous-module $i(M)$ de I. Pour tout sous-module N de M, il existe un sous-module injectif de I qui est une enveloppe injective de N (appliquer la *remarque* 1 à N). Inversement, tout sous-module injectif J de I est enveloppe injective de $J \cap M$.

PROPOSITION 14. — *Soit* I *un* A-*module injectif non nul. Les conditions suivantes sont équivalentes* :

(i) I *est indécomposable* (VII, § 4, n° 8, déf. 3);

(ii) 0 *n'est pas intersection de deux sous-modules non nuls de* I;

(iii) I *est l'enveloppe injective de tous ses sous-modules non nuls*;

(iv) *l'anneau* $\mathrm{End}_A(I)$ *est local* (VIII, § 1, n° 4, déf. 4).

(i) ⇒ (iii) : soit M un sous-module non nul de I. D'après la *remarque* 2 ci-dessus, il existe un sous-module I′ de I, qui est une enveloppe injective de M. Comme I′ est non nul et facteur direct dans I, on a $I = I'$ si I est indécomposable.

(iii) ⇒ (ii) : soient E et F deux sous-modules de I, tels que $E \cap F = 0$. Si $E \neq 0$, alors I est enveloppe injective de E d'après (iii), donc « $E \cap F = 0$ » implique « $F = 0$ ».

(ii) ⇒ (i) : c'est trivial.

(iv) ⇒ (i) : cela résulte de VIII, § 1, n° 6, prop. 13.

(i) ⇒ (iv) : supposons I indécomposable. Notons d'abord que tout endomorphisme injectif f de I est bijectif (puisque $f(I)$ est alors un sous-module facteur direct non nul de I). Par ailleurs, tout endomorphisme f de I, dont la restriction à un sous-module E non nul de I est injective, est injectif (en effet, puisque (i) ⇒ (iii), I est enveloppe injective de E, donc « $E \cap \mathrm{Ker}\, f = 0$ » implique « $\mathrm{Ker}\, f = 0$ »). Cela étant, soit f un élément non inversible de $\mathrm{End}_A(M)$; d'après VIII, § 1, n° 4, prop. 9, il s'agit de prouver que $1 - f$ est inversible. Comme f n'est pas injectif, on a $\mathrm{Ker}\, f \neq 0$; comme la restriction de $1 - f$ à $\mathrm{Ker}\, f$ est injective, $1 - f$ est injectif, donc bijectif.

COROLLAIRE 1. — *La relation* « I *est une classe de* A-*modules injectifs indécomposables* » *est collectivisante.*

En effet, d'après (iii) tout A-module injectif indécomposable est enveloppe injective d'un A-module monogène.

COROLLAIRE 2. — *Soient* M *un* A-*module*, I *une enveloppe injective de* M. *Pour que* I *soit indécomposable, il faut et il suffit que* 0 *ne soit pas intersection de deux sous-modules non nuls de* M.

La condition est nécessaire d'après la prop. 14 ((i) ⇒ (ii)). Inversement, si I est somme directe des sous-modules non nuls I_1 et I_2, on a :

$$I_1 \cap M \neq 0, \quad I_2 \cap M \neq 0 \quad \text{et} \quad (I_1 \cap M) \cap (I_2 \cap M) = 0 .$$

Exemple 2. — Si A est commutatif et nœthérien, les A-modules injectifs indécomposables sont exactement les enveloppes injectives des modules $A/\mathfrak{p}$ où $\mathfrak{p}$ est un idéal premier (X, p. 171, exercice 27).

10. Structure des modules injectifs

Lemme 4. — *Soient* M *un* A-*module nœthérien non nul,* I *une enveloppe injective de* M. *Alors* I *possède un sous-module injectif indécomposable.*

On peut évidemment supposer que M est un sous-module de I. Soit N un sous-module de M, tel que I ne soit pas une enveloppe injective de N et maximal pour cette propriété. D'après la *remarque* 2 (X, p. 21), il existe un sous-module I_1 de I qui est une enveloppe injective de N ; alors I_1 est facteur direct dans I, soit J un supplémentaire. On a $J \neq 0$, montrons que J est indécomposable. Si J' est un sous-module facteur direct non nul de J, on a $J' \cap M \neq 0$ et

$$(J' \cap M) \cap N \subset J' \cap I_1 = 0 .$$

Le sous-module $N' = (J' \cap M) + N$ de M est *somme directe* de $J' \cap M$ et N, donc contient strictement N. Par ailleurs N' est contenu dans le sous-module $J' + I_1$ de J, qui est *somme directe* de J' et I_1, donc injectif. D'après le caractère maximal de N, cela implique $J' + I_1 = I$, donc $J' = J$, et J est indécomposable.

Notons $\mathscr{I}$ l'ensemble (X, p. 21, cor. 1) des classes de A-modules injectifs indécomposables.

Rappelons (X, p. 17, cor. 1) que, si A est nœthérien à gauche, tout A-module somme directe de A-modules injectifs est injectif.

Théorème 3. — *Soit* I *un* A-*module injectif.*

a) *Si* I *est l'enveloppe injective d'un* A-*module nœthérien* M, I *est somme directe d'une famille finie de sous-modules* (*injectifs*) *indécomposables.*

b) *Si* A *est nœthérien à gauche,* I *est somme directe d'une famille de sous-modules* (*injectifs*) *indécomposables.*

c) *Si* I *est somme directe de sous-modules* (*injectifs*) *indécomposables, il existe une famille de cardinaux* $(a_E)_{E \in \mathscr{I}}$, *et une seule, telle que* I *soit isomorphe à*

$$\bigoplus_{E \in \mathscr{I}} E^{(a_E)} .$$

Notons d'abord que *c*) résulte de la prop. 14 (X, p. 21) et de VIII, § 1, n° 7, théorème 2. Démontrons *a*).

Soit N un sous-module de M dont les enveloppes injectives soient somme directe d'une famille finie de sous-modules indécomposables, et maximal pour cette propriété (il en existe puisque M est nœthérien). D'après la *remarque* 2 (X, p. 21), il existe un sous-module I_1 de I qui est une enveloppe injective de N. Si $I_1 = I$, la démonstration est achevée ; sinon, soit J un supplémentaire de I_1 dans I. Alors J est enveloppe injective du module nœthérien $J \cap M$ (*loc. cit.*), donc possède un sous-module injectif indécomposable J′ (lemme 4). Alors $I_1 + J'$ est injectif, somme directe d'une famille finie de sous-modules indécomposables, et enveloppe injective du sous-module $(I_1 + J') \cap M$ de M qui majore strictement N, d'où une contradiction.

Supposons A nœthérien à gauche et démontrons *b*). Soit X l'ensemble somme des ensembles $\mathrm{Hom}_A(E, I)$ pour $E \in \mathscr{I}$. A chaque partie Y de X associons un A-module E_Y et un A-homomorphisme $f_Y : E_Y \to I$ de la façon suivante : Y est la somme d'une famille $(Y(E))_{E \in \mathscr{I}}$ où $Y(E) \subset \mathrm{Hom}_A(E, I)$, on pose

$$E_Y = \bigoplus_{E \in \mathscr{I}} E^{(Y(E))}$$

et la composante de f sur le facteur direct de E_Y correspondant à l'élément y de $Y(E) \subset \mathrm{Hom}_A(E, I)$ est $y : E \to I$. Soit Y une partie de X, telle que f_Y soit injectif et que Y soit maximal pour cette propriété (une telle partie existe d'après E, III, p. 20) ; il suffit de prouver que f_Y est bijectif. Sinon, soit J un supplémentaire du sous-module injectif $\mathrm{Im}(f_Y)$ de I ; puisque J est non nul, il possède un sous-module nœthérien non nul (parce que A est supposé nœthérien), donc aussi un sous-module injectif J′ non nul enveloppe injective d'un module nœthérien. D'après *a*), J′ est somme directe d'une famille finie non vide de sous-modules indécomposables. Il existe donc une partie finie Y non vide de X telle que f_Y applique bijectivement $E_{Y'}$ sur J′. Comme $\mathrm{Im}(f_Y) \cap J' = 0$, on a $Y \cap Y' = \varnothing$ et $f_{Y \cup Y'}$ est injectif ; cela contredit le caractère maximal de Y et achève la démonstration.

§ 2. COMPLEXES DE A-MODULES

Dans ce paragraphe, on désigne par A *un anneau. Lorsque nous parlerons de* A-*modules sans préciser, il sera toujours question de* A-*modules à gauche.*

Nous appellerons modules gradués *les modules gradués de type* **Z** (II, p. 164). *Si* M *est un* A-*module gradué, de graduation* $(M_n)_{n \in \mathbf{Z}}$, *on pose* $M^n = M_{-n}$ *et on dit que* M_n (resp. M^n) *est la composante homogène* de degré descendant *n* (resp. de degré ascendant *n*) *de* M. *Si* $u : M \to N$ *est un homomorphisme gradué de degré p de* A-*modules gradués* (II, p. 166), *on note* $u_n : M_n \to M_{n+p}$ (resp. $u^n : M^n \to M^{n-p}$) *l'homomorphisme déduit de u ; on l'appelle la composante homogène de degré descendant* (resp. *ascendant*) *n de u ; on dit aussi que u est de degré descendant p ou de degré ascendant* $-p$.

1. Complexes de A-modules

DÉFINITION 1. — *Un complexe différentiel de* A-*modules est un couple* (C, *d*) *formé d'un* A-*module gradué* C *et d'un endomorphisme* $d : C \to C$ *gradué de degré descendant* -1 *et tel que* $d \circ d = 0$.

On dit aussi complexe de A-modules, ou A-complexe, ou complexe. On écrit souvent C au lieu de (C, d) ; l'endomorphisme d s'appelle la *différentielle* du complexe (C, d), ou par abus de langage de C.

Si C_n (resp. C^n) est la composante homogène de degré descendant (resp. ascendant) n de C, la donnée de d équivaut à celle de la suite d'homomorphismes

$$(1) \qquad \cdots \longrightarrow C_{n+1} \xrightarrow{d_{n+1}} C_n \xrightarrow{d_n} C_{n-1} \longrightarrow \cdots$$

resp.

$$(1') \qquad \cdots \longrightarrow C^{n-1} \xrightarrow{d^{n-1}} C^n \xrightarrow{d^n} C^{n+1} \longrightarrow \cdots$$

telle que $d_n \circ d_{n+1} = 0$ pour tout $n \in \mathbf{Z}$ (resp. $d^n \circ d^{n-1} = 0$ pour tout $n \in \mathbf{Z}$). Par abus de langage, on appellera aussi complexe la donnée d'une telle suite de A-modules et d'homomorphismes.

On remarquera, à titre mnémotechnique, que lorsqu'on « suit le sens des flèches » dans les diagrammes (1) et (1'), le degré descendant diminue et le degré ascendant augmente.

Tout A-module gradué sera tacitement considéré comme un complexe en le munissant de la différentielle nulle ; les complexes ainsi obtenus seront appelés *complexes à différentielle nulle.* En particulier, tout A-module M sera muni de l'unique structure de A-complexe telle que $M_0 = M^0 = M$. Le complexe (C, d) est dit *nul* si C est réduit à 0. Dans la suite, on note 0 un complexe nul, choisi une fois pour toutes.

Adjoignons à l'ensemble ordonné $\mathbf{Z}$ deux éléments notés $-\infty$ et $+\infty$; notons $\overline{\mathbf{Z}}$ l'ensemble obtenu, et munissons-le de la relation d'ordre prolongeant celle de $\mathbf{Z}$ et telle que $-\infty < n < +\infty$ pour tout $n \in \mathbf{Z}$; toute partie de $\overline{\mathbf{Z}}$ possède une borne inférieure et une borne supérieure.

Soit C un complexe ; on appelle bornes droite et gauche [1] de C les éléments $b_d(C)$ et $b_g(C)$ de $\overline{\mathbf{Z}}$ définis par

$$b_d(C) = \inf \{ n \in \mathbf{Z}, C_n \neq 0 \}, \qquad b_g(C) = \sup \{ n \in \mathbf{Z}, C_n \neq 0 \}.$$

On dit que C est *nul à droite* si $b_d(C) \geqslant 0$, *borné à droite* si $b_d(C) \neq -\infty$, *nul à gauche* si $b_g(C) \leqslant 0$, *borné à gauche* si $b_g(C) \neq +\infty$; on dit que C *est borné* si

$$b_d(C) \neq -\infty, \qquad b_g(C) \neq +\infty.$$

On appelle *longueur* [2] de C et on note $l(C)$ l'élément de $\overline{\mathbf{Z}}$ défini comme suit : si C est nul, $l(C) = -\infty$; si C est borné et non nul $l(C) = b_g(C) - b_d(C)$; si C

[1] Les mots de *droite* et *gauche* sont relatifs à la description de C à l'aide des diagrammes (1) et (1').

[2] On ne confondra pas la notion de longueur du complexe (C, d) et celle de longueur du module C (II, p. 21).

n'est pas borné, $l(C) = +\infty$. * Avec les conventions de TG, IV, p. 13-17, on a toujours $l(C) = b_g(C) - b_d(C)$. $_*$

Par exemple, si k composantes consécutives de C sont non nulles, les autres étant nulles, on a $l(C) = k - 1$ si $k > 0$, $l(C) = -\infty$ si $k = 0$.

On dit que le complexe (C, d) est *libre*, *projectif*, *plat*, *injectif*, si chacun des modules C_n l'est. On notera que le complexe (C, d) est projectif ou plat si et seulement si le module C l'est (II, p. 39, prop. 3 et X, p. 8, prop. 4), mais que C peut être libre sans que le complexe (C, d) le soit (puisqu'un facteur direct d'un module libre n'est pas toujours libre), de même que (C, d) peut être injectif sans que C le soit (X, p. 170, exercice 21).

Soit (C, d) un complexe. On pose $Z(C, d) = \operatorname{Ker}(d)$, $B(C, d) = \operatorname{Im}(d)$; ce sont des sous-modules gradués de C, appelés respectivement le module des *cycles* et le module des *bords* de (C, d) ; les composantes homogènes de $Z(C, d)$ et $B(C, d)$ se notent $Z_n(C, d) = Z^{-n}(C, d)$, $B_n(C, d) = B^{-n}(C, d)$; on a $Z_n(C, d) = \operatorname{Ker}(d_n)$, $B_n(C, d) = \operatorname{Im}(d_{n+1})$, $Z^n(C, d) = \operatorname{Ker}(d^n)$, $B^n(C, d) = \operatorname{Im}(d^{n-1})$.

Puisque $d \circ d = 0$, on a $B(C) \subset Z(C)$; deux cycles sont dits *homologues* si leur différence est un bord ; le module gradué quotient $H(C, d) = Z(C, d)/B(C, d)$ est appelé le *module d'homologie* de (C, d) ; ses éléments sont les *classes d'homologie* ; ses composantes homogènes sont notées $H_n(C, d) = H^{-n}(C, d)$.

Exemple. — Si C est à différentielle nulle, on a $Z(C) = C$, $B(C) = 0$ et $H(C)$ s'identifie canoniquement à C.

On a des *suites exactes*, dites *canoniques* :

$$(\mathrm{I}_n) \qquad 0 \longrightarrow Z_n(C) \longrightarrow C_n \xrightarrow{\delta_n} B_{n-1}(C) \longrightarrow 0$$

$$(\mathrm{II}_n) \qquad 0 \longrightarrow B_n(C) \longrightarrow Z_n(C) \longrightarrow H_n(C) \longrightarrow 0$$

$$(\mathrm{III}_n) \qquad 0 \longrightarrow B_n(C) \longrightarrow C_n \longrightarrow C_n/B_n(C) \longrightarrow 0$$

$$(\mathrm{IV}_n) \qquad 0 \longrightarrow H_n(C) \longrightarrow C_n/B_n(C) \xrightarrow{\bar{\delta}_n} B_{n-1}(C) \longrightarrow 0$$

où δ_n et $\bar{\delta}_n$ sont déduits de d_n. Par combinaison de (IV_n) et (II_{n-1}), on obtient la suite exacte

$$(\mathrm{V}_n) \qquad 0 \to H_n(C) \to C_n/B_n(C) \to Z_{n-1}(C) \to H_{n-1}(C) \to 0\,,$$

qui s'écrit aussi, changeant n en $-n$

$$(\mathrm{V}^n) \qquad 0 \to H^n(C) \to C^n/B^n(C) \to Z^{n+1}(C) \to H^{n+1}(C) \to 0\,.$$

DÉFINITION 2. — *Soient* (C, d) *et* (C', d') *deux complexes. Un* morphisme [1] *de* (C, d) *dans* (C', d') *est un* A-*homomorphisme gradué* u *de degré* 0 *de* C *dans* C' *tel que*

$$d' \circ u = u \circ d\,.$$

[1] Ou *morphisme de degré* 0 (*cf.* X, p. 81).

Pour tout n, on a donc $d'_n \circ u_n = u_{n-1} \circ d_n$ et $d'^n \circ u^n = u^{n+1} \circ d^n$. On a

$$u(\mathrm{Z}(\mathrm{C})) \subset \mathrm{Z}(\mathrm{C}') , \qquad u(\mathrm{B}(\mathrm{C})) \subset \mathrm{B}(\mathrm{C}') ,$$

et on note $\mathrm{Z}(u) : \mathrm{Z}(\mathrm{C}) \to \mathrm{Z}(\mathrm{C}')$, $\mathrm{B}(u) : \mathrm{B}(\mathrm{C}) \to \mathrm{B}(\mathrm{C}')$, $\mathrm{H}(u) : \mathrm{H}(\mathrm{C}) \to \mathrm{H}(\mathrm{C}')$, les homomorphismes de A-modules qu'on en déduit ; les composantes homogènes de ces morphismes sont notées $\mathrm{Z}_n(u)$, $\mathrm{Z}^n(u)$, ...

Si v est un autre morphisme de (C, d) dans (C', d'), alors $u + v$ est un morphisme de (C, d) dans (C', d'), et on a

$$\mathrm{Z}(u + v) = \mathrm{Z}(u) + \mathrm{Z}(v) , \quad \mathrm{B}(u + v) = \mathrm{B}(u) + \mathrm{B}(v) , \quad \mathrm{H}(u + v) = \mathrm{H}(u) + \mathrm{H}(v) .$$

De même, si A est une algèbre sur un anneau commutatif k, et si $\lambda \in k$, alors λu est un morphisme de (C, d) dans (C', d') et on a

$$\mathrm{Z}(\lambda u) = \lambda \mathrm{Z}(u) , \qquad \mathrm{B}(\lambda u) = \lambda \mathrm{B}(u) , \quad \mathrm{H}(\lambda u) = \lambda \mathrm{H}(u) .$$

Si $u' : (\mathrm{C}', d') \to (\mathrm{C}'', d'')$ est un autre morphisme de complexes, alors $u' \circ u$ est un morphisme de (C, d) dans (C'', d'') et on a

$$\mathrm{Z}(u' \circ u) = \mathrm{Z}(u') \circ \mathrm{Z}(u) , \quad \mathrm{B}(u' \circ u) = \mathrm{B}(u') \circ \mathrm{B}(u) , \quad \mathrm{H}(u' \circ u) = \mathrm{H}(u') \circ \mathrm{H}(u) .$$

Il est clair qu'un morphisme bijectif est un isomorphisme.

DÉFINITION 3. — *Soient* (C, d) *et* (C', d') *deux complexes. Un* homologisme (*ou quasi-isomorphisme*) *de* (C, d) *dans* (C', d') *est un morphisme* u *de* (C, d) *dans* (C', d') *tel que* $\mathrm{H}(u)$ *soit bijectif.*

Tout isomorphisme est un homologisme, tout morphisme composé d'homologismes est un homologisme.

On dit que (C, d) est d'*homologie nulle* si $\mathrm{H}(\mathrm{C}) = 0$, c'est-à-dire si l'unique morphisme de complexes $0 \to \mathrm{C}$ (resp. $\mathrm{C} \to 0$) est un homologisme. On dit que (C, d) est *acyclique en degré descendant* n (resp. en degré ascendant n) si $\mathrm{H}_n(\mathrm{C}) = 0$ (resp. $\mathrm{H}^n(\mathrm{C}) = 0$).

Soient (C, d) un complexe et $p \in \mathbf{Z}$. On appelle *p-ième translaté* de (C, d) le complexe $(\mathrm{C}(p), d(p))$ obtenu comme suit : $\mathrm{C}(p)$ est le A-module obtenu par décalage de p de la graduation de C (II, p. 163, exemple 3), de sorte que

$$\mathrm{C}(p)_n = \mathrm{C}_{n+p} , \qquad \mathrm{C}(p)^n = \mathrm{C}^{n-p} ;$$

en particulier $\mathrm{C}(p)_0 = \mathrm{C}_p$; on notera aussi que C est la somme directe de ses sous-modules gradués $\mathrm{C}_p(-p)$, $p \in \mathbf{Z}$ (resp. $\mathrm{C}^p(p)$, $p \in \mathbf{Z}$). On pose $d(p) = (-1)^p d$. On a $\mathrm{Z}(\mathrm{C}(p)) = \mathrm{Z}(\mathrm{C})(p)$, $\mathrm{B}(\mathrm{C}(p)) = \mathrm{B}(\mathrm{C})(p)$ et $\mathrm{H}(\mathrm{C}(p)) = \mathrm{H}(\mathrm{C})(p)$.

Par exemple, d est un morphisme de complexes de C dans $\mathrm{C}(-1)$ et

$$\mathrm{H}(d) : \mathrm{H}(\mathrm{C}) \to \mathrm{H}(\mathrm{C})(-1)$$

est nul.

Pour tout morphisme de complexes $u : (C, d) \to (C', d')$, et tout $p \in \mathbf{Z}$, u est aussi un morphisme de $(C(p), d(p))$ dans $(C'(p), d'(p))$; on le note parfois $u(p)$ et on a

$$u(p)_n = u_{n+p}, \qquad u(p)^n = u^{n-p}.$$

2. Opérations sur les complexes

Sur l'ensemble $A \times A$, les deux lois

$$(a, b) + (a', b') = (a + a', b + b')$$
$$(a, b)(a', b') = (aa', ab' + ba')$$

définissent une structure d'anneau, notée $A(\varepsilon)$, d'élément unité $1 = (1, 0)$; l'injection $a \mapsto (a, 0) = a1$ permet d'identifier A à un sous-anneau de $A(\varepsilon)$; le module $A(\varepsilon)$ est libre de base $\{1, \varepsilon\}$ où $\varepsilon = (0, 1)$; on a $\varepsilon^2 = 0$ et ε est central dans $A(\varepsilon)$.

Lorsque A est commutatif, $A(\varepsilon)$ est une *algèbre de nombres duaux* sur A (III, p. 15).

Munissons $A(\varepsilon)$ de la graduation d'anneau (II, p. 164) pour laquelle $A(\varepsilon)_0 = A.1$, $A(\varepsilon)_{-1} = A.\varepsilon$ et $A(\varepsilon)_n = 0$ pour $n \neq 0, -1$. Il est clair que se donner une structure de A-complexe sur un ensemble C revient à se donner sur C une structure de $A(\varepsilon)$-module gradué, la différentielle d correspondant à l'homothétie ε_C ; de même les morphismes de complexes correspondent aux homomorphismes gradués de degré 0 de $A(\varepsilon)$-modules gradués. Les *espèces de structure* de $A(\varepsilon)$-modules gradués et de A-complexes sont donc *équivalentes* (E, IV, p. 9-10). Nous utiliserons ce fait pour transporter à la théorie des complexes, les notions usuelles de la théorie des modules gradués.

A la notion de *sous-*$A(\varepsilon)$*-module gradué* correspond celle de *sous-complexe* : un sous-complexe du complexe (C, d) est donc un sous-module gradué C' de C tel que, pour tout $n \in \mathbf{Z}$, $d_n(C'_n) \subset C'_{n-1}$; si on note d' le A-homomorphisme gradué de C' dans C' déduit de d, alors (C', d') est une structure de complexe, dite *induite* par (C, d). Sauf mention expresse du contraire, tout sous-complexe sera muni de la structure induite.

Nous laissons au lecteur le soin d'expliciter de même les notions de complexe-quotient, suite exacte de complexes, noyau, conoyau, image d'un morphisme de complexes, suivant le dictionnaire ci-dessous :

$A(\varepsilon)$-module gradué quotient	=	*complexe quotient*,
noyau, conoyau, image d'un $A(\varepsilon)$-homomorphisme gradué de degré 0	=	*noyau*, *conoyau*, *image* d'un morphisme de complexes,
suite exacte de $A(\varepsilon)$-modules gradués et d'homomorphismes gradués de degré 0	=	*suite exacte de complexes*.

Par exemple, les suites exactes canoniques du nº 1 donnent des suites exactes de complexes, dites *canoniques*

$$\text{(I)} \qquad 0 \longrightarrow \mathrm{Z(C)} \longrightarrow \mathrm{C} \xrightarrow{\delta} \mathrm{B(C)}(-1) \longrightarrow 0\,,$$

$$\text{(II)} \qquad 0 \longrightarrow \mathrm{B(C)} \longrightarrow \mathrm{Z(C)} \longrightarrow \mathrm{H(C)} \longrightarrow 0\,,$$

$$\text{(III)} \qquad 0 \longrightarrow \mathrm{B(C)} \longrightarrow \mathrm{C} \longrightarrow \mathrm{C/B(C)} \longrightarrow 0\,,$$

$$\text{(IV)} \qquad 0 \longrightarrow \mathrm{H(C)} \longrightarrow \mathrm{C/B(C)} \xrightarrow{\delta} \mathrm{B(C)}(-1) \longrightarrow 0\,,$$

$$\text{(V)} \qquad 0 \longrightarrow \mathrm{H(C)} \longrightarrow \mathrm{C/B(C)} \longrightarrow \mathrm{Z(C)}\ (-1) \longrightarrow \mathrm{H(C)}(-1) \longrightarrow 0\,.$$

On définit de même les notions de *somme directe de complexes*, *système inductif de complexes*, *limite inductive d'un système inductif de complexes.*

Soit (C_i, d_i) une famille de complexes. On appelle *produit* de cette famille et on note $\prod_{i\in\mathrm{I}} (\mathrm{C}_i, d_i)$ le complexe (C, d) obtenu comme suit :

a) pour chaque $n \in \mathbf{Z}$, C_n est le A-module produit $\prod_{i\in\mathrm{I}} (\mathrm{C}_i)_n$ des composantes homogènes $(\mathrm{C}_i)_n$ des complexes donnés,

b) pour chaque $n \in \mathbf{Z}$, $d_n : \mathrm{C}_n \to \mathrm{C}_{n-1}$ est le A-homomorphisme de composantes $(d_i)_n$.

Lorsque I est fini, $\prod_{i\in\mathrm{I}} (\mathrm{C}_i, d_i)$ est égal à $\bigoplus_{i\in\mathrm{I}} (\mathrm{C}_i, d_i)$. On prendra garde qu'en général, le A-module sous-jacent au complexe produit $\prod_{i\in\mathrm{I}} (\mathrm{C}_i, d_i)$ n'est *pas* le A-module produit $\prod_{i\in\mathrm{I}} \mathrm{C}_i$.

Considérons une famille (resp. un système inductif filtrant) $(\mathrm{C}_i)_{i\in\mathrm{I}}$ de complexes. Soit C la somme directe (resp. la limite inductive) des C_i, et soient $\alpha_i : \mathrm{C}_i \to \mathrm{C}$ les homomorphismes canoniques. Alors les $\mathrm{H}(\alpha_i) : \mathrm{H}(\mathrm{C}_i) \to \mathrm{H(C)}$ définissent un homomorphisme gradué de degré 0, dit *canonique*, de $\bigoplus_{i\in\mathrm{I}} \mathrm{H}(\mathrm{C}_i)$ (resp. $\varinjlim_{i\in\mathrm{I}} \mathrm{H}(\mathrm{C}_i)$) dans H(C). De même, les projections canoniques $\prod_{i\in\mathrm{I}} \mathrm{C}_i \to \mathrm{C}_i$ définissent un homomorphisme gradué de degré 0, dit *canonique*, de $\mathrm{H}(\prod \mathrm{C}_i)$ dans $\prod(\mathrm{H}(\mathrm{C}_i))$.

PROPOSITION 1. — *Pour toute famille de complexes* $(\mathrm{C}_i)_{i\in\mathrm{I}}$, *les homomorphismes canoniques*

$$\text{(2)} \qquad \bigoplus_{i\in\mathrm{I}} \mathrm{H}(\mathrm{C}_i) \to \mathrm{H}\Big(\bigoplus_{i\in\mathrm{I}} \mathrm{C}_i\Big)\,, \qquad \mathrm{H}\Big(\prod_{i\in\mathrm{I}} \mathrm{C}_i\Big) \to \prod_{i\in\mathrm{I}} \mathrm{H}(\mathrm{C}_i)$$

sont bijectifs.

Pour tout système inductif filtrant de complexes $(\mathrm{C}_i)_{i\in\mathrm{I}}$, *l'homomorphisme canonique*

$$\text{(3)} \qquad \varinjlim_{i\in\mathrm{I}} \mathrm{H}(\mathrm{C}_i) \to \mathrm{H}\big(\varinjlim_{i\in\mathrm{I}} \mathrm{C}_i\big)$$

est bijectif.

Cela résulte aussitôt de II, p. 14, cor. 1 à la prop. 7, p. 11, cor. à la prop. 5, et p. 91, prop. 3.

3. L'homomorphisme de liaison et la suite exacte d'homologie

Dans ce numéro, on considère une *suite exacte de complexes*

$$0 \longrightarrow C' \xrightarrow{u} C \xrightarrow{v} C'' \longrightarrow 0 ;$$

notons par la même lettre d les différentielles de C, C′ et C″.

Soit Γ l'ensemble des $x \in C$ tels que $dx \in \mathrm{Im}\,(u)$; pour $x \in \Gamma$, on a

$$d(\overset{-1}{u}(dx)) = \overset{-1}{u}(dd(x)) = 0\,,$$

donc $\overset{-1}{u}(dx) \in Z(C')$; on a aussi $dv(x) = v(dx) \in \mathrm{Im}\,(v \circ u) = 0$, donc $v(x) \in Z(C'')$; considérons alors l'application linéaire $\varphi : \Gamma \to H(C'') \times H(C')$ qui applique tout élément $x \in \Gamma$ sur la classe de $(v(x), \overset{-1}{u}(dx))$.

Lemme 1. — *L'image* $\varphi(\Gamma)$ *de* Γ *dans* $H(C'') \times H(C')$ *est le graphe d'un* A-*homomorphisme gradué de degré* -1 *de* $H(C'')$ *dans* $H(C')$.

a) Si $x \in \Gamma$ et si $v(x) \in B(C'')$, alors $\overset{-1}{u}(dx) \in B(C')$: il existe en effet $z'' \in C''$ tel que $v(x) = dz''$, puis $z \in C$ tel que $z'' = v(z)$, donc $v(x) = v(dz)$, puis $t' \in C'$ tel que $x - dz = u(t')$, ce qui donne $dx = u(dt')$, donc $\overset{-1}{u}(dx) = dt' \in B(C')$.

b) Tout élément de $Z(C'')$ est l'image par v d'un élément x de C tel que $v(dx) = 0$, *i.e.* $dx \in \mathrm{Im}\, u$, c'est-à-dire tel que $x \in \Gamma$.

c) Il résulte de *a*) et *b*) que $\varphi(\Gamma)$ est bien un graphe fonctionnel ; comme φ est bihomogène de bidegré $(0, -1)$, cela achève la démonstration.

L'homomorphisme gradué de degré -1 de $H(C'')$ dans $H(C')$ ainsi défini s'appelle l'*homomorphisme de liaison relatif à la suite exacte* (u, v) ; on le note $\partial(u, v)$ ou $\partial_{u,v}$ ou simplement ∂. Ses composantes homogènes sont notées

$$\partial_n(u, v) : H_n(C'') \to H_{n-1}(C') \quad \text{et} \quad \partial^n(u, v) : H^n(C'') \to H^{n+1}(C')\,.$$

Par définition, pour construire l'image d'une classe $\alpha \in H_n(C'')$ par ∂, on choisit un cycle $z'' \in Z_n(C'')$ dans la classe α, puis un élément x de C_n tel que $v(x) = z''$; alors dx est de la forme $u(t')$, $t' \in C'_{n-1}$, et $\partial(\alpha)$ est la classe d'homologie de t'.

En termes de *correspondances*, $\partial_n(u, v)$ s'obtient donc à partir de la correspondance $\overset{-1}{u}_{n-1} \circ d_n \circ \overset{-1}{v}_n$ entre C''_n et C'_{n-1}, par passage aux sous-ensembles $Z_n(C'')$ et $Z_{n-1}(C')$, puis à leurs quotients $H_n(C'')$ et $H_{n-1}(C')$. Cela montre notamment que, si on remplace C, C′, C″, u, v par $C(p)$, $C'(p)$, $C''(p)$, $u(p)$, $v(p)$, on a

$$\partial(u(p), v(p)) = (-1)^p\, \partial(u, v)\ ; \tag{4}$$

de même, si λ et μ sont deux éléments inversibles du centre de A, on a

$$\partial(\lambda u, \mu v) = \lambda^{-1} \mu^{-1}\, \partial(u, v)\,. \tag{5}$$

On peut aussi relier $\partial(u, v)$ au *diagramme du serpent* (X, p. 4). D'après *loc. cit.*, prop. 2, les suites

$$0 \longrightarrow Z_n(C') \xrightarrow{Z_n(u)} Z_n(C) \xrightarrow{Z_n(v)} Z_n(C'')$$

et

$$C'_n/B_n(C') \xrightarrow{\bar{u}_n} C_n/B_n(C) \xrightarrow{\bar{v}_n} C''_n/B_n(C') \longrightarrow 0\,,$$

où $\bar{u}_n$ et $\bar{v}_n$ sont déduits de u et v, sont exactes. Utilisant les suites exactes canoniques (V_n), on obtient un *diagramme commutatif* à lignes et colonnes exactes

$$\begin{array}{ccccccccc}
 & & 0 & & 0 & & 0 & & \\
 & & \downarrow & & \downarrow & & \downarrow & & \\
 & & H_n(C') & \xrightarrow{H_n(u)} & H_n(C) & \xrightarrow{H_n(v)} & H_n(C'') & & \\
 & & \downarrow & & \downarrow & & \downarrow & & \\
 & & C'_n/B_n(C') & \xrightarrow{\bar{u}_n} & C_n/B_n(C) & \xrightarrow{\bar{v}_n} & C''_n/B_n(C'') & \longrightarrow & 0 \\
 & & \downarrow & & \downarrow & & \downarrow & & \\
0 & \longrightarrow & Z_{n-1}(C') & \xrightarrow{Z_{n-1}(u)} & Z_{n-1}(C) & \xrightarrow{Z_{n-1}(v)} & Z_{n-1}(C'') & & \\
 & & \downarrow & & \downarrow & & \downarrow & & \\
 & & H_{n-1}(C') & \xrightarrow{H_{n-1}(u)} & H_{n-1}(C) & \xrightarrow{H_{n-1}(v)} & H_{n-1}(C'') & & \\
 & & \downarrow & & \downarrow & & \downarrow & & \\
 & & 0 & & 0 & & 0 & &
\end{array}$$

L'homomorphisme $H_n(C'') \rightarrow H_{n-1}(C')$ associé à ce diagramme (*loc. cit.*, prop. 2, (iii)) coïncide par construction avec $\partial_n(u, v)$. Cela entraîne en outre que la suite d'homomorphismes $(H_n(u),\ H_n(v),\ \partial_n(u, v),\ H_{n-1}(u),\ H_{n-1}(v))$ est exacte ; par conséquent :

THÉORÈME 1. — *La suite illimitée d'homomorphismes de* A*-modules*

$$\cdots \rightarrow H_{n+1}(C'') \xrightarrow{\partial_{n+1}(u,v)} H_n(C') \xrightarrow{H_n(u)} H_n(C) \xrightarrow{H_n(v)} H_n(C'')$$

$$\xrightarrow{\partial_n(u,v)} H_{n-1}(C') \xrightarrow{H_{n-1}(u)} H_{n-1}(C) \xrightarrow{H_{n-1}(v)} H_{n-1}(C'') \xrightarrow{\partial_{n-1}(u,v)} H_{n-2}(C') \rightarrow \cdots$$

est exacte.

Cette suite s'appelle la *suite exacte d'homologie* associée à la suite exacte (u, v) ; on l'écrit parfois sous la forme d'un *triangle exact de* A*-modules*

$$\begin{array}{ccc}
 & H(C) & \\
{\scriptstyle H(u)}\nearrow & & \searrow{\scriptstyle H(v)} \\
H(C') & \xleftarrow[\partial(u,\,v)]{} & H(C'')\,.
\end{array}$$

COROLLAIRE 1. — *Si deux des complexes* C, C′, C″ *sont d'homologie nulle, le troisième l'est aussi. Pour que* u (resp. v) *soit un homologisme, il faut et il suffit que* C″ (resp. C′) *soit d'homologie nulle. Pour que* $\partial(u, v)$ *soit bijectif, il faut et il suffit que* C *soit d'homologie nulle.*

COROLLAIRE 2. — *Soit u un morphisme de complexes. Si* Ker u *et* Coker u *sont d'homologie nulle, alors u est un homologisme.*

En effet, soit $u : E \to E'$ un morphisme de complexes. Si Ker u (resp. Coker u) est d'homologie nulle, alors le morphisme canonique $E \to \operatorname{Im} u$ (resp. $\operatorname{Im} u \to E'$) est un homologisme d'après le corollaire 1.

PROPOSITION 2. — *Considérons un diagramme commutatif de complexes à lignes exactes*

$$\begin{array}{ccccccccc} 0 & \longrightarrow & C' & \xrightarrow{u} & C & \xrightarrow{v} & C'' & \longrightarrow & 0 \\ & & \downarrow{\scriptstyle f'} & & \downarrow{\scriptstyle f} & & \downarrow{\scriptstyle f''} & & \\ 0 & \longrightarrow & C'_1 & \xrightarrow{u_1} & C_1 & \xrightarrow{v_1} & C''_1 & \longrightarrow & 0 . \end{array}$$

Alors $H(f') \circ \partial(u, v) = \partial(u_1, v_1) \circ H(f'')$.

Soit $\alpha'' \in H(C'')$; soient z'' un cycle de classe α'' et x un élément de C tel que $v(x) = z''$; on a

$$(\partial_{u_1,v_1} \circ H(f''))(\alpha'') = \partial_{u_1,v_1}(\overline{f''(z'')}) = \overline{u_1^{-1}(df(x))} = \overline{f'(u^{-1}(dx))} =$$
$$= H(f')\,(\overline{u^{-1}(dx)}) = (H(f') \circ \partial_{u,v})(\alpha'') .$$

Exemple. — Soit C un complexe. Considérons la suite exacte canonique

$$\text{(I)} \qquad 0 \longrightarrow Z(C) \xrightarrow{j} C \xrightarrow{\delta} B(C)(-1) \longrightarrow 0 ,$$

et soit $i : B(C) \to Z(C)$ l'injection canonique. Alors l'homomorphisme de liaison $\partial(j, \delta) : H(B(C))(-1) \to H(Z(C))(-1)$ s'identifie à $H(i)(-1)$, comme on le vérifie aussitôt. Comme $H(\delta) = 0$, la suite exacte d'homologie associée à (I) se décompose en les suites exactes courtes

$$(\mathrm{II}_n) \qquad 0 \longrightarrow B_n(C) \xrightarrow{i} Z_n(C) \xrightarrow{H(j)} H_n(C) \longrightarrow 0 .$$

* *Applications* :

1) *Homologie singulière*

Soit A un anneau. Pour tout espace topologique X, on définit le *complexe singulier* C(X, A) de X à coefficients dans A de la façon suivante :

Dans $\mathbf{R}^{(\mathbf{N})}$, notons (e_n) la base canonique ; on appelle n-simplexe canonique l'enveloppe convexe Δ_n de $\{ e_0, \dots, e_n \}$. Pour $i \in \{ 0, \dots, n \}$, on définit l'application affine $\iota_i : \Delta_{n-1} \to \Delta_n$ par $\iota_i(e_k) = e_k$ pour $k < i$ et $\iota_i(e_k) = e_{k+1}$ pour $k \geqslant i$. On note $C_n(X, A)$ le A-module $A^{(\Sigma_n(X))}$, où $\Sigma_n(X)$ est l'ensemble des applications continues de Δ_n dans X ; pour $n < 0$, on pose $C_n = 0$. Pour $i \in \{ 0, \dots, n \}$, on définit l'application linéaire $\partial_{n,i} : C_n(X, A) \to C_{n-1}(X, A)$ par $\partial_{n,i}(e_s) = e_{s \circ \iota_i}$ pour $s \in \Sigma_n(X)$, et on pose $d_n = \Sigma\, (-1)^i\, \partial_{n,i}$. On vérifie que

$$\dots C_n(X, A) \xrightarrow{d_n} C_{n-1}(X, A) \to \cdots$$

est un complexe. Son homologie est appelée l'*homologie singulière* de X à coefficients dans A et se note H(X, A) ou simplement H(X).

Si Y est un sous-espace de X, on note C(X, Y, A) le complexe quotient C(X, A)/C(Y, A), et H(X, Y, A) son homologie. Il résulte du théorème 1 que l'on a une suite exacte :

$$\cdots \to H_n(Y, A) \to H_n(X, A) \to H_n(X, Y, A) \to H_{n-1}(Y, A) \to H_{n-1}(X, A) \to \cdots$$

2) *Complexes cellulaires finis*

Soit X un espace topologique séparé. Une *décomposition cellulaire finie* de X est donnée par une suite croissante $(X_n)_{n \in \mathbf{Z}}$ de sous-espaces fermés de X satisfaisant aux conditions suivantes :

(i) $X_n = \varnothing$ pour $n < 0$;

(ii) il existe un N tel que $X_N = X$ (donc $X_n = X$ pour $n > N$) ;

(iii) pour tout n, l'espace $X_n - X_{n-1}$ n'a qu'un nombre fini de composantes connexes, appelées cellules de dimension n ;

(iv) pour tout n, et pour toute composante connexe C de $X_n - X_{n-1}$, il existe un homéomorphisme de la boule euclidienne ouverte $\mathring{B}_n$ de dimension n (TG, VI, p. 10) sur C qui se prolonge en une application continue de la boule fermée dans X.

On peut montrer que ces conditions entraînent que $H_n(X_n, X_{n-1}, A)$ est un A-module libre Γ_n de rang égal au nombre de cellules de dimension n, et que $H_i(X_n, X_{n-1}, A) = 0$ pour $i \neq n$. On a $C(X_n, X_{n-1}, A) = C(X_n, X_{n-2}, A)/C(X_{n-1}, X_{n-2}, A)$, d'où une suite exacte

$$H_n(X_n, X_{n-2}) \longrightarrow H_n(X_n, X_{n-1}) \xrightarrow{d_n} H_{n-1}(X_{n-1}, X_{n-2}) \longrightarrow H_{n-1}(X_n, X_{n-2}),$$

comportant un homomorphisme de liaison $d_n : \Gamma_n \to \Gamma_{n-1}$. On a $d_n \circ d_{n+1} = 0$, ce qui permet de définir un complexe $\Gamma : \cdots \to \Gamma_n \xrightarrow{d_n} \Gamma_{n-1} \to \cdots$.

La suite exacte

$$H_{n+1}(X_p, X_{p-1}) \to H_n(X_{p-1}) \to H_n(X_p) \to H_n(X_p, X_{p-1}) \to H_{n-1}(X_{p-1})$$

montre par récurrence sur p que $H_n(X_p) = 0$ pour $p < n$, que $H_n(X_n) = \operatorname{Ker}(d_n : \Gamma_n \to \Gamma_{n-1})$ et que $H_n(X_p) = H_n(\Gamma)$ pour $p > n$. En particulier $H_n(X)$ s'identifie à $H_n(\Gamma)$.

Exemple. — Considérons le produit de sphères $\mathbf{S}_2 \times \mathbf{S}_2$ et l'espace projectif complexe $\mathbf{P}_2(\mathbf{C})$.

Soit $b \in \mathbf{S}_2$, on définit une décomposition cellulaire (Y_n) de $Y = \mathbf{S}_2 \times \mathbf{S}_2$ en posant

$$Y_0 = Y_1 = \{(b, b)\}, \quad Y_2 = Y_3 = (\{b\} \times \mathbf{S}_2) \cup (\mathbf{S}_2 \times \{b\}) \quad \text{et} \quad Y_4 = \mathbf{S}_2 \times \mathbf{S}_2 ;$$

cette décomposition comporte une cellule de dimension 0, deux de dimension 2 et une de dimension 4. Les différentielles du complexe associé sont nécessairement nulles, donc $H_0(Y)$, $H_2(Y)$ et $H_4(Y)$ sont libres de rang 1, 2 et 1 respectivement, et $H_n(Y) = 0$ pour $n \notin \{0, 2, 4\}$.

On obtient une décomposition cellulaire (Z_n) de $\mathbf{P}_2(\mathbf{C})$ en posant

$$Z_0 = Z_1 = \{c\}, \quad Z_2 = Z_3 = \mathbf{P}_1(\mathbf{C}), \quad Z_4 = \mathbf{P}_2(\mathbf{C}),$$

l'espace $\mathbf{P}_1(\mathbf{C})$ étant plongé dans $\mathbf{P}_2(\mathbf{C})$ (TG, VIII, p. 20), et c étant un point de $\mathbf{P}_1(\mathbf{C})$; cette décomposition comporte une cellule de dimension 0, une de dimension 2 et une de dimension 4. Ici encore les différentielles du complexe sont nécessairement nulles, et il en résulte que $H_n(\mathbf{P}_2(\mathbf{C}))$ est isomorphe à A pour $n \in \{0, 2, 4\}$ et à 0 sinon.

Comme les modules d'homologie en degré 2 des deux espaces considérés sont libres de rang 2 et 1 respectivement, ces espaces ne sont pas homéomorphes. $_*$

4. Homotopies

DÉFINITION 4. — *Soient* (C, d) *et* (C′, d') *deux complexes*, f *et* g *deux morphismes de* C *dans* C′. *On appelle* homotopie *reliant* f *à* g *tout* A-*homomorphisme gradué* s *de degré* 1 *de* C *dans* C′ *tel que* $g - f = d' \circ s + s \circ d$.

On dit que f *et* g *sont* homotopes, *s'il existe une homotopie reliant* f *à* g.

Si h est un troisième morphisme de C dans C′ et si s (resp. t) est une homotopie reliant f à g (resp. g à h), alors $s + t$ est une homotopie reliant f à h ; par suite, la relation « f et g sont deux morphismes homotopes de C dans C′ » est une relation d'équivalence, dont les classes sont appelées les *classes d'homotopie de morphismes de* C *dans* C′.

* Etant donnés deux espaces topologiques X et Y, et une application continue $f : X \to Y$, on définit une application linéaire f_* du complexe singulier (*cf.* n° 3) C(X, A) dans C(Y, A) en posant $f_*(e_s) = e_{f \circ s}$ pour $s \in \Sigma_n(X)$. Cette application est un morphisme de complexes.

Deux applications continues f et g de X dans Y sont dites topologiquement *homotopes* s'il existe une application continue h de $[0, 1] \times X$ dans Y telle que $h(0, x) = f(x)$ et $h(1, x) = g(x)$ pour tout $x \in X$. On montre que, si f et g sont topologiquement homotopes, les morphismes f_* et g_* sont homotopes au sens de la définition 4 ci-dessus. C'est ce fait qui est à l'origine de la terminologie utilisée en algèbre. *

PROPOSITION 3. — *Si f et g sont deux morphismes homotopes de* C *dans* C′, *alors* $H(f) = H(g)$.

Soit s une homotopie reliant f à g. On a

$$(g - f)(Z(C)) = (d' \circ s + s \circ d)(Z(C)) = (d' \circ s)(Z(C)) \subset B(C'),$$

donc $H(g - f) = 0$ et $H(g) = H(f)$.

COROLLAIRE. — *Un morphisme homotope à un homologisme est un homologisme.*

PROPOSITION 4. — *Soient* C, C′, D, D′ *quatre complexes,* $f : C \to C'$, $g : C \to C'$, $u : D \to C$, $v : C' \to D'$ *quatre morphismes. Si s est une homotopie reliant f à g, alors $v \circ s \circ u$ est une homotopie reliant $v \circ f \circ u$ à $v \circ g \circ u$. Si f et g sont homotopes, $v \circ f \circ u$ et $v \circ g \circ u$ le sont aussi.*

C'est clair.

COROLLAIRE. — *Soient* C, C′, C″ *trois complexes, f et g deux morphismes de* C *dans* C′, *f_1 et g_1 deux morphismes de* C′ *dans* C″. *Si s et s_1 sont des homotopies reliant f à g et f_1 à g_1 respectivement, alors $s_1 \circ f + g_1 \circ s$ est une homotopie reliant $f_1 \circ f$ à $g_1 \circ g$. Si f et f_1 sont homotopes à g et g_1 respectivement, alors $f_1 \circ f$ est homotope à $g_1 \circ g$.*

En effet, $s_1 \circ f$ relie $f_1 \circ f$ à $g_1 \circ f$ et $g_1 \circ s$ relie $g_1 \circ f$ à $g_1 \circ g$.

DÉFINITION 5. — *Un morphisme de complexes $f : C \to C'$ est appelé un* homotopisme *s'il existe un morphisme $f' : C' \to C$ tel que $f' \circ f$ et $f \circ f'$ soient homotopes à 1_C et $1_{C'}$ respectivement.*

Il est clair que f' est alors aussi un homotopisme ; on dit aussi que f' est *réciproque de f à homotopie près.* Si f' et f'_1 sont tous deux réciproques de f à homotopie près, alors f' et f'_1 sont homotopes (en effet d'après le corollaire précédent, $f'_1 = f'_1 \circ 1_{C'}$ est homotope à $f'_1 \circ f \circ f'$, donc à $1_C \circ f' = f'$).

PROPOSITION 5. — *Un homotopisme est un homologisme ; un morphisme composé d'homotopismes est un homotopisme. Un morphisme homotope à un homotopisme est un homotopisme.*

Soient $f : C \to C'$ et $f_1 : C' \to C''$ des homotopismes de complexes, $f' : C' \to C$ et $f'_1 : C'' \to C'$ des morphismes réciproques à homotopie près. On a

$$H(f') \circ H(f) = H(f' \circ f) = H(1_C) = 1_{H(C)} \quad \text{(prop. 3)}$$

et de même $H(f) \circ H(f') = 1_{H(C')}$, donc $H(f)$ est bijectif et f est un homologisme. D'autre part, $(f' \circ f'_1) \circ (f_1 \circ f)$ est homotope à $f' \circ 1_{C'} \circ f$ (prop. 4), donc à 1_C ; de même, $(f_1 \circ f) \circ (f' \circ f'_1)$ est homotope à $1_{C''}$ et $f_1 \circ f$ est un homotopisme. Enfin, si $g : C \to C'$ est un morphisme homotope à f, $f' \circ g$ est homotope à $f' \circ f$, donc à 1_C ; de même, $g \circ f'$ est homotope à $f \circ f'$, donc à $1_{C'}$ et g est un homotopisme.

COROLLAIRE. — *Soient* C, C′, D, D′ *quatre complexes,* $f : C \to C'$ *un morphisme,* $u : D \to C$ *et* $v : C' \to D'$ *des homotopismes. Pour que* $v \circ f \circ u$ *soit un homotopisme* (resp. *un homologisme*), *il faut et il suffit que* f *en soit un.*

Si f est un homotopisme (resp. un homologisme), alors $v \circ f \circ u$ est composé d'homotopismes (resp. d'homologismes), donc en est un. Inversement, soit $\bar{u}$ et $\bar{v}$ des morphismes réciproques de u et v à homotopie près ; alors $\bar{v} \circ (v \circ f \circ u) \circ \bar{u}$ est homotope à f d'après la prop. 4 ; d'où la conclusion d'après la prop. 5, et le corollaire de la prop. 3.

On dit que le complexe C est *homotope à zéro* si 1_C est homotope à l'application nulle, c'est-à-dire s'il existe un A-endomorphisme gradué s de degré 1 de C tel que $1_C = s \circ d + d \circ s$. Cela revient aussi à dire que l'unique morphisme $0 \to C$ (resp. $C \to 0$) est un homotopisme. Un complexe homotope à zéro est d'homologie nulle (prop. 5).

Exemple. — Soient $u : M \to N$ et $v : N \to P$ des homomorphismes de A-modules tels que $v \circ u = 0$; soit C le complexe tel que $C_2 = M$, $C_1 = N$, $C_0 = P$, $C_i = 0$ pour $i \neq 0, 1, 2$, $d_2 = u$, $d_1 = v$, $d_i = 0$ pour $i \neq 1, 2$. Alors C est d'*homologie nulle si et seulement si la suite* $0 \to M \xrightarrow{u} N \xrightarrow{v} P \to 0$ *est exacte. Il est homotope à zéro si et seulement si cette suite est scindée.* En effet, dire que C est homotope à zéro signifie qu'il existe des A-homomorphismes $s : P \to N$ et $t : N \to M$ tels que $v \circ s = 1_P$, $s \circ v + u \circ t = 1_N$, $t \circ u = 1_M$; cela implique que la suite est scindée ; inversement si s est une section A-linéaire de v, on définit t par $u \circ t = 1_N - s \circ v$, ce qui est possible puisque $v \circ (1_N - s \circ v) = v - v \circ s \circ v = 0$.

5. Complexes scindés

PROPOSITION 6. — *Soit* (C, d) *un complexe. Les conditions suivantes sont équivalentes* :

(i) *il existe un homotopisme de* (C, d) *sur* (H(C), 0) ;

(ii) *il existe un* A-*endomorphisme* s *de* C, *gradué de degré* 1, *tel que* $d = d \circ s \circ d$;

(iii) B(C) *et* Z(C) *sont des sous-modules facteurs directs de* C ;

(iv) (C, d) *est somme directe de sous-complexes qui sont soit de longueur* 0, *soit de longueur* 1 *et d'homologie nulle.*

(i) ⇒ (ii) : soit $\varphi : C \to H(C)$ un homotopisme ; il existe alors un morphisme de complexes $\psi : H(C) \to C$ et un endomorphisme s de C, gradué de degré 1 tel que $\psi \circ \varphi = 1_C - s \circ d - d \circ s$. On a $d \circ \psi = \psi \circ 0 = 0$, donc

$$0 = d \circ \psi \circ \varphi = d - d \circ s \circ d - d \circ d \circ s = d - d \circ s \circ d, \quad \text{d'où (ii)}.$$

(ii) ⇒ (iii) : soit s comme dans (ii). Alors $d \circ (1_C - s \circ d) = 0$, donc $1_C - s \circ d$ est un projecteur de C sur Z(C), et $(d \circ s) \circ d = d$, donc $d \circ s$ est un projecteur de C sur B(C).

(iii) ⇒ (iv) : pour chaque $n \in \mathbf{Z}$, posons $Z_n = Z_n(C)$, $B_n = B_n(C)$ et choisissons des sous-modules K_n et B'_n de C_n tels que $C_n = B'_n \oplus Z_n$, $Z_n = K_n \oplus B_n$. Alors

$$E_{(n)} = K_n(-n) \quad \text{et} \quad F_{(n)} = B'_n(-n) \oplus B_{n-1}(1-n)$$

sont des sous-complexes de (C, d) ; on a $(C, d) = \bigoplus_{n \in \mathbf{Z}} (E_{(n)} \oplus F_{(n)})$; chaque $E_{(n)}$ est, soit nul, soit de longueur 0, chaque $F_{(n)}$ est soit nul, soit de longueur 1 et d'homologie nulle, d'où (iv).

(iv) ⇒ (i) : il suffit de remarquer que (i) est satisfait lorsque C est de longueur zéro, ou d'homologie nulle et de longueur 1.

DÉFINITION 6. — *Un complexe* C *est dit* scindé *s'il satisfait aux conditions équivalentes de la prop.* 6.

Un endomorphisme s de C satisfaisant à la condition (ii) de la prop. 6 est appelé une *scission* de C.

Exemples. — 1) Un complexe à différentielle nulle est scindé.

2) Les complexes homotopes à zéro sont les complexes scindés d'homologie nulle, *i.e.* les complexes C tels que H(C) = 0 et que Z(C) soit facteur direct dans C.

3) Soient $f : M \to N$ un homomorphisme de A-modules et C le complexe tel que $C_1 = M$, $C_0 = N$, $C_i = 0$ pour $i \neq 0, 1$, $d_1 = f$, $d_i = 0$ pour $i \neq 1$. Alors C est scindé si et seulement si Ker f est facteur direct dans M et Im f facteur direct dans N.

4) *Le complexe* C *est scindé dès que* B(C) *et* H(C) *sont projectifs* (resp. *dès que* $B_n(C)$ *et* $H_n(C)$ *sont injectifs pour chaque* n). En effet, d'après les suites exactes (I_n) à (IV_n) du n° 1, Z(C) est alors facteur direct dans C et B(C) facteur direct de Z(C) (resp. B(C) est facteur direct dans C et Z(C)/B(C) facteur direct dans C/B(C)).

5) En particulier, si A est principal, un complexe libre C est scindé si et seulement si H(C) est libre (c'est-à-dire $H_n(C)$ libre pour tout $n \in \mathbf{Z}$).

Remarque. — *a*) Supposons que la suite exacte canonique de A-modules gradués

$$\text{(II)} \qquad 0 \to B(C) \to Z(C) \xrightarrow{\pi} H(C) \to 0$$

soit scindée (cela a lieu par exemple si H(C) est projectif, ou $B_n(C)$ injectif pour chaque n) ; soit $\sigma : H(C) \to Z(C)$ une section A-linéaire graduée de π, et soit ψ l'homomorphisme $x \mapsto \sigma(x)$ de H(C) dans C. Alors ψ est un *homologisme de* (H(C), 0) *dans* C, *tel que* $H(\psi) = 1_{H(C)}$.

b) Supposons que la suite exacte canonique de A-modules gradués

$$\text{(IV)} \qquad 0 \to H(C) \xrightarrow{i} C/B(C) \to B(C)(-1) \to 0$$

soit *scindée* (cela a lieu par exemple si B(C) est projectif, ou $H_n(C)$ injectif pour chaque n) ; soit $\tau : C/B(C) \to H(C)$ une rétraction A-linéaire graduée de i et φ l'homomorphisme de C dans H(C) qui associe à chaque élément de C l'image par τ de sa classe modulo B(C). Alors φ est un *homologisme de* C *dans* (H(C), 0) *tel que* $H(\varphi) = 1_{H(C)}$.

6. Cône et cylindre d'un morphisme de complexes

Soit $u : (C', d') \to (C, d)$ un morphisme de complexes. Soient Cyl (u) et Con (u) les A-modules gradués $\mathrm{Cyl}(u) = C' \oplus C'(-1) \oplus C$, $\mathrm{Con}(u) = C'(-1) \oplus C$, et définissons des applications A-linéaires graduées de degré (-1)

$$\overline{D} : \mathrm{Cyl}(u) \to \mathrm{Cyl}(u), \quad \overline{D}(x', y', x) = (d'x' + y', -d'y', dx - u(y')),$$

$$D : \mathrm{Con}(u) \to \mathrm{Con}(u), \quad D(y', x) = (-d'y', dx - u(y')).$$

(Ici, et dans la suite, on note $x, y, \ldots$ des éléments arbitraires de C, $x', y', \ldots$ des éléments arbitraires de C'.)

Lemme 2. — (Cyl (u), $\overline{D}$) *et* (Con (u), D) *sont des complexes de* A*-modules.*

En effet, on a

$$\overline{D} \circ \overline{D}(x', y', x) = \overline{D}(d'x' + y', -d'y', dx - u(y')) =$$
$$= (d'(d'x' + y') - d'y', \; -d'(-d'y'), \; d(dx - u(y')) - u(-d'y')) = 0$$

puisque $d' \circ d' = 0$, $d \circ d = 0$ et $d \circ u = u \circ d'$. De même $D \circ D = 0$.

Définition 7. — *Les complexes* Cyl (u) *et* Con (u) *sont appelés respectivement le* cylindre *et le* cône *du morphisme* u.

Exemple. — Soit $u : M \to N$ un homomorphisme de A-modules ; alors les seules composantes homogènes non nulles de Cyl (u) et Con (u) sont

$$\mathrm{Cyl}_1(u) = M, \quad \mathrm{Cyl}_0(u) = M \oplus N,$$

$$\mathrm{Con}_1(u) = M, \quad \mathrm{Con}_0(u) = N,$$

et on a $\overline{D}(m) = (m, -u(m))$, $D(m) = -u(m)$ pour $m \in M$; par conséquent,

$$H_1(\mathrm{Con}(u)) = \mathrm{Ker}(u), \quad H_0(\mathrm{Con}(u)) = \mathrm{Coker}(u).$$

* Soient X et Y deux espaces topologiques et f une application continue de X dans Y. On appelle *cylindre* de f l'espace quotient Cyl (f) de la somme topologique de $[0, 1] \times X$ et Y par la relation d'équivalence identifiant le point $(1, x)$ de $[0, 1] \times X$ au point $f(x)$ de Y pour tout $x \in X$. On appelle *cône* de f l'espace quotient Con (f) de la somme topologique d'un espace réduit à un point s et de Cyl (f) par la relation d'équivalence identifiant s à l'image de $(0, x)$ pour tout $x \in X$; on note encore s l'image de s dans Con (f).

Supposons X et Y munis de décompositions cellulaires (X_n) et (Y_n) (*cf.* n° 3), et supposons $f(X_n) \subset Y_n$ pour tout n. On obtient une décomposition cellulaire (S_n) de Cyl (f) (resp. de Con (f)) en prenant pour S_n l'image de $(\{0\} \times X_n) \cup ([0, 1] \times X_{n-1}) \cup Y_n$

$$(\text{resp. de } \{s\} \cup ([0, 1] \times X_{n-1}) \cup Y_n, \quad \text{si } n \geqslant 0).$$

Notons $\Gamma(X)$, $\Gamma(Y)$, $\Gamma(\mathrm{Cyl}(f))$, $\Gamma(\mathrm{Con}(f))$ les complexes associés à ces décompositions cellulaires.

Le complexe $\Gamma(s)$ associé à l'espace $\{ s \}$ muni de son unique décomposition cellulaire est réduit au module A et s'identifie à un sous-complexe de $\Gamma(\mathrm{Con}\,(f))$; notons $\Gamma(\mathrm{Con}\,(f), s)$ le complexe quotient. L'application f définit un morphisme de complexes $\Gamma(f) : \Gamma(X) \to \Gamma(Y)$, et on peut montrer que les complexes $\Gamma(\mathrm{Cyl}\,(f))$ et $\Gamma(\mathrm{Con}\,(f), s)$ s'identifient respectivement à $\mathrm{Cyl}\,(\Gamma(f))$ et $\mathrm{Con}\,(\Gamma(f))$.

Par ailleurs, et sans hypothèses sur X et Y, on associe à f un morphisme de complexes $f_* : C(X, A) \to C(Y, A)$. On peut construire des homotopismes injectifs de $\mathrm{Cyl}\,(f_*)$ dans $C(\mathrm{Cyl}\,(f), A)$ et de $\mathrm{Con}\,(f_*)$ dans $C(\mathrm{Con}\,(f), \{s\}, A)$.

Soient $\tilde{f} : X \to \mathrm{Cyl}\,(f)$ l'application qui à x associe l'image de $(0, x)$, $\alpha : Y \to \mathrm{Cyl}\,(f)$ l'application canonique et $\beta : \mathrm{Cyl}\,(f) \to Y$ l'application qui associe y à son image dans $\mathrm{Cyl}\,(f)$ pour $y \in Y$ et $f(x)$ à l'image de (t, x) dans $\mathrm{Cyl}\,(f)$ pour $t \in [0, 1]$ et $x \in X$. L'application $\tilde{f}$ est un homéomorphisme de X sur un fermé de $\mathrm{Cyl}\,(f)$, on a $\beta \circ \alpha = \mathrm{Id}_Y$, et $\alpha \circ \beta$ est topologiquement homotope à l'identité de $\mathrm{Cyl}\,(f)$. Ces propriétés sont à rapprocher de la proposition 7 ci-dessous. *

Considérons maintenant les applications A-linéaires graduées de degré 0

$$\begin{array}{ll}
\tilde{u} : C' \to \mathrm{Cyl}\,(u)\,, & \tilde{u}(x') = (x', 0, 0)\,, \\
\alpha : C \to \mathrm{Cyl}\,(u)\,, & \alpha(x) = (0, 0, x)\,, \\
\beta : \mathrm{Cyl}\,(u) \to C\,, & \beta(x', y', x) = u(x') + x\,, \\
\pi : C \to \mathrm{Con}\,(u)\,, & \pi(x) = (0, x)\,, \\
\tilde{\pi} : \mathrm{Cyl}\,(u) \to \mathrm{Con}\,(u)\,, & \tilde{\pi}(x', y', x) = (y', x)\,, \\
\delta : \mathrm{Con}\,(u) \to C'(-1)\,, & \delta(y', x) = y'\,.
\end{array}$$

PROPOSITION 7. — *a) Les applications* $\tilde{u}$, α, β, π, $\tilde{\pi}$, δ *sont des morphismes de complexes ; on a* $u = \beta \circ \tilde{u}$, $\pi = \tilde{\pi} \circ \alpha$, $\beta \circ \alpha = 1_C$.

b) Les suites de morphismes de complexes

$$0 \to C' \xrightarrow{\tilde{u}} \mathrm{Cyl}\,(u) \xrightarrow{\tilde{\pi}} \mathrm{Con}\,(u) \to 0 \tag{6}$$

$$0 \to C \xrightarrow{\pi} \mathrm{Con}\,(u) \xrightarrow{\delta} C'(-1) \to 0 \tag{7}$$

sont exactes.

c) Les morphismes $\alpha : C \to \mathrm{Cyl}\,(u)$ *et* $\beta : \mathrm{Cyl}\,(u) \to C$ *sont des homotopismes réciproques l'un de l'autre à homotopie près.*

L'assertion *a)* est équivalente aux formules

$$\tilde{u} \circ d' = \overline{D} \circ \tilde{u}\,, \quad \alpha \circ d = \overline{D} \circ \alpha\,, \quad \beta \circ \overline{D} = d \circ \beta\,, \quad \pi \circ d = D \circ \pi\,,$$

$$\tilde{\pi} \circ \overline{D} = D \circ \tilde{\pi}\,, \quad \delta \circ D = -\,d' \circ \delta\,, \quad u = \beta \circ \tilde{u}\,, \quad \pi = \tilde{\pi} \circ \alpha\,, \quad \beta \circ \alpha = 1_C$$

qui se vérifient par des calculs immédiats. L'assertion *b)* est triviale. Démontrons *c)* ; on a d'une part $\beta \circ \alpha = 1_C$; d'autre part si $\sigma : \mathrm{Cyl}\,(u) \to \mathrm{Cyl}\,(u)$ est l'application A-linéaire graduée de degré 1 telle que $\sigma(x', y', x) = (0, x', 0)$, on vérifie aussitôt que

$$\overline{D} \circ \sigma + \sigma \circ \overline{D} + \alpha \circ \beta = 1_{\mathrm{Cyl}\,(u)}\,,$$

d'où *c)*.

On peut résumer la prop. 7 par le diagramme *commutatif* suivant, où les lignes sont exactes, et où les flèches verticales sont des homotopismes :

$$\begin{array}{ccccccccc}
 & & 0 & \longrightarrow & \mathrm{C} & \xrightarrow{\pi} & \mathrm{Con}(u) & \xrightarrow{\delta} & \mathrm{C}'(-1) \longrightarrow 0 \\
 & & & & \downarrow{\scriptstyle\alpha} & & \downarrow{\scriptstyle 1} & & \\
0 & \longrightarrow & \mathrm{C}' & \xrightarrow{\tilde{u}} & \mathrm{Cyl}(u) & \xrightarrow{\tilde{\pi}} & \mathrm{Con}(u) & \longrightarrow & 0 \\
 & & \downarrow{\scriptstyle 1} & & \downarrow{\scriptstyle\beta} & & & & \\
 & & \mathrm{C}' & \xrightarrow{u} & \mathrm{C} & & & &
\end{array}$$

COROLLAIRE. — *Pour tout morphisme de complexes* $u : \mathrm{C}' \to \mathrm{C}$, *il existe un morphisme injectif de complexes* $\tilde{u} : \mathrm{C}' \to \mathrm{C}_1$ *et un homotopisme* $\beta : \mathrm{C}_1 \to \mathrm{C}$ *tel que* $u = \beta \circ \tilde{u}$.

Lemme 3. — *a*) *L'homomorphisme de liaison*

$$\partial_{n+1}(\pi, \delta) : \mathrm{H}_n(\mathrm{C}') \to \mathrm{H}_n(\mathrm{C})$$

relatif à la suite exacte (7) *est égal à* $-\mathrm{H}_n(u)$.

b) *L'homomorphisme de liaison*

$$\partial_n(\tilde{u}, \tilde{\pi}) : \mathrm{H}_n(\mathrm{Con}(u)) \to \mathrm{H}_{n-1}(\mathrm{C}')$$

relatif à la suite exacte (6) *est égal à* $\mathrm{H}_n(\delta)$.

Soit $x' \in \mathrm{Z}_n(\mathrm{C}')$; comme $x' = \delta(x', 0)$ et que

$$-\mathrm{D}(x', 0) = (d'x', u(x')) = (0, u(x')) = \pi(u(x')),$$

$\partial(\pi, \delta)$ applique par définition la classe de x' dans $\mathrm{H}_n(\mathrm{C}')$ sur la classe de $-u(x')$ dans $\mathrm{H}_n(\mathrm{C})$, d'où *a*).

Soit $(y', x) \in \mathrm{Con}_n(u)$ tel que $\mathrm{D}(y', x) = 0$; on a alors $(-d'y', dx - u(y')) = 0$. Comme $(y', x) = \tilde{\pi}(0, y', x)$ et que

$$\overline{\mathrm{D}}(0, y', x) = (y', -d'y', dx - u(y')) = (y', 0, 0) = \tilde{u}(\delta(y', x)),$$

$\partial(\tilde{u}, \tilde{\pi})$ applique par définition la classe de (y', x) dans $\mathrm{H}_n(\mathrm{Con}(u))$ sur la classe de $\delta(y', x)$ dans $\mathrm{H}_{n-1}(\mathrm{C}')$, d'où *b*).

PROPOSITION 8. — *On a la suite exacte illimitée*

$$(8) \qquad \cdots \longrightarrow \mathrm{H}_n(\mathrm{C}') \xrightarrow{\mathrm{H}_n(u)} \mathrm{H}_n(\mathrm{C}) \xrightarrow{\mathrm{H}_n(\pi)} \mathrm{H}_n(\mathrm{Con}(u)) \xrightarrow{\mathrm{H}_n(\delta)} \mathrm{H}_{n-1}(\mathrm{C}') \longrightarrow \cdots.$$

En effet, compte tenu du *lemme* 3, *a*), cela résulte du théorème 1 de X, p. 30, appliqué à la suite exacte (7).

COROLLAIRE. — *Pour que* u *soit un homologisme, il faut et il suffit que* Con (u) *soit d'homologie nulle.*

Remarque. — Considérons le diagramme

$$\begin{array}{ccccccccc}
\dots \to & H_n(C') & \xrightarrow{H_n(\tilde{u})} & H_n(\mathrm{Cyl}\,(u)) & \xrightarrow{H_n(\tilde{\pi})} & H_n(\mathrm{Con}\,(u)) & \xrightarrow{\partial_n(\tilde{u},\,\tilde{\pi})} & H_{n-1}(C') & \to \dots \\
& \downarrow 1 & & \downarrow H_n(\beta) & & \downarrow 1 & & \downarrow 1 & \\
\dots \to & H_n(C') & \xrightarrow{H_n(u)} & H_n(C) & \xrightarrow{H_n(\pi)} & H_n(\mathrm{Con}\,(u)) & \xrightarrow{H_n(\delta)} & H_{n-1}(C') & \to \dots
\end{array}$$

où la première ligne (resp. la seconde) est la suite exacte d'homologie associée à la suite exacte (6) (resp. (7)). Les applications $H_n(\beta)$ sont bijectives (prop. 7, *c*)) et le diagramme est commutatif, puisque

a) $u = \beta \circ \tilde{u}$ (prop. 7, *a*)) donc $H_n(u) = H_n(\beta) \circ H_n(\tilde{u})$,

b) $H_n(\beta) = H_n(\alpha)^{-1}$ et $\pi = \tilde{\pi} \circ \alpha$ (prop. 7, *a*) et *c*)), donc $H_n(\tilde{\pi}) = H_n(\pi) \circ H_n(\beta)$,

c) $H_n(\delta) = \partial_n(\tilde{u}, \tilde{\pi})$ (*lemme* 3, *b*)).

7. Le cône d'un morphisme injectif ; nouvelle définition de l'homomorphisme de liaison

Considérons maintenant une suite exacte de complexes

$$0 \to C' \xrightarrow{u} C \xrightarrow{v} C'' \to 0\,. \tag{9}$$

Définissons une application A-linéaire graduée de degré 0

$$\varphi : \mathrm{Con}\,(u) \to C''$$

par $\varphi(y', x) = v(x)$. On a alors un diagramme commutatif de A-modules à lignes exactes

$$\begin{array}{ccccccccc}
0 \to & C' & \xrightarrow{\tilde{u}} & \mathrm{Cyl}\,(u) & \xrightarrow{\tilde{\pi}} & \mathrm{Con}\,(u) & \to 0 \\
& \downarrow 1 & & \downarrow \beta & & \downarrow \varphi & \\
0 \to & C' & \xrightarrow{u} & C & \xrightarrow{v} & C'' & \to 0\,.
\end{array} \tag{10}$$

PROPOSITION 9. — *Les applications* β *et* φ *sont des homologismes de complexes.*

Pour β, cela résulte de la prop. 7, *c*). On a

$$\begin{aligned}
\varphi \circ D(y', x) &= \varphi(-d'y', dx - u(y')) = v(dx - u(y')) \\
&= v(dx) = d''\,v(x) = d''(\varphi(y', x))\,,
\end{aligned}$$

donc φ est bien un morphisme de complexes. D'autre part, φ est surjectif et son noyau s'identifie au complexe (K, d_K) tel que $K = C'(-1) \oplus C'$,

$$d_K(y', x') = (-d'y', d'x' - y')\,;$$

si $d_K(y', x') = 0$, on a $y' = d'x'$, donc $(y', x') = d_K(0, -x')$; il s'ensuit que $H(K) = 0$ et φ est un homologisme d'après X, p. 30, cor. 1.

Remarque. — L'homologisme β est un homotopisme, mais φ n'est pas en général un homotopisme (*cf.* X, p. 173, exercice 8).

COROLLAIRE. — *Le diagramme de* A-*modules gradués*

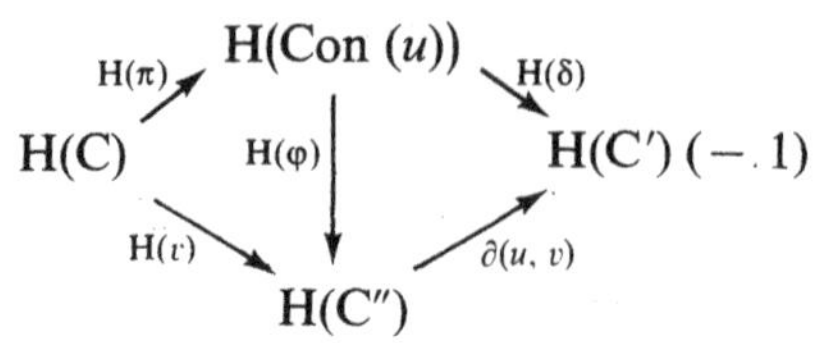

$$\begin{array}{ccccc} & & \mathrm{H}(\mathrm{Con}\,(u)) & & \\ & \overset{\mathrm{H}(\pi)}{\nearrow} & & \overset{\mathrm{H}(\delta)}{\searrow} & \\ \mathrm{H}(\mathrm{C}) & & \downarrow{\scriptstyle \mathrm{H}(\varphi)} & & \mathrm{H}(\mathrm{C}')(-1) \\ & \underset{\mathrm{H}(v)}{\searrow} & & \underset{\partial(u,v)}{\nearrow} & \\ & & \mathrm{H}(\mathrm{C}'') & & \end{array}$$

est commutatif et H(φ) *est bijectif.*

Dans le diagramme commutatif (10), on a $\mathrm{H}(1_{\mathrm{C}'}) \circ \partial(\tilde{u}, \tilde{\pi}) = \partial(u, v) \circ \mathrm{H}(\varphi)$ (X, p. 31, prop. 2) et $\partial(\tilde{u}, \tilde{\pi}) = \mathrm{H}(\delta)$ (X, p. 38, *lemme* 3, *b*)), donc

$$\partial(u, v) \circ \mathrm{H}(\varphi) = \mathrm{H}(\delta) ;$$

d'autre part, $\mathrm{H}(v) \circ \mathrm{H}(\beta) = \mathrm{H}(\varphi) \circ \mathrm{H}(\tilde{\pi}) = \mathrm{H}(\varphi) \circ \mathrm{H}(\pi) \circ \mathrm{H}(\beta)$ d'après X, p. 39, remarque. Comme H(β) est bijectif, cela donne $\mathrm{H}(v) = \mathrm{H}(\varphi) \circ \mathrm{H}(\pi)$.

On a donc $\partial(u, v) = \mathrm{H}(\delta) \circ \mathrm{H}(\varphi)^{-1}$, ce qui fournit une *nouvelle définition* de l'homomorphisme de liaison $\partial(u, v)$. On notera d'autre part que si on identifie H(Con (*u*)) à H(C″) par H(φ), le corollaire précédent signifie que *la suite exacte* (8) *s'identifie alors à la suite exacte d'homologie relative à* (9).

8. Caractéristiques d'Euler-Poincaré

Dans ce nº, on considère un ensemble $\mathscr{C}$ de classes de A-modules qui est *additif* et *exact à gauche*, c'est-à-dire qui satisfait aux deux conditions suivantes :

(A) *Si* M *et* N *sont deux* A-*modules de type* $\mathscr{C}$, $\mathrm{M} \oplus \mathrm{N}$ *est de type* $\mathscr{C}$.

(G) *Si* $0 \to \mathrm{M}' \to \mathrm{M} \to \mathrm{M}'' \to 0$ *est une suite exacte de* A-*modules et si* M *et* M″ *sont de type* $\mathscr{C}$, *alors* M′ *est de type* $\mathscr{C}$.

On dit que $\mathscr{C}$ est *stable* s'il satisfait aux conditions suivantes qui impliquent (A) et (G) :

(E) (« $\mathscr{C}$ est stable par extensions. ») *Si* $0 \to \mathrm{M}' \to \mathrm{M} \to \mathrm{M}'' \to 0$ *est une suite exacte de* A-*modules et si* M′ *et* M″ *sont de type* $\mathscr{C}$, *alors* M *est de type* $\mathscr{C}$.

(S) (« $\mathscr{C}$ est stable par noyaux et conoyaux. ») *Pour tout homomorphisme f de* A-*modules de type* $\mathscr{C}$, *les* A-*modules* Ker *f et* Coker *f sont de type* $\mathscr{C}$.

On note $\mathrm{K}(\mathscr{C})$ le groupe de Grothendieck de $\mathscr{C}$ et $[\mathrm{M}]_{\mathscr{C}}$ ou [M] l'élément de $\mathrm{K}(\mathscr{C})$ défini par le A-module M (VIII, § 6, nº 2). Soient G un groupe commutatif et φ un homomorphisme de $\mathrm{K}(\mathscr{C})$ dans G.

Exemples. — 1) Si A est un corps, on peut prendre pour $\mathscr{C}$ l'ensemble des classes d'espaces vectoriels de dimension finie et pour φ l'isomorphisme de $\mathrm{K}(\mathscr{C})$ sur **Z** défini par φ([M]) = dim (M).

2) On peut prendre pour $\mathscr{C}$ l'ensemble des classes de modules de longueur finie et pour $\varphi : K(\mathscr{C}) \to \mathbf{Z}$ l'homomorphisme défini par $\varphi([M]) = \operatorname{long}_A(M)$.

On dit qu'un A-module gradué M est de type $\mathscr{C}$ si M_n est de type $\mathscr{C}$ pour tout n (pour cela, il faut si M est borné, et il suffit si $\mathscr{C}$ est stable, que le module M soit de type $\mathscr{C}$).

DÉFINITION 8. — *Soient* M *un* A-*module gradué borné de type* $\mathscr{C}$ *et* (M_n) *sa graduation. On appelle* φ-*caractéristique de* M *et on note* $\chi_\varphi(M)$ *ou simplement* $\chi(M)$ *l'élément* $\sum (-1)^n \varphi([M_n])$ *de* G.

Cette définition s'applique en particulier lorsque M est le module gradué sous-jacent à un complexe de A-modules.

Exemples. — 3) Si M est borné de type $\mathscr{C}$, il en est de même de $M(p)$ pour tout $p \in \mathbf{Z}$, et on a $\chi(M(p)) = (-1)^p \chi(M)$.

4) Soit $0 \to M' \to M \to M'' \to 0$ une suite exacte de A-modules gradués et d'homomorphismes gradués de degré 0. Si M, M′ et M″ sont bornés de type $\mathscr{C}$, on a

$$\chi(M) = \chi(M') + \chi(M'') .$$

Si M et M″ sont bornés de type $\mathscr{C}$, il en est de même de M′; si $\mathscr{C}$ est stable et si deux des trois modules sont bornés de type $\mathscr{C}$, il en est de même du troisième.

5) Soit $u : C' \to C$ un morphisme de complexes bornés de type $\mathscr{C}$. Alors $\operatorname{Con}(u)$ est borné de type $\mathscr{C}$, et on a :

$$\chi(\operatorname{Con}(u)) = \chi(C) - \chi(C') .$$

6) On peut prendre pour G le groupe $K(\mathscr{C})$ lui-même, et pour φ l'identité ; on note dans ce cas $\chi_{\mathscr{C}}(M)$ l'élément $\chi_\varphi(M) = \sum (-1)^n [M_n]$ de $K(\mathscr{C})$.

Remarque. — On appelle *polynôme de Poincaré* de M relativement à φ l'élément $P_M(t) = \sum \varphi([M_n])\, t^n \in G \otimes \mathbf{Z}[t, t^{-1}]$. On a $P_M(1) = \varphi([M])$ et $P_M(-1) = \chi(M)$.

Lemme 4. — *Soit* C *un complexe borné de type* $\mathscr{C}$. *Si* $H(C) = 0$, *on a* $\chi(C) = 0$.

Cela résulte de VIII, § 6, n° 1, cor. de la prop. 1.

PROPOSITION 10. — *Soient* C *et* C′ *deux complexes bornés de type* $\mathscr{C}$. *S'il existe un homologisme* $u : C' \to C$, *on a* $\chi(C) = \chi(C')$.

En effet, $\operatorname{Con}(u)$ est borné de type $\mathscr{C}$ et on a $\chi(\operatorname{Con}(u)) = \chi(C) - \chi(C')$; d'autre part, $H(\operatorname{Con}(u)) = 0$ d'après X, p. 38, cor., donc $\chi(\operatorname{Con}(u)) = 0$ (*lemme* 4).

PROPOSITION 11. — *Soit* C *un complexe borné de type* $\mathscr{C}$.

a) *Si* $\mathscr{C}$ *est stable,* H(C) *est de type* $\mathscr{C}$.

b) *Si* H(C) *est de type* $\mathscr{C}$, *il en est de même de* B(C) *et de* Z(C), *et on a* $\chi(H(C)) = \chi(C)$.

a) Si $\mathscr{C}$ est stable, pour tout n le module $Z_n(C)$ est de type $\mathscr{C}$ comme noyau de $d_n : C_n \to C_{n-1}$, et $H_n(C)$ est de type $\mathscr{C}$ comme conoyau de $C_{n+1} \to Z_n$. D'autre part, $H_n(C) = 0$ dès que $C_n = 0$.

b) Supposons H(C) de type $\mathscr{C}$. Les suites exactes canoniques :

$$0 \to Z_n(C) \to C_n \to B_{n-1}(C) \to 0$$

$$0 \to B_n(C) \to Z_n(C) \to H_n(C) \to 0$$

montrent par récurrence sur n à partir de la borne droite de C que $Z_n(C)$ et $B_n(C)$ sont de type $\mathscr{C}$ pour tout n. On a alors

$$\chi(C) = \chi(Z(C)) + \chi(B(C)(-1)) = \chi(Z(C)) - \chi(B(C)) = \chi(H(C)).$$

COROLLAIRE. — *Si $\mathscr{C}$ est stable et C borné de type $\mathscr{C}$, le module gradué* H(C) *est borné de type $\mathscr{C}$ et on a* $\chi(H(C)) = \chi(C)$.

PROPOSITION 12. — *Soit* $0 \to C' \to C \to C'' \to 0$ *une suite exacte de complexes.*

a) *Si* H(C), H(C′) *et* H(C″) *sont bornés de type $\mathscr{C}$, on a*

$$\chi(H(C)) = \chi(H(C')) + \chi(H(C'')).$$

b) *Si $\mathscr{C}$ est stable, et si deux des modules gradués* H(C), H(C′) *et* H(C″) *sont bornés de type $\mathscr{C}$, il en est de même du troisième.*

La partie *a*) résulte du lemme 4 appliqué au complexe d'homologie nulle défini par la suite exacte d'homologie associée à la suite exacte donnée. La partie *b*) résulte, en considérant cette suite exacte d'homologie, du lemme suivant :

Lemme 5. — *Soit* $M \to N \to P \to Q \to R$ *une suite exacte de* A-*modules. Si $\mathscr{C}$ est stable, et si* M, N, Q *et* R *sont de type $\mathscr{C}$, le module* P *est de type $\mathscr{C}$.*

Posons $N' = \operatorname{Coker}(M \to N)$ et $Q' = \operatorname{Ker}(Q \to R)$. Les modules N′ et Q′ sont de type $\mathscr{C}$, et on a une suite exacte $0 \to N' \to P \to Q' \to 0$.

COROLLAIRE. — *Supposons $\mathscr{C}$ stable, et soit* $u : C' \to C$ *un morphisme de complexes tels que* H(C) *et* H(C′) *soient bornés de type $\mathscr{C}$. Alors* H(Con (u)) *est borné de type $\mathscr{C}$, et on a*

$$\chi(H(\operatorname{Con}(u))) = \chi(H(C)) - \chi(H(C')).$$

Cela résulte de la prop. 12 appliquée à la suite exacte de complexes (X, p. 37, prop. 7)

$$0 \to C \to \operatorname{Con}(u) \to C'(-1) \to 0.$$

Remarque. — Soient E un complexe, $h : E \to C$ et $h' : E \to C'$ des homotopismes avec C et C′ bornés de type $\mathscr{C}$. On a alors $\chi(C) = \chi(C')$. En effet, si h_1 est un inverse de h à homotopie près, $h' \circ h_1$ est un homotopisme, donc un homologisme de C dans

C′ et on peut appliquer la prop. 10. Par suite, on peut étendre la définition 8 en posant $\chi(E) = \chi(C)$ dès qu'il existe un homotopisme de E sur un complexe C borné de type $\mathscr{C}$. Les propositions 10, 11, 12 et leurs corollaires se généralisent dans ce cadre.

Application :

* Soit X un espace topologique admettant une décomposition cellulaire finie (*cf.* n° 3).

a) Soient K et K′ deux corps, posons $b_i = \dim_K(H_i(X, K))$ et $b'_i = \dim_{K'}(H_i(X, K'))$. On n'a pas nécessairement $b_i = b'_i$, mais on a $\Sigma(-1)^i b_i = \Sigma(-1)^i b'_i$.

b) Soient (X_n) et (X'_n) deux décompositions cellulaires finies de X, et notons c_n et c'_n le nombre de cellules de dimension n dans ces deux décompositions. On a

$$\Sigma(-1)^i c_i = \Sigma(-1)^i c'_i .$$

c) Avec les notations de *a*) et *b*), on a $\Sigma(-1)^i c_i = \Sigma(-1)^i b_i$.

Les propriétés *a*) et *b*) résultent de *c*), et *c*) résulte de la prop. 11 appliquée au complexe Γ décrit au n° 3, en prenant pour $\mathscr{C}$ la classe des K-espaces vectoriels de dimension finie et pour φ la fonction définie par $\varphi([M]) = \dim_K(M)$ (X, p. 40, exemple 1). *

9. Complexes de modules à droite, complexes de multimodules

Un complexe de A-modules à droite est un A-module à droite gradué $(M_n)_{n \in \mathbf{Z}}$ muni d'un endomorphisme d gradué de degré -1 et de carré nul; c'est donc un complexe de modules sur l'anneau A opposé à A. Toutes les définitions et propriétés énoncées dans les numéros précédents s'appliquent donc aux complexes de modules à droite considérés comme complexes de modules sur l'anneau A°.

De même, si A et B sont deux anneaux, un *complexe de* (A, B)-*bimodules* est un (A, B)-bimodule gradué M muni d'un endomorphisme d gradué de degré (-1) et de carré nul ; si on munit M de sa structure canonique de $A \otimes_{\mathbf{Z}} B^\circ$-module à gauche, d le munit d'une structure de $A \otimes_{\mathbf{Z}} B^\circ$-complexe. Toutes les définitions et propriétés énoncées dans les numéros précédents s'appliquent donc aux complexes de bimodules. On définit de manière analogue les complexes de *multimodules*.

10. Exemple : complexe de de Rham

Dans ce numéro, on suppose que A est une k-algèbre *commutative* sur un anneau commutatif k. On note $\Omega^1_{A/k}$ le A-module des k-différentielles de A (III, p. 134), $d^0 : A \to \Omega^1_{A/k}$ la k-dérivation $d_{A/k}$, et $\Omega_{A/k}$ la k-algèbre graduée $\boldsymbol{\Lambda}_A(\Omega^1_{A/k})$.

Proposition 13. — *Il existe une unique k-antidérivation $d : \Omega_{A/k} \to \Omega_{A/k}$ de degré* 1, *de carré nul, qui prolonge la dérivation $d^0 : A \to \Omega^1_{A/k}$.*

Montrons l'unicité de l'antidérivation d. Comme $d \circ d = 0$, on a pour $y, x_1, \ldots, x_p \in A$:

$$d(y dx_1 \wedge \ldots \wedge dx_p) = dy \wedge dx_1 \wedge \ldots \wedge dx_p .$$

Le A-module $\Omega^p_{A/k}$ étant engendré par les éléments $dx_1 \wedge \ldots \wedge dx_p$, ceci prouve l'unicité de d.

Pour prouver l'existence, il suffit de construire un k-homomorphisme $d^1 : \Omega^1_{A/k} \to \Omega^2_{A/k}$ tel que $d^1 \circ d^0 = 0$ et

$$(11) \qquad d^1(a\omega) = d^0(a) \wedge \omega + a\, d^1(\omega) \quad \text{pour} \quad a \in A\,, \quad \omega \in \Omega^1_{A/k}\,.$$

En effet, il résulte alors de III, p. 128, prop. 14 (compte tenu de III, p. 118, *remarque* 2) qu'il existe une antidérivation $d : \Omega_{A/k} \to \Omega_{A/k}$ qui coïncide avec d^0 en degré 0 et avec d^1 en degré 1. Comme d^0 est nulle sur A, l'antidérivation d est k-linéaire ; comme $d^1 \circ d^0 = 0$, on a $d \circ d = 0$ puisque $\Omega_{A/k}$ est engendrée comme A-algèbre par les éléments $d^0\, a$ pour $a \in A$.

Pour définir d^1, rappelons (III, p. 133) que $\Omega^1_{A/k}$ est égal au A-module $\mathfrak{J}/\mathfrak{J}^2$, où $\mathfrak{J}$ est le noyau de la multiplication $m : A \otimes_k A \to A$. Considérons l'application k-linéaire $u : A \otimes_k A \to \Omega^2_{A/k}$ définie par $u(x \otimes y) = d^0(y) \wedge d^0(x)$. On a

$$u(ax \otimes y - x \otimes ay) = d^0(y) \wedge d^0(ax) - d^0(ay) \wedge d^0(x) = d^0(xy) \wedge d^0(a)$$

pour x, y et a dans A, d'où

$$(12) \qquad u((a \otimes 1 - 1 \otimes a)\, \xi) = d^0(m(\xi)) \wedge d^0(a)\,, \quad \xi \in A \otimes_k A\,, \quad a \in A\,.$$

Comme $\mathfrak{J}$ est engendré comme A-module à gauche par les éléments $(a \otimes 1 - 1 \otimes a)$ pour $a \in A$, on en déduit que $u(\mathfrak{J}^2) = 0$; par conséquent u définit par restriction à $\mathfrak{J}$ et passage au quotient une application k-linéaire $d^1 : \mathfrak{J}/\mathfrak{J}^2 \to \Omega^2_{A/k}$.

En faisant $\xi = b \otimes 1$ dans (12), avec $b \in A$, on obtient $d^1(bd^0(a)) = d^0(b) \wedge d^0(a)$; il en résulte que $d^1 \circ d^0 = 0$ et que $d^1(c\omega) = d^0(c) \wedge \omega + cd^1(\omega)$ pour $c \in A$ et $\omega = bd^0(a)$. Comme $\Omega^1_{A/k}$ est engendré comme k-module par les éléments $bd^0(a)$, pour a et b dans A, la formule (11) est satisfaite pour tout $\omega \in \Omega_{A/k}$, ce qui achève de prouver la proposition.

On dit parfois que les éléments $\omega \in \Omega^p_{A/k}$ sont les *formes différentielles extérieures de degré p* de A sur k, et que l'antidérivation d est la *différentielle extérieure* de $\Omega_{A/k}$; le complexe $(\Omega_{A/k}, d)$ est appelé *complexe de de Rham de* A *sur* k, et son homologie est la *cohomologie de de Rham de* A *sur* k.

Exemple 1. — Prenons pour A l'anneau $k[X_1, \ldots, X_n]$. Alors $\Omega^1_{A/k}$ est un A-module libre de base $dX_1, \ldots, dX_n$ (III, p. 134, *exemple*). Par conséquent, si pour toute partie $I = \{ i_1, \ldots, i_p \}$ de $[1, n]$ on pose $dX_I = dX_{i_1} \wedge \ldots \wedge dX_{i_p}$ (avec $i_1 < \ldots < i_p$), le A-module $\Omega^p_{A/k}$ admet comme base les éléments dX_I, où I parcourt l'ensemble des parties de $[1, n]$ de cardinal p. On a

$$d(P dX_I) = dP \wedge dX_I = \sum_{i \notin I} (-1)^{n(I,i)} \frac{\partial P}{\partial X_i} dX_{I \cup \{i\}}\,,$$

où $n(I, i)$ désigne le nombre d'éléments de I strictement inférieurs à i.

Les cycles de $Z^p(\Omega_{A/k})$ sont donc les éléments $\omega = \sum_{\text{Card}(I) = p} P_I\, dX_I$ tels que, pour toute partie J à $(p + 1)$ éléments de $[1, n]$, on ait :

$$\sum_{i \in J} (-1)^{n(J,i)} \frac{\partial P_{J - \{i\}}}{\partial X_i} = 0\,.$$

L'élément ω est un bord si on peut choisir, pour toute partie $J \subset [1, n]$ à $(p-1)$ éléments, un polynôme $Q_J \in A$ de façon que :

$$P_I = \sum_{j \in I} (-1)^{n(I,j)} \frac{\partial Q_{I-\{j\}}}{\partial X_j}.$$

Nous verrons au § 9 que le complexe de de Rham de A sur k est acyclique en degrés > 0 si k est une $\mathbf{Q}$-algèbre (X, p. 159, *remarque* 4).

* *Exemple* 2. — Supposons que $k = \mathbf{C}$ et $A = \mathbf{C}[X_1, \ldots, X_n]/(P_1, \ldots, P_r)$, où les P_i sont des polynômes en $X_1, \ldots, X_n$, tels que l'ensemble des points de $\mathbf{C}^n$ où tous les P_i s'annulent soit une sous-variété analytique V de $\mathbf{C}^n$. On peut montrer que la cohomologie de de Rham de A sur $\mathbf{C}$ est isomorphe à la *cohomologie singulière* $H(V, \mathbf{C})$. *

Soient maintenant M un A-module et ∇^0 une application k-linéaire de M dans $M \otimes_A \Omega^1_{A/k}$ telle que

(13) $$\nabla^0(am) = a\nabla^0(m) + m \otimes da \quad \text{pour} \quad a \in A, \quad m \in M$$

(on dit parfois que ∇^0 est une *connexion* sur le A-module M).

PROPOSITION 14. — (i) *Il existe une unique application k-linéaire ∇ du $\Omega_{A/k}$-module à droite $M \otimes_A \Omega_{A/k}$ dans lui-même, graduée de degré* 1, *qui prolonge ∇^0 en degré* 0 *et satisfait à l'identité* :

(14) $$\nabla(x\omega) = (\nabla x)\,\omega + (-1)^p x(d\omega) \quad pour \quad x \in M \otimes_A \Omega^p_{A/k}, \quad \omega \in \Omega_{A/k}.$$

(ii) *L'application composée $\nabla \circ \nabla$ est $\Omega_{A/k}$-linéaire; en particulier l'application $R = \nabla^1 \circ \nabla^0$ de M dans $M \otimes_A \Omega^2_{A/k}$ est A-linéaire, et on a*

$$\nabla \circ \nabla(m \otimes \omega) = R(m).\omega \quad pour \quad m \in M, \quad \omega \in \Omega_{A/k}.$$

L'homomorphisme R est parfois appelé *homomorphisme de courbure* de la connexion ∇^0 ; s'il est nul, le couple $(M \otimes_A \Omega_{A/k}, \nabla)$ est un complexe, appelé encore *complexe de de Rham de* (M, ∇^0) *sur* k.

Démontrons (i). L'unicité de ∇ est évidente. Définissons un k-homomorphisme $\overline{\nabla}$ de $M \otimes_k \Omega_{A/k}$ dans $M \otimes_A \Omega_{A/k}$ par

$$\overline{\nabla}(m \otimes_k \omega) = (\nabla^0 m)\,\omega + m \otimes d\omega \quad \text{pour} \quad m \in M, \quad \omega \in \Omega_{A/k}.$$

Il résulte de (13) que $\overline{\nabla}(am \otimes \omega) = \overline{\nabla}(m \otimes a\omega)$, de sorte qu'on obtient par passage au quotient un k-homomorphisme ∇ de $M \otimes_A \Omega_{A/k}$ dans lui-même, gradué de degré 1, prolongeant ∇^0 en degré 0. Vérifions (14) : on a pour $m \in M$, $\alpha \in \Omega^p_{A/k}$, $\omega \in \Omega_{A/k}$:

$$\begin{aligned}\nabla((m \otimes \alpha).\omega) &= \nabla(m \otimes (\alpha \wedge \omega)) = \nabla^0(m).(\alpha \wedge \omega) + m \otimes d(\alpha \wedge \omega)\\ &= \nabla^0(m)\,\alpha.\omega + (m \otimes d\alpha)\,\omega + (-1)^p (m \otimes \alpha)\,d\omega\\ &= (\nabla(m \otimes \alpha))\,\omega + (-1)^p (m \otimes \alpha)\,d\omega\end{aligned}$$

ce qui prouve (14) pour $x = m \otimes \alpha$; le cas général s'en déduit par linéarité.

Démontrons (ii). Soient $x \in \mathrm{M} \otimes_{\mathrm{A}} \Omega^p_{\mathrm{A}/k}$, $\omega \in \Omega_{\mathrm{A}/k}$; par application répétée de (14), on obtient :

$$\begin{aligned} \nabla \circ \nabla(x\omega) &= \nabla(\nabla(x)\,\omega) + (-1)^p\,\nabla(xd\omega) \\ &= (\nabla \circ \nabla(x))\,\omega + (-1)^{p+1}\,\nabla(x)\,(d\omega) + (-1)^p\,\nabla(x)\,(d\omega) \\ &= (\nabla \circ \nabla(x))\,\omega, \end{aligned}$$

ce qui prouve la première assertion de (ii) ; les autres s'en déduisent immédiatement.

§ 3. RÉSOLUTIONS

On conserve les conventions du paragraphe précédent.

1. Prolongement de morphismes de complexes

Lemme 1. — *Considérons un diagramme de* A-*modules et d'homomorphismes*

$$\begin{array}{ccccc} \mathrm{M}' & \xrightarrow{\alpha'} & \mathrm{M} & \xrightarrow{\alpha} & \mathrm{M}'' \\ {\scriptstyle f'}\downarrow & \swarrow{\scriptstyle k} & {\scriptstyle f}\downarrow & \swarrow{\scriptstyle k''} & \\ \mathrm{N}' & \xrightarrow[\beta']{} & \mathrm{N} & \xrightarrow[\beta]{} & \mathrm{N}'' \end{array}$$

tel que $f \circ \alpha' = \beta \circ f'$, $\alpha \circ \alpha' = 0$, $\mathrm{Ker}\,\beta = \mathrm{Im}\,\beta'$, *et* $f = k'' \circ \alpha + \beta \circ k$ *et où* M′ *est projectif. Il existe un* A-*homomorphisme* $k' : \mathrm{M}' \to \mathrm{N}'$ *tel que* $f' = k \circ \alpha' + \beta' \circ k'$.

En effet, posons $g = f' - k \circ \alpha'$; on a

$$\beta \circ g = \beta \circ f' - \beta \circ k \circ \alpha' = f \circ \alpha' - \beta \circ k \circ \alpha' = k'' \circ \alpha \circ \alpha' = 0 .$$

Cela implique $\mathrm{Im}\,(g) \subset \mathrm{Ker}\,(\beta) = \mathrm{Im}\,(\beta')$. Comme M′ est projectif, il existe donc un A-homomorphisme $k' : \mathrm{M}' \to \mathrm{N}'$ tel que $\beta' \circ k' = g$, d'où le lemme.

Lemme 2. — *Si dans le diagramme commutatif de* A-*modules et d'homomorphismes*

$$\begin{array}{ccccc} \mathrm{M}' & \xrightarrow{\alpha'} & \mathrm{M} & \xrightarrow{\alpha} & \mathrm{M}'' \\ & & \downarrow{\scriptstyle u} & & \downarrow{\scriptstyle u''} \\ \mathrm{N}' & \xrightarrow{\beta'} & \mathrm{N} & \xrightarrow{\beta} & \mathrm{N}'' \end{array}$$

on a $\alpha \circ \alpha' = 0$, $\mathrm{Ker}\,\beta = \mathrm{Im}\,\beta'$ *et si* M′ *est projectif, il existe un* A-*homomorphisme* $u' : \mathrm{M}' \to \mathrm{N}'$ *tel que* $\beta' \circ u' = u \circ \alpha'$.

Il suffit de poser $k'' = u''$, $k = -u$, $f = 0$, $f' = 0$ et $u' = k'$ dans le lemme 1.

Lemme 1 *bis*. — *Considérons un diagramme de* A-*modules et d'homomorphismes*

$$\begin{array}{ccccc} & & \mathrm{M}' & \xrightarrow{\alpha'} & \mathrm{M} & \xrightarrow{\alpha} & \mathrm{M}'' \\ & \swarrow{\scriptstyle k'} & {\scriptstyle f'}\downarrow & \swarrow{\scriptstyle k} & \downarrow{\scriptstyle f} & & \\ \mathrm{N}' & \xrightarrow[\beta']{} & \mathrm{N} & \xrightarrow[\beta]{} & \mathrm{N}'' & & \end{array}$$

tel que $f \circ \alpha' = \beta \circ f'$, $\operatorname{Ker} \alpha = \operatorname{Im} \alpha'$, $\beta \circ \beta' = 0$, *et* $f' = k \circ \alpha' + \beta' \circ k'$ *et où* N″ *est injectif. Il existe un* A-*homomorphisme* $k'' : M'' \to N''$ *tel que* $f = k'' \circ \alpha + \beta \circ k$.

En effet, posons $g = f - \beta \circ k$, on a

$$g \circ \alpha' = f \circ \alpha' - \beta \circ k \circ \alpha' = \beta \circ f' - \beta \circ k \circ \alpha' = \beta \circ \beta' \circ k' = 0\,.$$

Cela implique $\operatorname{Ker} g \supset \operatorname{Im} \alpha' = \operatorname{Ker} \alpha$. Comme N″ est injectif, il existe donc (X, p. 16, *remarque*) un A-homomorphisme $k' : M'' \to N''$ tel que $g = k'' \circ \alpha$, d'où le lemme.

Lemme 2 *bis*. — *Si, dans le diagramme commutatif de* A-*modules et d'homomorphismes*

$$\begin{array}{ccccc} M' & \xrightarrow{\alpha'} & M & \xrightarrow{\alpha} & M'' \\ \downarrow{\scriptstyle u'} & & \downarrow{\scriptstyle u} & & \\ N' & \xrightarrow{\beta'} & N & \xrightarrow{\beta} & N'', \end{array}$$

on a $\operatorname{Ker} \alpha = \operatorname{Im} \alpha'$, $\beta \circ \beta' = 0$ *et si* N″ *est injectif, il existe un* A-*homomorphisme* $u'' : M'' \to N''$ *tel que* $u'' \circ \alpha = \beta \circ u$.

Il suffit de poser $u' = k'$, $u = -k$, $f = 0$, $f' = 0$ et $k'' = u''$ dans le lemme 1 *bis*.

PROPOSITION 1. — *Soient* (P, d_P) *et* (E, d_E) *deux complexes de* A-*modules et* r *un entier.*

a) *Soit* $(u_i : P_i \to E_i)_{i \leqslant r}$ *une famille d'homomorphismes telle que* $d_E \circ u_i = u_{i-1} \circ d_P$ *pour* $i \leqslant r$. *Supposons que* P_i *soit projectif pour* $i > r$ *et que* $H_i(E) = 0$ *pour* $i \geqslant r$. *Alors la famille des* u_i *se prolonge en un morphisme de complexes de* P *dans* E ; *deux tels prolongements sont homotopes.*

b) *Soit* $(u^i : P^i \to E^i)_{i \leqslant r}$ *une famille d'homomorphismes telle que* $u^i \circ d_P = d_E \circ u^{i-1}$ *pour* $i \leqslant r$. *Supposons que* E^i *soit injectif pour* $i > r$ *et que* $H^i(P) = 0$ *pour* $i \geqslant r$. *Alors la famille des* u^i *se prolonge en un morphisme de complexes de* P *dans* E ; *deux tels prolongements sont homotopes.*

Démontrons *a*). L'existence d'un prolongement v de la famille $(u_i)_{i \leqslant r}$ résulte aussitôt du lemme 2 par récurrence. Soit v' un autre prolongement ; posons $f = v' - v$, et construisons par récurrence sur l'entier n un homomorphisme $k_n : P_n \to E_{n+1}$ tel que $f_n = d_E \circ k_n + k_{n-1} \circ d_P$. Pour $i \leqslant r$, on prend $k_i = 0$. Soit $n \geqslant r$ et supposons les k_i construits pour $i \leqslant n$. Considérons alors le diagramme

$$\begin{array}{ccccc} & & P_{n+1} & \xrightarrow{d_P} & P_n & \xrightarrow{d_P} & P_{n-1} \\ & & \downarrow{\scriptstyle f_{n+1}} & \swarrow{\scriptstyle k_n} & \downarrow{\scriptstyle f_n} & \swarrow{\scriptstyle k_{n-1}} & \\ E_{n+2} & \xrightarrow[d_E]{} & E_{n+1} & \xrightarrow[d_E]{} & E_n\,. & & \end{array}$$

Les hypothèses du lemme 1 sont satisfaites ; il existe donc un A-homomorphisme $k_{n+1} : P_{n+1} \to E_{n+2}$ tel que $f_{n+1} = d_E \circ k_{n+1} + k_n \circ d_P$, d'où *a*).

La démonstration de *b*) est analogue, *via* les lemmes 1 *bis* et 2 *bis*.

2. Résolutions

Dans la suite, on identifie toujours un module au complexe dont il est la composante de degré zéro et dont toutes les autres composantes sont nulles.

DÉFINITION 1. — *Soit* M *un* A-*module. Une* résolution gauche *de* M *est un couple* (P, p) *où* P *est un complexe nul à droite et* $p : \mathrm{P} \to \mathrm{M}$ *est un homologisme. Une* résolution droite *de* M *est un couple* (e, E) *où* E *est un complexe nul à gauche et* $e : \mathrm{M} \to \mathrm{E}$ *un homologisme.*

On appelle longueur de la résolution (P, p) (resp. (e, E)) la longueur du complexe P (resp. E). Si (P, p) et (P$'$, p') (resp. (e, E) et (e', E$'$)) sont deux résolutions gauches (resp. droites) de M, un morphisme de complexes $f : \mathrm{P} \to \mathrm{P}'$ tel que $p' \circ f = p$ (resp. $g : \mathrm{E} \to \mathrm{E}'$ tel que $g \circ e = e'$) est appelé un morphisme de résolutions.

PROPOSITION 2. — *Soient* P *un complexe nul à droite et* $p : \mathrm{P} \to \mathrm{M}$ *un morphisme. Pour que* (P, p) *soit une résolution gauche de* M, *il faut et il suffit que la suite*

$$(1) \qquad \cdots \longrightarrow \mathrm{P}_n \xrightarrow{d_\mathrm{P}} \mathrm{P}_{n-1} \longrightarrow \cdots \qquad \longrightarrow \mathrm{P}_1 \xrightarrow{d_\mathrm{P}} \mathrm{P}_0 \xrightarrow{p_0} \mathrm{M} \longrightarrow 0$$

soit exacte.

En effet, dire que $p : \mathrm{P} \to \mathrm{M}$ est un homologisme signifie que $\mathrm{H}_i(\mathrm{P}) = 0$ pour $i > 0$ et que p_0 induit un isomorphisme de Coker ($d_\mathrm{P} : \mathrm{P}_1 \to \mathrm{P}_0$) sur M.

De même :

PROPOSITION 2*bis*. — *Soient* E *un complexe nul à gauche et* $e : \mathrm{M} \to \mathrm{E}$ *un morphisme. Pour que* (e, E) *soit une résolution droite de* M, *il faut et il suffit que la suite*

$$(1\ bis) \qquad 0 \longrightarrow \mathrm{M} \xrightarrow{e_0} \mathrm{E}^0 \xrightarrow{d_\mathrm{E}} \mathrm{E}^1 \longrightarrow \cdots \longrightarrow \mathrm{E}^n \xrightarrow{d_\mathrm{E}} \mathrm{E}^{n+1} \longrightarrow \cdots$$

soit exacte.

Par abus de langage, on dit souvent que la suite (1) (resp. (1 *bis*)) est une résolution gauche (resp. droite) de M.

DÉFINITION 2. — *Une résolution projective* (resp. *libre*, resp. *plate*) *du* A-*module* M *est une résolution gauche* (P, p) *de* M *telle que le complexe* P *soit projectif* (resp. *libre*, resp. *plat*) (X, p. 25). *Une résolution injective de* M *est une résolution droite* (e, E) *de* M *telle que le complexe* E *soit injectif* (*loc. cit.*).

Exemples. — 1) Supposons que l'anneau A soit principal; soient M un A-module et $(x_i)_{i \in \mathrm{I}}$ une famille génératrice de M. Notons L_0 le module libre $\mathrm{A}^{(\mathrm{I})}$, (e_i) sa base canonique et définissons $p : \mathrm{L}_0 \to \mathrm{M}$ par $p(e_i) = x_i$. Le morphisme p est surjectif et son noyau L_1 est un A-module libre d'après VII, § 3, cor. 2 au th. 1, donc la suite exacte

$$0 \to \mathrm{L}_1 \to \mathrm{L}_0 \xrightarrow{p} \mathrm{M} \to 0$$

est une résolution libre de M de longueur 1. Si I est fini, L_0 et L_1 sont de type fini.

2) Supposons A commutatif ; soient E un A-module et u un endomorphisme de E. Notons E_u le A[X]-module obtenu en munissant E de la structure définie par

$$(p, x) \mapsto p(u)(x) \quad \text{pour} \quad p \in A[X] \quad \text{et} \quad x \in E .$$

D'après III, p. 106, on a une suite exacte :

$$0 \to A[X] \otimes_A E \xrightarrow{\psi} A[X] \otimes_A E \xrightarrow{\varphi} E_u \to 0$$

où $\varphi(p \otimes x) = p.x$ et $\psi(p \otimes x) = Xp \otimes x - p \otimes u(x)$ pour $p \in A[X]$ et $x \in E$. Cette suite exacte est une résolution de longueur 1 de E_u, libre (resp. projective, resp. de type fini) si E est un A-module libre (resp. projectif, resp. de type fini).

3) Si A est principal, la suite exacte

$$0 \to A \to K \to K/A \to 0$$

est une résolution injective de longueur 1 du A-module A_s (X, p. 18, exemple 1).

PROPOSITION 3. — *Soient* $f : M' \to M$ *un homomorphisme de* A-*modules,* $p' : P' \to M'$ *un morphisme dans* M' *d'un complexe nul à droite et projectif* P', *et* $p : P \to M$ *une résolution gauche de* M. *Il existe un morphisme de complexes* $\tilde{f} : P' \to P$, *et un seul à homotopie près, tel que* $p \circ \tilde{f} = f \circ p'$.

Considérons le complexe $\overline{P}$ défini comme suit : $\overline{P}_n = P_n$ pour $n \neq -1$, $\overline{P}_{-1} = M$, $d_{\overline{P},n} = d_{P,n}$ pour $n \neq 0, -1$, $d_{\overline{P},0} = p_0$, $d_{\overline{P},-1} = 0$, et le complexe $\overline{P}'$ défini de façon analogue. Appliquant aux complexes $\overline{P}$ et $\overline{P}'$ la prop. 1 *a*) avec $r=0$, $u_i = 0$ pour $i < -1$ et $u_{-1} = f$, on obtient la prop. 3.

COROLLAIRE. — *Soient* (P, p) *et* (P', p') *deux résolutions projectives de* M. *Il existe un homotopisme et un seul à homotopie près* $\alpha : P' \to P$ *tel que* $p \circ \alpha = p'$.

En effet, il existe un morphisme $\alpha : P' \to P$ (resp. $\beta : P \to P'$) tel que $p \circ \alpha = p'$ (resp. $p' \circ \beta = p$). Comme $p \circ \alpha \circ \beta = p$ (resp. $p' \circ \beta \circ \alpha = p'$), $\alpha \circ \beta$ est homotope à 1_P (resp. $\beta \circ \alpha$ est homotope à $1_{P'}$).

PROPOSITION 3 *bis*. — *Soient* $g : N \to N'$ *un homomorphisme de* A-*modules,* $e' : N' \to E'$ *un morphisme de* N' *dans un complexe nul à gauche et injectif* E', *et* $e : N \to E$ *une résolution droite de* N. *Il existe un morphisme de complexes* $\tilde{g} : E \to E'$, *et un seul à homotopie près, tel que* $\tilde{g} \circ e = e' \circ g$.

Cela se démontre comme la prop. 3 à l'aide de la prop. 1 *b*).

COROLLAIRE. — *Soient* (e, E) *et* (e', E') *deux résolutions injectives de* N ; *il existe un homotopisme* $\alpha : E \to E'$ *et un seul à homotopie près tel que* $\alpha \circ e = e'$.

3. La résolution libre canonique

Pour tout A-module M, notons $L_0(M)$ le A-module libre $A^{(M)}$ de base M, $(e_m)_{m \in M}$ sa base canonique et $p_M : L_0(M) \to M$ l'homomorphisme tel que

$$p_M(e_m) = m, \qquad m \in M.$$

Posons $Z_0(M) = \operatorname{Ker} p_M$ et soit $i_M : Z_0(M) \to L_0(M)$ l'injection canonique. On a une suite exacte

$$(1) \qquad 0 \longrightarrow Z_0(M) \xrightarrow{i_M} L_0(M) \xrightarrow{p_M} M \longrightarrow 0.$$

On définit un module gradué L(M) en posant $L_n(M) = 0$ pour $n < 0$ et, par récurrence sur l'entier $n > 0$

$$(2) \qquad L_n(M) = L_0(Z_{n-1}(M)); \qquad Z_n(M) = Z_0(Z_{n-1}(M)).$$

On définit des A-homomorphismes $d_n^M : L_n(M) \to L_{n-1}(M)$ par

$$(3) \qquad \begin{cases} d_n^M = 0, & n \leqslant 0, \\ d_1^M = i_M \circ p_{Z_0(M)}, & \\ d_n^M = i_{Z_{n-2}(M)} \circ p_{Z_{n-1}(M)}, & n > 1. \end{cases}$$

On a par construction une suite exacte

$$\longrightarrow L_n(M) \xrightarrow{d_n^M} L_{n-1}(M) \longrightarrow \cdots \longrightarrow L_0(M) \xrightarrow{p_M} M \longrightarrow 0,$$

de sorte que, si l'on étend p_M en un morphisme de complexes

$$p_M : (L(M), d^M) \to M,$$

on obtient une résolution libre de M, dite *résolution libre canonique* de M.

Soit $f : M \to N$ un homomorphisme de A-modules. Notons

$$L_0(f) : L_0(M) \to L_0(N)$$

l'unique A-homomorphisme tel que $L_0(f)(e_m) = e_{f(m)}$ pour tout $m \in M$. On a

$$(4) \qquad p_N \circ L_0(f) = f \circ p_M.$$

Par suite, $L_0(f)$ induit un A-homomorphisme $Z_0(f) : Z_0(M) \to Z_0(N)$ et on a

$$(5) \qquad i_N \circ Z_0(f) = L_0(f) \circ i_M.$$

Posons $L_n(f) = 0$, pour $n < 0$ et définissons par récurrence sur l'entier $n > 0$, des homomorphismes $L_n(f) : L_n(M) \to L_n(N)$ et $Z_n(f) : Z_n(M) \to Z_n(N)$ par

$$(6) \qquad \begin{cases} L_n(f) = L_0(Z_{n-1}(f)) \\ Z_n(f) = Z_0(Z_{n-1}(f)). \end{cases}$$

PROPOSITION 4. — *$L(f) : L(M) \to L(N)$ est un morphisme de complexes de A-modules ; on a $p_M \circ L(f) = f \circ p_N$.*

Il s'agit de prouver, pour tout entier $n > 0$, la formule

$$d_n^N \circ L_n(f) = L_{n-1}(f) \circ d_n^M .$$

On a d'abord

$$\begin{aligned} d_1^N \circ L_1(f) &= i_N \circ p_{Z_0(N)} \circ L_0(Z_0(f)) && \text{(d'après (3) et (6))} \\ &= i_N \circ Z_0(f) \circ p_{Z_0(M)} && \text{(d'après (4))} \\ &= L_0(f) \circ i_M \circ p_{Z_0(M)} && \text{(d'après (5))} \\ &= L_0(f) \circ d_1^M && \text{(d'après (3))} . \end{aligned}$$

Lorsque $n > 1$, on a successivement

$$\begin{aligned} d_n^N \circ L_n(f) &= i_{Z_{n-2}(N)} \circ p_{Z_{n-1}(N)} \circ L_0(Z_{n-1}(f)) && \text{(d'après (3) et (6))} \\ &= i_{Z_{n-2}(N)} \circ Z_{n-1}(f) \circ p_{Z_{n-1}(M)} && \text{(d'après (4))} \\ &= i_{Z_{n-2}(N)} \circ Z_0(Z_{n-2}(f)) \circ p_{Z_{n-1}(M)} && \text{(d'après (6))} \\ &= L_0(Z_{n-2}(f)) \circ i_{Z_{n-2}(M)} \circ p_{Z_{n-1}(M)} && \text{(d'après (5))} \\ &= L_{n-1}(f) \circ d_n^M && \text{(d'après (3) et (6))} . \end{aligned}$$

On a aussitôt

$$L(1_M) = 1_{L(M)} . \tag{7}$$

D'autre part, si $g : N \to P$ est un homomorphisme de A-modules, on a

$$L(g \circ f) = L(g) \circ L(f) . \tag{8}$$

En effet, on a pour $m \in M$,

$$L_0(g \circ f)(e_m) = e_{g \circ f(m)} = L_0(g)(e_{f(m)}) = L_0(g) \circ L_0(f)(e_m) ,$$

donc $L_0(g \circ f) = L(g) \circ L(f)$; par conséquent $Z_0(g \circ f) = Z_0(g) \circ Z_0(f)$; d'où aussitôt $L_n(g \circ f) = L_n(g) \circ L_n(f)$, pour $n \geqslant 0$, par récurrence sur n, d'où (8).

Remarque. — *Si $f, g \in \mathrm{Hom}_A(M, N)$, on n'a pas* $L(f + g) = L(f) + L(g)$. Cependant ces deux morphismes sont *homotopes* d'après X, p. 49, prop. 3.

Soit M un A-module à droite ; notons A° l'anneau opposé à A, M° le A°-module sous-jacent à M, $L(M^\circ)$ sa résolution libre canonique. On note L(M) et on appelle résolution libre canonique de M le A-complexe $L(M^\circ)^\circ$ sous-jacent à $L(M^\circ)$. On a donc

$$L(M^\circ) = L(M)^\circ .$$

4. La résolution injective canonique

Soit F le A-module $\mathrm{Hom}_{\mathbf{Z}}(A, \mathbf{Q}/\mathbf{Z})$; pour tout A-module M, on pose $I^0(M) = F^{\mathrm{Hom}_A(M,F)}$ et on note $e_M : M \to I^0(M)$ l'homomorphisme qui à $m \in M$ associe la famille $(\varphi(m))_{\varphi \in \mathrm{Hom}_A(M,F)}$. D'après X, p. 19, cor. 2, $I^0(M)$ est un A-module injectif et e_M est injectif. Posons $K^0(M) = \mathrm{Coker}\, e_M$ et notons $q_M : I^0(M) \to K^0(M)$ la projection canonique. On a donc une suite exacte

$$0 \longrightarrow M \xrightarrow{e_M} I^0(M) \xrightarrow{q_M} K^0(M) \longrightarrow 0 .$$

On définit un A-module gradué I(M) en posant $I^n(M) = 0$ pour $n < 0$ et, par récurrence sur l'entier $n > 0$,

$$(9) \qquad I^n(M) = I^0(K^{n-1}(M)), \qquad K^n(M) = K^0(K^{n+1}(M)) .$$

On définit des A-homomorphismes $\delta_M^n : I^n(M) \to I^{n+1}(M)$ par

$$(10) \qquad \begin{cases} \delta_M^n = 0 , & n < 0 , \\ \delta_M^0 = e_{K^0(M)} \circ q_M , & \\ \delta_M^n = e_{K^n(M)} \circ q_{K^{n-1}(M)} , & n > 0 . \end{cases}$$

On a par construction une suite exacte

$$0 \longrightarrow M \xrightarrow{e_M} I^0(M) \xrightarrow{\delta_M^0} \cdots \longrightarrow I^n(M) \xrightarrow{\delta_M^n} I^{n+1}(M) \longrightarrow \cdots ,$$

de sorte que, si l'on étend e_M en un morphisme de complexes

$$e_M : M \to (I(M), \delta_M),$$

on obtient une résolution injective de M, dite *résolution injective canonique* de M.

Soit $f : M \to N$ un homomorphisme de A-modules. Notons $I^0(f)$ l'homomorphisme de $I^0(M) = F^{\mathrm{Hom}_A(M,F)}$ dans $I^0(N) = F^{\mathrm{Hom}_A(N,F)}$ qui applique la famille $(x_\varphi)_{\varphi \in \mathrm{Hom}_A(M,F)}$ sur la famille $(x_{\psi \circ f})_{\psi \in \mathrm{Hom}_A(N,F)}$. On a :

$$(11) \qquad I^0(f) \circ e_M = e_N \circ f .$$

Par suite, $I^0(f)$ induit un homomorphisme $K^0(f) : K^0(M) \to K^0(N)$ et on a

$$(12) \qquad K^0(f) \circ q_M = q_N \circ K^0(f) .$$

Posons $I^n(f) = 0$ pour $n < 0$ et définissons, par récurrence sur l'entier $n > 0$, des homomorphismes $I^n(f) : I^n(M) \to I^n(N)$ et $K^n(f) : K^n(M) \to K^n(N)$ par :

$$(13) \qquad \begin{cases} I^n(f) = I^0(K^{n-1}(f)) \\ K^n(f) = K^0(K^{n-1}(f)) . \end{cases}$$

PROPOSITION 5. — $I(f) : I(M) \to I(N)$ *est un morphisme de complexes de* A-*modules ; on a* $I(f) \circ e_M = e_N \circ f$.

Cela se démontre de manière analogue à la prop. 4.

On a

$$I(1_M) = 1_{I(M)} \tag{14}$$

et pour tout homomorphisme $g : N \to P$ de A-modules

$$I(g \circ f) = I(g) \circ I(f) . \tag{15}$$

Remarque. — Si $f, g \in \mathrm{Hom}_A(M, N)$, *on n'a pas* $I(f + g) = I(f) + I(g)$. Cependant, ces deux morphismes sont homotopes d'après X, p. 49, prop. 3 *bis*.

Si M est un A-module à droite, on pose $I(M) = I(M^\circ)^\circ$; on l'appelle la résolution injective canonique de M et on a

$$I(M^\circ) = I(M)^\circ .$$

5. Résolutions de type fini

Il résulte notamment des deux numéros précédents que tout A-module possède des résolutions injectives, des résolutions libres (donc aussi des résolutions projectives ou plates). Dans certains cas, on peut préciser davantage :

Supposons A nœthérien à gauche et soit M un A-module. Construisons par récurrence des suites $(L_n)_{n \geqslant 0}$, $(Z_n)_{n \geqslant 0}$, $(d_n)_{n \geqslant 1}$ où, pour tout $n \geqslant 0$, L_n est un A-module libre de type fini, Z_n un sous-module de L_n et $d_{n+1} : L_{n+1} \to L_n$ un homomorphisme. Pour cela, choisissons une famille génératrice finie $(m_i)_{i \in I_0}$ de M, posons $L_0 = A^{(I_0)}$, définissons $p : L_0 \to M$ par $p(e_i) = m_i$ et posons $Z_0 = \mathrm{Ker}(p)$. Pour $n \geqslant 0$, les modules L_n et Z_n étant construits, Z_n est de type fini puisque contenu dans L_n ; choisissons une famille génératrice finie $(x_{n,i})_{i \in I_{n+1}}$ de Z_n ; posons $L_{n+1} = A^{(I_{n+1})}$, définissons d_{n+1} par $d_{n+1}(e_i) = x_{n,i}$ et posons $Z_{n+1} = \mathrm{Ker}(d_{n+1})$.

On a par construction une suite exacte

$$\cdots \longrightarrow L_{n+1} \xrightarrow{d_{n+1}} L_n \longrightarrow \cdots \longrightarrow L_0 \xrightarrow{p} M \longrightarrow 0 ,$$

d'où :

PROPOSITION 6. — *Lorsque* A *est nœthérien à gauche, tout* A-*module de type fini* M *possède une résolution libre* $p : L \to M$ *telle que* L_n *soit de type fini pour tout entier* n.

Plus généralement :

PROPOSITION 7. — *Soit* C *un* A-*complexe et soit* $a \in \mathbf{Z}$ *tel que* $H_n(C) = 0$ *pour* $n < a$.

a) Il existe un A-*complexe libre* L *tel que* $L_n = 0$ *pour* $n < a$ *et un homologisme* $f : L \to C$.

b) Supposons A *nœthérien à gauche et les* A*-modules* $H_n(C)$, $n \in \mathbf{Z}$, *de type fini. Il existe un* A*-complexe libre* L *tel que* $L_n = 0$ *pour* $n < a$ *et que* L_n *soit un* A*-module de type fini pour tout* n, *et un homologisme* $f : L \to C$.

Soit C′ le sous-complexe de C tel que $C'_n = C_n$ pour $n > a$, $C'_a = Z_a(C)$, $C'_n = 0$ pour $n < a$; alors l'injection canonique de C′ dans C est un homologisme. Remplaçant C par C′, on peut donc supposer que $C_n = 0$ pour $n < a$. L'énoncé résulte alors de l'application itérée du lemme suivant, pour $r = a, a + 1, \ldots$:

Lemme 3. — *Soient* C *un complexe et* $r \in \mathbf{Z}$. *Il existe un complexe* C′ *et un homologisme* $f : C' \to C$ *tels que* $f_n : C'_n \to C_n$ *soit un isomorphisme pour* $n < r$ *et que* C'_r *soit un* A*-module libre. Si* A *est nœthérien et les* A*-modules* $H_r(C)$ *et* C_{r-1} *de type fini, on peut imposer que* C'_r *soit de type fini.*

a) Soit d'abord $h : M \to C_r$ un homomorphisme de A-modules ; notons $d = (d_n)$ la différentielle de C. Soit N le sous-module de $M \times C_{r+1}$ formé des couples (m, x) tels que $h(m) = d_{r+1}(x)$; définissons un complexe (C', d') par $C'_n = C_n$ pour $n \neq r, r + 1$, $C'_r = M$, $C'_{r+1} = N$, $d'_n = d_n$ pour $n \neq r, r + 1, r + 2$, $d'_r = d_r \circ h$, $d'_{r+1}(m, x) = m$ pour $(m, x) \in N$ et $d'_{r+2}(y) = (0, d_{r+2}(y))$ pour $y \in C_{r+2}$. Considérons aussi le morphisme de complexes $f : C' \to C$ tel que $f_n = 1_{C_n}$ pour $n \neq r, r + 1$, $f_r = h$, $f_{r+1}(m, x) = x$.

b) Le complexe $\operatorname{Ker} f$ est nul en degré $\neq r, r + 1$ et la différentielle d'_{r+1} induit un isomorphisme de $\operatorname{Ker} f_{r+1}$ sur $\operatorname{Ker} f_r$, donc $H(\operatorname{Ker} f) = 0$.

c) Lorsque l'application composée $M \xrightarrow{h} C_r \to C_r/B_r(C)$ est surjective, on voit de même que $H(\operatorname{Coker} f) = 0$, et f est alors un homologisme (X, p. 31, cor. 2).

d) Lorsque A est supposé nœthérien et les A-modules $H_r(C)$ et C_{r-1} de type fini, alors $C_r/B_r(C)$ est de type fini, en vertu de la suite exacte (X, p. 25)

$$0 \to H_r(C) \to C_r/B_r(C) \to C_{r-1} ;$$

il existe alors un A-module libre de type fini M et un homomorphisme $h : M \to C_r$ tel que la condition de *c*) soit satisfaite ; dans le cas général, il existe un module libre M et un homomorphisme surjectif $h : M \to C_r$. Cela achève la démonstration.

6. Résolutions projectives minimales

Soit M un A-module et soit

$$\text{(P)} \qquad \cdots \longrightarrow P_n \xrightarrow{d_n} P_{n-1} \longrightarrow \cdots \longrightarrow P_0 \xrightarrow{d_0} M \longrightarrow 0$$

une résolution de M. On dit que (P) est une *résolution projective minimale* si, pour tout $n \geqslant 0$, l'homomorphisme $\delta_n : P_n \to \operatorname{Im}(d_n)$ induit par d_n est une couverture projective (VIII, § 8, n° 5).

Proposition 8. — *Soient* M *un* A*-module,* P *et* P′ *deux résolutions projectives minimales de* M *et* $f : P \to P'$ *un morphisme de résolutions. Alors* f *est un isomorphisme. En particulier, deux résolutions projectives minimales de* M *sont isomorphes.*

Posons $\tilde{P}_n = P_n$ pour $n \neq -1$ et $\tilde{P}_{-1} = M$; définissons de même $\tilde{P}'_n$ et posons $f_{-1} = 1_M$. Montrons par récurrence à partir de -1 que $f_n : \tilde{P}_n \to \tilde{P}'_n$ est un isomorphisme pour tout n. C'est évident pour $n = -1$; supposons que f_n et f_{n-1} soient des isomorphismes. Il résulte de la commutativité du diagramme :

$$\begin{array}{ccc} P_n & \xrightarrow{d_n} & P_{n-1} \\ \downarrow{\scriptstyle f_n} & & \downarrow{\scriptstyle f_{n-1}} \\ P'_n & \xrightarrow{d'_n} & P'_{n-1} \end{array}$$

que f_n induit un isomorphisme g_n de $\operatorname{Ker} d_n$ sur $\operatorname{Ker} d'_n$. Il résulte alors de la commutativité du diagramme :

$$\begin{array}{ccc} P_{n+1} & \xrightarrow{\delta_{n+1}} & \operatorname{Ker} d_n \\ \downarrow{\scriptstyle f_{n+1}} & & \downarrow{\scriptstyle g_n} \\ P'_{n+1} & \xrightarrow{\delta'_{n+1}} & \operatorname{Ker} d'_n \end{array}$$

et de VIII, *loc. cit.*, que f_{n+1} est un isomorphisme.

Corollaire. — *Soient* M *un* A-*module*, P *et* P′ *deux résolutions projectives de* M ; *on suppose que* P *est minimale. Soient* $f : P \to P'$ et $g : P' \to P$ *deux morphismes de résolutions. Alors* f *est injectif*, g *est surjectif, et* P′ *est somme directe des sous-complexes* $\operatorname{Im} f$ *et* $\operatorname{Ker} g$. *De plus* $\operatorname{Ker} g$ *est d'homologie nulle.*

En effet, $\alpha = g \circ f$ est un automorphisme de P (prop. 8). Posons $\tilde{f} = f \circ \alpha^{-1}$. On a

$$\operatorname{Im} \tilde{f} = \operatorname{Im} f \quad \text{et} \quad g \circ \tilde{f} = 1_P ,$$

ce qui montre que $P' = \operatorname{Im} \tilde{f} \oplus \operatorname{Ker} g$. Comme la suite

$$0 \to \operatorname{Ker} g \to P' \xrightarrow{g} P \to 0$$

est exacte et que g est un homologisme, $\operatorname{Ker} g$ est d'homologie nulle.

Proposition 9. — *Soient* M *un* A-*module et* (P, p) *une résolution projective de* M. *Notons* $\mathfrak{r}$ *le radical de* A. *On suppose, ou bien que* P_n *est un* A-*module de type fini pour tout* n, *ou bien que* $\mathfrak{r}$ *est nilpotent. Alors pour que* (P, p) *soit minimale, il faut et il suffit que le complexe* $(A/\mathfrak{r}) \otimes_A P$ *soit à différentielle nulle, autrement dit que*

$$d_{n+1}(P_{n+1}) \subset \mathfrak{r}P_n \quad \textit{pour tout } n \geqslant 0 .$$

Supposons que (P, p) soit minimale. D'après VIII, *loc. cit.*, l'homomorphisme

$$1 \otimes \delta_n : (A/\mathfrak{r}) \otimes_A P_n \to (A/\mathfrak{r}) \otimes_A \operatorname{Im} d_n$$

est un isomorphisme. Il résulte alors de la suite exacte

$$0 \longrightarrow \operatorname{Im} d_{n+1} \xrightarrow{j_n} P_n \xrightarrow{\delta_n} \operatorname{Im} d_n \longrightarrow 0$$

que l'homomorphisme $1 \otimes j_n : (A/\mathfrak{r}) \otimes_A \operatorname{Im} d_{n+1} \to (A/\mathfrak{r}) \otimes_A P_n$ est nul ; comme $d_{n+1} = j_n \circ \delta_{n+1}$, on en déduit que $1_{A/\mathfrak{r}} \otimes d_{n+1} = 0$ pour $n \geqslant 0$.

Inversement, supposons que pour tout $n \geqslant 1$, $1 \otimes d_n$ soit nul, autrement dit que $\operatorname{Im} d_n = \operatorname{Ker} d_{n-1}$ soit contenu dans $\mathfrak{r}P_{n-1}$. Puisque δ_{n-1} est surjectif, il résulte de VIII, *loc. cit.* que δ_{n-1} est une couverture projective pour $n \geqslant 1$, donc que (P, p) est minimale.

PROPOSITION 10. — *Supposons que* A *soit un anneau local nœthérien à gauche, et soit* M *un* A*-module de type fini. Alors* M *possède une résolution minimale* (P, p) ; *pour tout* $n \geqslant 0$, P_n *est un module libre de type fini.*

En effet, dans la construction faite au n° 5 (p. 53), on peut en vertu de VIII, *loc. cit.* prendre pour (L_0, p) une couverture projective de M, et pour L_{n+1} une couverture projective de $\operatorname{Ker} d_n$. La résolution obtenue est alors minimale.

Remarques. — 1) Notons $\mathfrak{m}$ l'idéal maximal de A et posons $k = A/\mathfrak{m}$. Soit P une résolution projective minimale de M, et posons $b_n = \dim_k (k \otimes_A P_n)$. Alors P_n est un A-module libre de rang b_n. Il résulte du corollaire de la prop. 8 que pour toute autre résolution projective P′ de M, on a $\dim_k (k \otimes_A P'_n) \geqslant b_n$, et que l'égalité a lieu si et seulement si P′ est minimale.

2) D'après la prop. 9, b_n est la dimension sur k de $H_n(k \otimes_A P)$, * autrement dit de $\operatorname{Tor}_n^A (k, M)$. C'est aussi la dimension sur k de $\operatorname{Ext}_A^n (M, k)$ (*cf.* X, p. 103, *remarque* 3) *.

7. Résolutions graduées

Dans ce numéro, on suppose que l'anneau A est muni d'une *graduation* $(A_n)_{n \in \mathbf{Z}}$, telle que $A_n = 0$ pour $n < 0$. On dit qu'un A-module gradué M est *borné inférieurement* si $M_n = 0$ pour n assez petit ; tout A-module gradué de type fini est borné inférieurement.

PROPOSITION 11. — *Si* M *est un* A*-module gradué borné inférieurement* (resp. *si* M *est un* A*-module gradué de type fini et si* A *est nœthérien à gauche*), *il existe une suite exacte illimitée à gauche de* A*-modules gradués*

$$\cdots \longrightarrow L_n \xrightarrow{d_n} L_{n-1} \longrightarrow \cdots \longrightarrow L_1 \xrightarrow{d_1} L_0 \xrightarrow{d_0} M \longrightarrow 0$$

où les L_i *sont gradués libres et bornés inférieurement* (resp. *gradués libres et de type fini*), *et où les* d_i *sont des homomorphismes gradués de degré* 0.

Si N est un A-module gradué et borné inférieurement (resp. et de type fini sur A nœthérien) il existe un A-module gradué libre et borné inférieurement (resp. et de type fini) L et un homomorphisme gradué surjectif $L \to N$ (II, p. 167, *remarque* 3).

Cela étant, supposons donnée une suite exacte de A-modules gradués et d'homomorphismes gradués de degré 0

$$L_n \xrightarrow{d_n} L_{n-1} \longrightarrow \cdots \longrightarrow L_0 \xrightarrow{d_0} M \longrightarrow 0 ,$$

où les L_i, $i = 0, \ldots, n$, sont gradués libres et bornés inférieurement (resp. gradués libres et de type fini). Alors $N = \operatorname{Ker} d_n$ est borné inférieurement (resp. de type fini) ; il existe donc un A-module gradué libre et borné inférieurement (resp. gradué libre et de type fini) L_{n+1} et un homomorphisme gradué $d_{n+1} : L_{n+1} \to L_n$ de degré 0, tel que $\operatorname{Im} d_{n+1} = N$; la suite

$$L_{n+1} \xrightarrow{d_{n+1}} L_n \xrightarrow{d_n} L_{n-1} \longrightarrow \cdots \longrightarrow L_0 \xrightarrow{d_0} M \longrightarrow 0$$

est alors exacte. La proposition résulte alors de ce qui précède par récurrence sur n.

8. La résolution standard

Dans ce numéro, on suppose que l'anneau A est une algèbre (associative et unifère) sur un anneau commutatif k. Pour $n \geqslant 0$, on note B_n le produit tensoriel sur k de $(n + 2)$ modules égaux à A. On le considère comme un (A, A)-bimodule en le munissant de la structure de A-module à gauche (resp. à droite) déduite de la structure de A-module à gauche (resp. à droite) du premier (resp. du dernier) facteur du produit tensoriel.

Pour $n \geqslant 1$, on définit des homomorphismes de bimodules d_n^i (pour $0 \leqslant i \leqslant n$) et d_n de B_n dans B_{n-1}, par les formules :

$$d_n^i(x_0 \otimes \ldots \otimes x_{n+1}) = x_0 \otimes \ldots \otimes x_i x_{i+1} \otimes \ldots \otimes x_{n+1}, \qquad 0 \leqslant i \leqslant n ,$$

$$d_n = \sum_{i=0}^{n} (-1)^i d_n^i .$$

Il est clair que

$$d_{n-1}^i \circ d_n^j = d_{n-1}^{j-1} \circ d_n^i \qquad \text{pour} \quad i < j$$

et par suite

$$d_{n-1} \circ d_n = \sum_{0 \leqslant i < j \leqslant n} (-1)^{i+j} d_{n-1}^i \circ d_n^j + \sum_{0 \leqslant j \leqslant i \leqslant n-1} (-1)^{i+j} d_{n-1}^i \circ d_n^j = 0 .$$

Par conséquent, si l'on pose $B_n = 0$ pour $n < 0$ et $d_n = 0$ pour $n \leqslant 0$, la suite (B_n, d_n) définit un complexe de (A, A)-bimodules (X, p. 43), qui sera noté B(A). Pour tout A-module à gauche M, on note B(A, M) le complexe formé des $B_n \otimes_A M$ et des $d_n \otimes 1_M$, * autrement dit le complexe produit tensoriel $B(A) \otimes_A M$ * ; c'est un complexe de A-modules à gauche.

On définit une application A-linéaire ε_M de $B_0(A, M) = (A \otimes_k A) \otimes_A M$ dans M par la formule $\varepsilon_M(a \otimes b \otimes m) = abm$ pour $a, b \in A$, $m \in M$. On a $\varepsilon_M \circ d_1 = 0$, de sorte que l'homomorphisme gradué $\bar{\varepsilon}_M : B(A, M) \to M$, qui coïncide avec ε_M en degré 0, est un morphisme de complexes de A-modules.

PROPOSITION 12. — *L'application* $\bar{\varepsilon}_M : B(A, M) \to M$ *est un homotopisme de complexes de k-modules. En particulier, le complexe* $B(A, M)$ *est scindé sur* k, *et* $(B(A, M), \bar{\varepsilon}_M)$ *est une résolution gauche du A-module M.*

Pour $n \geqslant 0$, définissons une application k-linéaire $s_n : B_n \to B_{n+1}$ par la formule :

$$s_n(x_0 \otimes \ldots \otimes x_{n+1}) = 1 \otimes x_0 \otimes \ldots \otimes x_{n+1} \quad \text{pour} \quad x_0, \ldots, x_{n+1} \in A\,.$$

C'est un homomorphisme de A-modules à droite, qui vérifie les identités :

$$d_{n+1}^i \circ s_n = s_{n-1} \circ d_n^{i-1} \quad \text{pour} \quad n \geqslant 1\,, \quad 1 \leqslant i \leqslant n+1\,,$$

$$d_{n+1}^0 \circ s_n = 1_{B_n} \quad \text{pour} \quad n \geqslant 1,$$

et on a par suite

(16) $$d_{n+1} \circ s_n + s_{n-1} \circ d_n = 1_{B_n} \quad \text{pour} \quad n \geqslant 1\,.$$

De plus, on a

(17) $$d_1 \circ s_0(x_0 \otimes x_1) = x_0 \otimes x_1 - 1 \otimes x_0 x_1 \quad \text{pour} \quad x_0, x_1 \in A\,.$$

Notons $\eta : A \to A \otimes_k A$ l'application définie par $\eta(a) = 1 \otimes a$, et $\bar{\eta} : A \to B(A)$ le morphisme de complexes qui coïncide avec η en degré 0. Il est clair que $\bar{\varepsilon}_A \circ \bar{\eta} = 1_A$; les formules (16) et (17) montrent que $d \circ s + s \circ d = 1_{B(A)} - \bar{\eta} \circ \bar{\varepsilon}_A$. Posant $\bar{\eta}_M = \bar{\eta} \otimes 1_M$, $d_M = d \otimes 1_M$ et $s_M = s \otimes 1_M$, on en déduit que $\bar{\varepsilon}_M \circ \bar{\eta}_M = 1_M$ et $d_M \circ s_M + s_M \circ d_M = 1_{B(A,M)} - \bar{\eta}_M \circ \bar{\varepsilon}_M$. Autrement dit, (X, p. 33, déf. 5), $\bar{\varepsilon}_M$ est un homotopisme de complexes de k-modules. Les autres assertions de la proposition s'en déduisent aussitôt.

DÉFINITION 3. — *La résolution gauche* $(B(A, M), \bar{\varepsilon}_M)$ *de* M *s'appelle la* résolution standard *du A-module* M.

Si A et M sont des k-modules projectifs (resp. libres, resp. plats), la résolution standard B(A, M) est une résolution projective (resp. libre, resp. plate) de M.

9. Résolutions et groupes de Grothendieck

Si $\mathscr{C}$ est un ensemble de classes de A-modules, on dira qu'une résolution gauche (P, p) est bornée de type $\mathscr{C}$ si le complexe P est borné de type $\mathscr{C}$ (X, p. 41).

THÉORÈME 1. — *Soient* $\mathscr{C}_0$ *et* $\mathscr{C}$ *deux ensembles additifs et exacts à gauche de classe de A-modules tels que* $\mathscr{C}_0 \subset \mathscr{C}$ *et que tout A-module de type* $\mathscr{C}$ *possède une résolution gauche bornée de type* $\mathscr{C}_0$. *Alors l'homomorphisme* $\alpha : K(\mathscr{C}_0) \to K(\mathscr{C})$ *déduit de l'inclusion de* $\mathscr{C}_0$ *dans* $\mathscr{C}$ *est bijectif; si* M *est un A-module de type* $\mathscr{C}$ *et* P *une résolution gauche de* M *bornée de type* $\mathscr{C}_0$, *on a* $\overset{-1}{\alpha}([M]_{\mathscr{C}}) = \chi_{\mathscr{C}_0}(P)$ (X, p. 41, exemple 6).

Lemme 4. — *Soient* $f : M' \to M$ *un homomorphisme de A-modules de type* $\mathscr{C}$, *et* $p : P \to M$ *une résolution gauche de* P *bornée de type* $\mathscr{C}_0$. *Il existe une résolution gauche* $p' : P' \to M'$ *bornée de type* $\mathscr{C}_0$ *et un morphisme de complexes* $u : P' \to P$ *tel que* $p \circ u = f \circ p'$.

Raisonnons par récurrence sur la longueur n de P, l'assertion étant triviale lorsque celle-ci est < 0. Considérons l'application $g : M' \times P_0 \to M$ telle que

$$g(x, y) = f(x) - p_0(y) \qquad \text{pour} \quad x \in M', y \in P_0,$$

et son noyau K ; le A-module K est de type $\mathscr{C}$ puisque g est surjective et que $M' \times P_0$ et M sont de type $\mathscr{C}$. Soit $h : P'_0 \to K$ un homomorphisme surjectif où P'_0 est de type $\mathscr{C}_0$; notons $p'_0 : P'_0 \to M'$ (resp. $u_0 : P'_0 \to P_0$) l'homomorphisme composé de h et de la projection $K \to M$ (resp. $K \to P_0$) ; l'homomorphisme p'_0 est surjectif et on a un diagramme commutatif

$$\begin{array}{ccc} P'_0 & \xrightarrow{u_0} & P_0 \\ {\scriptstyle p'_0}\downarrow & & \downarrow{\scriptstyle p_0} \\ M' & \xrightarrow[f]{} & M. \end{array}$$

Il suffit alors d'appliquer l'hypothèse de récurrence à l'homomorphisme

$$\operatorname{Ker} p'_0 \to \operatorname{Ker} p_0$$

déduit de u_0.

Lemme 5. — *Considérons un diagramme commutatif*

$$\begin{array}{ccccccccc} & & P' & \xrightarrow{u} & P & & & & \\ & & {\scriptstyle p'}\downarrow & & \downarrow{\scriptstyle p} & & & & \\ 0 & \to & M' & \xrightarrow{f} & M & \to & M'' & \to & 0 \end{array}$$

où (P, p) (*resp.* (P', p')) *est une résolution gauche de* M (resp. M'), *et où la ligne horizontale du bas est une suite exacte. Il existe un homologisme* $p'' : \operatorname{Con}(u) \to M''$.

En effet, la suite exacte (X, p. 37, prop. 7)

$$0 \to P \xrightarrow{\pi} \operatorname{Con}(u) \xrightarrow{\delta} P'(-1) \to 0$$

donne une suite exacte d'homologie

$$\to H_n(P) \to H_n(\operatorname{Con}(u)) \to H_{n-1}(P') \to \cdots$$

$$\cdots \to H_1(\operatorname{Con}(u)) \to H_0(P') \xrightarrow{\partial} H_0(P) \to H_0(\operatorname{Con}(u)) \to 0.$$

D'après X, p. 38, *lemme* 3 *a*), on a $\partial = -H_0(u)$. Comme $H_n(P) = 0 = H_n(P')$ pour $n > 0$ et que $H_0(u) : H_0(P') \to H_0(P)$ s'identifie à $f : M' \to M$, on en conclut que $H_n(\operatorname{Con}(u)) = 0$ pour $n > 0$ et que $H_0(\operatorname{Con}(u))$ est isomorphe à M'', d'où le lemme.

Démontrons maintenant le théorème.

a) Soit M un A-module de type $\mathscr{C}$. Pour toute résolution gauche (P, p) de M bornée de type $\mathscr{C}_0$, l'élément $\chi_{\mathscr{C}_0}(P)$ de $K(\mathscr{C}_0)$ *ne dépend que de* M. En effet, soient (P_1, p_1) et (P_2, p_2) deux résolutions de ce type. Considérons la résolution

$$(P_1 \times P_2, p_1 \times p_2)$$

du A-module $M \times M$ et l'homomorphisme $\Delta : x \mapsto (x, x)$ de M dans $M \times M$. D'après le lemme 4, il existe une résolution (Q, q) de M bornée de type $\mathscr{C}_0$ et un diagramme commutatif

$$\begin{array}{ccc} Q & \xrightarrow{u} & P_1 \times P_2 \\ {\scriptstyle q}\downarrow & & \downarrow{\scriptstyle p_1 \times p_2} \\ M & \xrightarrow{\Delta} & M \times M \, ; \end{array}$$

on en déduit un diagramme commutatif

$$\begin{array}{ccc} Q & \xrightarrow{u \circ pr_i} & P_i \\ {\scriptstyle q}\downarrow & & \downarrow{\scriptstyle p_i} \\ M & \xrightarrow{1_M} & M \, , \end{array} \qquad i = 1, 2 \, .$$

D'après le lemme 5, Con $(u \circ pr_i)$ est d'homologie nulle, donc $u \circ pr_i$ est un homologisme et $\chi_{\mathscr{C}_0}(Q) = \chi_{\mathscr{C}_0}(P_i)$ (X, p. 41, prop. 10); il s'ensuit que $\chi_{\mathscr{C}_0}(P_1) = \chi_{\mathscr{C}_0}(P_2)$ comme annoncé.

b) Pour tout A-module M de type $\mathscr{C}$, soit $\varphi(M) \in K(\mathscr{C}_0)$ la valeur commune des $\chi_{\mathscr{C}_0}(P)$ pour toutes les résolutions gauches P de M bornées de type $\mathscr{C}_0$. Montrons que la fonction $\varphi : \mathscr{C} \to K(\mathscr{C}_0)$ est *additive*. Soit donc

$$0 \to M' \xrightarrow{f} M \to M'' \to 0$$

une suite exacte de A-modules de type $\mathscr{C}$. D'après le lemme 4, il existe un diagramme commutatif

$$\begin{array}{ccccccccc} & & P' & \xrightarrow{u} & P & & & & \\ & & {\scriptstyle p'}\downarrow & & \downarrow{\scriptstyle p} & & & & \\ 0 & \longrightarrow & M' & \xrightarrow{f} & M & \longrightarrow & M'' & \longrightarrow & 0 \end{array}$$

où (P, p) et (P', p') sont des résolutions gauches bornées de type $\mathscr{C}_0$. Alors on a

$$\varphi(M) = \chi_{\mathscr{C}_0}(P) \, , \qquad \varphi(M') = \chi_{\mathscr{C}_0}(P')$$

et d'après le lemme 5

$$\varphi(M'') = \chi_{\mathscr{C}_0}(\text{Con}\,(u)) = \chi_{\mathscr{C}_0}(P) - \chi_{\mathscr{C}_0}(P') = \varphi(M) - \varphi(M') \, ;$$

ce qu'on voulait démontrer.

c) Soit alors $\beta : K(\mathscr{C}) \to K(\mathscr{C}_0)$ l'homomorphisme tel que, avec les notations précédentes, on ait $\beta([M]_{\mathscr{C}}) = \chi_{\mathscr{C}_0}(P)$. Comme p est un homologisme, on a $\chi_{\mathscr{C}}(P) = [M]_{\mathscr{C}}$, donc $\alpha \circ \beta([M]_{\mathscr{C}}) = \alpha(\chi_{\mathscr{C}_0}(P)) = \chi_{\mathscr{C}}(P) = [M]_{\mathscr{C}}$ et $\alpha \circ \beta = 1_{K(\mathscr{C})}$. Si M est de type $\mathscr{C}_0$, alors $(M, 1_M)$ est une résolution de M, donc $\varphi(M) = [M]_{\mathscr{C}_0}$ et $\beta \circ \alpha = 1_{K(\mathscr{C}_0)}$, ce qui achève la démonstration.

Nous appliquerons ce théorème aux modules de « dimension projective finie » au § 8 (X, p. 137).

§ 4. PRODUIT DE TORSION

Dans les paragraphes 4 *à* 8, *on dénote par k un anneau commutatif, et par* A *une k-algèbre associative et unifère. Le rôle de k est de nature auxiliaire ; on a en vue principalement les trois cas particuliers suivants :*

a) on considère un anneau quelconque A, *on pose $k = \mathbf{Z}$ et on munit* A *de sa structure naturelle de* **Z**-*algèbre,*

b) on considère un anneau quelconque A, *on prend pour k le centre de* A,

c) on considère un anneau commutatif A *et on prend $k = $* A.

1. Produit tensoriel de deux complexes

Soient (C, d) un complexe de A-modules à droite et (C', d') un complexe de A-modules à gauche.

Munissons le k-module $C \otimes_A C'$ de la graduation telle que

$$(C \otimes_A C')_n = \sum_{p+q=n} (C_p \otimes C'_q)$$

et notons D l'unique endomorphisme k-linéaire de degré (-1) de $C \otimes_A C'$ tel que

$$(1) \quad D(x \otimes x') = dx \otimes x' + (-1)^p x \otimes d'x', \qquad x \in C_p, y \in C'_q, p, q \in \mathbf{Z}.$$

On a $D \circ D = 0$ puisque, avec les notations de (1)

$$D^2(x \otimes x') = ddx \otimes x' + (-1)^{p-1} dx \otimes d'x' + (-1)^p dx \otimes d'x' - x \otimes d'd'x'.$$

Le complexe de k-modules $(C \otimes_A C', D)$ est appelé le *complexe produit tensoriel* des complexes (C, d) et (C', d').

Remarques. — 1) Lorsque C′ est réduit à $C'_0 = M$, alors $(C \otimes_A C')_n = C_n \otimes_A M$ et $D = d \otimes 1_M$; par exemple $C \otimes_A A_s$ s'identifie naturellement à C. De même, lorsque C est réduit à $C_0 = P$, alors $(C \otimes_A C')_n = P \otimes_A C'_n$ et $D = 1_P \otimes d$.

2) Pour tout entier r, on a $(C \otimes_A C')(r) = C(r) \otimes_A C'$, mais $(C \otimes_A C')(r)$ et $C \otimes_A C'(r)$ n'ont pas en général la même différentielle.

Soient p, q deux entiers, $x \in Z_p(C)$, $x' \in Z_q(C')$; alors l'élément $x \otimes x'$ de $C_p \otimes C'_q$ appartient à $Z_{p+q}(C \otimes C')$ d'après (1) ; de plus, si $y \in C_{p+1}$, $y' \in C'_{q+1}$, on a

$$(x + dy) \otimes (x' + d'y') = x \otimes x' + D(y \otimes x' + (-1)^p (x + dy) \otimes y') ;$$

par passage aux quotients, on en déduit une *application k-linéaire*, dite *canonique*

$$\gamma_{p,q}(C, C') : H_p(C) \otimes_A H_q(C') \to H_{p+q}(C \otimes_A C') ;$$

si on munit $H(C) \otimes_A H(C')$ de la graduation telle que

$$(H(C) \otimes H(C'))_n = \sum_{p+q=n} H_p(C) \otimes_A H_p(C') ,$$

les $\gamma_{p,q}$ définissent une application k-linéaire graduée de degré 0

$$\gamma(C, C') : H(C) \otimes_A H(C') \to H(C \otimes_A C') .$$

La prop. 6 de II, p. 59, se reformule ainsi :

Proposition 1. — *Si les complexes* C *et* C′ *sont nuls à droite,* $C \otimes_A C'$ *est nul à droite et l'application k-linéaire canonique*

$$\gamma_{0,0}(C, C') : H_0(C) \otimes_A H_0(C') \to H_0(C \otimes_A C')$$

est bijective.

Soient $u : (C, d) \to (C_1, d_1)$ un morphisme de complexes de A-modules à droite et $u' : (C', d') \to (C'_1, d'_1)$ un morphisme de complexes de A-modules à gauche ; alors $u \otimes u' : C \otimes_A C' \to C_1 \otimes_A C'_1$ est un morphisme de complexes de k-modules ; en effet, il est gradué de degré 0, et si l'on note D et D_1 les différentielles de $C \otimes C'$ et $C_1 \otimes C'_1$, on a pour $p, q \in \mathbf{Z}$, $x \in C_p$, $x' \in C'_q$,

$$\begin{aligned}(u \otimes u')(D(x \otimes x')) &= u(dx) \otimes u'(x') + (-1)^p u(x) \otimes u'(d'x') = \\ &= d_1 u(x) \otimes u'(x') + (-1)^p u(x) \otimes d'_1 u'(x') = D_1(u(x) \otimes u'(x')) .\end{aligned}$$

De plus le diagramme suivant est commutatif :

$$\begin{array}{ccc} H(C) \otimes_A H(C') & \xrightarrow{\gamma(C, C')} & H(C \otimes_A C') \\ \downarrow{\scriptstyle H(u) \otimes H(u')} & & \downarrow{\scriptstyle H(u \otimes u')} \\ H(C_1) \otimes_A H(C'_1) & \xrightarrow[\gamma(C_1, C'_1)]{} & H(C_1 \otimes_A C'_1) . \end{array}$$

Soient A° la k-algèbre opposée à A, C° (resp. C'°) le complexe C (resp. C′) considéré comme complexe de A°-modules à gauche (resp. droite). Notons

$$\sigma(C, C') : C \otimes_A C' \to C'^\circ \otimes_{A^\circ} C^\circ$$

l'unique application k-linéaire graduée de degré 0 telle que, pour $x \in C_p$, $x' \in C'_q$, $p, q \in \mathbf{Z}$, on ait

$$\sigma(C, C')(x \otimes x') = (-1)^{pq} x' \otimes x .$$

PROPOSITION 2. — *L'application* $\sigma(C, C') : C \otimes_A C' \to C'^\circ \otimes_{A^\circ} C^\circ$ *est un isomorphisme de complexes de k-modules, dont l'isomorphisme réciproque est* $\sigma(C'^\circ, C^\circ)$.

Comme les applications $\sigma(C, C')$ et $\sigma(C'^\circ, C^\circ)$ sont réciproques l'une de l'autre, il suffit de prouver que $\sigma(C, C')$ est un morphisme de complexes. Or, pour

$$x \in C_p = C_p^\circ, \qquad x' \in C'_q = C'^\circ_q, \qquad p, q \in \mathbf{Z},$$

on a, notant D° la différentielle de $C' \otimes_{A^\circ} C$,

$$\begin{aligned}\sigma(C, C') \circ D(x \otimes x') &= \sigma(C, C')(dx \otimes x' + (-1)^p x \otimes d'x') = \\ &= (-1)^{(p+1)q} x' \otimes dx + (-1)^{p+p(q+1)} d'x' \otimes x = (-1)^{pq} d'x' \otimes x + (-1)^{pq+q} x' \otimes dx \\ &= (-1)^{pq} D^\circ(x' \otimes x) = D^\circ \circ \sigma(C, C')(x \otimes x')\ ;\end{aligned}$$

cela donne $\sigma(C, C') \circ D = D^\circ \circ \sigma(C, C')$, d'où l'assertion cherchée.

L'isomorphisme $\sigma(C, C') : C \otimes_A C' \to C'^\circ \otimes_{A^\circ} C^\circ$ est appelé *isomorphisme de commutation* du produit tensoriel des complexes C et C'.

Si $u : C \to C_1$ et $v : C' \to C'_1$ sont deux morphismes de complexes comme ci-dessus, on a un diagramme commutatif :

$$\begin{array}{ccc} C \otimes_A C' & \xrightarrow{\sigma(C, C')} & C'^\circ \otimes_{A^\circ} C^\circ \\ {\scriptstyle u \otimes u'} \downarrow & & \downarrow {\scriptstyle u' \otimes u} \\ C_1 \otimes_A C'_1 & \xrightarrow[\sigma(C_1, C'_1)]{} & C'^\circ_1 \otimes_{A^\circ} C^\circ_1 . \end{array}$$

Supposons pour la fin de ce numéro que l'anneau A soit *commutatif* (*cf.* n° 9 pour le cas général).

Soient C, C', C'' trois complexes de A-modules ; l'homomorphisme canonique de A-modules (III, p. 64)

$$\varphi : (C \otimes_A C') \otimes_A C'' \to C \otimes_A (C' \otimes_A C'')$$

est un *isomorphisme de complexes*, comme on le vérifie aussitôt à l'aide des définitions.

Plus généralement, soit $(C^{(i)}, d^{(i)})_{i \in I}$ une *famille de complexes* de A-modules, où l'ensemble I est *fini et totalement ordonné* ; nous identifierons pour simplifier les notations I à l'intervalle $[1, r]$ de **N**. Munissons le A-module $C = \bigotimes_{i=1}^{r} C^{(i)}$ de la graduation telle que

$$C_n = \sum_{p_1 + p_2 + \cdots + p_r = n} (C^{(1)})_{p_1} \otimes (C^{(2)})_{p_2} \otimes \ldots \otimes (C^{(r)})_{p_r},$$

et définissons un A-endomorphisme gradué de degré (-1) de C par

$$D(x_1 \otimes \ldots \otimes x_r) = \sum_{j=1}^{r} (-1)^{p_1 + \cdots + p_{j-1}} x_1 \otimes \ldots \otimes x_{j-1} \otimes d_j x_j \otimes x_{j+1} \otimes \ldots \otimes x_r$$

où $x_i \in (C^{(i)})_{p_i}$ pour $i = 1, \ldots, n$. Alors (C, D) est un complexe de A-modules appelé *complexe produit tensoriel* de la famille (C_i, d_i). Pour toute suite strictement croissante $r_0, \ldots, r_k$ de $[0, r]$ telle que $r_0 = 0$, $r_k = r$, l'*isomorphisme canonique d'associativité*

$$\bigotimes_{j=0}^{k-1} \left(\bigotimes_{i=r_j+1}^{r_{j+1}} C^{(i)} \right) \rightarrow \bigotimes_{i=1}^{r} C^{(i)}$$

est un isomorphisme de complexes.

On définit comme ci-dessus un homomorphisme gradué de degré 0

$$\gamma((C^{(i)})) : \bigotimes_{i \in I} H(C^{(i)}) \rightarrow H\left(\bigotimes_{i \in I} C^{(i)}\right) .$$

Remarques. — 3) On peut définir le produit tensoriel d'une famille finie de complexes sans munir l'ensemble d'indices d'un ordre total (X, p. 185, exercice 3).

4) Supposons que chaque $C^{(i)}$ soit muni d'une structure d'algèbre graduée compatible avec sa graduation et telle que les $d^{(i)}$ soient des *antidérivations* (III, p. 117). Munissons alors $\bigotimes_{i \in I} C^{(i)}$ de la structure d'algèbre *produit tensoriel gradué gauche* des structures données (III, p. 49). Alors D est une *antidérivation.* En effet, utilisant l'associativité du produit tensoriel, on peut supposer que $I = \{1, 2\}$; soit alors $p_1, q_1, p_2, q_2 \in \mathbf{Z}$, $x_1 \in (C^{(1)})_{p_1}$, $y_1 \in (C^{(1)})_{q_1}$, $x_2 \in (C^{(2)})_{p_2}$, $y_2 \in (C^{(2)})_{q_2}$; on a

$$\begin{aligned}
&(D(x_1 \otimes x_2))(y_1 \otimes y_2) + (-1)^{p_1+p_2}(x_1 \otimes x_2)(D(y_1 \otimes y_2)) = \\
&\quad = (dx_1 \otimes x_2 + (-1)^{p_1} x_1 \otimes dx_2)(y_1 \otimes y_2) + \\
&\qquad + (-1)^{p_1+p_2}(x_1 \otimes x_2)(dy_1 \otimes y_2 + (-1)^{q_1} y_1 \otimes dy_2) = \\
&\quad = (-1)^{p_2 q_1}(dx_1) y_1 \otimes x_2 y_2 + (-1)^{p_1+(p_2-1)q_1} x_1 y_1 \otimes (dx_2) y_2 + \\
&\qquad + (-1)^{p_1+p_2+p_2(q_1-1)} x_1 dy_1 \otimes x_2 y_2 + (-1)^{p_1+p_2+q_1+p_2 q_1} x_1 y_1 \otimes x_2 dy_2 \\
&\quad = (-1)^{p_2 q_1}[(dx_1) y_1 + (-1)^{p_1} x_1 dy_1] \otimes x_2 y_2 + \\
&\qquad + (-1)^{p_1+q_1+p_2 q_1} x_1 y_1 \otimes ((dx_2) y_2 + (-1)^{p_2} x_2 dy_2) \\
&\quad = (-1)^{p_2 q_1}[d(x_1 y_1) \otimes x_2 y_2 + (-1)^{p_1+q_1} x_1 y_1 \otimes d(x_2 y_2)] \\
&\quad = (-1)^{p_2 q_1} D(x_1 y_1 \otimes x_2 y_2) = D((x_1 \otimes x_2)(y_1 \otimes y_2)) .
\end{aligned}$$

2. Produits tensoriels et homotopie

PROPOSITION 3. — *Soient* C, C_1 *deux complexes de* A-*modules à droite,* C', C'_1 *deux complexes de* A-*modules à gauche, et* $u : C \rightarrow C_1$, $v : C \rightarrow C_1$, $u' : C' \rightarrow C'_1$, $v' : C' \rightarrow C'_1$ *des morphismes de complexes.*

a) Si u *et* u' *sont homotopes à* v *et* v' *respectivement, alors les deux morphismes* $u \otimes u'$ *et* $v \otimes v'$ *de* $C \otimes_A C'$ *dans* $C_1 \otimes_A C'_1$ *sont homotopes.*

b) Si u *et* u' *sont des homotopismes,* $u \otimes u'$ *est un homotopisme.*

c) Si C *ou* C' *est homotope à zéro,* $C \otimes_A C'$ *est homotope à zéro.*

Notons par la même lettre d les différentielles des complexes C, C_1, C', C'_1 et par D les différentielles des complexes $C \otimes_A C'$ et $C_1 \otimes_A C'_1$.

Si u (resp. u') est homotope à v (resp. v'), il existe un homomorphisme gradué de degré 1 $s : C \to C_1$ (resp. $s' : C' \to C'_1$) tel que

$$u - v = ds + sd \qquad (\text{resp. } u' - v' = ds' + s'd)\,. \tag{2}$$

Soit $S : C \otimes_A C' \to C_1 \otimes_A C'_1$ l'unique homomorphisme gradué de degré 1 tel que, pour $x \in C_p$, $y \in C'_q$, $p, q \in \mathbf{Z}$, on ait

$$S(x \otimes y) = s(x) \otimes u'(y) + (-1)^p v(x) \otimes s'(y)\,. \tag{3}$$

On a alors, avec les notations précédentes :

$$\begin{aligned}(DS+SD)(x \otimes y) &= D(sx \otimes u'y)+(-1)^p D(vx \otimes s'y)+S(dx \otimes y)+\\ &\quad +(-1)^p S(x \otimes dy) =\\ &= dsx \otimes u'y+(-1)^{p+1} sx \otimes du'y+(-1)^p dvx \otimes s'y+vx \otimes ds'y+\\ &\quad +sdx \otimes u'y+(-1)^{p-1} vdx \otimes s'y+(-1)^p sx \otimes u'dy+vx \otimes s'dy\\ &= (ds+sd)(x) \otimes u'y+vx \otimes (ds'+s'd)(y)\\ &= (ux-vx) \otimes u'y+vx \otimes (u'y-v'y) = ux \otimes u'y-vx \otimes v'y\,.\end{aligned}$$

Cela donne $DS + SD = u \otimes u' - v \otimes v'$, d'où *a*).

Démontrons *b*). Si u et u' sont des homotopismes, il existe des homomorphismes de complexes $\alpha : C_1 \to C$ et $\alpha' : C'_1 \to C'$ tels que $u \circ \alpha$, $\alpha \circ u$, $u' \circ \alpha'$, $\alpha' \circ u'$ soient homotopes respectivement à Id_{C_1}, Id_C, $\mathrm{Id}_{C'_1}$ et $\mathrm{Id}_{C'}$. Alors $(u \otimes u') \circ (\alpha \otimes \alpha')$, qui est égal à $(u \circ \alpha) \otimes (u' \circ \alpha')$, est homotope d'après *a*) à $\mathrm{Id}_{C_1} \otimes \mathrm{Id}_{C'_1} = \mathrm{Id}_{C_1 \otimes C'_1}$, tandis que $(\alpha \otimes \alpha') \circ (u \otimes u')$ est homotope à $\mathrm{Id}_{C \otimes C'}$, d'où *b*). Enfin, *c*) résulte de *b*) appliqué au cas où C_1 ou C'_1 est nul.

COROLLAIRE 1. — *Soit* C′ *un complexe scindé de* A*-modules à gauche tel que* H(C′) *soit plat. Pour tout complexe* C *de* A*-modules à droite, l'application canonique*

$$\gamma(C, C') : H(C) \otimes_A H(C') \to H(C \otimes_A C')$$

est bijective.

D'après X, p. 35, déf. 6, il existe un homotopisme $u' : C' \to H(C')$. D'après la prop. 3, $1_C \otimes u' : C \otimes_A C' \to C \otimes_A H(C')$ est un homotopisme ; comme

$$H(1_C \otimes u') \circ \gamma(C, C') = \gamma(C, H(C')) \circ (1_C \otimes H(u'))\,,$$

et que $H(1_C \otimes u')$ et $H(u')$ sont bijectifs, il suffit de prouver que $\gamma(C, H(C'))$ est bijectif, et on est ramené au cas où C′ est plat et à différentielle nulle. Dans ce cas les suites exactes canoniques

$$0 \to Z(C) \xrightarrow{i} C \xrightarrow{\delta} B(C) \to 0 \tag{I}$$

$$0 \to B(C) \xrightarrow{j} Z(C) \xrightarrow{\pi} H(C) \to 0 \tag{II}$$

donnent des suites exactes :

$$0 \longrightarrow \mathrm{Z(C)} \otimes_{\mathrm{A}} \mathrm{C}' \xrightarrow{i \otimes 1} \mathrm{C} \otimes_{\mathrm{A}} \mathrm{C}' \xrightarrow{\delta \otimes 1} \mathrm{B(C)} \otimes_{\mathrm{A}} \mathrm{C}' \longrightarrow 0$$

$$0 \longrightarrow \mathrm{B(C)} \otimes_{\mathrm{A}} \mathrm{C}' \xrightarrow{j \otimes 1} \mathrm{Z(C)} \otimes_{\mathrm{A}} \mathrm{C}' \xrightarrow{\pi \otimes 1} \mathrm{H(C)} \otimes_{\mathrm{A}} \mathrm{C}' \longrightarrow 0 .$$

Comme $d = i \circ j \circ \delta$, on a $\mathrm{D} = d \otimes 1_{\mathrm{C}'} = (i \otimes 1) \circ (j \otimes 1) \circ (\delta \otimes 1)$, ce qui montre que les applications canoniques $\mathrm{Z(C)} \otimes_{\mathrm{A}} \mathrm{C}' \rightarrow \mathrm{Z}(\mathrm{C} \otimes_{\mathrm{A}} \mathrm{C}')$ et $\mathrm{B(C)} \otimes_{\mathrm{A}} \mathrm{C}' \rightarrow \mathrm{B}(\mathrm{C} \otimes_{\mathrm{A}} \mathrm{C}')$ sont bijectives, donc aussi $\gamma(\mathrm{C}, \mathrm{C}')$ par passage aux quotients.

COROLLAIRE 2. — *Soit* N *un* A-*module à gauche plat. Pour tout complexe* C *de* A-*modules à droite, les homomorphismes canoniques*

$$\gamma_n(\mathrm{C}, \mathrm{N}) : \mathrm{H}_n(\mathrm{C}) \otimes_{\mathrm{A}} \mathrm{N} \rightarrow \mathrm{H}_n(\mathrm{C} \otimes_{\mathrm{A}} \mathrm{N})$$

sont bijectifs.

COROLLAIRE 3. — *Soit* C′ *un complexe de* A-*modules à gauche tel que* B(C′) *et* H(C′) *soient projectifs. Pour tout complexe* C *de* A-*modules à droite, l'application* $\gamma(\mathrm{C}, \mathrm{C}')$ *est bijective.*

En effet, C′ est scindé (X, p. 35, exemple 4) et H(C′) est projectif ; on peut donc appliquer le corollaire 1.

Remarques. — 1) En utilisant les isomorphismes de commutation, on déduit des corollaires 1, 2 et 3 les énoncés analogues obtenus en échangeant les rôles des deux arguments des produits tensoriels.

2) Nous verrons ci-dessous (X, p. 79, cor. 4) que la conclusion du cor. 1 est également vraie lorsqu'on suppose C′ et H(C′) plats et C′ borné à droite.

3. Produit tensoriel par un complexe plat borné à droite

Lemme 1. — *Soient* C *un complexe de* A-*modules à droite et* E *un complexe de* A-*modules à gauche. On suppose que* H(C) = 0 *et que* E *est plat et borné à droite. Alors* $\mathrm{H}(\mathrm{C} \otimes_{\mathrm{A}} \mathrm{E}) = 0$.

Pour $k \in \mathbf{Z}$, soit $\mathrm{T}^{(k)}$ le sous-complexe de $\mathrm{C} \otimes_{\mathrm{A}} \mathrm{E}$ tel que

$$\mathrm{T}_n^{(k)} = \sum_{\substack{p+q=n \\ q \leqslant k}} \mathrm{C}_p \otimes_{\mathrm{A}} \mathrm{E}_q \ ;$$

alors $\mathrm{T}^{(k-1)} \subset \mathrm{T}^{(k)}$ et on a une suite exacte de complexes

$$0 \longrightarrow \mathrm{T}^{(k-1)} \xrightarrow{i_k} \mathrm{T}^{(k)} \xrightarrow{\pi} \mathrm{C} \otimes_{\mathrm{A}} \mathrm{E}_k(-k) \longrightarrow 0$$

où i_k est l'injection canonique et où π projette la somme directe précédente sur son facteur $\mathrm{C}_{n-k} \otimes_{\mathrm{A}} \mathrm{E}_k = (\mathrm{C} \otimes_{\mathrm{A}} \mathrm{E}_k(-k))_n$. D'après le cor. 2 ci-dessus, on a $\mathrm{H}(\mathrm{C} \otimes_{\mathrm{A}} \mathrm{E}_k(-k)) = 0$, donc i_k est un homologisme. On a $\mathrm{T}^{(k)} = 0$ pour k assez petit, puisque E est borné à droite, donc $H(T^{(k)}) = 0$ pour tout k par récurrence sur k. Enfin, le morphisme canonique $\varinjlim T^{(k)} \to C \otimes_A E$ est évidemment un isomorphisme, donc $H(C \otimes_A E) = 0$ (X, p. 28, prop. 1).

Lemme 2. — *Si* $u : C \to C'$ *est un morphisme de complexes de* A-*modules à droite et* E *un complexe de* A-*modules à gauche, alors les complexes* $\mathrm{Con}(u) \otimes_A E$ *et* $\mathrm{Con}(u \otimes 1_E)$ *sont isomorphes.*

Par définition, $\mathrm{Con}(u) \otimes_A E$ est le module gradué $(C'(-1) \oplus C) \otimes_A E$ muni de la différentielle D telle que, pour $x \in C_p$, $y' \in C'(-1)_p = C'_{p-1}$, $z \in E_q$, on ait

$$D((y', x) \otimes z) = (-dy', dx - u(y')) \otimes z + (-1)^p (y', x) \otimes dz, \tag{4}$$

tandis que $\mathrm{Con}(u \otimes 1_E)$ est le module gradué $(C' \otimes_A E)(-1) \oplus (C \otimes_A E)$ muni de la différentielle D_1 telle que, pour $x \in C_p$, $y' \in C'_{p-1}$, $z \in E_q$, on ait

$$\begin{aligned} D_1(y' \otimes z, x \otimes z) &= (-dy' \otimes z - (-1)^{p-1} y' \otimes dz, dx \otimes z + (-1)^p x \otimes dz - u(y') \otimes z) \\ &= (-dy' \otimes z, (dx - u(y')) \otimes z) + (-1)^p (y' \otimes dz, x \otimes dz), \end{aligned}$$

d'où l'assertion.

PROPOSITION 4. — *Soient* $u : C \to C'$ *un homologisme de complexes de* A-*modules à droite et* E *un complexe de* A-*modules à gauche, plat et borné à droite. Alors*

$$u \otimes 1_E : C \otimes_A E \to C' \otimes_A E$$

est un homologisme de complexes de k-*modules.*

En effet, d'après X, p. 38, cor., u (resp. $u \otimes 1_E$) est un homologisme si et seulement si $H(\mathrm{Con}(u)) = 0$ (resp. $H(\mathrm{Con}(u \otimes 1_E)) = 0$). On conclut alors par les lemmes 1 et 2.

Remarque. — En utilisant les isomorphismes de commutation, on déduit des énoncés précédents les énoncés analogues obtenus en échangeant les rôles des deux arguments des produits tensoriels.

4. Définition et premières propriétés du produit de torsion

Pour tout A-module E, on note $p_E : L(E) \to E$ la résolution libre canonique de E (X, p. 50).

DÉFINITION 1. — *Soit* M *un* A-*module à droite et* N *un* A-*module à gauche. On appelle* produit de torsion *de* M *et* N *le* k-*module gradué*

$$\mathrm{Tor}^A(M, N) = H(L(M) \otimes_A L(N)). \tag{4}$$

Les composantes homogènes de $\mathrm{Tor}^A(M, N)$ sont notées

$$\mathrm{Tor}^A_n(M, N) = H_n(L(M) \otimes_A L(N)). \tag{5}$$

Comme L(M) et L(N) sont nuls à droite, on a

(6) $$\mathrm{Tor}_n^{\mathrm{A}}(\mathrm{M}, \mathrm{N}) = 0 \quad \text{pour} \quad n < 0 .$$

Remarque 1. — Nous verrons ci-dessous (X, p. 107, prop. 6) des propriétés de finitude des modules $\mathrm{Tor}^{\mathrm{A}}(\mathrm{M}, \mathrm{N})$. Par exemple, si A est commutatif nœthérien et si M et N sont des A-modules de type fini, chaque A-module $\mathrm{Tor}_n^{\mathrm{A}}(\mathrm{M}, \mathrm{N})$ est de type fini.

Soient $f : \mathrm{M} \to \mathrm{M}'$ un homomorphisme de A-modules à droite et $g : \mathrm{N} \to \mathrm{N}'$ un homomorphisme de A-modules à gauche, on pose $\mathrm{Tor}^{\mathrm{A}}(f, g) = \mathrm{H}(\mathrm{L}(f) \otimes_{\mathrm{A}} \mathrm{L}(g))$; c'est un homomorphisme de k-modules gradués

$$\mathrm{Tor}^{\mathrm{A}}(f, g) : \mathrm{Tor}^{\mathrm{A}}(\mathrm{M}, \mathrm{N}) \to \mathrm{Tor}^{\mathrm{A}}(\mathrm{M}', \mathrm{N}')$$

dont les composantes homogènes sont notées

$$\mathrm{Tor}_n^{\mathrm{A}}(f, g) : \mathrm{Tor}_n^{\mathrm{A}}(\mathrm{M}, \mathrm{N}) \to \mathrm{Tor}_n^{\mathrm{A}}(\mathrm{M}', \mathrm{N}') .$$

D'après la prop. 1 de X, p. 62, l'homomorphisme canonique

$$\gamma_{0,0} : \mathrm{H}_0(\mathrm{L}(\mathrm{M})) \otimes_{\mathrm{A}} \mathrm{H}_0(\mathrm{L}(\mathrm{N})) \to \mathrm{H}_0(\mathrm{L}(\mathrm{M}) \otimes_{\mathrm{A}} \mathrm{L}(\mathrm{N}))$$

est bijectif ; utilisant les isomorphismes $\mathrm{M} \to \mathrm{H}_0(\mathrm{L}(\mathrm{M}))$ et $\mathrm{N} \to \mathrm{H}_0(\mathrm{L}(\mathrm{N}))$, on en tire un isomorphisme, dit *canonique*

(7) $$\gamma_{\mathrm{M},\mathrm{N}} : \mathrm{M} \otimes_{\mathrm{A}} \mathrm{N} \to \mathrm{Tor}_0^{\mathrm{A}}(\mathrm{M}, \mathrm{N}) .$$

Nous identifierons toujours $\mathrm{Tor}_0^{\mathrm{A}}(\mathrm{M}, \mathrm{N})$ à $\mathrm{M} \otimes_{\mathrm{A}} \mathrm{N}$ par cet isomorphisme. Alors l'application k-linéaire $\mathrm{Tor}_0^{\mathrm{A}}(f, g)$ s'identifie à $f \otimes g$.

Remarque 2. — Le morphisme de complexes $p_{\mathrm{M}} \otimes p_{\mathrm{N}} : \mathrm{L}(\mathrm{M}) \otimes_{\mathrm{A}} \mathrm{L}(\mathrm{N}) \to \mathrm{M} \otimes_{\mathrm{A}} \mathrm{N}$ induit sur l'homologie de degré 0 l'isomorphisme

$$\gamma_{\mathrm{M},\mathrm{N}}^{-1} : \mathrm{Tor}_0^{\mathrm{A}}(\mathrm{M}, \mathrm{N}) \to \mathrm{M} \otimes_{\mathrm{A}} \mathrm{N}$$

réciproque de $\gamma_{\mathrm{M},\mathrm{N}}$.

On a $\mathrm{L}(1_{\mathrm{M}}) = 1_{\mathrm{L}(\mathrm{M})}$, $\mathrm{L}(1_{\mathrm{N}}) = 1_{\mathrm{L}(\mathrm{N})}$, donc par passage à l'homologie :

(8) $$\mathrm{Tor}^{\mathrm{A}}(1_{\mathrm{M}}, 1_{\mathrm{N}}) = 1_{\mathrm{Tor}^{\mathrm{A}}(\mathrm{M},\mathrm{N})} .$$

Si $f' : \mathrm{M}' \to \mathrm{M}''$ (resp. $g' : \mathrm{N}' \to \mathrm{N}''$) est un homomorphisme de A-modules à droite (resp. gauche), on a $\mathrm{L}(g' \circ g) = \mathrm{L}(g') \circ \mathrm{L}(g)$ et $\mathrm{L}(f' \circ f) = \mathrm{L}(f') \circ \mathrm{L}(f)$, donc

(9) $$\mathrm{Tor}^{\mathrm{A}}(f' \circ f, g' \circ g) = \mathrm{Tor}^{\mathrm{A}}(f', g') \circ \mathrm{Tor}^{\mathrm{A}}(f, g) .$$

Considérons les morphismes de k-complexes

$$L(M) \otimes_A N \xleftarrow{1 \otimes p_N} L(M) \otimes_A L(N) \xrightarrow{p_M \otimes 1} M \otimes_A L(N)$$

et les k-homomorphismes qu'ils induisent en homologie :

$$H(L(M) \otimes_A N) \xleftarrow{\psi_M(N)} \mathrm{Tor}^A(M, N) \xrightarrow{\overline{\psi}_N(M)} H(M \otimes_A L(N))\,;$$

d'après la prop. 4 de X, p. 67, $1 \otimes p_N$ et $p_M \otimes 1$ sont des homologismes. D'où :

PROPOSITION 5. — *Les k-homomorphismes*

$$\psi_M(N) : \mathrm{Tor}^A(M, N) \to H(L(M) \otimes_A N)$$
$$\overline{\psi}_N(M) : \mathrm{Tor}^A(M, N) \to H(M \otimes_A L(N))$$

sont bijectifs.

COROLLAIRE. — *Si* M *ou* N *est plat,* $\mathrm{Tor}_i^A(M, N) = 0$ *pour* $i \geqslant 0$.

Supposons N (resp. M) plat ; alors $p_M \otimes 1 : L(M) \otimes_A N \to M \otimes_A N$ (resp. $1 \otimes p_N : M \otimes_A L(N) \to M \otimes_A N$) est un homologisme (X, p. 67, prop. 4), donc $H_i(L(M) \otimes_A N)$ (resp. $H_i(M \otimes_A L(N))$) est nul pour $i > 0$.

Remarque 3. — Si $g : N \to N'$ est un homomorphisme de A-modules à gauche, alors

$$(1_{L(M)} \otimes g) \circ (1_{L(M)} \otimes 1_N) = (1_{L(M)} \otimes 1_N) \circ (1_{L(M)} \otimes L(g))\,,$$

donc le diagramme

$$\begin{array}{ccc} \mathrm{Tor}^A(M, N) & \xrightarrow{\psi_M(N)} & H(L(M) \otimes_A N) \\ {\scriptstyle \mathrm{Tor}^A(1, g)}\downarrow & & \downarrow{\scriptstyle H(1 \otimes g)} \\ \mathrm{Tor}^A(M, N') & \xrightarrow{\psi_M(N')} & H(L(M) \otimes_A N') \end{array}$$

est commutatif.

De même, si $f : M \to M'$ est un homomorphisme de A-modules à droite, on a un diagramme commutatif :

$$\begin{array}{ccc} \mathrm{Tor}^A(M, N) & \xrightarrow{\overline{\psi}_N(M)} & H(M \otimes_A L(N)) \\ {\scriptstyle \mathrm{Tor}^A(f, 1)}\downarrow & & \downarrow{\scriptstyle H(f \otimes 1)} \\ \mathrm{Tor}^A(M', N) & \xrightarrow{\overline{\psi}_N(M')} & H(M' \otimes_A L(N))\,. \end{array}$$

PROPOSITION 6. — *L'application* $(f, g) \mapsto \mathrm{Tor}^A(f, g)$:

$$\mathrm{Hom}_A(M, M') \times \mathrm{Hom}_A(N, N') \to \mathrm{Hom}_k(\mathrm{Tor}^A(M, N), \mathrm{Tor}^A(M', N'))$$

est k-bilinéaire.

Soient $f \in \mathrm{Hom}_A(M, M')$, $g_1, g_2 \in \mathrm{Hom}_A(N, N')$, $\lambda_1, \lambda_2 \in k$. Alors les morphismes

$$\lambda_1(L(f) \otimes g_1) + \lambda_2(L(f) \otimes g_2) \quad \text{et} \quad L(f) \otimes (\lambda_1 g_1 + \lambda_2 g_2)$$

de $L(M) \otimes_A N$ dans $L(M) \otimes_A N'$ coïncident ; d'après la prop. 5 et la remarque 3, on a donc

$$\mathrm{Tor}^A(f, \lambda_1 g_1 + \lambda_2 g_2) = \lambda_1 \mathrm{Tor}^A(f, g_1) + \lambda_2 \mathrm{Tor}^A(f, g_2). \tag{10}$$

On raisonne de même pour l'application $f \mapsto \mathrm{Tor}^A(f, g)$.

Corollaire. — *Soit $\lambda \in k$. Si λ annule* M *ou* N, *il annule* $\mathrm{Tor}^A(M, N)$.

En effet, $\lambda . 1_{\mathrm{Tor}(M,N)} = \mathrm{Tor}(\lambda . 1_M, 1_N) = \mathrm{Tor}(1_M, \lambda . 1_N)$.

Proposition 7. — *Soient* I *et* J *deux ensembles,* $(M_\alpha)_{\alpha \in I}$ *une famille de* A*-modules à droite,* $(N_\beta)_{\beta \in J}$ *une famille de* A*-modules à gauche. L'homomorphisme*

$$\bigoplus_{\alpha \in I, \beta \in J} \mathrm{Tor}^A(M_\alpha, N_\beta) \to \mathrm{Tor}^A\Big(\bigoplus_{\alpha \in I} M_\alpha, \bigoplus_{\beta \in J} N_\beta\Big)$$

déduit des homomorphismes canoniques $M_\alpha \to \bigoplus M_\alpha$ *et* $N_\beta \to \bigoplus N_\beta$ *est bijectif.*

Il suffit de prouver que pour tout module à droite M (resp. tout module à gauche N), l'homomorphisme canonique

$$\bigoplus_{\beta \in J} \mathrm{Tor}^A(M, N_\beta) \to \mathrm{Tor}^A\Big(M, \bigoplus_{\beta \in J} N_\beta\Big)$$

(resp. $\bigoplus_{\alpha \in I} \mathrm{Tor}^A(M_\alpha, N) \to \mathrm{Tor}^A\big(\bigoplus_{\alpha \in I} M_\alpha, N\big)$) est bijectif. Or cela résulte de ce qui précède, de la proposition 1 de X, p. 28, et des isomorphismes canoniques :

$$\bigoplus_\beta (L(M) \otimes_A N_\beta) \to L(M) \otimes_A \Big(\bigoplus_\beta N_\beta\Big),$$

$$\bigoplus_\alpha (M_\alpha \otimes_A L(N)) \to \Big(\bigoplus_\alpha M_\alpha\Big) \otimes_A L(N).$$

Un raisonnement analogue donne :

Proposition 8. — *Soient* I (*resp.* J) *un ensemble préordonné filtrant à droite,* $((M_\alpha), (u_{\alpha'\alpha}))$ (resp. $((N_\beta), (v_{\beta'\beta}))$) *un système inductif de* A*-modules à droite* (resp. *gauche*) *relatif à* I (resp. J). *L'homomorphisme de* k*-modules gradués*

$$\varinjlim_{(\alpha, \beta) \in I \times J} \mathrm{Tor}^A(M_\alpha, N_\beta) \to \mathrm{Tor}^A\Big(\varinjlim_{\alpha \in I} M_\alpha, \varinjlim_{\beta \in J} N_\beta\Big),$$

déduit des A*-homomorphismes canoniques* $M_\alpha \to \varinjlim M_\alpha$ *et* $N_\beta \to \varinjlim N_\beta$, *est bijectif.*

En particulier, prenant J = I et remarquant que les (α, α), $\alpha \in I$, forment une partie cofinale de $I \times I$, on obtient :

COROLLAIRE. — *Soient* I *un ensemble préordonné filtrant à droite*, (M_i, u_{ji}) (resp. (N_i, v_{ji})) *un système inductif de* A-*modules à droite* (resp. *à gauche*) *relatif à* I. *L'homomorphisme de* k-*modules gradués*

$$\varinjlim_{i \in I} \mathrm{Tor}^{A}(M_i, N_i) \to \mathrm{Tor}^{A}\left(\varinjlim_{i \in I} M_i, \varinjlim_{i \in I} N_i\right),$$

déduit des A-*homomorphismes canoniques* $M_i \to \varinjlim M_i$ *et* $N_j \to \varinjlim N_j$ *est bijectif.*

Soient M un A-module à droite, N un A-module à gauche, A° l'anneau opposé à A, M° le A°-module à gauche sous-jacent à M, N° le A°-module à droite sous-jacent à M. On a $L(M^{\circ}) = L(M)^{\circ}$ et $L(N^{\circ}) = L(N)^{\circ}$, d'où un isomorphisme de commutation (X, p. 63, prop. 2)

$$\sigma(L(M), L(N)) : L(M) \otimes_{A} L(N) \to L(N^{\circ}) \otimes_{A^{\circ}} L(M^{\circ}).$$

Par passage à l'homologie, $\sigma(L(M), L(N))$ induit un isomorphisme gradué de degré 0 $\sigma_{M,N} : \mathrm{Tor}^{A}(M, N) \to \mathrm{Tor}^{A^{\circ}}(N^{\circ}, M^{\circ})$ dit *isomorphisme de commutation des produits de torsion.*

Notons que $\sigma_{N^{\circ},M^{\circ}} \circ \sigma_{M,N} = \mathrm{Id}_{\mathrm{Tor}(M,N)}$ et que $\sigma_{M,N}$ induit sur les termes de degré 0 l'homomorphisme de commutation du produit tensoriel. D'autre part, si $f : M \to M'$ et $g : N \to N'$ sont des homomorphismes de A-modules, on a

$$\mathrm{Tor}^{A^{\circ}}(g, f) \circ \sigma_{M,N} = \sigma_{M',N'} \circ \mathrm{Tor}^{A}(f, g).$$

5. Les homomorphismes de liaison et les suites exactes

Soit M un A-module à droite. Rappelons que pour tout A-module à gauche N, on a défini au numéro précédent (X, p. 69, prop. 5) un isomorphisme

$$\psi_{M}(N) : \mathrm{Tor}^{A}(M, N) \to H(L(M) \otimes_{A} N).$$

Soit

$$(\mathscr{E}) \qquad 0 \to N' \xrightarrow{u} N \xrightarrow{v} N'' \to 0$$

une suite exacte de A-modules à gauche ; la suite de k-complexes

$$({}^{M}\mathscr{E}) \qquad 0 \longrightarrow L(M) \otimes_{A} N' \xrightarrow{1 \otimes u} L(M) \otimes_{A} N \xrightarrow{1 \otimes v} L(M) \otimes_{A} N'' \longrightarrow 0$$

est alors exacte (X, p. 66, *lemme* 1) ; soit

$$\partial({}^{M}\mathscr{E}) : H(L(M) \otimes_{A} N'') \to H(L(M) \otimes_{A} N')$$

l'homomorphisme de liaison correspondant (X, p. 29).

DÉFINITION 2. — *On appelle homomorphisme de liaison des produits de torsion, relatif au module* M *et à la suite exacte* $\mathscr{E}$, *l'homomorphisme composé*

$$\partial(\mathrm{M}, \mathscr{E}) = \psi_{\mathrm{M}}(\mathrm{N}')^{-1} \circ \partial(^{\mathrm{M}}\mathscr{E}) \circ \psi_{\mathrm{M}}(\mathrm{N}'') : \mathrm{Tor}^{\mathrm{A}}(\mathrm{M}, \mathrm{N}'') \to \mathrm{Tor}^{\mathrm{A}}(\mathrm{M}, \mathrm{N}') .$$

C'est un k-homomorphisme gradué de degré (-1), dont les composantes homogènes sont notées $\partial_n(\mathrm{M}, \mathscr{E}) : \mathrm{Tor}_n^{\mathrm{A}}(\mathrm{M}, \mathrm{N}'') \to \mathrm{Tor}_{n-1}^{\mathrm{A}}(\mathrm{M}, \mathrm{N}')$.

THÉORÈME 1. — *La suite illimitée à gauche d'homomorphismes de k-modules*

$$\cdots \longrightarrow \mathrm{Tor}_n^{\mathrm{A}}(\mathrm{M}, \mathrm{N}') \xrightarrow{\mathrm{Tor}_n^{\mathrm{A}}(1, u)} \mathrm{Tor}_n^{\mathrm{A}}(\mathrm{M}, \mathrm{N}) \xrightarrow{\mathrm{Tor}_n^{\mathrm{A}}(1, v)} \mathrm{Tor}_n^{\mathrm{A}}(\mathrm{M}, \mathrm{N}'')$$

$$\xrightarrow{\partial_n(\mathrm{M}, \mathscr{E})} \mathrm{Tor}_{n-1}^{\mathrm{A}}(\mathrm{M}, \mathrm{N}') \xrightarrow{\mathrm{Tor}_{n-1}^{\mathrm{A}}(1, u)} \cdots \xrightarrow{\mathrm{Tor}_1^{\mathrm{A}}(1, v)} \mathrm{Tor}_1^{\mathrm{A}}(\mathrm{M}, \mathrm{N}'')$$

$$\xrightarrow{\partial_1(\mathrm{M}, \mathscr{E})} \mathrm{M} \otimes_{\mathrm{A}} \mathrm{N}' \xrightarrow{1 \otimes u} \mathrm{M} \otimes_{\mathrm{A}} \mathrm{N} \xrightarrow{1 \otimes v} \mathrm{M} \otimes_{\mathrm{A}} \mathrm{N}'' \longrightarrow 0$$

est exacte.

Considérons en effet le diagramme

$$\begin{array}{ccccccccc}
\mathrm{Tor}(\mathrm{M}, \mathrm{N}') & \xrightarrow{\mathrm{Tor}(1, u)} & \mathrm{Tor}(\mathrm{M}, \mathrm{N}) & \xrightarrow{\mathrm{Tor}(1, v)} & \mathrm{Tor}(\mathrm{M}, \mathrm{N}'') & \xrightarrow{\partial(\mathrm{M}, \mathscr{E})} & \mathrm{Tor}(\mathrm{M}, \mathrm{N}') & \xrightarrow{\mathrm{Tor}(1, u)} & \mathrm{Tor}(\mathrm{M}, \mathrm{N}) \\
\downarrow{\scriptstyle \psi_{\mathrm{M}}(\mathrm{N}')} & & \downarrow{\scriptstyle \psi_{\mathrm{M}}(\mathrm{N})} & & \downarrow{\scriptstyle \psi_{\mathrm{M}}(\mathrm{N}'')} & & \downarrow{\scriptstyle \psi_{\mathrm{M}}(\mathrm{N}')} & & \downarrow{\scriptstyle \psi_{\mathrm{M}}(\mathrm{N}')} \\
\mathrm{H}(\mathrm{L}(\mathrm{M}) \otimes \mathrm{N}') & \xrightarrow{\mathrm{H}(1 \otimes u)} & \mathrm{H}(\mathrm{L}(\mathrm{M}) \otimes \mathrm{N}) & \xrightarrow{\mathrm{H}(1 \otimes v)} & \mathrm{H}(\mathrm{L}(\mathrm{M} \otimes \mathrm{N}'') & \xrightarrow{\partial(^{\mathrm{M}}\mathscr{E})} & \mathrm{H}(\mathrm{L}(\mathrm{M}) \otimes \mathrm{N}') & \xrightarrow{\mathrm{H}(1 \otimes u)} & \mathrm{H}(\mathrm{L}(\mathrm{M}) \otimes \mathrm{N}) .
\end{array}$$

Il est commutatif d'après (X, p. 69, *remarque* 3) et la déf. 2. D'autre part, la ligne inférieure est exacte (X, p. 30, th. 1), et les différents ψ_{M} sont bijectifs (X, p. 69, prop. 5).

COROLLAIRE 1. — *Si* $\mathrm{Tor}_1^{\mathrm{A}}(\mathrm{M}, \mathrm{N}'') = 0$, *la suite*

$$0 \longrightarrow \mathrm{M} \otimes_{\mathrm{A}} \mathrm{N}' \xrightarrow{1 \otimes u} \mathrm{M} \otimes_{\mathrm{A}} \mathrm{N} \xrightarrow{1 \otimes v} \mathrm{M} \otimes_{\mathrm{A}} \mathrm{N}'' \longrightarrow 0$$

est exacte.

COROLLAIRE 2. — *Soient* $0 \to \mathrm{C}' \xrightarrow{u} \mathrm{C} \xrightarrow{v} \mathrm{C}'' \to 0$ *une suite exacte de complexes de* A*-modules à gauche et* E *un complexe de* A*-modules à droite. Si* C″ *ou* E *est plat, la suite*

$$0 \longrightarrow \mathrm{E} \otimes_{\mathrm{A}} \mathrm{C}' \xrightarrow{1 \otimes u} \mathrm{E} \otimes_{\mathrm{A}} \mathrm{C} \xrightarrow{1 \otimes v} \mathrm{E} \otimes_{\mathrm{A}} \mathrm{C}'' \longrightarrow 0$$

est exacte.

En effet, $\mathrm{Tor}_1^{\mathrm{A}}(\mathrm{E}, \mathrm{C}'') = 0$ d'après X, p. 69, cor. à la prop. 5.

Exemple. — Soit $\mathfrak{a}$ un idéal de A. La suite exacte

$$0 \to \mathfrak{a} \to \mathrm{A}_s \to \mathrm{A}/\mathfrak{a} \to 0$$

de A-modules à gauche, donne naissance à une suite exacte de produits de torsion, dans laquelle les termes $\mathrm{Tor}_i^A(M, A)$ sont nuls pour $i > 0$. On en déduit des isomorphismes

$$\mathrm{Tor}_{i+1}^A(M, A/\mathfrak{a}) \to \mathrm{Tor}_i^A(M, \mathfrak{a}), \qquad i > 0$$

et une suite exacte

$$0 \to \mathrm{Tor}_1^A(M, A/\mathfrak{a}) \to M \otimes_A \mathfrak{a} \to M \otimes_A A \to M \otimes A/\mathfrak{a} \to 0 :$$

il en résulte que $\mathrm{Tor}_1^A(M, A/\mathfrak{a})$ s'identifie au noyau de l'homomorphisme canonique $M \otimes_A \mathfrak{a} \to M$.

Par exemple, prenant pour M un module de la forme $A_d/\mathfrak{b}$, où $\mathfrak{b}$ est un idéal à droite de A, on obtient un isomorphisme de $\mathrm{Tor}_1^A(A/\mathfrak{b}, A/\mathfrak{a})$ sur $(\mathfrak{a} \cap \mathfrak{b})/\mathfrak{b}\mathfrak{a}$.

PROPOSITION 9. — *Soient $f : M \to M_1$ un homomorphisme de A-modules à droite et*

$$\begin{array}{lccccccccc} (\mathscr{E}) & 0 & \longrightarrow & N' & \xrightarrow{u} & N & \xrightarrow{v} & N'' & \longrightarrow & 0 \\ & & & \downarrow{\scriptstyle g'} & & \downarrow{\scriptstyle g} & & \downarrow{\scriptstyle g''} & & \\ (\mathscr{E}_1) & 0 & \longrightarrow & N'_1 & \xrightarrow{u_1} & N_1 & \xrightarrow{v_1} & N''_1 & \longrightarrow & 0 \end{array}$$

un diagramme commutatif à lignes exactes d'homomorphismes de A-modules à gauche. Le diagramme de k-modules

$$\begin{array}{ccc} \mathrm{Tor}^A(M, N'') & \xrightarrow{\partial(M, \mathscr{E})} & \mathrm{Tor}^A(M, N') \\ \downarrow{\scriptstyle \mathrm{Tor}^A(f, g'')} & & \downarrow{\scriptstyle \mathrm{Tor}^A(f, g')} \\ \mathrm{Tor}^A(M_1, N''_1) & \xrightarrow{\partial(M_1, \mathscr{E}_1)} & \mathrm{Tor}^A(M_1, N'_1) \end{array}$$

est commutatif.

Cela résulte de X, p. 31, prop. 2, appliquée au diagramme commutatif

$$\begin{array}{ccccccccc} 0 & \longrightarrow & L(M) \otimes_A N' & \xrightarrow{1 \otimes u} & L(M) \otimes_A N & \xrightarrow{1 \otimes v} & L(M) \otimes_A N'' & \longrightarrow & 0 \\ & & \downarrow{\scriptstyle L(f) \otimes g'} & & \downarrow{\scriptstyle L(f) \otimes g} & & \downarrow{\scriptstyle L(f) \otimes g''} & & \\ 0 & \longrightarrow & L(M_1) \otimes_A N'_1 & \xrightarrow{1 \otimes u_1} & L(M_1) \otimes_A N_1 & \xrightarrow{1 \otimes v_1} & L(M_1) \otimes_A N''_1 & \longrightarrow & 0 . \end{array}$$

De manière analogue, si N est un A-module à gauche et

$$(\mathscr{F}) \qquad 0 \to M' \xrightarrow{r} M \xrightarrow{s} M'' \to 0$$

une suite exacte de A-modules à droite, on définit des *homomorphismes de liaison*

$$\partial(\mathscr{F}, N) : \mathrm{Tor}^A(M'', N) \to \mathrm{Tor}^A(M', N)$$

$$\partial_n(\mathscr{F}, N) : \mathrm{Tor}_n^A(M'', N) \to \mathrm{Tor}_{n-1}^A(M', N)$$

par $\partial(\mathscr{F}, N) = \overline{\psi}_N(M')^{-1} \circ \partial(\mathscr{F}^N) \circ \overline{\psi}_N(M'')$, où $\partial(\mathscr{F}^N)$ est l'homomorphisme de liaison de la suite exacte

$$(\mathscr{F}^N) \qquad 0 \to M' \otimes_A L(N) \to M \otimes_A L(N) \to M'' \otimes_A L(N) \to 0$$

déduite de $\mathscr{F}$, et on a :

THÉORÈME 1 *bis*. — *La suite illimitée à gauche d'homomorphismes de k-modules*

$$\to \mathrm{Tor}_n^A(M', N) \xrightarrow{\mathrm{Tor}_n^A(r,1)} \mathrm{Tor}_n^A(M, N) \xrightarrow{\mathrm{Tor}_n^A(s,1)} \mathrm{Tor}_n^A(M'', N) \xrightarrow{\partial_n(\mathscr{F}, N)} \mathrm{Tor}_{n-1}^A(M', N)$$

$$\cdots \to \mathrm{Tor}_1^A(M'', N) \xrightarrow{\partial_1(\mathscr{F}, N)} M' \otimes_A N \xrightarrow{r \otimes 1} M \otimes_A N \xrightarrow{s \otimes 1} M'' \otimes_A N \to 0$$

est exacte.

On laisse au lecteur le soin d'énoncer et de démontrer les propriétés analogues aux corollaires du th. 1 et à la prop. 9. D'ailleurs :

PROPOSITION 10. — *Notons* $(\mathscr{F}^\circ)$ *la suite exacte de* A*-modules à gauche*

$$0 \to M'^\circ \xrightarrow{r} M^\circ \xrightarrow{s} M''^\circ \to 0 .$$

Le diagramme

$$\begin{array}{ccc} \mathrm{Tor}^A(M'', N) & \xrightarrow{\partial(\mathscr{F}, N)} & \mathrm{Tor}^A(M', N) \\ \downarrow \sigma_{M'',N} & & \downarrow \sigma_{M',N} \\ \mathrm{Tor}^{A^\circ}(N^\circ, M''^\circ) & \xrightarrow{\partial(N^\circ, \mathscr{F}^\circ)} & \mathrm{Tor}^{A^\circ}(N^\circ, M'^\circ) \end{array}$$

est commutatif.

En effet, cela résulte de X, p. 31, prop. 2, appliquée au diagramme commutatif

$$\begin{array}{ccccccccc} 0 & \to & M' \otimes_A L(N) & \xrightarrow{r \otimes 1} & M \otimes_A L(N) & \xrightarrow{s \otimes 1} & M'' \otimes_A L(N) & \to & 0 \\ & & \downarrow \sigma(M', L(N)) & & \downarrow \sigma(M, L(N)) & & \downarrow \sigma(M'', L(N)) & & \\ 0 & \to & L(N^\circ) \otimes_{A^\circ} M'^\circ & \xrightarrow{1 \otimes r} & L(N^\circ) \otimes_{A^\circ} M^\circ & \xrightarrow{1 \otimes s} & L(N^\circ) \otimes_{A^\circ} M''^\circ & \to & 0 . \end{array}$$

Nous verrons plus tard d'autres relations de commutation (*cf.* X, p. 131, cor. 1).

6. Modules plats et produits de torsion

THÉORÈME 2. — *Soit* E *un* A*-module à droite. Les conditions suivantes sont équivalentes* :

(i) E *est plat* ;

(ii) *pour tout* A*-module à gauche* F, *et tout entier* $n > 0$, *on a*

$$\mathrm{Tor}_n^A(E, F) = 0 ;$$

(iii) *pour tout* A-*module à gauche monogène et de présentation finie* F, *on a*

$$\mathrm{Tor}_1^{\mathrm{A}}(\mathrm{E}, \mathrm{F}) = 0 \, ;$$

(iv) *pour tout idéal à gauche de type fini* $\mathfrak{a}$ *de* A, *l'application canonique* $\mathrm{E} \otimes_{\mathrm{A}} \mathfrak{a} \to \mathrm{E}$ *est injective* ;

(v) *pour toute suite exacte de* A-*modules à droite, de la forme*

$$0 \to \mathrm{G} \xrightarrow{v} \mathrm{H} \xrightarrow{w} \mathrm{E} \to 0 \, ,$$

et tout A-*module à gauche* F, *la suite*

$$0 \longrightarrow \mathrm{G} \otimes_{\mathrm{A}} \mathrm{F} \xrightarrow{v \otimes 1} \mathrm{H} \otimes_{\mathrm{A}} \mathrm{F} \xrightarrow{w \otimes 1} \mathrm{E} \otimes_{\mathrm{A}} \mathrm{F} \longrightarrow 0$$

est exacte.

(i) ⇒ (ii) : c'est le cor. à la prop. 5 de X, p. 69.

(ii) ⇒ (iii) : c'est trivial.

(iii) ⇔ (iv) : tout A-module à gauche monogène de présentation finie est isomorphe à un quotient $\mathrm{A}/\mathfrak{a}$, où $\mathfrak{a}$ est un idéal à gauche de type fini, de sorte que (iii) équivaut à (iv) d'après X, p. 72, *exemple*.

(iii) ⇒ (i) : d'après X, p. 8, prop. 3, X, p. 72, th. 1, E est plat dès que $\mathrm{Tor}_1^{\mathrm{A}}(\mathrm{E}, \mathrm{F}) = 0$ pour tout A-module à gauche F. Si (iii) est satisfait, il en est ainsi dès que F est monogène et de présentation finie. D'après X, p. 11, prop. 7, tout A-module (resp. tout A-module monogène) est limite inductive filtrante de modules de présentation finie (resp. de modules monogènes de présentation finie) ; on voit donc, d'après X, p. 70, prop. 8, qu'il suffit de prouver que si $\mathrm{Tor}_1^{\mathrm{A}}(\mathrm{E}, \mathrm{F}) = 0$ lorsque F est monogène, alors il en est ainsi dès que F est de type fini. Raisonnons donc par récurrence sur le cardinal d'un système générateur $(f_1, \ldots, f_n)$ de F ; la suite exacte

$$0 \to \mathrm{A}f_1 \to \mathrm{F} \to \mathrm{F}/\mathrm{A}f_1 \to 0$$

donne naissance à une suite exacte

$$\mathrm{Tor}_1^{\mathrm{A}}(\mathrm{E}, \mathrm{A}f_1) \to \mathrm{Tor}_1^{\mathrm{A}}(\mathrm{E}, \mathrm{F}) \to \mathrm{Tor}_1^{\mathrm{A}}(\mathrm{E}, \mathrm{F}/\mathrm{A}f_1) \, ,$$

de sorte que $\mathrm{Tor}_1^{\mathrm{A}}(\mathrm{E}, \mathrm{F}) = 0$ puisque $\mathrm{Tor}_1^{\mathrm{A}}(\mathrm{E}, \mathrm{A}f_1) = 0$ et que $\mathrm{Tor}_1^{\mathrm{A}}(\mathrm{E}, \mathrm{F}/\mathrm{A}f_1) = 0$ par hypothèse de récurrence.

(i) ⇒ (v) : c'est le cor. 2 au th. 1 (X, p. 72).

(v) ⇒ (iii) : la suite exacte (X, p. 50)

$$0 \longrightarrow \mathrm{Z}_0(\mathrm{E}) \xrightarrow{i_{\mathrm{E}}} \mathrm{L}_0(\mathrm{E}) \xrightarrow{p_{\mathrm{E}}} \mathrm{E} \longrightarrow 0$$

donne naissance pour tout A-module à gauche F à une suite exacte

$$0 \longrightarrow \mathrm{Tor}_1^{\mathrm{A}}(\mathrm{E}, \mathrm{F}) \longrightarrow \mathrm{Z}_0(\mathrm{E}) \otimes_{\mathrm{A}} \mathrm{F} \xrightarrow{i_{\mathrm{E}} \otimes 1} \mathrm{L}_0(\mathrm{E}) \otimes_{\mathrm{A}} \mathrm{F} \xrightarrow{p_{\mathrm{E}} \otimes 1} \mathrm{E} \otimes_{\mathrm{A}} \mathrm{F} \longrightarrow 0 \, .$$

Si (v) est satisfait, on a $\mathrm{Tor}_1^{\mathrm{A}}(\mathrm{E}, \mathrm{F}) = 0$ d'où (iii).

COROLLAIRE 1. — *Soit* $0 \to \mathrm{E}' \to \mathrm{E} \to \mathrm{E}'' \to 0$ *une suite exacte de* A-*modules à droite. Supposons que* E'' *soit plat. Alors pour que* E *soit plat, il faut et il suffit que* E' *soit plat.*

Soit F un A-module à gauche. Puisque $\mathrm{Tor}_i^A(E'', F) = 0$ pour $i = 1, 2$ (th. 2, (i) ⇒ (ii)), on a une suite exacte

$$0 \to \mathrm{Tor}_1^A(E', F) \to \mathrm{Tor}_1^A(E, F) \to 0$$

d'où l'assertion (th. 2, (i) ⇔ (iii)).

COROLLAIRE 2. — *Soit* $0 \to E_n \to E_{n-1} \to \cdots \to E_1 \to 0$ *une suite exacte de* A-*modules à droite. Si* E_i *est plat pour* $i = 1, \ldots, n-1$, *alors* E_n *est plat.*

7. Formule de Künneth

Dans ce numéro, on considère un complexe (C, d) de A-modules à droite et un complexe (C', d') de A-modules à gauche. Considérons les suites exactes canoniques

$$\text{(I)} \qquad 0 \to Z(C) \xrightarrow{i} C \xrightarrow{\delta} B(C)(-1) \to 0\,,$$

$$\text{(II)} \qquad 0 \to B(C) \xrightarrow{i} Z(C) \xrightarrow{p} H(C) \to 0\,;$$

on déduit de δ un k-homomorphisme

$$H(\delta \otimes 1) : H(C \otimes_A C') \to H(B(C) \otimes_A C')(-1)\,;$$

on déduit de (II) un homomorphisme de liaison

$$\partial(\mathrm{II}, H(C')) : \mathrm{Tor}_1^A(H(C), H(C')) \to B(C) \otimes_A H(C')\,;$$

si l'on munit $\mathrm{Tor}_1^A(H(C), H(C'))$ de la graduation dont le composant homogène de degré n est $\bigoplus_{p+q=n} \mathrm{Tor}_1^A(H_p(C), H_q(C'))$, cet homomorphisme de liaison est gradué de degré 0. On dispose par ailleurs d'un homomorphisme canonique (X, p. 62)

$$\gamma(B(C), C') : B(C) \otimes_A H(C') \to H(B(C) \otimes_A C')\,.$$

Avec ces notations :

THÉORÈME 3. — *Supposons les* A-*modules* B(C) *et* Z(C) *plats. Il existe un unique homomorphisme de k-modules gradués, de degré* -1,

$$\alpha : H(C \otimes_A C') \to \mathrm{Tor}_1^A(H(C), H(C'))$$

rendant commutatif le diagramme

$$\begin{array}{ccc} H(C \otimes_A C') & \xrightarrow{\alpha} & \mathrm{Tor}_1^A(H(C), H(C'))(-1) \\ {\scriptstyle H(\delta\otimes 1)}\downarrow & & \downarrow{\scriptstyle \partial(\mathrm{II}, H(C'))} \\ H(B(C) \otimes_A C')(-1) & \xleftarrow{\gamma(B(C),\, C')} & (B(C) \otimes_A H(C'))(-1)\,. \end{array}$$

La suite de k-modules gradués

$$0 \longrightarrow \mathrm{H(C)} \otimes_{\mathrm{A}} \mathrm{H(C')} \xrightarrow{\gamma(\mathrm{C,C'})} \mathrm{H(C} \otimes_{\mathrm{A}} \mathrm{C')} \xrightarrow{\alpha} \mathrm{Tor}_1^{\mathrm{A}}(\mathrm{H(C), H(C')})(-1) \longrightarrow 0$$

est exacte.

On a donc pour chaque n une suite exacte

$$(11)\quad 0 \longrightarrow \bigoplus_{p+q=n} \mathrm{H}_p(\mathrm{C}) \otimes_{\mathrm{A}} \mathrm{H}_q(\mathrm{C'}) \xrightarrow{\gamma_n(\mathrm{C,C'})} \mathrm{H}_n(\mathrm{C} \otimes_{\mathrm{A}} \mathrm{C'}) \xrightarrow{\alpha_n} \bigoplus_{p+q=n-1} \mathrm{Tor}_1^{\mathrm{A}}(\mathrm{H}_p(\mathrm{C}), \mathrm{H}_q(\mathrm{C'})) \longrightarrow 0\,.$$

Posons pour simplifier $\mathrm{B} = \mathrm{B(C)}$, $\mathrm{Z} = \mathrm{Z(C)}$, $\mathrm{H} = \mathrm{H(C)}$ et $\mathrm{H'} = \mathrm{H(C')}$:

Comme B est plat, on déduit de (I) une suite exacte (X, p. 72, cor. 2)

$$(12)\qquad 0 \longrightarrow \mathrm{Z} \otimes_{\mathrm{A}} \mathrm{C'} \xrightarrow{j\otimes 1} \mathrm{C} \otimes_{\mathrm{A}} \mathrm{C'} \xrightarrow{\delta\otimes 1} (\mathrm{B} \otimes_{\mathrm{A}} \mathrm{C'})(-1) \longrightarrow 0\,.$$

Lemme 3. — *L'homomorphisme de liaison* $\mathrm{H(B} \otimes_{\mathrm{A}} \mathrm{C')} \to \mathrm{H(Z} \otimes_{\mathrm{A}} \mathrm{C')}$ *associé à la suite exacte* (12) *est égal à* $\mathrm{H}(i \otimes 1)$.

En effet, soit $a \in \mathrm{Z(B} \otimes_{\mathrm{A}} \mathrm{C')}$; comme B est plat, a appartient à l'image de $\mathrm{B} \otimes_{\mathrm{A}} \mathrm{Z(C')}$, donc s'écrit $\sum_\lambda da_\lambda \otimes b_\lambda$, avec $a_\lambda \in \mathrm{C}$, $b_\lambda \in \mathrm{C'}$, $db_\lambda = 0$. L'image de la classe de a par l'homomorphisme cherché est par définition la classe de $\mathrm{D}(\sum a_\lambda \otimes b_\lambda) = \sum da_\lambda \otimes b_\lambda = (i \otimes 1)(a)$, d'où le lemme.

La suite exacte d'homologie associée à (12) est donc

$$\mathrm{H(B} \otimes_{\mathrm{A}} \mathrm{C')} \xrightarrow{\mathrm{H}(i\otimes 1)} \mathrm{H(Z} \otimes_{\mathrm{A}} \mathrm{C')} \xrightarrow{\mathrm{H}(j\otimes 1)} \mathrm{H(C} \otimes_{\mathrm{A}} \mathrm{C')} \xrightarrow{\mathrm{H}(\delta\otimes 1)} \mathrm{H(B} \otimes_{\mathrm{A}} \mathrm{C')}(-1) \xrightarrow{\mathrm{H}(i\otimes 1)} \mathrm{H(Z} \otimes_{\mathrm{A}} \mathrm{C')}(-1)\,.$$

Par ailleurs, puisque Z est plat, on tire de (II) une suite exacte de k-modules gradués

$$0 \longrightarrow \mathrm{Tor}_1^{\mathrm{A}}(\mathrm{H, H'}) \xrightarrow{\partial(\mathrm{II,H'})} \mathrm{B} \otimes_{\mathrm{A}} \mathrm{H'} \xrightarrow{i\otimes 1} \mathrm{Z} \otimes_{\mathrm{A}} \mathrm{H'} \xrightarrow{p\otimes 1} \mathrm{H} \otimes_{\mathrm{A}} \mathrm{H'} \longrightarrow 0\,;$$

enfin, on dispose des homomorphismes canoniques du n° 1

$$\gamma_{\mathrm{B}} = \gamma(\mathrm{B, C'}) : \mathrm{B} \otimes_{\mathrm{A}} \mathrm{H'} \to \mathrm{H(B} \otimes_{\mathrm{A}} \mathrm{C')}$$
$$\gamma_{\mathrm{Z}} = \gamma(\mathrm{Z, C'}) : \mathrm{Z} \otimes_{\mathrm{A}} \mathrm{H'} \to \mathrm{H(Z} \otimes_{\mathrm{A}} \mathrm{C')}$$
$$\gamma_{\mathrm{C}} = \gamma(\mathrm{C, C'}) : \mathrm{H} \otimes_{\mathrm{A}} \mathrm{H'} \to \mathrm{H(C} \otimes_{\mathrm{A}} \mathrm{C')}\,,$$

d'où un diagramme de k-modules gradués, à *lignes exactes*

$$\begin{array}{ccccccccc}
B \otimes H' & \xrightarrow{i \otimes 1} & Z \otimes H' & \xrightarrow{p \otimes 1} & H \otimes H' & \to 0 & & & \\
\downarrow \gamma_B & & \downarrow \gamma_Z & & \downarrow \gamma_C & & & & \\
H(B \otimes C') & \xrightarrow{H(i \otimes 1)} & H(Z \otimes C') & \xrightarrow{H(j \otimes 1)} & H(C \otimes C') & \xrightarrow{H(\delta \otimes 1)} & H(B \otimes C')(-1) & \xrightarrow{H(i \otimes 1)} & H(Z \otimes C')(-1) \\
& & & & & & \uparrow \gamma_B & & \uparrow \gamma_Z \\
& & 0 \to & \mathrm{Tor}_1^A(H, H')(-1) & & \xrightarrow{\partial(II, H')} & (B \otimes H')(-1) & \xrightarrow{i \otimes 1} & (Z \otimes H')(-1),
\end{array}$$

qui est *commutatif* par définition des homomorphismes γ. Mais, les complexes B et Z étant scindés et plats, γ_B et γ_Z sont *bijectifs* (X, p. 65, cor. 1). On en déduit, d'une part que γ_C est injectif et d'image égale à $\mathrm{Ker}\, H(\delta \otimes 1)$, d'autre part que $\gamma_B \circ \partial(II, H')$ est injectif, d'image égale à $\mathrm{Im}\, H(\delta \otimes 1)$. Le théorème résulte immédiatement de là.

COROLLAIRE 1. — *Si* B(C) *et* Z(C) *sont plats, on a pour tout* A*-module à gauche* N *et tout entier* n *une suite exacte*

$$0 \longrightarrow H_n(C) \otimes_A N \xrightarrow{\gamma_n} H_n(C \otimes_A N) \xrightarrow{\alpha_n} \mathrm{Tor}_1^A(H_{n-1}(C), N) \longrightarrow 0 . \tag{13}$$

COROLLAIRE 2. — *Supposons* B(C) *et* B(C′) *projectifs et* Z(C) *plat. Alors les suites de k-modules* (11) *et* (13) *sont exactes et scindées.*

Cela résulte du théorème et du lemme suivant :

Lemme 4. — *Si* B(C) *et* B(C′) *sont projectifs, alors l'homomorphisme canonique*

$$\gamma(C, C') : H(C) \otimes_A H(C') \to H(C \otimes_A C')$$

possède une rétraction k-linéaire.

En effet d'après X, p. 65, *remarque b*), il existe des homologismes $\varphi : C \to H(C)$ et $\varphi' : C' \to H(C')$ tels que $H(\varphi) = 1_{H(C)}$ et $H(\varphi') = 1_{H(C')}$. Dans le diagramme commutatif

$$\begin{array}{ccc}
H(C) \otimes_A H(C') & \xrightarrow{\gamma(C, C')} & H(C \otimes_A C') \\
\downarrow H(\varphi) \otimes H(\varphi') & & \downarrow H(\varphi \otimes \varphi') \\
H(C) \otimes_A H(C') & \xrightarrow{\gamma(H(C), H(C'))} & H(C) \otimes_A H(C')
\end{array}$$

$H(\varphi) \otimes H(\varphi')$ et $\gamma(H(C), H(C'))$ sont l'identité, d'où l'assertion.

COROLLAIRE 3 (« formule des coefficients universels »). — *Supposons l'anneau* A *principal. Si les complexes* C *et* C′ *sont libres, les suites de* A*-modules* (11) *sont exactes et scindées ; si le complexe* C *est libre, les suites de* A*-modules* (13) *sont exactes et scindées pour tout* A*-module* N.

En effet, B(C), Z(C) et B(C′) sont des sous-modules des modules libres C, C, C′, donc sont libres (VII, § 3, cor. 2 au th. 1), et on applique le cor. 2.

Corollaire 4 (« formule de Künneth »). — *Supposons* C *borné à droite*, C *et* H(C) *plats ; alors l'homomorphisme canonique*

$$\gamma(\mathrm{C}, \mathrm{C}') : \mathrm{H}(\mathrm{C}) \otimes_{\mathrm{A}} \mathrm{H}(\mathrm{C}') \rightarrow \mathrm{H}(\mathrm{C} \otimes_{\mathrm{A}} \mathrm{C}')$$

est bijectif.

D'après le théorème, il suffit de prouver que B(C) et Z(C) sont plats. Or on a des suites exactes

$$0 \rightarrow \mathrm{B}_n(\mathrm{C}) \rightarrow \mathrm{Z}_n(\mathrm{C}) \rightarrow \mathrm{H}_n(\mathrm{C}) \rightarrow 0$$

$$0 \rightarrow \mathrm{Z}_n(\mathrm{C}) \rightarrow \mathrm{C}_n \rightarrow \mathrm{B}_{n-1}(\mathrm{C}) \rightarrow 0\,,$$

d'où, d'après X, p. 75, cor. 1, des implications ($\mathrm{B}_{n-1}(\mathrm{C})$ est plat) $\Rightarrow$ ($\mathrm{Z}_n(\mathrm{C})$ est plat) $\Rightarrow$ ($\mathrm{B}_n(\mathrm{C})$ est plat) ; on conclut en remarquant que $\mathrm{B}_n(\mathrm{C}) = 0$ pour n assez petit.

Corollaire 5. — *Soit* $u : \mathrm{C} \rightarrow \mathrm{C}'$ *un homologisme de complexes de* A*-modules à droite, plats et bornés à droite. Pour tout complexe* E *de* A*-modules à gauche, le morphisme* $u \otimes 1_{\mathrm{E}} : \mathrm{C} \otimes_{\mathrm{A}} \mathrm{E} \rightarrow \mathrm{C}' \otimes_{\mathrm{A}} \mathrm{E}$ *est un homologisme.*

En effet, Con (u) est un complexe plat, borné à droite et d'homologie nulle ; on a donc $\mathrm{H}(\mathrm{Con}\,(u) \otimes_{\mathrm{A}} \mathrm{E}) = 0$ d'après le cor. 4, donc $\mathrm{H}(\mathrm{Con}\,(u \otimes 1_{\mathrm{E}})) = 0$ (X, p. 67, *lemme* 2), et $u \otimes 1_{\mathrm{E}}$ est un homologisme.

8. Complexes bornés et plats sur un anneau nœthérien

Proposition 11. — *Supposons* A *nœthérien à gauche, et soit* C *un complexe borné et plat de* A*-modules à gauche tel que* H(C) *soit un* A*-module de type fini. Soient* a *et* b *deux entiers tels que* $a \leqslant b$ *et que* $\mathrm{H}_n(\mathrm{C}) = 0$ *pour* $n < a$, $\mathrm{C}_n = 0$ *pour* $n > b$. *Il existe un complexe* P *de* A*-modules à gauche tel que* P_n *soit projectif et de type fini pour chaque* n, *et que* $\mathrm{P}_n = 0$ *pour* $n \notin [a, b]$, *et un homologisme* $u : \mathrm{P} \rightarrow \mathrm{C}$. *De plus, pour tout complexe* E *de* A*-modules à droite, l'homomorphisme*

$$\mathrm{H}(1_{\mathrm{E}} \otimes u) : \mathrm{H}(\mathrm{E} \otimes_{\mathrm{A}} \mathrm{P}) \rightarrow \mathrm{H}(\mathrm{E} \otimes_{\mathrm{A}} \mathrm{C}) \qquad \textit{est bijectif}\,.$$

D'après X, p. 53, prop. 7, il existe un complexe (L, d) tel que L_n soit libre et de type fini pour chaque n, et nul lorsque $n < a$, et un homologisme $f : \mathrm{L} \rightarrow \mathrm{C}$. Soit P le complexe quotient L/L', où $\mathrm{L}'_n = 0$ pour $n < b$, $\mathrm{L}'_n = \mathrm{L}_n$ pour $n > b$, $\mathrm{L}'_b = \mathrm{B}_b(\mathrm{L})$. Comme $\mathrm{C}_n = 0$ pour $n > b$, $f(\mathrm{L}') = 0$, donc f se factorise par un morphisme de complexes $u : \mathrm{P} \rightarrow \mathrm{C}$.

$$\begin{array}{ccccccc}
\cdots \longrightarrow & \mathrm{L}_{b+1} & \xrightarrow{d_{b+1}} & \mathrm{L}_b & \xrightarrow{d_b} & \mathrm{L}_{b-1} & \longrightarrow \cdots \\
 & \downarrow & & \downarrow & & \| & \\
 & 0 & \longrightarrow & \mathrm{P}_b & \longrightarrow & \mathrm{P}_{b-1} & \longrightarrow \cdots \\
 & \downarrow & & \downarrow{\scriptstyle u_b} & & \downarrow{\scriptstyle u_{b-1}} & \\
 & 0 & \longrightarrow & \mathrm{C}_b & \longrightarrow & \mathrm{C}_{b-1} & \longrightarrow \cdots
\end{array}$$

Comme f est un homologisme, on a $H(\mathrm{Con}(f)) = 0$, d'où une suite exacte

$$\cdots \to L_{b+1} \xrightarrow{d_{b+1}} L_b \longrightarrow L_{b-1} \oplus C_b \longrightarrow L_{b-2} \oplus C_{b-1} \to \cdots .$$

On a donc une suite exacte

$$0 \to P_b \to L_{b-1} \oplus C_b \to L_{b-2} \oplus C_{b-1} \to \cdots .$$

Cela montre d'une part que le cône de u est d'homologie nulle, donc que u est un homologisme, d'autre part que le module P_b est *plat* (X, p. 76, cor. 2) ; comme P_b est de type fini comme quotient de L_{b+1}, il est *projectif* (X, p. 13, cor.). Le couple (P, u) répond donc à la condition exigée. La dernière assertion résulte de X, p. 79, cor. 5.

* *Exemple.* — Soient A un anneau commutatif nœthérien, X un A-schéma propre et plat, $\mathscr{F}$ un $\mathscr{O}_X$-module cohérent, plat sur A. Il existe un complexe P borné formé de A-modules projectifs de *type fini* tel que pour tout A-module M, $H(X, \mathscr{F} \otimes_A M)$ s'identifie naturellement à $H(P \otimes_A M)$. En effet, soit $\mathfrak{U}$ un recouvrement de X par un nombre fini d'ouverts affines, $\mathscr{C}(\mathfrak{U}, \mathscr{F})$ le complexe de Čech associé. On montre que $H^i(\mathscr{C}(\mathfrak{U}, \mathscr{F}))$ est isomorphe au A-module $H^i(X, \mathscr{F})$, et que ce dernier est de type fini ; de plus, pour tout A-module M, le complexe $\mathscr{C}(\mathfrak{U}, \mathscr{F}) \otimes_A M$ est isomorphe à $\mathscr{C}(\mathfrak{U}, \mathscr{F} \otimes_A M)$. En appliquant la prop. 11 au complexe $\mathscr{C}(\mathfrak{U}, \mathscr{F})$ (qui est borné), on obtient un complexe P qui répond à la question.

Pour tout point y de Spec (A), notons $\kappa(y)$ le corps résiduel de A en y, $X_y = X \otimes_A \kappa(y)$ la fibre de X au-dessus de y, $\mathscr{F}_y = \mathscr{F} \otimes_A \kappa(y)$, et posons $h^p(y) = \dim_{\kappa(y)} H^p(X_y, \mathscr{F}_y)$ pour $p \geqslant 0$. On déduit aisément de l'existence du complexe P les résultats suivants :

(i) la fonction h^p est semi-continue supérieurement sur Spec (A) ;

(ii) la fonction $\sum_{p \geqslant 0} (-1)^p h^p$ est localement constante sur Spec (A). *

9. Généralisation aux complexes de multimodules

Soient B et B′ deux anneaux, C un complexe de (B, A)-bimodules, C′ un complexe de (A, B′)-bimodules (X, p. 43) ; alors $(C \otimes_A C', D)$ (X, p. 61) est un complexe de (B, B′)-bimodules et l'homomorphisme canonique

$$\gamma : H(C) \otimes_A H(C') \to H(C \otimes_A C')$$

est compatible avec les structures de (B, B′)-bimodules des deux membres.

Si B″ est un troisième anneau, et C″ un complexe de (B′, B″)-bimodules, l'homomorphisme canonique (II, p. 64, prop. 8)

$$(C \otimes_A C') \otimes_{B'} C'' \to C \otimes_A (C' \otimes_{B''} C'')$$

est un isomorphisme de complexes de (B, B″)-bimodules.

Plus généralement, nous laissons au lecteur le soin de développer la théorie des produits tensoriels de familles finies, totalement ordonnées de *complexes de multimodules* sur le modèle du nº 1 (X, p. 63) et de II, pp. 65 à 72 (isomorphismes d'associativité, de commutativité, ...).

Soient B et B′ deux anneaux, M un (B, A)-bimodule, N un (A, B′)-bimodule ; alors $L(M) \otimes_A L(N)$ est un complexe de (B, B′)-bimodules, de sorte que $\mathrm{Tor}^A(M, N)$ est muni d'une structure naturelle de (B, B′)-bimodule gradué ; sur le terme de degré 0, cette structure coïncide avec celle de $M \otimes_A N$.

Si $\lambda \in B$, $\lambda' \in B'$, et si on note λ_M, λ'_N, λ_T, λ'_T, les homothéties $x \mapsto \lambda x$, $y \mapsto y\lambda'$, $z \mapsto \lambda z$, $z \mapsto z\lambda'$ de M, N, $\mathrm{Tor}^A(M, N)$, $\mathrm{Tor}^A(M, N)$ respectivement, alors

$$\lambda_T = \mathrm{Tor}^A(\lambda_M, 1_N)\,, \qquad \lambda'_T = \mathrm{Tor}^A(1_M, \lambda'_N)\,,$$

ce qui fournit une autre description de la structure de bimodule de $\mathrm{Tor}^A(M, N)$.

Nous laissons au lecteur le soin de généraliser les n°s 5 et 7 au cas des complexes de multimodules.

§ 5. MODULES D'EXTENSIONS

On conserve les notations générales du paragraphe 4. On convient de plus que, sauf mention expresse du contraire, tous les modules considérés sont des modules à gauche, tous les complexes considérés des complexes de modules à gauche.

1. Complexes d'homomorphismes

Soient (C, d) et (C′, d') deux A-complexes. Considérons le k-module gradué $\mathrm{Homgr}_A(C, C')$ (II, p. 174, 175) : pour $n \in \mathbf{Z}$, $\mathrm{Homgr}_A(C, C')_n$ est le k-module des applications A-linéaires graduées de degré n de C dans C′ ; autrement dit $\mathrm{Homgr}_A(C, C')$ s'identifie canoniquement au A-module

$$\bigoplus_{n \in \mathbf{Z}} \prod_{p \in \mathbf{Z}} \mathrm{Hom}_A(C_p, C'_{p+n}) = \bigoplus_{n \in \mathbf{Z}} \prod_{p+q=n} \mathrm{Hom}_A(C_p, C'^q)\,.$$

Définissons des applications k-linéaires

$$D_n : \mathrm{Homgr}_A(C, C')_n \to \mathrm{Homgr}_A(C, C')_{n-1}\,, \qquad n \in \mathbf{Z}\,,$$

par

$$(1) \qquad D_n(f) = d' \circ f - (-1)^n f \circ d\,;$$

on a

$$D_{n-1} \circ D_n(f) = D_{n-1}(d' \circ f - (-1)^n f \circ d) = d' \circ d' \circ f - (-1)^n d' \circ f \circ d - (-1)^{n-1} d' \circ f \circ d - f \circ d \circ d = 0\,.$$

Alors $(\mathrm{Homgr}_A(C, C'), D)$ est un complexe de k-modules appelé *complexe des homomorphismes de* C *dans* C′.

Par exemple, $\mathrm{Homgr}_A(A, C')$ s'identifie canoniquement à C'. Notons aussi que, pour tout $n \in \mathbf{Z}$, on a $\mathrm{Homgr}_A(C, C')(n) = \mathrm{Homgr}_A(C, C'(n))$.

Les éléments de $Z_n(\mathrm{Homgr}_A(C, C'))$ sont les homomorphismes gradués f de degré (descendant) n de C dans C' tels que $d' \circ f = (-1)^n f \circ d$, c'est-à-dire les morphismes de complexes de C dans $C'(n)$, ou encore de $C(p)$ dans $C'(p+n)$ pour p quelconque fixé. On dit que ce sont les *morphismes de complexes de degré* (descendant) n *de* C *dans* C' ; si $f, g \in Z_n(\mathrm{Homgr}_A(C, C'))$ et $s \in \mathrm{Homgr}_A(C, C')_{n+1}$, alors la condition $g - f = \mathrm{D}s$ signifie que s est une homotopie reliant les morphismes f et g de C dans $C'(n)$, de sorte que $H_n(\mathrm{Homgr}_A(C, C'))$ *est le k-module des classes d'homotopie de morphismes de degré (descendant) n de* C *dans* C'.

Soient $\alpha \in H_n(\mathrm{Homgr}_A(C, C'))$ et $p \in \mathbf{Z}$. Représentons α par $f \in Z_n(\mathrm{Homgr}_A(C, C'))$; alors f est un morphisme de complexes de C dans $C'(n)$, donc $H_p(f)$ est un homomorphisme de $H_p(C)$ dans $H_p(C'(n)) = H_{p+n}(C')$; comme $H_p(f)$ ne dépend que de la classe d'homotopie α de f (X, p. 33, prop. 3), on en déduit un homomorphisme canonique de k-modules

$$H_n(\mathrm{Homgr}_A(C, C')) \to \mathrm{Hom}_A(H_p(C), H_{p+n}(C')),$$

d'où une *application k-linéaire graduée de degré* 0, dite *canonique*

$$\lambda(C, C') : H(\mathrm{Homgr}_A(C, C')) \to \dot{\mathrm{H}}\mathrm{omgr}_A(H(C), H(C')).$$

Les composantes homogènes de $\lambda(C, C')$ seront souvent notées :

$$\lambda^n(C, C') : H^n(\mathrm{Homgr}_A(C, C')) \to \prod_{p+q=n} \mathrm{Hom}_A(H_p(C), H^q(C')).$$

PROPOSITION 1. — *Si* C *est nul à droite et* C' *nul à gauche, alors* $\mathrm{Homgr}_A(C, C')$ *est nul à gauche, et l'application k-linéaire canonique*

$$\lambda^0(C, C') : H^0(\mathrm{Homgr}_A(C, C')) \to \mathrm{Hom}_A(H_0(C), H^0(C'))$$

est bijective.

On a des suites exactes

$$0 \longrightarrow H^0(C') \xrightarrow{i} C'^0 \xrightarrow{d'^0} C'^1$$

$$C_1 \xrightarrow{d_1} C_0 \xrightarrow{p} H_0(C) \longrightarrow 0.$$

D'autre part $\mathrm{Homgr}^0_A(C, C')$ s'identifie à $\mathrm{Hom}_A(C_0, C'^0)$, $Z^0(\mathrm{Homgr}_A(C, C'))$ s'identifiant alors à l'ensemble des $f : C_0 \to C'^0$ tels que $d'^0 \circ f = 0$, $f \circ d_1 = 0$; $B^0(\mathrm{Homgr}_A(C, C'))$ est nul ; enfin l'application λ^0 associe à la classe de f modulo $\{0\}$ l'homomorphisme $\varphi : H_0(C) \to H^0(C')$ tel que $f = i \circ \varphi \circ p$, d'où la proposition.

Soient $u : \tilde{C} \to C$ et $u' : C' \to \tilde{C}'$ des morphismes de complexes ; alors l'homomorphisme canonique $\mathrm{Homgr}_A(u, u') : \mathrm{Homgr}_A(C, C') \to \mathrm{Homgr}_A(\tilde{C}, \tilde{C}')$, défini par $f \mapsto u' \circ f \circ u$, est un morphisme de complexes, comme il résulte aussitôt de la formule (1). De plus, le diagramme suivant est commutatif

$$\begin{array}{ccc} \mathrm{H}(\mathrm{Homgr}_{\mathrm{A}}(\mathrm{C}, \mathrm{C}')) & \xrightarrow{\lambda(\mathrm{C}, \mathrm{C}')} & \mathrm{Homgr}_{\mathrm{A}}(\mathrm{H}(\mathrm{C}), \mathrm{H}(\mathrm{C}')) \\ {\scriptstyle \mathrm{H}(\mathrm{Homgr}_{\mathrm{A}}(u, u'))} \downarrow & & \downarrow {\scriptstyle \mathrm{Homgr}_{\mathrm{A}}(\mathrm{H}(u), \mathrm{H}(u'))} \\ \mathrm{H}(\mathrm{Homgr}_{\mathrm{A}}(\tilde{\mathrm{C}}, \tilde{\mathrm{C}}')) & \xrightarrow{\lambda(\tilde{\mathrm{C}}, \tilde{\mathrm{C}}')} & \mathrm{Homgr}_{\mathrm{A}}(\mathrm{H}(\tilde{\mathrm{C}}), \mathrm{H}(\tilde{\mathrm{C}}')) . \end{array}$$

PROPOSITION 2. — *a) Soient* $\mathrm{C}' \xrightarrow{u} \mathrm{C} \xrightarrow{v} \mathrm{C}''$ *une suite exacte de* A-*complexes*, P *un complexe projectif*, E *un complexe injectif* (X, p. 25). *Alors les suites*

$$\mathrm{Homgr}_{\mathrm{A}}(\mathrm{P}, \mathrm{C}') \xrightarrow{\mathrm{Homgr}(1,u)} \mathrm{Homgr}_{\mathrm{A}}(\mathrm{P}, \mathrm{C}) \xrightarrow{\mathrm{Homgr}(1,v)} \mathrm{Homgr}_{\mathrm{A}}(\mathrm{P}, \mathrm{C}'')$$

et

$$\mathrm{Homgr}_{\mathrm{A}}(\mathrm{C}'', \mathrm{E}) \xrightarrow{\mathrm{Homgr}(v,1)} \mathrm{Homgr}_{\mathrm{A}}(\mathrm{C}, \mathrm{E}) \xrightarrow{\mathrm{Homgr}(u,1)} \mathrm{Homgr}_{\mathrm{A}}(\mathrm{C}', \mathrm{E})$$

sont des suites exactes de complexes de k-modules.

b) Soit $0 \to \mathrm{C}' \xrightarrow{u} \mathrm{C} \xrightarrow{v} \mathrm{C}'' \to 0$ *une suite de* A-*complexes qui est scindée en tant que suite exacte de* A-*modules gradués* (*c'est le cas par exemple si* C′ *est injectif, ou si* C″ *est projectif*). *Alors pour tout complexe* E, *les suites*

$$0 \to \mathrm{Homgr}_{\mathrm{A}}(\mathrm{E}, \mathrm{C}') \xrightarrow{\mathrm{Homgr}(1,u)} \mathrm{Homgr}_{\mathrm{A}}(\mathrm{E}, \mathrm{C}) \xrightarrow{\mathrm{Homgr}(1,v)} \mathrm{Homgr}_{\mathrm{A}}(\mathrm{E}, \mathrm{C}'') \to 0$$

$$0 \to \mathrm{Homgr}_{\mathrm{A}}(\mathrm{C}'', \mathrm{E}) \xrightarrow{\mathrm{Homgr}(v,1)} \mathrm{Homgr}_{\mathrm{A}}(\mathrm{C}, \mathrm{E}) \xrightarrow{\mathrm{Homgr}(u,1)} \mathrm{Homgr}_{\mathrm{A}}(\mathrm{C}', \mathrm{E}) \to 0$$

sont des suites exactes de complexes de k-modules.

Dans le cas *a*), on remarque que les suites

$$\mathrm{Hom}_{\mathrm{A}}(\mathrm{P}_p, \mathrm{C}'_q) \to \mathrm{Hom}_{\mathrm{A}}(\mathrm{P}_p, \mathrm{C}_q) \to \mathrm{Hom}_{\mathrm{A}}(\mathrm{P}_p, \mathrm{C}''_q)$$

et

$$\mathrm{Hom}_{\mathrm{A}}(\mathrm{C}''_q, \mathrm{E}_p) \to \mathrm{Hom}_{\mathrm{A}}(\mathrm{C}_q, \mathrm{E}_p) \to \mathrm{Hom}_{\mathrm{A}}(\mathrm{C}'_q, \mathrm{E}_p)$$

sont exactes pour tous $p, q \in \mathbf{Z}$, et on applique II, p. 10, prop. 5 et II, p. 13, prop. 7. La démonstration de *b*) est analogue.

2. Complexes d'homomorphismes et homotopies

PROPOSITION 3. — *Soient* C, $\tilde{\mathrm{C}}$, C′, $\tilde{\mathrm{C}}'$ *quatre* A-*complexes*, $u : \tilde{\mathrm{C}} \to \mathrm{C}$, $v : \tilde{\mathrm{C}} \to \mathrm{C}$, $u' : \mathrm{C}' \to \tilde{\mathrm{C}}'$ *et* $v' : \mathrm{C}' \to \tilde{\mathrm{C}}'$ *quatre morphismes de complexes.*

a) Si u et u′ sont homotopes à v et v′ respectivement, alors les deux morphismes $\mathrm{Homgr}_{\mathrm{A}}(u, u')$ *et* $\mathrm{Homgr}_{\mathrm{A}}(v, v')$ *de* $\mathrm{Homgr}_{\mathrm{A}}(\mathrm{C}, \mathrm{C}')$ *dans* $\mathrm{Homgr}_{\mathrm{A}}(\tilde{\mathrm{C}}, \tilde{\mathrm{C}}')$ *sont homotopes.*

b) Si u et u′ sont des homotopismes, $\mathrm{Homgr}_{\mathrm{A}}(u, u')$ *est un homotopisme.*

c) Si C *ou* C′ *est homotope à zéro*, $\mathrm{Homgr}_{\mathrm{A}}(\mathrm{C}, \mathrm{C}')$ *est homotope à zéro.*

Notons par la même lettre d les différentielles des complexes C, C_1, C', C'_1, et par D les différentielles de $\mathrm{Homgr}_A(C, C')$ et $\mathrm{Homgr}_A(C_1, C'_1)$. Si u (resp. u') est homotope à v (resp. v'), il existe un homomorphisme gradué de degré 1,

$$w : C_1 \to C \qquad (\text{resp. } w' : C' \to C'_1)$$

tel que

(2) $$u - v = dw + wd \qquad (\text{resp. } u' - v' = dw' + w'$$

Soit $W : \mathrm{Homgr}_A(C, C') \to \mathrm{Homgr}_A(C_1, C'_1)$ l'homomorphisme gradué de degré 1 tel que, pour $f \in \mathrm{Homgr}_A(C, C')_n$, $n \in \mathbf{Z}$, on ait

(3) $$W(f) = w'fu + (-1)^n v'fw .$$

On a alors

$$\begin{aligned}(DW + WD)(f) &= D[w'fu + (-1)^n v'fw] + W[df - (-1)^n fd] \\ &= dw'fu - (-1)^{n+1} w'fud + (-1)^n dv'fw + v'fwd \\ &\quad + w'dfu + (-1)^{n+1} v'dfw - (-1)^n w'fdu + v'fdw \\ &= (dw' + w'd)fu + v'f(wd + dw) \\ &= (u' - v')fu + v'f(u - v) = u'fu - v'fv ;\end{aligned}$$

cela s'écrit $DW + WD = \mathrm{Homgr}_A(u, u') - \mathrm{Homgr}_A(v, v')$, d'où *a*).

Démontrons *b*). Si u et u' sont des homotopismes, soient $\alpha : C \to \tilde{C}$ et $\alpha' : \tilde{C}' \to C'$ des morphismes de complexes tels que $u \circ \alpha$, $\alpha \circ u$, $u' \circ \alpha'$, $\alpha' \circ u'$ soient homotopes respectivement à Id_C, $\mathrm{Id}_{\tilde{C}}$, $\mathrm{Id}_{\tilde{C}'}$, $\mathrm{Id}_{C'}$. Alors $\mathrm{Homgr}(u, u') \circ \mathrm{Homgr}(\alpha, \alpha')$, qui est égal à $\mathrm{Homgr}(\alpha \circ u, u' \circ \alpha')$, est homotope d'après *a*) à

$$\mathrm{Homgr}_A(\mathrm{Id}_C, \mathrm{Id}_{C'}) = \mathrm{Id}_{\mathrm{Homgr}(C, C')} ;$$

de même $\mathrm{Homgr}(\alpha, \alpha') \circ \mathrm{Homgr}(u, u')$ est homotope à $\mathrm{Id}_{\mathrm{Homgr}(\tilde{C}, \tilde{C}')}$, d'où *b*).

Enfin *c*) résulte de *b*) (appliqué au cas où $\tilde{C}$ ou $\tilde{C}'$ est nul).

Corollaire 1. — *Si* C *est scindé et* H(C) *projectif* (resp. *si* C′ *est scindé et* $H_n(C')$ *injectif pour chaque* n), *alors l'homomorphisme canonique*

$$\lambda(C, C') : H(\mathrm{Homgr}_A(C, C')) \to \mathrm{Homgr}_A(H(C), H(C'))$$

est bijectif.

Supposons par exemple C′ scindé et H(C′) injectif pour chaque n, le cas où C est scindé et H(C) projectif se démontrant de manière analogue. D'après X, p. 35, déf. 6, il existe un homotopisme $u' : C' \to H(C')$; d'après la prop. 3, $\mathrm{Homgr}_A(1, u')$ est un homotopisme de $\mathrm{Homgr}_A(C, C')$ sur $\mathrm{Homgr}_A(C, H(C'))$; comme

$$\mathrm{Homgr}_A(1, H(u')) \circ \lambda(C, C') = \lambda(C, H(C')) \circ H(\mathrm{Homgr}_A(1, u'))$$

et que $\mathrm{Homgr}_A(1, H(u'))$ et $H(\mathrm{Homgr}_A(1, u'))$ sont bijectifs, il nous suffit de prouver que $\lambda(C, H(C'))$ est bijectif, ce qui nous ramène au cas où C' est *injectif et à différentielle nulle.*

Alors les suites exactes canoniques (X, p. 28)

$$0 \to B(C) \xrightarrow{i} C \xrightarrow{p} C/B(C) \to 0 \tag{III}$$

$$0 \to H(C) \xrightarrow{j} C/B(C) \xrightarrow{\delta} B(C) \to 0 \tag{IV}$$

donnent des suites exactes (X, p. 83, prop. 2, *a*))

$$0 \to \mathrm{Homgr}_A(C/B(C), C') \xrightarrow{P} \mathrm{Homgr}_A(C, C') \xrightarrow{I} \mathrm{Homgr}_A(B(C), C') \to 0$$

$$0 \to \mathrm{Homgr}_A(B(C), C') \xrightarrow{\Delta} \mathrm{Homgr}_A(C/B(C), C') \xrightarrow{J} \mathrm{Homgr}_A(H(C), C') \to 0 .$$

Comme $d_C = i \circ \delta \circ p$, la différentielle D de Homgr (C, C') est donnée par $D_n = (-1)^{n+1} P_n \circ \Delta_n \circ I_n$; on a alors

$$Z(\mathrm{Homgr}_A(C, C')) = \mathrm{Ker}\,(P \circ \Delta \circ I) = \mathrm{Ker}\, I = \mathrm{Im}\, P,$$

$$B(\mathrm{Homgr}_A(C, C')) = \mathrm{Im}\,(P \circ \Delta \circ I) = P(\mathrm{Im}\, \Delta) = P(\mathrm{Ker}\, J) ;$$

d'où un isomorphisme $\varphi : H(\mathrm{Homgr}_A(C, C')) \to \mathrm{Homgr}_A(H(C), C')$ tel que, si $a \in \mathrm{Homgr}_A(C/B(C), C')$, alors l'image par φ de la classe de $P(a)$ est $J(a)$; on vérifie aussitôt que φ s'identifie à l'homomorphisme canonique λ.

COROLLAIRE 2. — *Supposons* B(C) *et* H(C) *projectifs* (resp. $B_n(C')$ *et* $H_n(C')$ *injectifs pour chaque n*). *Alors* $\lambda(C, C')$ *est bijectif.*

En effet C (resp. C') est alors scindé d'après X, p. 35, *exemple* 4, et on applique le cor. 1.

COROLLAIRE 3. — *Soit* M *un* A*-module projectif* (resp. *injectif*). *Pour tout complexe* C *de* A*-modules et tout entier n, l'homomorphisme canonique*

$$H^n(\mathrm{Homgr}_A(M, C)) \to \mathrm{Hom}_A(M, H^n(C))$$

(resp. $H^n(\mathrm{Homgr}_A(C, M)) \to \mathrm{Hom}_A(H_n(C), M)$) *est bijectif.*

Lemme 1. — *a*) *Si* C *ou* C' *est borné à droite, si* C *est projectif et si* $H(C') = 0$, *alors* $H(\mathrm{Homgr}_A(C, C')) = 0$.

b) *Si* C *ou* C' *est borné à gauche, si* C' *est injectif et si* $H(C) = 0$, *alors* $H(\mathrm{Homgr}_A(C, C')) = 0$.

Soit $f \in Z_n(\mathrm{Homgr}_A(C, C'))$; f est donc un morphisme de complexes de C dans $C'(n)$; dans le cas *a*) (resp. *b*)), f_m est nul pour m assez petit (resp. assez grand). D'après X, p. 47, prop. 1, f est alors homotope à zéro, donc appartient à $B_n(\mathrm{Homgr}_A(C, C'))$, d'où la conclusion.

PROPOSITION 4. — *Soient* $u : C' \to C$ *un homologisme de complexes,* P *un complexe projectif,* E *un complexe injectif.*

a) Si P *est borné à droite, ou si* C *et* C′ *sont bornés à droite, alors*

$$\mathrm{Homgr}_A(1, u) : \mathrm{Homgr}_A(P, C') \to \mathrm{Homgr}_A(P, C)$$

est un homologisme.

b) Si E *est borné à gauche, ou bien si* C *et* C′ *sont bornés à gauche, alors*

$$\mathrm{Homgr}_A(u, 1) : \mathrm{Homgr}_A(C, E) \to \mathrm{Homgr}_A(C', E)$$

est un homologisme.

Supposons d'abord u injectif et posons $C'' = \mathrm{Coker}\, u$. Comme u est un homologisme, C″ est d'homologie nulle. On a d'autre part des suites exactes (prop. 2)

$$0 \to \mathrm{Homgr}_A(P, C') \xrightarrow{\mathrm{Homgr}(1,u)} \mathrm{Homgr}_A(P, C) \to \mathrm{Homgr}_A(P, C'') \to 0$$

$$0 \to \mathrm{Homgr}_A(C'', E) \to \mathrm{Homgr}_A(C, E) \xrightarrow{\mathrm{Homgr}(u,1)} \mathrm{Homgr}_A(C', E) \to 0$$

d'après le lemme 1, $\mathrm{Homgr}_A(P, C'')$ est d'homologie nulle dans le cas *a*), $\mathrm{Homgr}_A(C'', E)$ est d'homologie nulle dans le cas *b*), d'où la conclusion.

Dans le cas général, il existe (X, p. 38, cor. à la prop. 7) un complexe $\tilde{C}'$, qui est borné à droite (resp. à gauche) lorsque C et C′ le sont, un morphisme injectif $\tilde{u} : C' \to \tilde{C}'$ et un homotopisme $\beta : \tilde{C}' \to C$ tel que $u = \beta \circ \tilde{u}$. Alors $\tilde{u}$ est un homologisme (X, p. 34, cor. à la prop. 5) ; d'après ce qui précède, $\mathrm{Homgr}_A(1_P, \tilde{u})$ (resp. $\mathrm{Homgr}_A(\tilde{u}, 1_E)$) est un homologisme dans le cas *a*) (resp. *b*)). D'autre part $\mathrm{Homgr}_A(1_P, \beta)$ (resp. $\mathrm{Homgr}_A(\beta, 1_E)$) est un homotopisme (prop. 3) ; alors $\mathrm{Homgr}_A(1_P, u)$ (resp. $\mathrm{Homgr}_A(u, 1_E)$) est composé de deux homologismes, donc est un homologisme.

3. Définition et premières propriétés des modules d'extensions

Pour tout A-module E, on note $p_E : L(E) \to E$ (resp. $e_E : E \to I(E)$) la résolution libre (resp. injective) canonique, *cf.* X, p. 50 (resp. p. 52).

DÉFINITION 1. — *Soient* M *et* N *deux* A*-modules. On appelle module d'extensions de* N *par* M, *le k-module gradué*

$$\mathrm{Ext}_A(M, N) = H(\mathrm{Homgr}_A(L(M), I(N))) . \tag{4}$$

Les composantes homogènes de $\mathrm{Ext}_A(M, N)$ sont notées

$$\mathrm{Ext}_A^n(M, N) = H^n(\mathrm{Homgr}_A(L(M), I(N))) . \tag{5}$$

Comme L(M) (resp. I(N)) est nul à droite (resp. gauche), on a

$$\mathrm{Ext}_A^n(M, N) = 0 \qquad \text{pour} \quad n < 0 . \tag{6}$$

Remarque 1. — Nous verrons ci-dessous (X, p. 107, prop. 6) des propriétés de finitude des modules $\mathrm{Ext}_A(M, N)$. Par exemple si A est commutatif nœthérien, et si M et N sont des A-modules de type fini, chaque A-module $\mathrm{Ext}_A^n(M, N)$ est de type fini.

Soient $f : M' \to M$ et $g : N \to N'$ des homomorphismes de A-modules, on pose

$$\mathrm{Ext}_A(f, g) = \mathrm{H}(\mathrm{Homgr}_A(\mathrm{L}(f), \mathrm{I}(g))) ;$$

c'est un homomorphisme de degré 0 de k-modules gradués

$$\mathrm{Ext}_A(f, g) : \mathrm{Ext}_A(M, N) \to \mathrm{Ext}_A(M', N') ,$$

dont les composantes homogènes sont notées

$$\mathrm{Ext}_A^n(f, g) : \mathrm{Ext}_A^n(M, N) \to \mathrm{Ext}_A^n(M', N') .$$

D'après la prop. 1 de X, p. 82, l'homomorphisme canonique

$$\lambda^0(\mathrm{L}(M), \mathrm{I}(N)) : \mathrm{H}^0(\mathrm{Homgr}_A(\mathrm{L}(M), \mathrm{I}(N))) \to \mathrm{Hom}_A(\mathrm{H}_0(\mathrm{L}(M)), \mathrm{H}^0(\mathrm{I}(N)))$$

est bijectif ; utilisant les isomorphismes $M \to \mathrm{H}_0(\mathrm{L}(M))$ et $\mathrm{H}^0(\mathrm{I}(N)) \to N$, on en déduit un *isomorphisme* dit *canonique*

$$\lambda_{M,N} : \mathrm{Ext}_A^0(M, N) \to \mathrm{Hom}_A(M, N) . \tag{7}$$

On identifiera toujours $\mathrm{Ext}_A^0(M, N)$ *à* $\mathrm{Hom}_A(M, N)$ *par cet isomorphisme.* Alors l'application k-linéaire $\mathrm{Ext}_A^0(f, g)$ s'identifie à $\mathrm{Hom}_A(f, g)$.

Remarque 2. — Le morphisme de complexes

$$\mathrm{Homgr}_A(p_M, e_N) : \mathrm{Hom}_A(M, N) \to \mathrm{Homgr}_A(\mathrm{L}(M), \mathrm{I}(N))$$

induit sur l'homologie de degré 0 l'isomorphisme

$$\overset{-1}{\lambda}_{M,N} : \mathrm{Hom}_A(M, N) \to \mathrm{Ext}_A^0(M, N)$$

réciproque de $\lambda_{M,N}$.

On a $\mathrm{L}(1_M) = 1_{\mathrm{L}(M)}$, $\mathrm{I}(1_N) = 1_{\mathrm{I}(N)}$, donc par passage à l'homologie

$$\mathrm{Ext}_A(1_M, 1_N) = 1_{\mathrm{Ext}_A(M,N)} . \tag{8}$$

Si $f' : M'' \to M'$ et $g' : N' \to N''$ sont des homomorphismes de A-modules, on a $\mathrm{L}(f \circ f') = \mathrm{L}(f) \circ \mathrm{L}(f')$ et $\mathrm{I}(g' \circ g) = \mathrm{I}(g') \circ \mathrm{I}(g)$, donc

$$\mathrm{Ext}_A(f \circ f', g' \circ g) = \mathrm{Ext}_A(f', g') \circ \mathrm{Ext}_A(f, g) . \tag{9}$$

Considérons les morphismes de k-complexes

$$\mathrm{Homgr}_A(L(M), N) \xrightarrow{\mathrm{Homgr}_A(1,\, e_N)} \mathrm{Homgr}_A(L(M), I(N)) \xleftarrow{\mathrm{Homgr}_A(p_M,\, 1)} \mathrm{Homgr}_A(M, I(N))\,,$$

et les homomorphismes qu'ils induisent en homologie

$$H(\mathrm{Homgr}_A(L(M), N)) \xrightarrow{\varphi_M(N)} \mathrm{Ext}_A(M, N) \xleftarrow{\bar{\varphi}_N(M)} H(\mathrm{Homgr}_A(M, I(N)))\,.$$

D'après la prop. 4 de X, p. 86, $\mathrm{Homgr}_A(1, e_N)$ et $\mathrm{Homgr}_A(p_M, 1)$ sont des homologismes, d'où :

Proposition 5. — *Les k-homomorphismes*

$$\varphi_M(N) : H(\mathrm{Homgr}_A(L(M), N)) \to \mathrm{Ext}_A(M, N)$$

et $\quad \bar{\varphi}_N(M) : H(\mathrm{Homgr}_A(M, I(N))) \to \mathrm{Ext}_A(M, N)$ *sont bijectifs.*

Corollaire. — *Si* M *est projectif* (resp. *si* N *est injectif*), *on a* $\mathrm{Ext}^i_A(M, N) = 0$ *pour* $i > 0$.

En effet,

$$\mathrm{Homgr}_A(1, e_N) : \mathrm{Hom}_A(M, N) \to \mathrm{Homgr}_A(M, I(N))$$

(resp. $\mathrm{Homgr}_A(p_M, 1) : \mathrm{Hom}_A(M, N) \to \mathrm{Homgr}_A(L(M), N))$ est alors un homologisme (X, p. 86, prop. 4), d'où la conclusion.

Remarques. — 3) Si $g : N \to N'$ est un homomorphisme de A-modules, alors

$$\mathrm{Homgr}_A(1_{L(M)}, g) \circ \mathrm{Homgr}_A(1_{L(M)}, e_N) = \mathrm{Homgr}_A(1_{L(M)}, e_{N'}) \circ \mathrm{Homgr}_A(1_{L(M)}, I(g))$$

donc le diagramme

$$\begin{array}{ccc} H(\mathrm{Homgr}_A(L(M), N)) & \xrightarrow{\varphi_M(N)} & \mathrm{Ext}_A(M, N) \\ \Big\downarrow{\scriptstyle H(\mathrm{Homgr}_A(1_{L(M)}, g))} & & \Big\downarrow{\scriptstyle \mathrm{Ext}_A(1_M, g)} \\ H(\mathrm{Homgr}_A(L(M), N')) & \xrightarrow{\varphi_M(N')} & \mathrm{Ext}_A(M, N') \end{array}$$

est commutatif.

4) De même, si $f : M' \to M$ est un homomorphisme de A-modules, le diagramme

$$\begin{array}{ccc} H(\mathrm{Homgr}_A(M, I(N))) & \xrightarrow{\bar{\varphi}_N(M)} & \mathrm{Ext}_A(M, N) \\ \Big\downarrow{\scriptstyle H(\mathrm{Homgr}_A(f, 1_{I(N)}))} & & \Big\downarrow{\scriptstyle \mathrm{Ext}_A(f, 1_N)} \\ H(\mathrm{Homgr}_A(M', I(N))) & \xrightarrow{\bar{\varphi}_N(M')} & \mathrm{Ext}_A(M', N) \end{array}$$

est commutatif.

PROPOSITION 6. — *L'application* $(f, g) \mapsto \mathrm{Ext}_A(f, g)$:

$$\mathrm{Hom}_A(M', M) \times \mathrm{Hom}_A(N, N') \to \mathrm{Homgr}_k(\mathrm{Ext}_A(M, N), \mathrm{Ext}_A(M', N'))$$

est k-bilinéaire.

Soit $f \in \mathrm{Hom}_A(M', M)$, $g_1, g_2 \in \mathrm{Hom}_A(N, N')$, $\lambda_1, \lambda_2 \in k$; alors les morphismes $\mathrm{Homgr}_A(L(f), \lambda_1 g_1 + \lambda_2 g_2)$ et $\lambda_1 \mathrm{Homgr}_A(L(f), g_1) + \lambda_2 \mathrm{Homgr}_A(L(f), g_2)$ de $\mathrm{Homgr}_A(L(M), N)$ dans $\mathrm{Homgr}_A(L(M), N')$ coïncident ; donc, d'après la prop. 5 et la *remarque* 3,

$$\mathrm{Ext}_A(f, \lambda_1 g_1 + \lambda_2 g_2) = \lambda_1 \mathrm{Ext}_A(f, g_1) + \lambda_2 \mathrm{Ext}_A(f, g_2) . \tag{10}$$

On raisonne de même pour l'application $f \mapsto \mathrm{Ext}_A(f, g)$.

COROLLAIRE. — *Soit* $\lambda \in k$. *Si* λ *annule* M *ou* N, *il annule* $\mathrm{Ext}_A(M, N)$.

En effet $\lambda 1_{\mathrm{Ext}(M,N)} = \mathrm{Ext}(\lambda 1_M, 1_N) = \mathrm{Ext}(1_M, \lambda 1_N)$.

PROPOSITION 7. — *Soient* I *et* J *deux ensembles,* $(M_\alpha)_{\alpha \in I}$ *et* $(N_\beta)_{\beta \in J}$ *deux familles de* A-*modules ; l'homomorphisme* $\mathrm{Ext}_A(\bigoplus_{\alpha \in I} M_\alpha, \prod_{\beta \in J} N_\beta) \to \prod_{\beta \in J, \alpha \in I} \mathrm{Ext}_A(M_\alpha, N_\beta)$ *déduit des homomorphismes canoniques* $M_\alpha \to \bigoplus M_\alpha$ *et* $\Pi N_\beta \to N_\beta$ *est bijectif.*

Il suffit de prouver que pour tout A-module M (resp. N), les homomorphismes

$$\mathrm{Ext}(M, \Pi N_\beta) \to \Pi\, \mathrm{Ext}(M, N_\beta) \qquad (\text{resp. } \mathrm{Ext}(\oplus M_\alpha, N) \to \Pi\, \mathrm{Ext}(M_\alpha, N))$$

sont bijectifs. Or cela résulte de ce qui précède, de la prop. 1 de X, p. 28, et des isomorphismes canoniques $\mathrm{Homgr}_A(L(M), \Pi N_\beta) \to \Pi\, \mathrm{Homgr}_A(L(M), N_\beta)$ et $\mathrm{Homgr}_A(\oplus M_\alpha, I(N)) \to \Pi\, \mathrm{Homgr}_A(M_\alpha, I(N))$.

Remarque 5. — Soient P et Q deux A-modules à droite. On définit $\mathrm{Ext}_A(P, Q)$ par

$$\mathrm{Ext}_A(P, Q) = H(\mathrm{Homgr}_A(L(P), I(Q))) = H(\mathrm{Homgr}_{A^\circ}(L(P^\circ), I(Q^\circ))) = \mathrm{Ext}_{A^\circ}(P^\circ, Q^\circ) .$$

Toutes les définitions et propositions de ce paragraphe s'appliquent donc aux A-modules à droite en les considérant comme modules à gauche sur l'anneau A°.

4. Les homomorphismes de liaison et les suites exactes

Soit M un A-module. Rappelons que pour tout A-module N, on a défini au numéro précédent un isomorphisme de k-modules

$$\varphi_M(N) : H(\mathrm{Homgr}_A(L(M), N)) \to \mathrm{Ext}_A(M, N) .$$

Soit

$$0 \to N' \xrightarrow{u} N \xrightarrow{v} N'' \to 0 \tag{$\mathscr{E}$}$$

une suite exacte de A-modules ; la suite de k-complexes

$$({}_{\mathrm{M}}\mathscr{E}) \qquad 0 \longrightarrow \mathrm{Homgr}_{\mathrm{A}}(\mathrm{L}(\mathrm{M}), \mathrm{N}') \xrightarrow{\mathrm{Homgr}(1,u)} \mathrm{Homgr}_{\mathrm{A}}(\mathrm{L}(\mathrm{M}), \mathrm{N}) \xrightarrow{\mathrm{Homgr}(1,v)} \mathrm{Homgr}_{\mathrm{A}}(\mathrm{L}(\mathrm{M}), \mathrm{N}'') \longrightarrow 0$$

est alors exacte (X, p. 83, prop. 2, *a*)), soit

$$\partial({}_{\mathrm{M}}\mathscr{E}) : \mathrm{H}(\mathrm{Homgr}_{\mathrm{A}}(\mathrm{L}(\mathrm{M}), \mathrm{N}'')) \to \mathrm{H}(\mathrm{Homgr}_{\mathrm{A}}(\mathrm{L}(\mathrm{M}), \mathrm{N}'))$$

l'homomorphisme de liaison correspondant (X, p. 29).

Définition 2. — *On appelle homomorphisme de liaison des modules d'extensions relatif au module* M *et à la suite exacte* $\mathscr{E}$ *l'homomorphisme composé*

$$\delta(\mathrm{M}, \mathscr{E}) = \varphi_{\mathrm{M}}(\mathrm{N}') \circ \partial({}_{\mathrm{M}}\mathscr{E}) \circ \varphi_{\mathrm{M}}(\mathrm{N}'')^{-1} : \mathrm{Ext}_{\mathrm{A}}(\mathrm{M}, \mathrm{N}'') \to \mathrm{Ext}_{\mathrm{A}}(\mathrm{M}, \mathrm{N}')\,.$$

C'est un k-homomorphisme gradué de degré ascendant 1, dont les composantes homogènes sont notées $\delta^n(\mathrm{M}, \mathscr{E}) : \mathrm{Ext}^n_{\mathrm{A}}(\mathrm{M}, \mathrm{N}'') \to \mathrm{Ext}^{n+1}_{\mathrm{A}}(\mathrm{M}, \mathrm{N}')$.

Théorème 1. — *La suite illimitée à droite d'homomorphismes de k-modules*

$$0 \longrightarrow \mathrm{Hom}_{\mathrm{A}}(\mathrm{M}, \mathrm{N}') \xrightarrow{\mathrm{Hom}(1,u)} \mathrm{Hom}_{\mathrm{A}}(\mathrm{M}, \mathrm{N}) \xrightarrow{\mathrm{Hom}(1,v)} \mathrm{Hom}_{\mathrm{A}}(\mathrm{M}, \mathrm{N}'')$$
$$\xrightarrow{\delta(\mathrm{M},\mathscr{E})} \mathrm{Ext}^1_{\mathrm{A}}(\mathrm{M}, \mathrm{N}') \to \cdots \xrightarrow{\delta^{n-1}(\mathrm{M},\mathscr{E})} \mathrm{Ext}^n_{\mathrm{A}}(\mathrm{M}, \mathrm{N}') \xrightarrow{\mathrm{Ext}^n(1,u)} \mathrm{Ext}^n_{\mathrm{A}}(\mathrm{M}, \mathrm{N})$$
$$\xrightarrow{\mathrm{Ext}^n(1,v)} \mathrm{Ext}^n_{\mathrm{A}}(\mathrm{M}, \mathrm{N}'') \xrightarrow{\delta^n(\mathrm{M},\mathscr{E})} \mathrm{Ext}^{n+1}_{\mathrm{A}}(\mathrm{M}, \mathrm{N}') \to \cdots$$

est exacte.

Considérons en effet le diagramme de la page X.91.
Il est commutatif d'après la *remarque* 3 de X, p. 88 et la déf. 2 ; d'autre part la ligne inférieure est exacte (X, p. 30, th. 1), et les flèches verticales sont bijectives (X, p. 88, prop. 5).

Corollaire. — *Si* $\mathrm{Ext}^1_{\mathrm{A}}(\mathrm{M}, \mathrm{N}') = 0$, *la suite*

$$0 \longrightarrow \mathrm{Hom}_{\mathrm{A}}(\mathrm{M}, \mathrm{N}') \xrightarrow{\mathrm{Hom}(1,u)} \mathrm{Hom}_{\mathrm{A}}(\mathrm{M}, \mathrm{N}) \xrightarrow{\mathrm{Hom}(1,v)} \mathrm{Hom}_{\mathrm{A}}(\mathrm{M}, \mathrm{N}'') \longrightarrow 0$$

est exacte.

Proposition 8. — *Soient* $f : \mathrm{M}_1 \to \mathrm{M}$ *un homomorphisme de* A-*modules et*

$$\begin{array}{lccccccccc} (\mathscr{E}) & 0 & \longrightarrow & \mathrm{N}' & \xrightarrow{u} & \mathrm{N} & \xrightarrow{v} & \mathrm{N}'' & \longrightarrow & 0 \\ & & & \downarrow{\scriptstyle g'} & & \downarrow{\scriptstyle g} & & \downarrow{\scriptstyle g''} & & \\ (\mathscr{E}_1) & 0 & \longrightarrow & \mathrm{N}'_1 & \xrightarrow{u_1} & \mathrm{N}_1 & \xrightarrow{v_1} & \mathrm{N}''_1 & \longrightarrow & 0 \end{array}$$

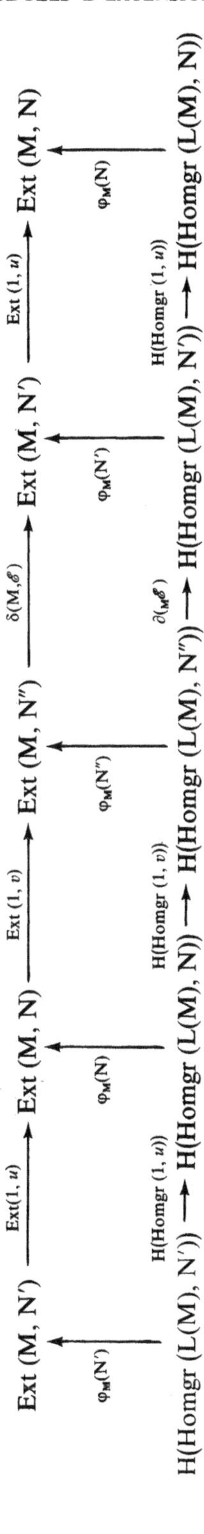
Ext (M, N')
Ext(1, u)
Ext (M, N)
Ext (1, v)
Ext (M, N'')
δ(M, ℰ)
Ext (M, N')
Ext (1, u)
Ext (M, N)
φ_M(N')
φ_M(N)
φ_M(N'')
φ_M(N')
φ_M(N)
H(Homgr (L(M), N'))
H(Homgr (1, u))
H(Homgr (L(M), N))
H(Homgr (1, v))
H(Homgr (L(M), N''))
∂(_Mℰ)
H(Homgr (L(M), N'))
H(Homgr (1, u))
H(Homgr (L(M), N))

un diagramme commutatif de A*-modules à lignes exactes. Le diagramme de k-modules*

$$\begin{array}{ccc} \mathrm{Ext}_A(M, N'') & \xrightarrow{\delta(M, \mathscr{E})} & \mathrm{Ext}_A(M, N') \\ {\scriptstyle \mathrm{Ext}(f, g'')}\downarrow & & \downarrow{\scriptstyle \mathrm{Ext}(f, g')} \\ \mathrm{Ext}_A(M_1, N''_1) & \xrightarrow{\delta(M, \mathscr{E}_1)} & \mathrm{Ext}_A(M_1, N'_1) \end{array}$$

est commutatif.

Cela résulte de X, p. 31, prop. 2 appliqué au diagramme commutatif

$$\begin{array}{ccccccccc} 0 \rightarrow & \mathrm{Homgr}_A(L(M), N') & \xrightarrow{\mathrm{Homgr}(1, u)} & \mathrm{Homgr}_A(L(M), N) & \xrightarrow{\mathrm{Homgr}(1, v)} & \mathrm{Homgr}_A(L(M), N'') & \rightarrow 0 \\ & \downarrow{\scriptstyle \mathrm{Homgr}(L(f), g')} & & \downarrow{\scriptstyle \mathrm{Homgr}(L(f), g)} & & \downarrow{\scriptstyle \mathrm{Homgr}(L(f), g'')} & \\ 0 \rightarrow & \mathrm{Homgr}_A(L(M_1), N'_1) & \xrightarrow{\mathrm{Homgr}(1, u')} & \mathrm{Homgr}_A(L(M_1), N_1) & \xrightarrow{\mathrm{Homgr}(1, v')} & \mathrm{Homgr}_A(L(M_1), N''_1) & \rightarrow 0 \end{array}$$

Soient N un A-module, et

$$(\mathscr{F}) \qquad 0 \rightarrow M' \xrightarrow{r} M \xrightarrow{s} M'' \rightarrow 0$$

une suite exacte de A-modules ; la suite de complexes

$$(\mathscr{F}_N) \quad 0 \longrightarrow \mathrm{Homgr}_A(M'', I(N)) \xrightarrow{\mathrm{Homgr}(s, 1)} \mathrm{Homgr}_A(M, I(N)) \xrightarrow{\mathrm{Homgr}(r, 1)} \mathrm{Homgr}_A(M', I(N)) \longrightarrow 0$$

est exacte (X, p. 83, prop. 2, *a*)) ; soit

$$\partial(\mathscr{F}_N) : \mathrm{H}(\mathrm{Homgr}_A(M', I(N))) \rightarrow \mathrm{H}(\mathrm{Homgr}_A(M'', I(N)))$$

l'homomorphisme de liaison correspondant.

DÉFINITION 3. — *On appelle homomorphisme de liaison des modules d'extensions relatif à la suite exacte* ($\mathscr{F}$) *et au module* N, *l'homomorphisme composé*

$$\delta(\mathscr{F}, N) : \overline{\varphi}_N(M'') \circ \partial(\mathscr{F}_N) \circ \overline{\varphi}_N(M')^{-1} : \mathrm{Ext}_A(M', N) \rightarrow \mathrm{Ext}_A(M'', N) .$$

C'est un k-homomorphisme gradué de degré ascendant 1, dont les composantes homogènes sont notées $\delta^n(\mathscr{F}, N) : \mathrm{Ext}^n_A(M', N) \rightarrow \mathrm{Ext}^{n+1}_A(M'', N)$.

On démontre alors comme ci-dessus les énoncés suivants :

THÉORÈME 2. — *La suite illimitée à droite d'homomorphismes de k-modules*

$$0 \longrightarrow \mathrm{Hom}_A(M'', N) \xrightarrow{\mathrm{Hom}(s,1)} \mathrm{Hom}_A(M, N) \xrightarrow{\mathrm{Hom}(r,1)} \mathrm{Hom}_A(M', N)$$
$$\xrightarrow{\delta^\circ(\mathscr{F},N)} \mathrm{Ext}^1_A(M'', N) \rightarrow \cdots \xrightarrow{\delta^{n-1}(\mathscr{F},N)} \mathrm{Ext}^n_A(M'', N) \xrightarrow{\mathrm{Ext}^n(s,1)} \mathrm{Ext}^n_A(M, N)$$
$$\xrightarrow{\mathrm{Ext}^n(r,1)} \mathrm{Ext}^n_A(M', N) \xrightarrow{\delta^n(\mathscr{F},N)} \mathrm{Ext}^{n+1}_A(M'', N) \rightarrow \cdots$$

est exacte.

COROLLAIRE. — *Si* $\mathrm{Ext}_A^1(M'', N) = 0$, *la suite*

$$0 \longrightarrow \mathrm{Hom}_A(M'', N) \xrightarrow{\mathrm{Hom}(s,1)} \mathrm{Hom}_A(M, N) \xrightarrow{\mathrm{Hom}(r,1)} \mathrm{Hom}_A(M', N) \longrightarrow 0$$

est exacte.

PROPOSITION 9. — *Soient* $g : N \to N_1$ *un homomorphisme de* A-*modules et*

$$\begin{array}{lccccccccc} (\mathscr{F}_1) & 0 & \to & M'_1 & \xrightarrow{r_1} & M_1 & \xrightarrow{s_1} & M''_1 & \to & 0 \\ & & & \downarrow f' & & \downarrow f & & \downarrow f'' & & \\ (\mathscr{F}) & 0 & \to & M' & \xrightarrow{r} & M & \xrightarrow{s} & M'' & \to & 0 \end{array}$$

un diagramme commutatif de A-*modules à lignes exactes. Le diagramme de k-modules*

$$\begin{array}{ccc} \mathrm{Ext}_A(M', N) & \xrightarrow{\delta(\mathscr{F}, N)} & \mathrm{Ext}_A(M'', N) \\ \downarrow \mathrm{Ext}_A(f', g) & & \downarrow \mathrm{Ext}_A(f'', g) \\ \mathrm{Ext}_A(M'_1, N_1) & \xrightarrow{\delta(\mathscr{F}_1, N_1)} & \mathrm{Ext}_A(M''_1, N_1) \end{array}$$

est commutatif.

5. Modules projectifs, modules injectifs et modules d'extensions

PROPOSITION 10. — *Soit* M *un* A-*module. Les conditions suivantes sont équivalentes* :

(i) M *est projectif.*

(ii) $\mathrm{Ext}_A^i(M, N) = 0$ *pour tout* A-*module* N *et pour tout entier* $i > 0$.

(iii) $\mathrm{Ext}_A^1(M, N) = 0$ *pour tout* A-*module* N.

(iv) *Il existe une suite exacte*

$$0 \to K \xrightarrow{u} P \xrightarrow{v} M \to 0,$$

où P *est projectif, et où* $\mathrm{Ext}_A^1(M, K) = 0$.

(i) ⇒ (ii) : c'est le corollaire de la prop. 5 de X, p. 88.

(ii) ⇒ (iii) : c'est trivial.

(iii) ⇒ (iv) : c'est clair puisque M est quotient d'un module libre P.

(iv) ⇒ (i) : puisque $\mathrm{Ext}_A^1(M, K) = 0$, l'application canonique

$$\mathrm{Hom}_A(M, P) \to \mathrm{Hom}_A(M, M)$$

est surjective (X, p. 90, corollaire); il existe donc une section A-linéaire de v et M est isomorphe à un facteur direct de P, donc est projectif.

PROPOSITION 11. — *Soit* N *un* A-*module. Les conditions suivantes sont équivalentes* :

(i) N *est injectif.*

(ii) $\mathrm{Ext}_A^i(M, N) = 0$ *pour tout* A-*module* M *et tout entier* $i > 0$.

(iii) $\mathrm{Ext}^1_A(M, N) = 0$ *pour tout* A-*module* M.

(iv) *Il existe une suite exacte*

$$0 \to N \xrightarrow{u} I \xrightarrow{v} C \to 0,$$

où I *est injectif et où* $\mathrm{Ext}^1_A(C, N) = 0$;

(v) $\mathrm{Ext}^1_A(M, N) = 0$ *pour tout* A-*module monogène* M.

(i) ⇒ (ii) : c'est le corollaire de la prop. 5 de X, p. 88.

(ii) ⇒ (iii) ⇒ (v) : c'est trivial.

(iii) ⇒ (iv) : c'est clair puisque N est un sous-module d'un module injectif (X, p. 19, cor. 3).

(iv) ⇒ (i) : puisque $\mathrm{Ext}^1_A(C, N) = 0$, l'homomorphisme canonique

$$\mathrm{Hom}_A(I, N) \to \mathrm{Hom}_A(N, N)$$

est surjectif (X, p. 93, corollaire) ; il existe donc une rétraction A-linéaire de u et N est isomorphe à un facteur direct de I, donc est injectif (X, p. 16, prop. 9).

(v) ⇒ (i) : si $\mathfrak{a}$ est un idéal de A, on a $\mathrm{Ext}^1_A(A/\mathfrak{a}, N) = 0$; l'application canonique $\mathrm{Hom}_A(A, N) \to \mathrm{Hom}_A(\mathfrak{a}, N)$ est donc surjective et N est injectif (X, p. 16, prop. 10).

6. Formule des coefficients universels

Dans ce numéro, on considère deux complexes de A-modules (C, d) et (C', d'). Considérons les suites exactes canoniques :

$$\text{(I)} \qquad 0 \to Z(C) \xrightarrow{i} C \xrightarrow{\delta} B(C)(-1) \to 0,$$

$$\text{(II}_p\text{)} \qquad 0 \to B_p(C) \xrightarrow{i} Z_p(C) \xrightarrow{p} H_p(C) \to 0;$$

on déduit de δ un k-homomorphisme

$$H(\mathrm{Homgr}(\delta, 1)) : H(\mathrm{Homgr}_A(B(C), C'))(1) \to H(\mathrm{Homgr}_A(C, C'));$$

on déduit de (II_p) des homomorphismes de liaisons :

$$\delta(II_p, H^q(C')) : \mathrm{Hom}_A(B_p(C), H^q(C')) \to \mathrm{Ext}^1_A(H_p(C), H^q(C')).$$

d'où, par passage au produit, des homomorphismes de k-modules

$$\varphi^n : \mathrm{Homgr}^n_A(B(C), H(C')) \to \prod_{p+q=n} \mathrm{Ext}^1_A(H_p(C), H^q(C'))$$

On dispose par ailleurs d'homomorphismes canoniques (X, p. 82)

$$\lambda^n(B(C), C') : H^n(\mathrm{Homgr}_A(B(C), C')) \to \mathrm{Homgr}^n_A(B(C), H(C')).$$

Avec ces notations :

THÉORÈME 3. — *Supposons les* A-*modules* B(C) *et* Z(C) *projectifs. Il existe, pour chaque n, un unique homomorphisme de k-modules*

$$\beta^n : \prod_{p+q=n-1} \mathrm{Ext}^1_{\mathrm{A}}(\mathrm{H}_p(\mathrm{C}), \mathrm{H}^q(\mathrm{C}')) \to \mathrm{H}^n(\mathrm{Homgr}_{\mathrm{A}}(\mathrm{C}, \mathrm{C}'))$$

rendant commutatif le diagramme

$$\begin{array}{ccc} \mathrm{Homgr}^{n-1}_{\mathrm{A}}(\mathrm{B}(\mathrm{C}), \mathrm{H}(\mathrm{C}')) & \xleftarrow{\lambda^{n-1}(\mathrm{B}(\mathrm{C}), \mathrm{C}')} & \mathrm{H}^{n-1}(\mathrm{Homgr}_{\mathrm{A}}(\mathrm{B}(\mathrm{C}), \mathrm{C}')) \\ \downarrow \varphi^{n-1} & & \downarrow \mathrm{H}^n(\mathrm{Homgr}(\delta, 1)) \\ \prod_{p+q=n-1} \mathrm{Ext}^1_{\mathrm{A}}(\mathrm{H}_p(\mathrm{C}), \mathrm{H}^q(\mathrm{C}')) & \xrightarrow{\beta^n} & \mathrm{H}^n(\mathrm{Homgr}_{\mathrm{A}}(\mathrm{C}, \mathrm{C}')) . \end{array}$$

Les suites de k-modules gradués

$$(11) \quad 0 \longrightarrow \prod_{p+q=n-1} \mathrm{Ext}^1_{\mathrm{A}}(\mathrm{H}_p(\mathrm{C}), \mathrm{H}^q(\mathrm{C}')) \xrightarrow{\beta^n} \mathrm{H}^n(\mathrm{Homgr}_{\mathrm{A}}(\mathrm{C}, \mathrm{C}'))$$
$$\xrightarrow{\lambda^n(\mathrm{C}, \mathrm{C}')} \prod_{p+q=n} \mathrm{Hom}_{\mathrm{A}}(\mathrm{H}_p(\mathrm{C}), \mathrm{H}^q(\mathrm{C}')) \to 0$$

sont exactes.

Remarque. — On peut démontrer un énoncé analogue, en supposant $\mathrm{B}_n(\mathrm{C}')$ et $\mathrm{C}'/\mathrm{B}_n(\mathrm{C}')$ *injectifs* pour chaque n.

Posons pour simplifier B = B(C), Z = Z(C), H = H(C) et H′ = H(C′). Comme B est projectif, on déduit de (1) une suite exacte

$$(12) \quad 0 \to \mathrm{Homgr}_{\mathrm{A}}(\mathrm{B}, \mathrm{C}')(1) \xrightarrow{\mathrm{Homgr}(\delta, 1)} \mathrm{Homgr}_{\mathrm{A}}(\mathrm{C}, \mathrm{C}')$$
$$\xrightarrow{\mathrm{Homgr}(j, 1)} \mathrm{Homgr}_{\mathrm{A}}(\mathrm{Z}, \mathrm{C}') \to 0 .$$

Lemme 2. — *L'homomorphisme de liaison*

$$\mathrm{H}^n(\mathrm{Homgr}_{\mathrm{A}}(\mathrm{Z}, \mathrm{C}')) \to \mathrm{H}^n(\mathrm{Homgr}_{\mathrm{A}}(\mathrm{B}, \mathrm{C}'))$$

associé à (12) *est égal à* $(-1)^{n+1}$ H(Homgr$(i, 1)$).

En effet, soit $a \in \mathrm{Z}^n(\mathrm{Homgr}_{\mathrm{A}}(\mathrm{Z}, \mathrm{C}'))$; c'est un morphisme de complexes de degré ascendant n de Z dans C′, dont les valeurs sont donc dans Z(C′). Puisque la suite exacte (1) est scindée (B étant projectif), a se prolonge en un élément b de $\mathrm{Homgr}^n_{\mathrm{A}}(\mathrm{C}, \mathrm{Z}(\mathrm{C}'))$. Par définition, l'image de la classe de a par l'homomorphisme de liaison cherché est la classe dans $\mathrm{H}^n(\mathrm{Homgr}_{\mathrm{A}}(\mathrm{B}, \mathrm{C}'))$ de l'homomorphisme u de B(C) dans C′ tel que pour $x \in \mathrm{C}$, on ait

$$u(dx) = \mathrm{D}b(x) = d'b(x) - (-1)^n b(dx) = (-1)^{n+1} b(dx) = (-1)^{n+1} a(dx) ,$$

d'où l'assertion.

La suite exacte d'homologie associée à (12) donne donc la suite exacte

$$\to \mathrm{H}^n(\mathrm{Homgr}_{\mathrm{A}}(\mathrm{Z}, \mathrm{C}')) \xrightarrow{\mathrm{H}(\mathrm{Homgr}(i,1))} \mathrm{H}^n(\mathrm{Homgr}_{\mathrm{A}}(\mathrm{B}, \mathrm{C}'))$$

$$\xrightarrow{\mathrm{H}(\mathrm{Homgr}(\delta,1))} \mathrm{H}^{n+1}(\mathrm{Homgr}_{\mathrm{A}}(\mathrm{C}, \mathrm{C}')) \xrightarrow{\mathrm{H}(\mathrm{Homgr}(j,1))} \mathrm{H}^{n+1}(\mathrm{Homgr}_{\mathrm{A}}(\mathrm{Z}, \mathrm{C}')) \to \dots .$$

Par ailleurs, puisque Z est projectif, on tire de (11_p) des suites exactes

$$0 \to \mathrm{Hom}_{\mathrm{A}}(\mathrm{H}_p, \mathrm{H}'^q) \to \mathrm{Hom}_{\mathrm{A}}(\mathrm{Z}_p, \mathrm{H}'^q) \to \mathrm{Hom}_{\mathrm{A}}(\mathrm{B}_p, \mathrm{H}'^q) \to \mathrm{Ext}^1_{\mathrm{A}}(\mathrm{H}_p, \mathrm{H}'^q) \to 0 ,$$

d'où, par passage aux produits, des suites exactes

$$0 \to \mathrm{Homgr}^n_{\mathrm{A}}(\mathrm{H}, \mathrm{H}') \to \mathrm{Homgr}^n_{\mathrm{A}}(\mathrm{Z}, \mathrm{H}') \to \mathrm{Homgr}^n_{\mathrm{A}}(\mathrm{B}, \mathrm{H}')$$

$$\to \prod_{p+q=n} \mathrm{Ext}^1_{\mathrm{A}}(\mathrm{H}_p, \mathrm{H}'^q) \to 0 .$$

Enfin, on dispose des homomorphismes canoniques du nº 1 :

$$\lambda_{\mathrm{B}} = \lambda(\mathrm{B}, \mathrm{C}') : \mathrm{H}(\mathrm{Homgr}_{\mathrm{A}}(\mathrm{B}, \mathrm{C}')) \to \mathrm{Homgr}_{\mathrm{A}}(\mathrm{B}, \mathrm{H}') ,$$
$$\lambda_{\mathrm{Z}} = \lambda(\mathrm{Z}, \mathrm{C}') : \mathrm{H}(\mathrm{Homgr}_{\mathrm{A}}(\mathrm{Z}, \mathrm{C}')) \to \mathrm{Homgr}_{\mathrm{A}}(\mathrm{Z}, \mathrm{H}') ,$$
$$\lambda_{\mathrm{C}} = \lambda(\mathrm{C}, \mathrm{C}') : \mathrm{H}(\mathrm{Homgr}_{\mathrm{A}}(\mathrm{C}, \mathrm{C}')) \to \mathrm{Homgr}_{\mathrm{A}}(\mathrm{H}, \mathrm{H}') ,$$

d'où le diagramme à lignes exactes de la page X.97.

Ce diagramme est commutatif par construction des homomorphismes λ. Par ailleurs, comme les complexes B et Z sont scindés et projectifs, λ_{B} et λ_{Z} sont bijectifs (X, p. 84, cor. 1). On en déduit, d'une part que λ^n_{C} est surjectif, de noyau égal à $\mathrm{Im}\, \mathrm{H}^n(\mathrm{Homgr}(\delta, 1))$, d'autre part que $\varphi^{n-1} \circ \lambda^{n-1}_{\mathrm{B}}$ est surjectif, de noyau égal à $\mathrm{Ker}\, \mathrm{H}^n(\mathrm{Homgr}(\delta, 1))$. Le théorème résulte immédiatement de là.

COROLLAIRE 1. — *Supposons* B(C) *et* Z(C) *projectifs et* $\mathrm{B}^n(\mathrm{C}')$ *injectif pour chaque n. Alors les suites exactes* (11) *sont scindées.*

Cela résulte du théorème et du lemme suivant :

Lemme 3. — *Si* B(C) *est projectif et* $\mathrm{B}_n(\mathrm{C}')$ *injectif pour chaque n, l'homomorphisme canonique* $\lambda(\mathrm{C}, \mathrm{C}') : \mathrm{H}(\mathrm{Homgr}_{\mathrm{A}}(\mathrm{C}, \mathrm{C}')) \to \mathrm{Homgr}_{\mathrm{A}}(\mathrm{H}(\mathrm{C}), \mathrm{H}(\mathrm{C}'))$ *possède une section k-linéaire.*

En effet, d'après X, p. 35, remarques *a*) et *b*), il existe des homologismes

$$\varphi : \mathrm{C} \to \mathrm{H}(\mathrm{C}) \quad \text{et} \quad \varphi' : \mathrm{H}(\mathrm{C}') \to \mathrm{C}'$$

tels que $\mathrm{H}(\varphi) = 1_{\mathrm{H}(\mathrm{C})}$ et $\mathrm{H}(\varphi') = 1_{\mathrm{H}(\mathrm{C}')}$.

Dans le diagramme commutatif

$$\begin{array}{ccc} \mathrm{H}(\mathrm{Homgr}_{\mathrm{A}}(\mathrm{H}(\mathrm{C}), \mathrm{H}(\mathrm{C}'))) & \xrightarrow{\mathrm{H}(\mathrm{Homgr}(\varphi, \varphi'))} & \mathrm{H}(\mathrm{Homgr}_{\mathrm{A}}(\mathrm{C}, \mathrm{C}')) \\ \downarrow{\scriptstyle \lambda(\mathrm{H}(\mathrm{C}), \mathrm{H}(\mathrm{C}'))} & & \downarrow{\scriptstyle \lambda(\mathrm{C}, \mathrm{C}')} \\ \mathrm{Homgr}_{\mathrm{A}}(\mathrm{H}(\mathrm{C}), \mathrm{H}(\mathrm{C}')) & \xrightarrow{\mathrm{Homgr}(\mathrm{H}(\varphi), \mathrm{H}(\varphi'))} & \mathrm{Homgr}_{\mathrm{A}}(\mathrm{H}(\mathrm{C}), \mathrm{H}(\mathrm{C}')) , \end{array}$$

$\lambda(\mathrm{H}(\mathrm{C}), \mathrm{H}(\mathrm{C}'))$ est bijectif et $\mathrm{Homgr}(\mathrm{H}(\varphi), \mathrm{H}(\varphi'))$ est l'identité, d'où l'assertion.

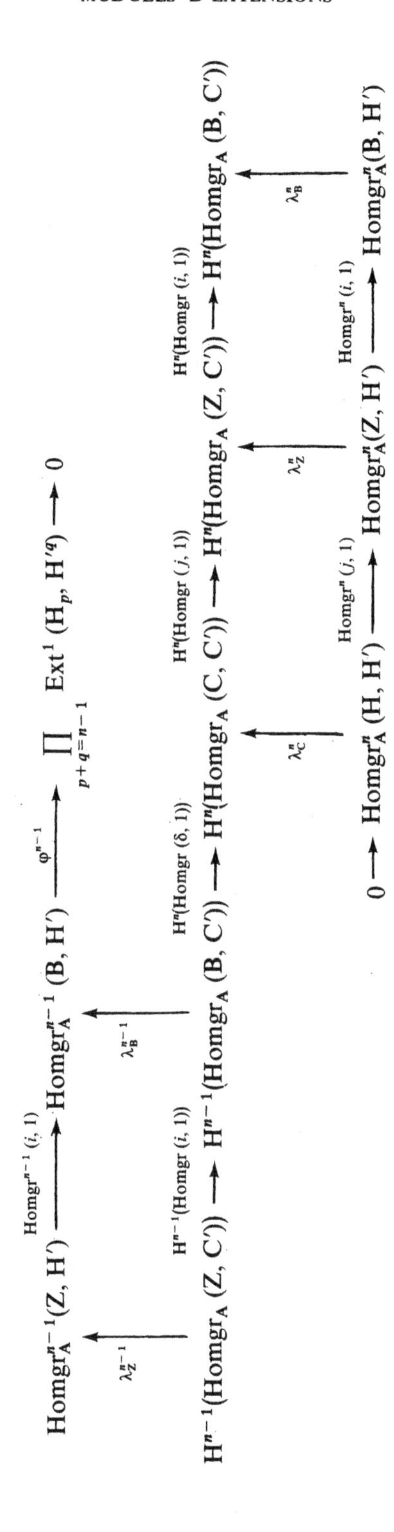
$\mathrm{Homgr}_A^{n-1}(Z, H') \xrightarrow{\mathrm{Homgr}^{n-1}(i,1)} \mathrm{Homgr}_A^{n-1}(B, H') \xrightarrow{\varphi^{n-1}} \prod_{p+q=n-1} \mathrm{Ext}^1(H_p, H'^q) \to 0$
λ_Z^{n-1}
λ_B^{n-1}
$H^{n-1}(\mathrm{Homgr}_A(Z, C')) \xrightarrow{H^{n-1}(\mathrm{Homgr}(i,1))} H^{n-1}(\mathrm{Homgr}_A(B, C')) \xrightarrow{H^n(\mathrm{Homgr}(\delta,1))} H^n(\mathrm{Homgr}_A(C, C')) \xrightarrow{H^n(\mathrm{Homgr}(j,1))} H^n(\mathrm{Homgr}_A(Z, C')) \xrightarrow{H^n(\mathrm{Homgr}(i,1))} H^n(\mathrm{Homgr}_A(B, C'))$
λ_C^n
λ_Z^n
λ_B^n
$0 \to \mathrm{Homgr}_A^n(H, H') \xrightarrow{\mathrm{Homgr}^n(j,1)} \mathrm{Homgr}_A^n(Z, H') \xrightarrow{\mathrm{Homgr}^n(i,1)} \mathrm{Homgr}_A^n(B, H')$

COROLLAIRE 2. — *Si* B(C) *et* Z(C) *sont projectifs, on a, pour tout* A-*module* N *et tout entier n, une suite exacte scindée* :

$$(13)\quad 0 \longrightarrow \mathrm{Ext}^1_A(\mathrm{H}_{n-1}(\mathrm{C}), \mathrm{N}) \xrightarrow{\beta^n} \mathrm{H}^n(\mathrm{Homgr}_A(\mathrm{C}, \mathrm{N})) \xrightarrow{\lambda^n} \mathrm{Hom}_A(\mathrm{H}_n(\mathrm{C}), \mathrm{N}) \longrightarrow 0 .$$

COROLLAIRE 3 (« formule des coefficients universels »). — *Supposons* A *principal et* C *libre. On a pour tout* A-*module* N *et tout entier n une suite exacte scindée* (13).

En effet B(C) et Z(C) sont libres comme sous-modules du module libre C (VII, § 3, cor. 2 au th. 1).

COROLLAIRE 4. — *Si* C *est borné à droite et si* C *et* H(C) *sont projectifs, alors*

$$\lambda(\mathrm{C}, \mathrm{C}') : \mathrm{H}(\mathrm{Homgr}_A(\mathrm{C}, \mathrm{C}')) \to \mathrm{Homgr}_A(\mathrm{H}(\mathrm{C}), \mathrm{H}(\mathrm{C}'))$$

est bijectif.

D'après le théorème, il suffit de prouver que B(C) et Z(C) sont projectifs. Or on a des suites exactes

$$0 \to \mathrm{B}_n(\mathrm{C}) \to \mathrm{Z}_n(\mathrm{C}) \to \mathrm{H}_n(\mathrm{C}) \to 0$$

$$0 \to \mathrm{Z}_n(\mathrm{C}) \to \mathrm{C}_n \to \mathrm{B}_{n-1}(\mathrm{C}) \to 0 ,$$

donc ($\mathrm{B}_{n-1}(\mathrm{C})$ est projectif) $\Rightarrow$ ($\mathrm{Z}_n(\mathrm{C})$ est projectif) $\Rightarrow$ ($\mathrm{B}_n(\mathrm{C})$ est projectif). On conclut en remarquant que $\mathrm{B}_n(\mathrm{C}) = 0$ pour n assez petit.

7. Généralisation aux complexes de multimodules ; les isomorphismes canoniques

Soient B, B′ deux anneaux, C un complexe de (A, B)-bimodules, C′ un complexe de (A, B′)-bimodules; alors ($\mathrm{Homgr}_A(\mathrm{C}, \mathrm{C}')$, D) est un complexe de (B, B′)-bimodules et l'homomorphisme canonique $\lambda : \mathrm{H}(\mathrm{Homgr}_A(\mathrm{C}, \mathrm{C}')) \to \mathrm{Homgr}_A(\mathrm{H}(\mathrm{C}), \mathrm{H}(\mathrm{C}'))$ est un homomorphisme de (B, B′)-bimodules.

Si M est un (A, B)-bimodule et N un (A, B′)-bimodule, alors $\mathrm{Homgr}_A(\mathrm{L}(\mathrm{M}), \mathrm{I}(\mathrm{N}))$ est un complexe de (B, B′)-bimodules, de sorte que $\mathrm{Ext}_A(\mathrm{M}, \mathrm{N})$ est muni d'une structure naturelle de (B, B′)-bimodule gradué ; sur le terme de degré 0, cette structure coïncide avec celle de $\mathrm{Hom}_A(\mathrm{M}, \mathrm{N})$ (II, p. 35).

Si $\lambda \in \mathrm{B}$, $\lambda' \in \mathrm{B}'$ et si on note λ_{M}, λ'_{N}, λ_{E}, λ'_{E} les homothéties $x \mapsto x\lambda$, $y \mapsto y\lambda'$, $z \mapsto \lambda z$, $z \mapsto z\lambda'$ de M, N, $\mathrm{Ext}_A(\mathrm{M}, \mathrm{N})$, $\mathrm{Ext}_A(\mathrm{M}, \mathrm{N})$ respectivement, on a alors

$$\lambda_{\mathrm{E}} = \mathrm{Ext}_A(\lambda_{\mathrm{M}}, 1) , \qquad \lambda'_{\mathrm{E}} = \mathrm{Ext}(1, \lambda'_{\mathrm{N}}) ,$$

ce qui fournit une autre description de la structure de bimodule de $\mathrm{Ext}_A(\mathrm{M}, \mathrm{N})$.

Nous laissons au lecteur le soin de généraliser les nᵒˢ 4 et 6 au cas des complexes de multimodules.

Soient C, C′, C″ des complexes de A-modules. La composition des applications définit un homomorphisme gradué de degré zéro :

$$(14)\qquad \mathrm{Homgr}_A(\mathrm{C}', \mathrm{C}'') \otimes_k \mathrm{Homgr}_A(\mathrm{C}, \mathrm{C}') \to \mathrm{Homgr}_A(\mathrm{C}, \mathrm{C}'') .$$

Soient B, B′, E des anneaux, C, C′, C″ des complexes de (B′, A)-bimodules, (A, E)-bimodules, (B, E)-bimodules respectivement. Par restriction de l'isomorphisme canonique de II, p. 73, on obtient un homomorphisme bijectif de (B, B′)-bimodules :

$$\text{Homgr}_{\text{E}}(\text{C} \otimes_{\text{A}} \text{C}', \text{C}'') \rightarrow \text{Homgr}_{\text{A}}(\text{C}, \text{Homgr}_{\text{E}}(\text{C}', \text{C}'')) . \tag{15}$$

Soient enfin B un anneau, C un complexe de B-modules à droite, C′ un complexe de A-modules à droite, C″ un complexe de (B, A)-bimodules. On déduit des homomorphismes canoniques (II, p. 75)

$$\text{C}_p \otimes_{\text{B}} \text{Hom}_{\text{A}}(\text{C}'_q, \text{C}''_r) \rightarrow \text{Hom}_{\text{A}}(\text{C}'_q, \text{C}_p \otimes_{\text{B}} \text{C}''_r)$$

un homomorphisme gradué de degré zéro :

$$\text{C} \otimes_{\text{B}} \text{Homgr}_{\text{A}}(\text{C}', \text{C}'') \rightarrow \text{Homgr}_{\text{A}}(\text{C}', \text{C} \otimes_{\text{B}} \text{C}'') . \tag{16}$$

Cet homomorphisme est bijectif lorsque C est un module projectif de type fini (II, p. 75, prop. 2).

PROPOSITION 12. — *Les homomorphismes* (14), (15), (16) *sont des morphismes de complexes.*

Démontrons-le par exemple pour l'homomorphisme (14). Notons

$$\kappa : \text{Homgr}_{\text{A}}(\text{C}', \text{C}'') \otimes_k \text{Homgr}_{\text{A}}(\text{C}, \text{C}') \rightarrow \text{Homgr}_{\text{A}}(\text{C}, \text{C}'')$$

cet homomorphisme. Soient $f \in \text{Homgr}_{\text{A}}(\text{C}', \text{C}'')_p$ et $g \in \text{Homgr}_{\text{A}}(\text{C}, \text{C}')_q$; on a alors par définition $\kappa(f \otimes g) = f \circ g$. De plus :

$$\begin{aligned} \text{D}(f \otimes g) = \text{D}f \otimes g + (-1)^p f \otimes \text{D}g = (d'' \circ f) \otimes g - (-1)^p (f \circ d') \otimes g + \\ + (-1)^p f \otimes (d' \circ g) - (-1)^{p+q} f \otimes (g \circ d) , \end{aligned}$$

d'où

$$\begin{aligned} \kappa(\text{D}(f \otimes g)) &= d'' \circ f \circ g - (-1)^p f \circ d' \circ g + \\ &\quad + (-1)^p f \circ d' \circ g - (-1)^{p+q} f \circ g \circ d \\ &= d'' \circ f \circ g - (-1)^{p+q} f \circ g \circ d = \text{D}(f \circ g) = \text{D}(\kappa(f \otimes g)) . \end{aligned}$$

On démontre de même que les homomorphismes (15) et (16) sont des morphismes de complexes.

On déduit du morphisme (14) des homomorphismes de k-modules (X, p. 62)

$$\text{H}^p(\text{Homgr}_{\text{A}}(\text{C}', \text{C}'')) \otimes_k \text{H}^q(\text{Homgr}_{\text{A}}(\text{C}, \text{C}')) \rightarrow \text{H}^{p+q}(\text{Homgr}_{\text{A}}(\text{C}, \text{C}'')) . \tag{17}$$

Faisant C = A, on voit que l'homomorphisme :

$$\text{Homgr}_{\text{A}}(\text{C}', \text{C}'') \otimes_k \text{C}' \rightarrow \text{C}'' \tag{18}$$

qui applique $f \otimes x$ sur $f(x)$ est un *morphisme de complexes* de A-modules à gauche; il lui est associé un homomorphisme canonique (X, p. 80) de A-modules gradués $\gamma : \mathrm{H}(\mathrm{Homgr}_{\mathrm{A}}(\mathrm{C}', \mathrm{C}'')) \otimes_k \mathrm{H}(\mathrm{C}') \to \mathrm{H}(\mathrm{C}'')$, qui correspond à l'homomorphisme canonique de k-modules

$$\lambda : \mathrm{H}(\mathrm{Homgr}_{\mathrm{A}}(\mathrm{C}', \mathrm{C}'')) \to \mathrm{Homgr}_{\mathrm{A}}(\mathrm{H}(\mathrm{C}'), \mathrm{H}(\mathrm{C}'')) .$$

§ 6. UTILISATION DE RÉSOLUTIONS NON CANONIQUES

On reprend les conventions du § 4.

1. Calcul des modules $\mathrm{Tor}^{\mathrm{A}}(\mathrm{P}, \mathrm{M})$ et $\mathrm{Ext}_{\mathrm{A}}(\mathrm{M}, \mathrm{N})$

Soient M, N des A-modules à gauche, P un A-module à droite. Soient d'autre part $a : \mathrm{R} \to \mathrm{M}$ une résolution gauche de M, $b : \mathrm{S} \to \mathrm{P}$ une résolution gauche de P et $c : \mathrm{N} \to \mathrm{E}$ une résolution droite de N.

D'après X, p. 49, prop. 3 et 3 *bis*, il existe des morphismes de complexes $\alpha : \mathrm{L}(\mathrm{M}) \to \mathrm{R}$, $\beta : \mathrm{L}(\mathrm{P}) \to \mathrm{S}$, $\gamma : \mathrm{E} \to \mathrm{I}(\mathrm{N})$ tels que $a \circ \alpha = p_{\mathrm{M}}$, $b \circ \beta = p_{\mathrm{P}}$, $\gamma \circ \mathrm{C} = e_{\mathrm{N}}$; et les classes d'homotopie de α, β, γ ne dépendent que des résolutions données. D'après X, p. 64, prop. 3 et X, p. 84, prop. 3, les classes d'homotopie des morphismes

$$\beta \otimes \alpha : \mathrm{L}(\mathrm{P}) \otimes_{\mathrm{A}} \mathrm{L}(\mathrm{M}) \to \mathrm{S} \otimes_{\mathrm{A}} \mathrm{R} ,$$

$$\mathrm{Homgr}_{\mathrm{A}}(\alpha, \gamma) : \mathrm{Homgr}_{\mathrm{A}}(\mathrm{R}, \mathrm{E}) \to \mathrm{Homgr}_{\mathrm{A}}(\mathrm{L}(\mathrm{M}), \mathrm{I}(\mathrm{N}))$$

ne dépendent que des résolutions données, d'où par passage à l'homologie des *k-homomorphismes gradués de degré* 0

$$\psi(\mathrm{S}, \mathrm{R}) : \mathrm{Tor}^{\mathrm{A}}(\mathrm{P}, \mathrm{M}) \to \mathrm{H}(\mathrm{S} \otimes_{\mathrm{A}} \mathrm{R}) ,$$

$$\varphi(\mathrm{R}, \mathrm{E}) : \mathrm{H}(\mathrm{Homgr}_{\mathrm{A}}(\mathrm{R}, \mathrm{E})) \to \mathrm{Ext}_{\mathrm{A}}(\mathrm{M}, \mathrm{N}) ,$$

indépendants des choix de α, β, γ.

Par exemple, prenant pour a, b, c les applications identiques de M, P, N respectivement, on trouve les homomorphismes $\psi(\mathrm{P}, \mathrm{M}) : \mathrm{Tor}^{\mathrm{A}}(\mathrm{P}, \mathrm{M}) \to \mathrm{P} \otimes_{\mathrm{A}} \mathrm{M}$ et $\varphi(\mathrm{M}, \mathrm{N}) : \mathrm{Hom}_{\mathrm{A}}(\mathrm{M}, \mathrm{N}) \to \mathrm{Ext}_{\mathrm{A}}(\mathrm{M}, \mathrm{N})$ introduits en X, p. 68, *remarque* 2) et X, p. 87, *remarque* 2).

THÉORÈME 1. — *a) Si l'une des résolutions* R *ou* S *est plate, alors* $\psi(\mathrm{S}, \mathrm{R})$ *est un isomorphisme de k-modules gradués.*

b) Si R *est projective ou si* E *est injective,* $\varphi(\mathrm{R}, \mathrm{E})$ *est un isomorphisme de k-modules gradués.*

a) Supposons par exemple R plat, et choisissons α et β comme ci-dessus. L'homomorphisme $\beta \otimes \alpha$ est le composé des morphismes

$$L(P) \otimes_A L(M) \xrightarrow{1_{L(P)} \otimes \alpha} L(P) \otimes_A R \xrightarrow{\beta \otimes 1_R} S \otimes_A R\,.$$

Comme L(P) (resp. R) est plat et α (resp. β) est un homologisme, $1_{L(P)} \otimes \alpha$ (resp. $\beta \otimes 1_R$) en est un, d'après la prop. 4 de X, p. 67. Donc $\beta \otimes \alpha$ est un homologisme et $\psi(S, R) = H(\beta \otimes \alpha)$ est bijectif.

b) On raisonne de même, en utilisant la prop. 4 de X, p. 86.

COROLLAIRE. — *Si* R *est une résolution plate de* M, *l'homomorphisme*

$$\psi(P, R) : \mathrm{Tor}^A(P, M) \to H(P \otimes_A R)$$

est bijectif. Si R *est une résolution projective de* M, *l'homomorphisme*

$$\varphi(R, N) : H(\mathrm{Homgr}_A(R, N)) \to \mathrm{Ext}_A(M, N)$$

est bijectif. Si E *est une résolution injective de* N, *l'homomorphisme*

$$\varphi(M, E) : H(\mathrm{Homgr}_A(M, E)) \to \mathrm{Ext}_A(M, N)$$

est bijectif.

Remarque. — Le diagramme de *k*-modules

$$\begin{array}{ccc}
\mathrm{Tor}^A(P, M) & \xrightarrow{\psi(S, R)} & H(S \otimes_A R) \\
\downarrow{\scriptstyle \sigma_{P,M}} & & \downarrow{\scriptstyle H(\sigma(S, R))} \\
\mathrm{Tor}^{A^\circ}(M^\circ, P^\circ) & \xrightarrow{\psi(R^\circ, S^\circ)} & H(R^\circ \otimes_{A^\circ} S^\circ)\,,
\end{array}$$

où $\sigma_{P,M}$ et $\sigma(S, R)$ sont les *isomorphismes de commutation* (X, p. 71 et 63), est commutatif : il se déduit en effet, par passage à l'homologie, du diagramme commutatif de complexes

$$\begin{array}{ccc}
L(P) \otimes_A L(M) & \xrightarrow{\beta \otimes \alpha} & S \otimes_A R \\
\downarrow{\scriptstyle \sigma(L(P), L(M))} & & \downarrow{\scriptstyle \sigma(S, R)} \\
L(M^\circ) \otimes_{A^\circ} L(P^\circ) & \xrightarrow{\alpha \otimes \beta} & R^\circ \otimes_{A^\circ} S^\circ
\end{array}$$

(« *les morphismes* ψ *sont compatibles avec les isomorphismes de commutation* »).

De même, soient $a_1 : R_1 \to M$, $b_1 : S_1 \to P$, $c_1 : N \to E_1$ des morphismes de complexes, où R_1 et S_1 sont *projectifs et nuls à droite* et E_1 *injectif et nul à gauche.* D'après X, p. 49, prop. 3 et 3 *bis*, il existe des morphismes de complexes

$$\alpha_1 : R_1 \to L(M)\,, \quad \beta_1 : S_1 \to L(P)\,, \quad \gamma_1 : I(N) \to E_1$$

tels que $p_M \circ \alpha_1 = a_1$, $p_P \circ \beta_1 = b_1$, $\gamma_1 \circ e_N = c_1$, d'où des morphismes de complexes

$$\beta_1 \otimes \alpha_1 : S_1 \otimes_A R_1 \to L(P) \otimes_A L(M),$$
$$\mathrm{Homgr}_A(\alpha_1, \gamma_1) : \mathrm{Homgr}_A(L(M), I(N)) \to \mathrm{Homgr}_A(R_1, E_1),$$

et par passage à l'homologie des *applications k-linéaires graduées de degré* 0 :

$$\psi'(S_1, R_1) : H(S_1 \otimes_A R_1) \to \mathrm{Tor}^A(P, M)$$
$$\varphi'(R_1, E_1) : \mathrm{Ext}_A(M, N) \to H(\mathrm{Homgr}_A(R_1, E_1))$$

dont on vérifie comme ci-dessus qu'ils sont indépendants du choix de α_1, β_1, γ_1.

PROPOSITION 1. — *Si a_1, b_1, c_1 sont des homologismes, $\psi'(S_1, R_1)$ et $\varphi'(R_1, E_1)$ sont les bijections réciproques des bijections $\psi(S_1, R_1)$ et $\varphi(R_1, E_1)$ respectivement.*

En effet, $f = (\beta \otimes \alpha) \circ (\beta_1 \otimes \alpha_1)$ est un morphisme du complexe $S_1 \otimes_A R_1$ dans lui-même, et on a $(b_1 \circ \alpha_1) \circ f = f$. D'après X, p. 49, prop. 3 et 3 *bis*, f est un homotopisme, donc $H(f) = 1$ et

$$\psi(S_1, R_1) \circ \psi'(B_1, R_1) = H(\beta \otimes \alpha) \circ H(\beta_1 \otimes \alpha_1) = H(f) = 1;$$

de même $\psi'(S_1, R_1) \circ \psi(S_1, R_1) = 1$. On raisonne de manière analogue pour les applications φ et φ'.

Exemples. — 1) Soit a un élément de A tel que l'application $\varphi : x \mapsto xa$ de A dans lui-même soit injective (« a n'est pas diviseur de zéro à droite »). En utilisant la résolution

$$0 \to A_s \xrightarrow{\varphi} A_s \to A/Aa \to 0$$

on voit que pour tout A-module à droite M, on a

$$\mathrm{Tor}_i^A(M, A/Aa) = 0 \quad \text{pour} \quad i > 1$$

et que le k-module $\mathrm{Tor}_1^A(M, A/Aa)$ est isomorphe à $\mathrm{Ker}(a_M)$.

De même, pour tout A-module à gauche M, on a

$$\mathrm{Ext}_A^i(A/Aa, M) = 0 \quad \text{pour} \quad i > 1$$

et le k-module $\mathrm{Ext}_A^1(A/Aa, M)$ est isomorphe à M/aM.

2) Supposons A intègre ; soient K le corps des fractions de A et M un A-module. En utilisant la résolution plate

$$0 \to A \to K \to K/A \to 0$$

(X, p. 9, *exemple* 5), on voit que $\mathrm{Tor}_i^A(K/A, M) = 0$ pour $i > 1$; de plus, compte tenu de II, p. 116, prop. 26, (ii), le A-module $\mathrm{Tor}_1^A(K/A, M)$ est isomorphe au sous-module de torsion de M.

3) Supposons que A soit un anneau local nœthérien, notons $\mathfrak{m}$ son idéal maximal, et posons $\kappa = A/\mathfrak{m}$. Soient M un A-module de type fini et P une résolution projective minimale de M (X, p. 54). Pour tout $n \geqslant 0$, les κ-espaces vectoriels $\mathrm{Tor}_n^A(\kappa, M)$ et $\mathrm{Ext}_A^n(M, \kappa)$ sont de dimension finie, égale au rang du A-module libre P_n ; en effet, les complexes $\kappa \otimes_A P$ et $\mathrm{Homgr}_A(P, \kappa)$ sont à différentielle nulle.

2. Calcul des applications $\mathrm{Tor}^A(g, f)$ et $\mathrm{Ext}_A(f, h)$

Soient $f : M \to M'$, $h : N' \to N$ des homomorphismes de A-modules à gauche, $g : P \to P'$ un homomorphisme de A-modules à droite, $a : R \to M$, $a' : R' \to M'$, $b : S \to P$, $b' : S' \to P'$, des résolutions gauches de M, M', P, P', respectivement, $c : N \to E$, $c' : N' \to E'$ des résolutions droites de N et N', $\tilde{f} : R \to R'$, $\tilde{g} : S \to S'$, $\tilde{h} : E' \to E$ des morphismes de complexes tels que

$$a' \circ \tilde{f} = f \circ a\,, \quad b' \circ \tilde{g} = g \circ b\,, \quad \tilde{h} \circ c' = c \circ h\,.$$

PROPOSITION 2. — *Les deux diagrammes suivants sont commutatifs :*

$$\begin{array}{ccc} \mathrm{Tor}^A(P, M) & \xrightarrow{\psi(S, R)} & H(S \otimes_A R) \\ {\scriptstyle \mathrm{Tor}^A(g, f)}\downarrow & & \downarrow{\scriptstyle H(\tilde{g} \otimes \tilde{f})} \\ \mathrm{Tor}^A(P', M') & \xrightarrow{\psi(S', R')} & H(S' \otimes_A R')\,, \end{array}$$

$$\begin{array}{ccc} H(\mathrm{Homgr}_A(R', E')) & \xrightarrow{\varphi(R', E')} & \mathrm{Ext}_A(M', N') \\ {\scriptstyle H(\mathrm{Homgr}_A(\tilde{f}, \tilde{h}))}\downarrow & & \downarrow{\scriptstyle \mathrm{Ext}_A(f, h)} \\ H(\mathrm{Homgr}_A(R, E)) & \xrightarrow{\varphi(R, E)} & \mathrm{Ext}_A(M, N)\,. \end{array}$$

Soient $\alpha : L(M) \to R$, $\alpha' : L(M') \to R'$, $\gamma : L(P) \to S$, $\gamma' : L(P') \to S'$ des morphismes de complexes tels que

$$a \circ \alpha = p_M\,, \quad a' \circ \alpha' = p_{M'}\,, \quad b \circ \gamma = p_P\,, \quad b' \circ \gamma' = p_{P'}\,.$$

Par définition, $H(\tilde{g} \otimes \tilde{f}) \circ \psi(S, R)$ est égal à

$$H(\tilde{g} \otimes \tilde{f}) \circ H(\gamma \otimes \alpha) = H((\tilde{g} \circ \gamma) \otimes (\tilde{f} \circ \alpha))\,,$$

tandis que $\psi(S', R') \circ \mathrm{Tor}^A(g, f)$ est égal à

$$H(\gamma' \otimes \alpha') \circ H(L(g) \otimes L(f)) = H((\gamma' \circ L(g)) \otimes (\alpha' \circ L(f)))\,.$$

D'autre part, $\alpha' \circ L(f)$ et $\tilde{f} \circ \alpha$ sont deux morphismes de L(M) dans R' tels que $a' \circ (\alpha' \circ L(f)) = p_{M'} \circ L(f) = f \circ p_M = f \circ a \circ \alpha = a' \circ (\tilde{f} \circ \alpha)$. D'après X, p. 49, prop. 3, $\alpha' \circ L(f)$ et $\tilde{f} \circ \alpha$ sont homotopes ; de même $\gamma' \circ L(g)$ et $\tilde{g} \circ \gamma$ sont homotopes, ainsi par conséquent que $(\gamma' \circ L(g)) \otimes (\alpha' \circ L(f))$ et $(\tilde{g} \circ \gamma) \otimes (\tilde{f} \circ \alpha)$ d'après la prop. 3 de X, p. 64. On a donc

$$\begin{aligned} H(\tilde{g} \otimes \tilde{f}) \circ \psi(S, R) &= H((\tilde{g} \circ \gamma) \otimes (\tilde{f} \circ \alpha)) = H((\gamma' \circ L(g)) \otimes (\alpha' \circ L(f))) \\ &= \psi(S', R') \circ \mathrm{Tor}^A(g, f). \end{aligned}$$

On raisonne de manière analogue pour le second diagramme.

Remarque. — Considérons de même des diagrammes commutatifs de morphismes de complexes

$$\begin{array}{ccc} R_1 & \xrightarrow{a_1} & M \\ {\scriptstyle \tilde{f}}\downarrow & & \downarrow{\scriptstyle f} \\ R'_1 & \xrightarrow{a'_1} & M' \end{array} \qquad \begin{array}{ccc} S_1 & \xrightarrow{b_1} & P \\ {\scriptstyle \tilde{g}}\downarrow & & \downarrow{\scriptstyle g} \\ S'_1 & \xrightarrow{b'_1} & P' \end{array} \qquad \begin{array}{ccc} N' & \xrightarrow{c'_1} & E' \\ {\scriptstyle h}\downarrow & & \downarrow{\scriptstyle \tilde{h}} \\ N & \xrightarrow{c_1} & E_1 \end{array}$$

où les complexes R_1, R'_1, S_1, S'_1 sont projectifs et nuls à droite et où les complexes E_1, E'_1 sont injectifs et nuls à gauche. Alors

$$\mathrm{Tor}^A(g, f) \circ \psi'(S_1, R_1) = \psi'(S'_1, R'_1) \circ H(\tilde{g} \otimes \tilde{f})$$

$$\varphi'(R_1, E_1) \circ \mathrm{Ext}_A(f, h) = H(\mathrm{Homgr}_A(\tilde{f}, \tilde{h})) \circ \varphi'(R'_1, E'_1)$$

comme on le démontre de manière analogue à la prop. 2.

3. Calcul des homomorphismes de liaison

Considérons un diagramme commutatif

$$\begin{array}{lccccccccc} (1) & 0 & \longrightarrow & R' & \xrightarrow{\tilde{u}} & R & \xrightarrow{\tilde{v}} & R'' & \longrightarrow & 0 \\ & & & {\scriptstyle a'}\downarrow & & {\scriptstyle a}\downarrow & & {\scriptstyle a''}\downarrow & & \\ (2) & 0 & \longrightarrow & M' & \xrightarrow{u} & M & \xrightarrow{v} & M'' & \longrightarrow & 0 \end{array}$$

où la première ligne (1) est une suite exacte de complexes de A-modules à gauche, la seconde ligne (2) est une suite exacte de A-modules à gauche et où les flèches verticales sont des résolutions gauches.

PROPOSITION 3. — *a) Soient* P *un* A*-module,* $b : S \to P$ *une résolution gauche de* P ; *supposons que la suite de complexes de* k*-modules*

$$(3) \qquad 0 \to S \otimes_A R' \xrightarrow{1_S \otimes \tilde{u}} S \otimes_A R \xrightarrow{1_S \otimes \tilde{v}} S \otimes_A R'' \to 0$$

soit exacte. Alors le diagramme suivant est commutatif :

$$\begin{array}{ccc} \mathrm{Tor}^{\mathrm{A}}(\mathrm{P}, \mathrm{M}'') & \xrightarrow{\partial(\mathrm{P},(2))} & \mathrm{Tor}^{\mathrm{A}}(\mathrm{P}, \mathrm{M}') \\ {\scriptstyle \psi(\mathrm{S},\mathrm{R}'')}\downarrow & & \downarrow{\scriptstyle \psi(\mathrm{S},\mathrm{R}')} \\ \mathrm{H}(\mathrm{S} \otimes_{\mathrm{A}} \mathrm{R}'') & \xrightarrow{\partial((3))} & \mathrm{H}(\mathrm{S} \otimes_{\mathrm{A}} \mathrm{R}') . \end{array}$$

b) *Soient* N *un* A*-module à gauche,* $c : \mathrm{N} \to \mathrm{E}$ *une résolution droite de* N ; *supposons que la suite de complexes de* k*-modules*

(4)

$$0 \to \mathrm{Homgr}_{\mathrm{A}}(\mathrm{R}'', \mathrm{E}) \xrightarrow{\mathrm{Homgr}_{\mathrm{A}}(\tilde{v}, 1)} \mathrm{Homgr}_{\mathrm{A}}(\mathrm{R}, \mathrm{E}) \xrightarrow{\mathrm{Homgr}_{\mathrm{A}}(\tilde{u}, 1)} \mathrm{Homgr}_{\mathrm{A}}(\mathrm{R}', \mathrm{E}) \to 0$$

soit exacte. Alors le diagramme suivant est commutatif :

$$\begin{array}{ccc} \mathrm{H}(\mathrm{Homgr}_{\mathrm{A}}(\mathrm{R}', \mathrm{E})) & \xrightarrow{\delta((4))} & \mathrm{H}(\mathrm{Homgr}_{\mathrm{A}}(\mathrm{R}'', \mathrm{E})) \\ {\scriptstyle \varphi(\mathrm{R}',\mathrm{E})}\downarrow & & \downarrow{\scriptstyle \varphi(\mathrm{R}'',\mathrm{E})} \\ \mathrm{Ext}_{\mathrm{A}}(\mathrm{M}', \mathrm{N}) & \xrightarrow{\partial((2),\mathrm{N})} & \mathrm{Ext}_{\mathrm{A}}(\mathrm{M}'', \mathrm{N}) . \end{array}$$

Démontrons par exemple *a*). Soit $\beta : \mathrm{L}(\mathrm{P}) \to \mathrm{S}$ un morphisme de complexes tel que $b \circ \beta = p_{\mathrm{P}}$; considérons le diagramme de k-complexes

$$\begin{array}{ccccccccc} 0 & \to & \mathrm{S} \otimes_{\mathrm{A}} \mathrm{R}' & \xrightarrow{1 \otimes \tilde{u}} & \mathrm{S} \otimes_{\mathrm{A}} \mathrm{R} & \xrightarrow{1 \otimes \tilde{v}} & \mathrm{S} \otimes_{\mathrm{A}} \mathrm{R}'' & \to & 0 \\ & & {\scriptstyle \beta \otimes 1_{\mathrm{R}'}}\uparrow & & {\scriptstyle \beta \otimes 1_{\mathrm{R}}}\uparrow & & {\scriptstyle \beta \otimes 1_{\mathrm{R}''}}\uparrow & & \\ 0 & \to & \mathrm{L}(\mathrm{P}) \otimes_{\mathrm{A}} \mathrm{R}' & \xrightarrow{1 \otimes \tilde{u}} & \mathrm{L}(\mathrm{P}) \otimes_{\mathrm{A}} \mathrm{R} & \xrightarrow{1 \otimes \tilde{v}} & \mathrm{L}(\mathrm{P}) \otimes_{\mathrm{A}} \mathrm{R}'' & \to & 0 \\ & & {\scriptstyle 1 \otimes a'}\downarrow & & {\scriptstyle 1 \otimes a}\downarrow & & {\scriptstyle 1 \otimes a''}\downarrow & & \\ 0 & \to & \mathrm{L}(\mathrm{P}) \otimes_{\mathrm{A}} \mathrm{M}' & \xrightarrow{1 \otimes u} & \mathrm{L}(\mathrm{P}) \otimes_{\mathrm{A}} \mathrm{M} & \xrightarrow{1 \otimes v} & \mathrm{L}(\mathrm{P}) \otimes_{\mathrm{A}} \mathrm{M}'' & \to & 0 . \end{array}$$

Il est commutatif à lignes exactes (d'après l'hypothèse pour la première ligne, et le fait que L(P) est plat pour les deux autres). On a donc un diagramme commutatif (X, p. 31, prop. 2, et X, p. 72, déf. 2)

$$\begin{array}{ccc} \mathrm{H}(\mathrm{S} \otimes_{\mathrm{A}} \mathrm{R}'') & \xrightarrow{\partial((3))} & \mathrm{H}(\mathrm{S} \otimes_{\mathrm{A}} \mathrm{R}') \\ {\scriptstyle \mathrm{H}(\beta \otimes 1)}\uparrow & & \uparrow{\scriptstyle \mathrm{H}(\beta \otimes 1)} \\ \mathrm{H}(\mathrm{L}(\mathrm{P}) \otimes_{\mathrm{A}} \mathrm{R}'') & \longrightarrow & \mathrm{H}(\mathrm{L}(\mathrm{P}) \otimes_{\mathrm{A}} \mathrm{R}') \\ {\scriptstyle \mathrm{H}(1 \otimes a'')}\downarrow & & \downarrow{\scriptstyle \mathrm{H}(1 \otimes a')} \\ \mathrm{H}(\mathrm{L}(\mathrm{P}) \otimes_{\mathrm{A}} \mathrm{M}'') & \longrightarrow & \mathrm{H}(\mathrm{L}(\mathrm{P}) \otimes_{\mathrm{A}} \mathrm{M}') \\ {\scriptstyle \psi_{\mathrm{P}}(\mathrm{M}'')}\uparrow & & \uparrow{\scriptstyle \psi_{\mathrm{P}}(\mathrm{M}')} \\ \mathrm{Tor}(\mathrm{P}, \mathrm{M}'') & \xrightarrow{\partial(\mathrm{P},(2))} & \mathrm{Tor}(\mathrm{P}, \mathrm{M}') . \end{array}$$

D'après X, p. 67, prop. 4, $H(1 \otimes a'')$ et $H(1 \otimes a')$ sont bijectifs ; d'autre part, par définition des homomorphismes ψ, on a $H(\beta \otimes 1) \circ \psi(L(P), R'') = \psi(S, R'')$ et $H(1 \otimes a'') \circ \psi(L(P), R'') = \psi(L(P), M'') = \psi_P(M'')$, donc

$$\psi(S, R'') = H(\beta \otimes 1) \circ H(1 \otimes a'')^{-1} \circ \psi_P(M'') ;$$

de même, $\psi(S, R') = H(\beta \otimes 1) \circ H(1 \otimes a')^{-1} \circ \psi_P(M')$, et l'assertion cherchée $\partial((3)) \circ \psi(S, R'') = \psi(S, R') \circ \partial(P, (2))$ résulte de la commutativité du diagramme précédent.

Remarques. — 1) Utilisant les isomorphismes de commutation, on déduit de *a*) l'énoncé analogue obtenu en échangeant les rôles des deux arguments du produit tensoriel.

2) Avec les notations de *a*), supposons soit S *plat*, soit R, R′, R″ *plats* ; alors d'une part la suite (3) est exacte (X, p. 72, cor. 2) et on peut appliquer la prop. 3 ; d'autre part $\psi(S, R')$ est bijectif (th. 1), donc

$$\partial(P, (2)) = \psi(S, R')^{-1} \circ \partial((3)) \circ \psi(S, R'') .$$

3) Avec les notations de *b*), supposons soit E *injectif*, soit R, R′, R″ *projectifs* ; alors d'une part la suite (4) est exacte (X, p. 83, prop. 2) et on peut appliquer la prop. 3 ; d'autre part, $\varphi(R', E)$ est bijectif (th. 1) ; donc

$$\delta((2), N) = \varphi(R'', E) \circ \partial((4)) \circ \varphi(R', E)^{-1} .$$

Considérons maintenant un diagramme commutatif

$$\begin{array}{llcccccccc}
(5) & 0 & \longrightarrow & N' & \xrightarrow{r} & N & \xrightarrow{s} & N'' & \longrightarrow & 0 \\
 & & & \downarrow{\scriptstyle c'} & & \downarrow{\scriptstyle c} & & \downarrow{\scriptstyle c''} & & \\
(6) & 0 & \longrightarrow & E' & \xrightarrow{\tilde{r}} & E & \xrightarrow{\tilde{s}} & E'' & \longrightarrow & 0
\end{array}$$

dont la première ligne (5) est une suite exacte de A-modules à gauche, la seconde ligne (6) une suite exacte de complexes de A-modules à gauche et où les flèches verticales sont des résolutions droites. En raisonnant comme dans la prop. 3, on démontre la proposition suivante :

PROPOSITION 4. — *Soient* M *un* A-*module à gauche,* $a : R \to M$ *une résolution gauche de* M *telle que la suite*

$$(7) \quad 0 \to \mathrm{Homgr}_A(R, E') \xrightarrow{\mathrm{Homgr}(\tilde{s}, 1)} \mathrm{Homgr}_A(R, E) \xrightarrow{\mathrm{Homgr}(\tilde{r}, 1)} \mathrm{Homgr}_A(R, E'') \to 0$$

soit exacte. Alors le diagramme suivant est commutatif.

$$\begin{array}{ccc}
H(\mathrm{Homgr}_A(R, E'')) & \xrightarrow{\partial((7))} & H(\mathrm{Homgr}_A(R, E')) \\
{\scriptstyle \varphi(R, E'')}\downarrow & & \downarrow{\scriptstyle \varphi(R, E')} \\
\mathrm{Ext}_A(M, N'') & \xrightarrow{\delta(M, (5))} & \mathrm{Ext}_A(M, N') .
\end{array}$$

Remarques. — 4) Si R est projectif ou si E, E′, E″ sont injectifs, la suite (7) est exacte (X, p. 83, prop. 2) ; de plus, $\varphi(R, E'')$ est bijectif (th. 1) ; donc

$$\delta(M, (5)) = \varphi(R, E') \circ \partial((7)) \circ \varphi(R, E'')^{-1}.$$

5) Nous laissons au lecteur le soin d'énoncer et de démontrer les propositions analogues aux prop. 3 et 4 et relatives aux homomorphismes ψ_1 et φ_1.

4. Finitude des modules d'extensions et de torsion

Soient M un A-module à gauche, I un ensemble préordonné filtrant, (N_i, u_{ji}) un système inductif de A-modules à gauche relatifs à I, $N = \varinjlim N_i$ sa limite inductive, $u_i : N_i \to N$, $i \in I$, l'application canonique. Alors $(\mathrm{Ext}_A(M, N_i), \mathrm{Ext}_A(1_M, u_{ji}))$ est un système inductif de k-modules et $(\mathrm{Ext}_A(1_M, u_i))$ un système inductif d'applications, dont la limite inductive est un homomorphisme de k-modules gradués, dit *canonique*

$$\varinjlim_{i \in I} \mathrm{Ext}_A(M, N_i) \to \mathrm{Ext}_A(M, \varinjlim_{i \in I} N_i). \tag{8}$$

PROPOSITION 5. — *Si* A *est nœthérien à gauche et si* M *est un* A-*module de type fini, l'homomorphisme canonique* (8) *est bijectif.*

Soit en effet (X, p. 53, prop. 6) $p : L \to M$ une résolution libre de M telle que L_n soit de type fini pour chaque n. Le morphisme canonique de k-complexes

$$u : \varinjlim \mathrm{Homgr}_A(L, N_i) \to \mathrm{Homgr}_A(L, \varinjlim N_i)$$

est bijectif, donc aussi l'homomorphisme

$$\varinjlim H(\mathrm{Homgr}_A(L, N_i)) \to H(\mathrm{Homgr}_A(L, \varinjlim N_i))$$

déduit des homomorphismes $H(\mathrm{Homgr}(1, u_i))$ (X, p. 28, prop. 1). On conclut alors par la prop. 2 (X, p. 103) et le th. 1 (X, p. 100).

PROPOSITION 6. — *Soient* B *un anneau et* N *un* (A, B)-*bimodule, qui est un* B-*module nœthérien* (resp. *de longueur finie*).

a) *Supposons* A *nœthérien à droite et soit* M *un* A-*module à droite de type fini. Alors les* B-*modules* (X, p. 81) $\mathrm{Tor}_n^A(M, N)$ *sont nœthériens* (resp. *de longueur finie*).

b) *Supposons* A *nœthérien à gauche et soit* M *un* A-*module à gauche de type fini. Alors les* B-*modules* (X, p. 98) $\mathrm{Ext}_A^n(M, N)$ *sont nœthériens* (resp. *de longueur finie*).

Choisissons une résolution libre $p : L \to M$ telle que chacun des A-modules L_n soit de type fini (X, p. 53, prop. 6), et soit C le complexe de B-modules $L \otimes_A N$ dans le cas *a*), $\mathrm{Homgr}_A(L, N)$ dans le cas *b*). Chacun des B-modules C_n est isomorphe à un produit d'un nombre fini d'exemplaires de N, donc est nœthérien (resp. de longueur finie) ; il en est donc de même des modules $H_n(C)$. Or, d'après X, p. 100, th. 1, ceux-ci sont isomorphes aux $\mathrm{Tor}_n^A(M, N)$ dans le cas *a*), aux $\mathrm{Ext}_A^{-n}(M, N)$ dans le cas *b*).

COROLLAIRE. — *Soient* $\rho : A \to B$ *un homomorphisme d'anneaux commutatifs nœthériens,* M *un* A-*module de type fini,* N *un* B-*module. Si* N *est un* B-*module de type fini* (resp. *de longueur finie*), *il en est de même des* B-*modules* $\mathrm{Tor}_n^A(M, N)$ *et* $\mathrm{Ext}_A^n(M, N)$.

5. Les homomorphismes $\mathrm{Tor}^B(P, N) \otimes_A Q \to \mathrm{Tor}^B(P, N \otimes_A Q)$ et $\mathrm{Ext}_B(M, N) \otimes_A Q \to \mathrm{Ext}_B(M, N \otimes_A Q)$

Soient B un anneau, N un (B, A)-bimodule, M un B-module à gauche, P un B-module à droite, Q un A-module à gauche.

D'après X, p. 62, on dispose d'un homomorphisme

$$\gamma_1 : H(L(P) \otimes_B N) \otimes_A Q \to H(L(P) \otimes_B N \otimes_A Q) ;$$

par ailleurs (X, p. 69, prop. 5), on a des isomorphismes

$$\psi_P(N) : \mathrm{Tor}^B(P, N) \otimes_A Q \quad H(L(P) \otimes_B N) \otimes_A Q ,$$

$$\psi_P(N \otimes_A Q) : \mathrm{Tor}^B(P, N \otimes_A Q) \to H(L(P) \otimes_B N \otimes_A Q) .$$

L'homomorphisme gradué de degré 0, dit *canonique*

$$\mathrm{Tor}^B(P, N) \otimes_A Q \to \mathrm{Tor}^B(P, N \otimes_A Q) \tag{9}$$

est défini comme le composé $\psi_P(N \otimes_A Q)^{-1} \circ \gamma_1 \circ (\psi_P(N) \otimes 1_Q)$.

De même, on déduit du morphisme canonique de complexes

$$\alpha : \mathrm{Homgr}_B(L(M), N) \otimes_A Q \to \mathrm{Homgr}_B(L(M), N \otimes_A Q)$$

un homomorphisme $H(\alpha)$; on dispose de l'homomorphisme canonique (X, p. 62)

$$\gamma_2 : H(\mathrm{Homgr}_B(L(M), N)) \otimes_A Q \to H(\mathrm{Homgr}_B(L(M), N) \otimes_A Q) ,$$

et des isomorphismes (X, p. 88, prop. 5)

$$\varphi_M(N) : H(\mathrm{Homgr}_B(L(M), N)) \otimes_A Q \to \mathrm{Ext}_B(M, N) \otimes_A Q ,$$

$$\varphi_M(N \otimes_A Q) : H(\mathrm{Homgr}_B(L(M), N \otimes_A Q)) \to \mathrm{Ext}_B(M, N \otimes_A Q) .$$

L'homomorphisme gradué de degré 0, dit *canonique*

$$\mathrm{Ext}_B(M, N) \otimes_A Q \to \mathrm{Ext}_B(M, N \otimes_A Q) \tag{10}$$

est défini comme le composé

$$\varphi_M(N \otimes_A Q) \circ H(\alpha) \circ \gamma_2 \circ (\varphi_M(N) \otimes 1_Q)^{-1} .$$

PROPOSITION 7. — *a*) *Si le* A-*module* Q *est plat, l'homomorphisme* (9) *est bijectif.*

b) *Si le* A-*module* Q *est projectif de type fini, l'homomorphisme* (10) *est bijectif.*

c) Si le A*-module* Q *est plat, l'anneau* B *noethérien et le* B*-module* M *de type fini, l'homomorphisme* (10) *est bijectif.*

a) Si Q est plat, γ_1 est bijectif (X, p. 66, cor. 2).

b) Si Q est projectif de type fini, il est plat, donc γ_2 est bijectif, et de plus α est bijectif (II, p. 75, prop. 2, *a*)).

c) Sous les hypothèses de *c*), γ_2 est bijectif puisque Q est plat. Par ailleurs (X, p. 53, prop. 6), il existe une résolution L de M telle que chaque L_n soit libre de type fini ; soit $u : L(M) \to L$ un homotopisme (X, p. 49, cor. à la prop. 3) ; dans le diagramme commutatif,

$$\begin{array}{ccc} \mathrm{Homgr_B}(L(M), N) \otimes_A Q & \xrightarrow{\alpha} & \mathrm{Homgr_B}(L(M), N \otimes_A Q) \\ \uparrow & & \uparrow \\ \mathrm{Homgr_B}(L, N) \otimes_A Q & \xrightarrow{\bar{\alpha}} & \mathrm{Homgr_B}(L, N \otimes_A Q) . \end{array}$$

les flèches verticales déduites de u sont des homotopismes (X, p. 64, prop. 3 et p. 83, prop. 3) et $\bar{\alpha}$ est bijectif (II, p. 75, prop. 2 (ii)) ; donc $H(\alpha)$ est bijectif, et l'homomorphisme (10) est bijectif.

6. Les homomorphismes $\mathrm{Tor}^B(P, N \otimes_A Q) \to \mathrm{Tor}^A(P \otimes_B N, Q)$ et $\mathrm{Ext}_A(Q, \mathrm{Hom}_B(N, M)) \to \mathrm{Ext}_B(N \otimes_A Q, M)$

Gardons les notations précédentes, et *supposons* N *plat sur* A. Alors le morphisme $N \otimes_A L(Q) \xrightarrow{1 \otimes p_Q} N \otimes_A Q$ est un homologisme (X, p. 67, prop. 4), d'où des homomorphismes

$$\psi(P, N \otimes_A L(Q)) : \mathrm{Tor}^B(P, N \otimes_A Q) \to H(P \otimes_B N \otimes_A L(Q))$$

$$\varphi(N \otimes_A L(Q), M) : H(\mathrm{Homgr_B}(N \otimes_A L(Q), M)) \to \mathrm{Ext_B}(N \otimes_A Q, M) .$$

Utilisant alors les *isomorphismes*

$$\overline{\psi}_Q(P \otimes_B N) : \mathrm{Tor}^A(P \otimes_B N, Q) \to H(P \otimes_B N \otimes_A L(Q)) ,$$
$$\beta : \mathrm{Homgr_A}(L(Q), \mathrm{Hom_B}(N, M)) \to \mathrm{Homgr_B}(N \otimes_A L(Q), M) ,$$
$$\varphi_Q(\mathrm{Hom_B}(N, M)) : H(\mathrm{Homgr_A}(L(Q), \mathrm{Hom_B}(N, M))) \to \mathrm{Ext_A}(Q, \mathrm{Hom_B}(N, M)) ,$$

on en déduit des homomorphismes gradués de degré 0 dits *canoniques* :

$$\mathrm{Tor}^B(P, N \otimes_A Q) \to \mathrm{Tor}^A(P \otimes_B N, Q) \tag{11}$$

$$\mathrm{Ext_A}(Q, \mathrm{Hom_B}(N, M)) \to \mathrm{Ext_B}(N \otimes_A Q, M) . \tag{12}$$

PROPOSITION 8. — *a) Si* N *est plat sur* A *et sur* B, *l'homomorphisme* (11) *est bijectif.*

b) Si N *est plat sur* A *et projectif sur* B, *l'homomorphisme* (12) *est bijectif.*

En effet $N \otimes_A L(Q)$ est isomorphe à une somme directe d'exemplaires de N, donc est un B-module plat (resp. projectif) lorsque le B-module N est plat (resp. projectif) ; on applique alors le th. 1 (X, p. 100).

7. Les homomorphismes $B \otimes_A \mathrm{Tor}^A(E, F) \to \mathrm{Tor}^B(E \otimes_A B, B \otimes_A F)$ et $B \otimes_A \mathrm{Ext}_A(E, F) \to \mathrm{Ext}_B(B \otimes_A E, B \otimes_A F)$

Dans ce numéro, on suppose que A *est commutatif*; on se donne un homomorphisme d'anneaux $\rho : A \to B$ tel que $\rho(A)$ soit contenu dans le centre de B et deux A-modules E et F. On a un isomorphisme canonique de complexes de A-modules

$$u : B \otimes_A (L(E) \otimes_A L(F)) \to (L(E) \otimes_A B) \otimes_B (B \otimes_A L(F))\,;$$

d'autre part, puisque $L(E) \otimes_A B$ et $B \otimes_A L(F)$ sont des B-complexes *libres*, on a un homomorphisme canonique de A-modules gradués (X, p. 102)

$$\psi'(L(E) \otimes_A B, B \otimes_A L(F)) : H((L(E) \otimes_A B) \otimes_B (B \otimes_A L(F))) \to \mathrm{Tor}^B(E \otimes_A B, B \otimes_A F)$$

enfin, on dispose d'un homomorphisme (X, p. 62)

$$\gamma : B \otimes_A \mathrm{Tor}^A(E, F) \to H(B \otimes_A L(E) \otimes_A L(F))\,.$$

L'homomorphisme *canonique* de B-modules gradués

$$B \otimes_A \mathrm{Tor}^A(E, F) \to \mathrm{Tor}^B(E \otimes_A B, B \otimes_A F) \tag{13}$$

est défini comme le composé $\psi'(L(E) \otimes_A B, B \otimes_A L(F)) \circ H(u) \circ \gamma$.

PROPOSITION 9. — *Si* B *est plat sur* A, *l'homomorphisme* (13) *est bijectif.*

En effet $\psi'(L(E) \otimes_A B, B \otimes_A L(F))$ est bijectif (X, p. 102, prop. 1) et γ est bijectif (X, p. 66, cor. 2).

Supposons B *plat* sur A. Substituant dans l'homomorphisme (12) E à Q, B à N et $B \otimes_A F$ à M, on obtient un homomorphisme

$$\mathrm{Ext}_A(E, B \otimes_A F) \to \mathrm{Ext}_B(B \otimes_A E, B \otimes_A F)$$

qui est bijectif d'après la prop. 8. Substituant dans l'homomorphisme (10) E à M, F à N, A à B, B à Q, et échangeant les facteurs des produits tensoriels, on obtient un homomorphisme de B-modules

$$B \otimes_A \mathrm{Ext}_A(E, F) \to \mathrm{Ext}_A(E, B \otimes_A F)\,,$$

d'où par composition un homomorphisme dit *canonique*

$$B \otimes_A \mathrm{Ext}_A(E, F) \to \mathrm{Ext}_B(B \otimes_A E, B \otimes_A F)\,. \tag{14}$$

PROPOSITION 10. — *L'homomorphisme* (14) *est bijectif dans les cas suivants* :

a) B *est un* A*-module projectif de type fini* ;

b) B *est un* A*-module plat,* A *est nœthérien, et* E *est un* A*-module de type fini.*

Cela résulte de la prop. 7 (X, p. 108).

8. Application : homologie et cohomologie des groupes

Soient G un groupe, $\mathbf{Z}^{(G)}$ son algèbre sur $\mathbf{Z}$ (III, p. 19). Rappelons (*cf.* III, p. 20, *exemple*) que si M est un groupe commutatif, il revient au même de se donner une action de G sur M (c'est-à-dire un homomorphisme $\tau : G \to \mathrm{Aut}(M)$), ou une structure de $\mathbf{Z}^{(G)}$-module à gauche sur le groupe additif M. En particulier, on considérera le groupe $\mathbf{Z}$ comme un $\mathbf{Z}^{(G)}$-module à gauche en le munissant de l'action triviale.

DÉFINITION 1. — *Soient* M *un* $\mathbf{Z}^{(G)}$*-module à gauche* (resp. *à droite*), *n un entier* $\geqslant 0$. *Le groupe* $\mathrm{Ext}^n_{\mathbf{Z}^{(G)}}(\mathbf{Z}, M)$ (resp. $\mathrm{Tor}_n^{\mathbf{Z}^{(G)}}(M, \mathbf{Z})$) *est noté* $H^n(G, M)$ (resp. $H_n(G, M)$) *et appelé n-ième groupe de cohomologie* (resp. *d'homologie*) *de* G *à coefficients dans* M.

La résolution standard (X, p. 58) $B(\mathbf{Z}^{(G)}, \mathbf{Z})$ est une résolution libre du $\mathbf{Z}^{(G)}$-module $\mathbf{Z}$; il en résulte que les groupes $H^n(G, M)$ (resp. $H_n(G, M)$) s'identifient aux groupes d'homologie du complexe :

$$\mathrm{Hom}_{\mathbf{Z}^{(G)}}(B(\mathbf{Z}^{(G)}, \mathbf{Z}), M) \quad (\text{resp. } M \otimes_{\mathbf{Z}^{(G)}} B(\mathbf{Z}^{(G)}, \mathbf{Z}))\,.$$

En utilisant l'isomorphisme canonique de $(\mathbf{Z}^{(G)})^{\otimes n}$ sur $\mathbf{Z}^{(G^n)}$ (III, p. 36) et les propriétés de l'extension des scalaires (II, p. 82) on conclut que $H^n(G, M)$ est canoniquement isomorphe au groupe d'homologie de degré ascendant n du complexe $C(G, M)$ défini de la façon suivante : $C^n(G, M) = 0$ pour $n < 0$; pour $n \geqslant 0$, $C^n(G, M)$ est le $\mathbf{Z}$-module des applications de G^n dans M ; pour $n \geqslant 0$, la différentielle $d^n : C^n(G, M) \to C^{n+1}(G, M)$ est donnée par

$$(d^n f)(g_0, \ldots, g_n) = g_0 . f(g_1, \ldots, g_n) + \sum_{i=0}^{n-1} (-1)^{i+1} f(g_0, \ldots, g_i g_{i+1}, \ldots, g_n) + (-1)^{n+1} f(g_0, \ldots, g_{n-1})$$

quels que soient f dans $C^n(G, M)$ et $g_0, \ldots, g_n$ dans G.

De même, $H_n(G, M)$ s'identifie au groupe d'homologie de degré n du complexe $C'(G, M)$, où $C'_n(G, M) = M \otimes_{\mathbf{Z}} \mathbf{Z}^{(G^n)}$ pour $n \geqslant 0$, $C'_n(G, M) = 0$ pour $n < 0$, la différentielle $d_n : C'_n(G, M) \to C'_{n-1}(G, M)$ étant définie par :

$$d_n(m \otimes e_{g_1, \ldots, g_n}) = m . g_1 \otimes e_{g_2, \ldots, g_n} + \sum_{i=1}^{n-1} (-1)^i m \otimes e_{g_1, \ldots, g_i g_{i+1}, \ldots, g_n} + (-1)^n m \otimes e_{g_1, \ldots, g_{n-1}}$$

quels que soient $n \geqslant 1$, m dans M et $g_1, \ldots, g_n$ dans G.

Exemples. — 1) Il résulte directement de la définition que $H^0(G, M)$ est isomorphe au sous-module des éléments de M invariants sous l'action de G, et $H_0(G, M)$ au module quotient de M par le sous-module engendré par les éléments $m.g - m$ pour $m \in M$, $g \in G$.

2) Il résulte de ce qui précède que $H^1(G, M)$ est isomorphe au **Z**-module $Z^1(G, M)/B^1(G, M)$, où $Z^1(G, M)$ est le **Z**-module des applications f de G dans M vérifiant :

$$f(g_1, g_2) = g_1.f(g_2) + f(g_1) \quad \text{pour tous} \quad g_1, g_2 \text{ dans } G,$$

et $B^1(G, M)$ est le sous **Z**-module de $Z^1(G, M)$ formé des f pour lesquelles il existe un élément m de M tel que :

$$f(g) = g.m - m \quad \text{pour tout} \quad g \in G.$$

On dit parfois que $Z^1(G, M)$ est le **Z**-module des homomorphismes croisés de G dans M, et $B^1(G, M)$ le sous-module des homomorphismes croisés principaux.

Notons $\tau : G \to \text{Aut}(M)$ l'homomorphisme déduit de l'action de G ; considérons le produit semi-direct externe $M \times_\tau G$ et l'extension $\xi_\tau : M \xrightarrow{i} M \times_\tau G \xrightarrow{p} G$ (I, p. 64). Soit $e : G \to M \times_\tau G$ une application telle que $p \circ e = 1_G$; on a $e = (f, 1_G)$, où $f \in C^1(G, M)$. Pour que e soit un homomorphisme (c'est-à-dire une section de l'extension ξ_τ) il faut et il suffit que $f \in Z^1(G, M)$. Pour que deux sections de ξ_τ soient conjuguées par un élément de $i(M)$, il faut et il suffit que les homomorphismes croisés correspondants aient même classe dans $H^1(G, M)$.

Lorsque G opère trivialement sur M, on a $B^1(G, M) = 0$ et $H^1(G, M)$ est isomorphe au **Z**-module des homomorphismes de groupes de G dans M.

3) De même $H^2(G, M)$ est isomorphe au **Z**-module $Z^2(G, M)/B^2(G, M)$, où $Z^2(G, M)$ est le **Z**-module des applications f de $G \times G$ dans M, vérifiant :

$$g_1.f(g_2, g_3) - f(g_1 g_2, g_3) + f(g_1, g_2 g_3) - f(g_1, g_2) = 0$$

quels que soient g_1, g_2, g_3 dans G, et $B^2(G, M)$ est le sous-**Z**-module de $Z^2(G, M)$ formé des f pour lesquelles il existe une application h de G dans M telle que :

$$f(g_1, g_2) = g_1.h(g_2) - h(g_1 g_2) + h(g_1)$$

quels que soient g_1, g_2 dans G.

On retrouve ainsi la définition du groupe $H^2(G, M)$ donnée en VIII, App. Il en résulte en particulier qu'il existe un isomorphisme canonique de $H^2(G, M)$ sur le groupe des classes d'extension de G par M (*loc. cit.*).

4) Soit M un **Z**-module, que l'on considère comme un $\mathbf{Z}^{(G)}$-module à droite en faisant opérer G trivialement. Le groupe $H_1(G, M)$ est isomorphe au quotient de $M \otimes_{\mathbf{Z}} \mathbf{Z}^{(G)}$ par le sous-**Z**-module engendré par les éléments $m \otimes (e_{g_1 g_2} - e_{g_1} - e_{g_2})$ pour m dans M, g_1, g_2 dans G ; il en résulte facilement que $H_1(G, M)$ est isomorphe à $M \otimes_{\mathbf{Z}} (G/(G, G))$.

Notons σ l'anti-automorphisme de $\mathbf{Z}^{(G)}$ défini par $\sigma(e_g) = e_{g^{-1}}$ pour $g \in G$. Tout $\mathbf{Z}^{(G)}$-module à gauche peut être considéré comme un $\mathbf{Z}^{(G)}$-module à droite à l'aide de σ, et réciproquement. Ceci permet par exemple de définir les groupes $H_q(G, M)$ pour un $\mathbf{Z}^{(G)}$-module *à gauche* M, en posant $H_q(G, M) = H_q(G, \sigma_*(M)) = \mathrm{Tor}_q^{\mathbf{Z}^{(G)}}(\mathbf{Z}, M)$.

Lemme 1. — *Soit* M *un* **Z**-*module* ; *notons* M^G *le groupe* $\mathrm{Hom}_{\mathbf{Z}}(\mathbf{Z}^{(G)}, M)$ *muni de sa structure naturelle de* $\mathbf{Z}^{(G)}$-*module à gauche. Alors* :

$$H^i(G, M^G) = 0 \quad \textit{pour} \quad i \geqslant 1 .$$

Il résulte en effet de la prop. 8, *b*) (X, p. 109), appliquée avec $A = N = \mathbf{Z}^{(G)}$ et $B = Q = \mathbf{Z}$, que l'on a un isomorphisme canonique :

$$\mathrm{Ext}_{\mathbf{Z}^{(G)}}(\mathbf{Z}, M^G) \to \mathrm{Ext}_{\mathbf{Z}}(\mathbf{Z}, M)$$

d'où le lemme.

PROPOSITION 11. — *Soit* L *une extension galoisienne de degré fini d'un corps commutatif* K, *de groupe de Galois* G.

a) *On a* $H^i(G, L) = 0$ *pour* $i \geqslant 1$.

b) *On a* $H^1(G, L^*) = 0$.

c) *Le groupe* $H^2(G, L^*)$ *est canoniquement isomorphe au groupe* Br (K, L) (VIII, § 13).

Le théorème de la base normale (V, §10, n° 9, th. 6) montre que L est isomorphe comme $\mathbf{Z}^{(G)}$-module à $K^G = \mathrm{Hom}_{\mathbf{Z}}(\mathbf{Z}^{(G)}, K)$; l'assertion *a*) résulte alors du lemme 1. Compte tenu de l'exemple 2, l'assertion *b*) résulte de V, § 10, n° 5, cor. 1 à la prop. 9 ; enfin l'assertion *c*) a été démontrée en VIII, §13.

§ 7. PRODUIT DE COMPOSITION

On reprend les conventions générales du § 4.

1. L'homomorphisme $\mathrm{Ext}_A(N, P) \otimes \mathrm{Ext}_A(M, N) \to \mathrm{Ext}_A(M, P)$

Soient M et N deux A-modules à gauche. Considérons les homologismes $p_M : L(M) \to M$, $e_M : M \to I(M)$ et $e_M \circ p_M : L(M) \to I(M)$; d'après la prop. 4 de X, p. 86, on en déduit un homomorphisme *bijectif*

$$a_{M,N} = H(\mathrm{Homgr}_A(e_M \circ p_M, 1)) : H(\mathrm{Homgr}_A(I(M), I(N))) \to \mathrm{Ext}_A(M, N) .$$

Rappelons d'ailleurs (X, p. 82) que $H^n(\mathrm{Homgr}_A(I(M), I(N)))$ est l'ensemble des classes d'homotopie des morphismes de degré ascendant n du complexe I(M) dans le complexe I(N). Par exemple, si $f \in \mathrm{Hom}_A(M, N)$, la classe d'homotopie de $I(f)$ est envoyée par $a_{M,N}$ sur f.

Si P est un troisième A-module à gauche, on a d'après X, p. 99, un k-homomorphisme canonique

$$H(\mathrm{Homgr}_A(I(N), I(P))) \otimes_k H(\mathrm{Homgr}_A(I(M), I(N))) \to H(\mathrm{Homgr}_A(I(M), I(P)))$$

dont on déduit par transport par les isomorphismes $a_{N,P}$, $a_{M,N}$, $a_{M,P}$ un k-homomorphisme (*homomorphisme de composition*) :

$$c_{M,N,P} : \mathrm{Ext}_A(N, P) \otimes_k \mathrm{Ext}_A(M, N) \to \mathrm{Ext}_A(M, P) .$$

Celui-ci correspond à une *application k-bilinéaire*

$$\mathrm{Ext}_A(N, P) \times \mathrm{Ext}_A(M, N) \to \mathrm{Ext}_A(M, P) \tag{1}$$

qui se décompose en composantes homogènes

$$\mathrm{Ext}^i_A(N, P) \times \mathrm{Ext}^j_A(M, N) \to \mathrm{Ext}^{i+j}_A(M, P) . \tag{2}$$

Si $u \in \mathrm{Ext}_A(N, P)$, $v \in \mathrm{Ext}_A(M, N)$, l'image de (u, v) par (1) s'appelle le *produit de composition de u et v et se note* $u \circ v$. Si g (resp. f) est un morphisme de complexes de degré ascendant j (resp. i) de I(M) dans I(N) (resp. de I(N) dans I(P)), de classe d'homotopie $\bar{g}$ (resp. $\bar{f}$), alors le produit de composition $a_{N,P}(\bar{f}) \circ a_{M,N}(\bar{g})$ est l'image par $a_{M,P}$ de la classe d'homotopie du morphisme $f \circ g$ de I(M) dans I(P).

Exemple 1. — Si $u \in \mathrm{Hom}_A(N, P)$, $v \in \mathrm{Hom}_A(M, N)$, $u \circ v$ est le composé de u et de v.

Exemple 2. — Si $u \in \mathrm{Hom}_A(N, P)$, $v \in \mathrm{Ext}_A(M, N)$, alors

$$u \circ v = \mathrm{Ext}_A(1_M, u)(v) \in \mathrm{Ext}_A(M, P) ;$$

de même, si $u \in \mathrm{Ext}_A(N, P)$, $v \in \mathrm{Hom}_A(M, N)$, alors

$$u \circ v = \mathrm{Ext}_A(v, 1_P)(u) \in \mathrm{Ext}_A(M, P) .$$

Cela résulte des définitions et des remarques de X, p. 88.

Si Q, M, N, P sont quatre A-modules à gauche, et si

$$u \in \mathrm{Ext}_A(N, P), \qquad v \in \mathrm{Ext}_A(M, N) , \qquad w \in \mathrm{Ext}_A(Q, M) ,$$

alors $(u \circ v) \circ w = u \circ (v \circ w)$: le produit de composition est *associatif* ; on notera donc les composés de plusieurs éléments sans parenthèses. En particulier, d'après l'exemple 2 :

Exemple 3. — Soient M, N, M′, N′ quatre A-modules à gauche. Si $u \in \mathrm{Ext}_A(M, N)$, $f \in \mathrm{Hom}_A(M', M)$, $g \in \mathrm{Hom}_A(N, N')$, alors

$$\mathrm{Ext}_A(f, g)(u) = g \circ u \circ f \in \mathrm{Ext}_A(M', N') . \tag{3}$$

Cela donne une nouvelle démonstration de la k-bilinéarité de l'application $(f, g) \to \operatorname{Ext}_A(f, g)$ (X, p. 88, prop. 6).

2. Les sept calculs du produit de composition

Soient M, M′ et M″ trois A-modules à gauche, $a : R \to M$, $a' : R' \to M'$ et $a'' : R'' \to M''$ des résolutions projectives, $c : M \to E$, $c' : M' \to E'$ et $c'' : M'' \to E''$ des résolutions injectives. Il résulte de X, p. 100, th. 1 et p. 103, prop. 2, que le diagramme :

$$
\begin{array}{ccccc}
H(\operatorname{Homgr}_A(M, E')) & \longrightarrow & H(\operatorname{Homgr}_A(R, E')) & \longrightarrow & H(\operatorname{Homgr}_A(R, M')) \\
\uparrow & \searrow^{\varphi(M, E')} & \downarrow{\scriptstyle \varphi(R, E')} & \swarrow^{\varphi(R, M')} & \uparrow \\
H(\operatorname{Homgr}_A(E, E')) & \xrightarrow{\varphi(E, E')} & \operatorname{Ext}_A(M, M') & \xleftarrow{\varphi(R, R')} & H(\operatorname{Homgr}_A(R, R'))
\end{array}
$$

où les flèches non désignées sont déduites canoniquement de c, a, c', a', est commutatif, et que toutes les flèches sont des isomorphismes, ce qui donne cinq descriptions de $\operatorname{Ext}_A(M, M')$. On obtient de même cinq descriptions de $\operatorname{Ext}_A(M', M'')$, et autant de $\operatorname{Ext}_A(M, M'')$.

Considérons maintenant les sept homomorphismes de composition

$$H(\operatorname{Homgr}_A(C', C'')) \otimes_k H(\operatorname{Homgr}_A(C, C')) \to H(\operatorname{Homgr}_A(C, C'')),$$

où l'on prend successivement pour (C, C′, C″) les sept triplets (R, R′, R″), (R, R′, M″), (R, R′, E″), (R, M′, E″), (R, E′, E″), (M, E′, E″), (E, E′, E″).

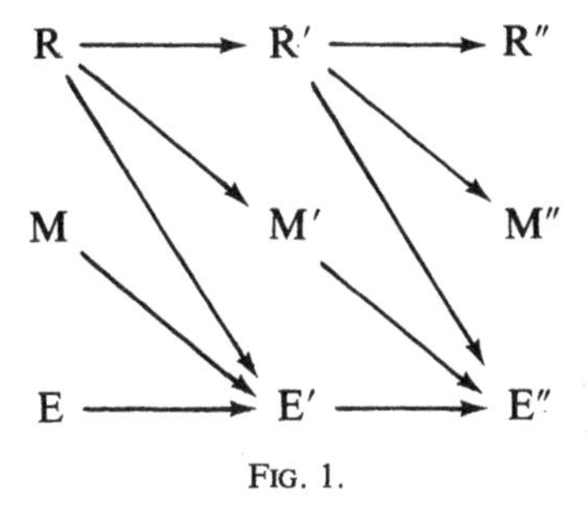

Fig. 1.

Identifiant $H(\operatorname{Homgr}_A(C, C'))$ à $\operatorname{Ext}(M, M')$ par l'isomorphisme ci-dessus, et de même pour $H(\operatorname{Homgr}_A(C', C''))$ et $H(\operatorname{Homgr}_A(C, C''))$, on obtient *sept homomorphismes*

$$\operatorname{Ext}_A(M', M'') \otimes_k \operatorname{Ext}_A(M, M') \to \operatorname{Ext}_A(M, M'').$$

Ces sept homomorphismes coïncident, et sont indépendants du choix des résolutions. En particulier, ils coïncident avec l'homomorphisme qui a été défini au nº 2, *via* le triplet (I(M), I(M'), I(M'')). Cela résulte en effet de l'interprétation des modules H(Homgr (C, C')) comme module des classes d'homotopie de morphismes de complexes de C dans C', et du fait que si dans un diagramme de complexes

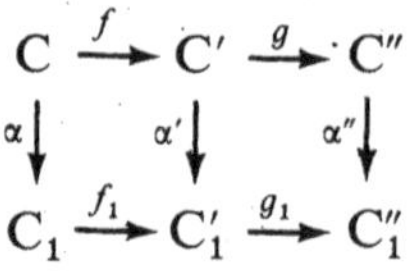

$$\begin{array}{ccccc} C & \xrightarrow{f} & C' & \xrightarrow{g} & C'' \\ \downarrow{\scriptstyle\alpha} & & \downarrow{\scriptstyle\alpha'} & & \downarrow{\scriptstyle\alpha''} \\ C_1 & \xrightarrow{f_1} & C'_1 & \xrightarrow{g_1} & C''_1 \end{array}$$

$\alpha'' \circ g$ est homotope à $g_1 \circ \alpha'$ et $\alpha' \circ f$ homotope à $f_1 \circ \alpha$, alors $\alpha'' \circ g \circ f$ est homotope à $g_1 \circ f_1 \circ \alpha$ (X, p. 33, prop. 4 et cor.).

Dans ce qui suit, nous utiliserons suivant le cas l'une ou l'autre des sept constructions précédentes des homomorphismes de composition.

3. La classe associée à une suite exacte

PROPOSITION 1. — *Soient* (C, d) *et* (C', d') *deux complexes de* A-*modules à gauche et* n, p, q *trois entiers tels que* $p \geqslant q$. *Pour* $p \geqslant i \geqslant q-1$, *soit* $f_i : C_i \to C'_{i+n+1}$ *un homomorphisme de* A-*modules tel que* $f_p \circ d = 0$, $f_i \circ d = d' \circ f_{i+1}$ *pour* $p > i \geqslant q-1$, *et* $d' \circ f_{q-1} = 0$ (voir fig. 2).

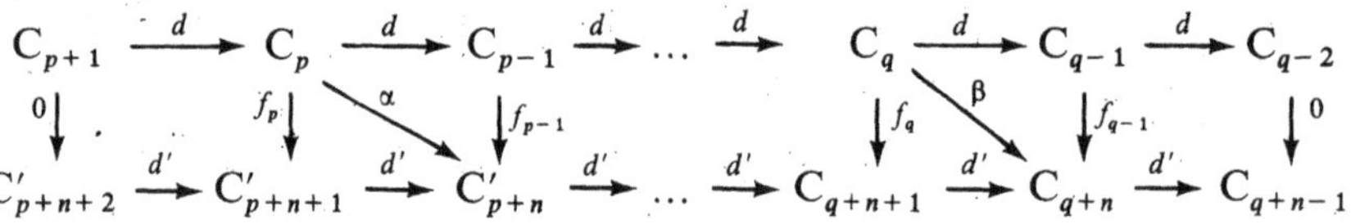

$$\begin{array}{ccccccccccccc} C_{p+1} & \xrightarrow{d} & C_p & \xrightarrow{d} & C_{p-1} & \xrightarrow{d} & \cdots & \xrightarrow{d} & C_q & \xrightarrow{d} & C_{q-1} & \xrightarrow{d} & C_{q-2} \\ \downarrow{\scriptstyle 0} & & \downarrow{\scriptstyle f_p} & \searrow^{\alpha} & \downarrow{\scriptstyle f_{p-1}} & & & & \downarrow{\scriptstyle f_q} & \searrow^{\beta} & \downarrow{\scriptstyle f_{q-1}} & & \downarrow{\scriptstyle 0} \\ C'_{p+n+2} & \xrightarrow{d'} & C'_{p+n+1} & \xrightarrow{d'} & C'_{p+n} & \xrightarrow{d'} & \cdots & \xrightarrow{d'} & C_{q+n+1} & \xrightarrow{d'} & C_{q+n} & \xrightarrow{d'} & C_{q+n-1} \end{array}$$

FIG. 2.

Posons $\alpha = f_{p-1} \circ d = d' \circ f_p$, $\beta = f_{q-1} \circ d = d' \circ f_q$, *et soit* a (resp. b) *le* A-*homomorphisme gradué de degré* n *de* C *dans* C' *dont la seule composante bi-homogène non nulle est* α (resp. β). *Alors on a* $a \in Z_n(\mathrm{Homgr}_A(C, C'))$, $b \in Z_n(\mathrm{Homgr}_A(C, C'))$ *et* $a - (-1)^{(n+1)(p-q)} b \in B_n(\mathrm{Homgr}_A(C, C'))$.

On a $d' \circ \alpha = d' \circ d' \circ f_p = 0$, $\alpha \circ d = f_{p-1} \circ d \circ d = 0$, donc

$$a \in Z_n(\mathrm{Homgr}_A(C, C'))\,;$$

de même $b \in Z_n(\mathrm{Homgr}_A(C, C'))$. Posons $\varepsilon = (-1)^{n+1}$. On a, dans le complexe $\mathrm{Homgr}_A(C, C')$ les relations

$$\begin{aligned} Df_{p-1} &= d' \circ f_{p-1} - \varepsilon f_{p-1} \circ d = f_{p-2} \circ d - \varepsilon\alpha \\ Df_i &= d' \circ f_i - \varepsilon f_i \circ d = f_{i-1} \circ d - \varepsilon f_i \circ d \qquad (p-1 > i > q) \\ Df_q &= d' \circ f_q - \varepsilon f_q \circ d = \beta - \varepsilon f_q \circ d\,, \end{aligned}$$

donc

$$\sum_{i=1}^{p-q} \varepsilon^i \, \mathrm{D}f_{p-i} = \varepsilon^{p-q}\beta - \alpha,$$

ce qui démontre le lemme.

Considérons deux A-modules à gauche M et N et une *suite exacte* de A-modules

$$(4) \qquad 0 \to \mathrm{N} \to \mathrm{R}_n \to \mathrm{R}_{n-1} \to \dots \to \mathrm{R}_1 \to \mathrm{M} \to 0 .$$

D'après les prop. 3 et 3 *bis* de X, p. 49, il existe un diagramme commutatif :

(5)

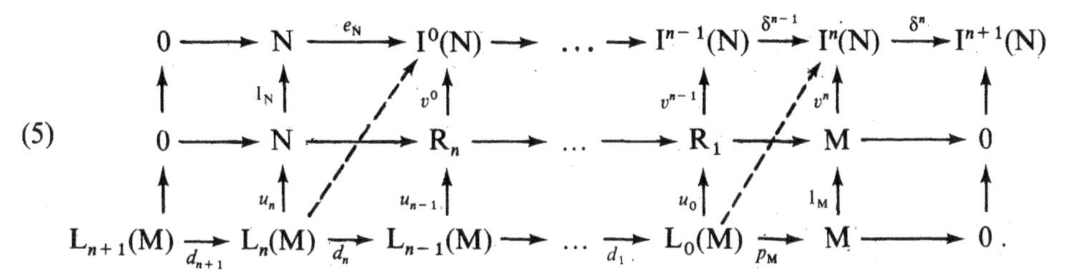

Considérons les deux éléments b et a de $\mathrm{Homgr}_{\mathrm{A}}(\mathrm{L}(\mathrm{M}), \mathrm{I}(\mathrm{N}))$ dont les seules composantes bihomogènes non nulles sont

$$b^n = e_{\mathrm{N}} \circ u_n : \mathrm{L}_n(\mathrm{M}) \to \mathrm{I}^0(\mathrm{N}) \quad \text{et} \quad a^n = v^n \circ p_{\mathrm{M}} : \mathrm{L}_0(\mathrm{M}) \to \mathrm{I}^n(\mathrm{N})$$

respectivement.

PROPOSITION 2. — *On a* $a, b \in \mathrm{Z}^n(\mathrm{Homgr}_{\mathrm{A}}(\mathrm{L}(\mathrm{M}), \mathrm{I}(\mathrm{N})))$. *De plus, les classes* $\bar{a}$ *et* $\bar{b}$ *de* a *et* b *dans* $\mathrm{H}^n(\mathrm{Homgr}_{\mathrm{A}}(\mathrm{L}(\mathrm{M}), \mathrm{I}(\mathrm{N}))) = \mathrm{Ext}^n_{\mathrm{A}}(\mathrm{M}, \mathrm{N})$ *ne dépendent que de la suite exacte* (4) *et sont égales.*

D'après la prop. 1, appliquée aux deux lignes extrêmes de (5) et aux flèches verticales composées, avec $p = n, q = 0$, on a $a, b \in \mathrm{Z}^n(\mathrm{Homgr}_{\mathrm{A}}(\mathrm{I}(\mathrm{M}), \mathrm{L}(\mathrm{N})))$ et

$$a - b = a - (-1)^{(n+1)n}\, b \in \mathrm{B}^n(\mathrm{Homgr}_{\mathrm{A}}(\mathrm{L}(\mathrm{M}), \mathrm{I}(\mathrm{N}))) .$$

Puisque a (resp. b) est indépendant du choix de u (resp. v), l'élément $\bar{a} = \bar{b}$ de $\mathrm{Ext}^n_{\mathrm{A}}(\mathrm{M}, \mathrm{N})$ est indépendant du choix des morphismes u et v, d'où la proposition.

DÉFINITION 1. — *On appelle* classe associée *à la suite exacte* (4) *l'élément* θ *de* $\mathrm{Ext}^n_{\mathrm{A}}(\mathrm{M}, \mathrm{N})$ *défini par* $\theta = (-1)^{n(n+1)/2}\,\bar{a} = (-1)^{n(n+1)/2}\,\bar{b}$.

Remarques. — 1) Soit (P, p) une résolution projective de M. D'après X, p. 49, prop. 3, il existe un diagramme commutatif

$$\begin{array}{ccccccccccc}
0 & \longrightarrow & \mathrm{N} & \longrightarrow & \mathrm{R}_n & \longrightarrow \dots \longrightarrow & \mathrm{R}_1 & \longrightarrow & \mathrm{M} & \longrightarrow & 0 \\
 & & \uparrow{\scriptstyle \tilde{u}_n} & & \uparrow{\scriptstyle \tilde{u}_{n-1}} & & \uparrow{\scriptstyle \tilde{u}_0} & & \uparrow{\scriptstyle 1_{\mathrm{M}}} & & \\
 & & \mathrm{P}_n & \longrightarrow & \mathrm{P}_{n-1} & \longrightarrow \dots \longrightarrow & \mathrm{P}_0 & \xrightarrow{p} & \mathrm{M} & \longrightarrow & 0 .
\end{array}$$

Avec les notations du § 6, θ est l'image par $\varphi(\mathrm{P}, \mathrm{N})$ de la classe d'homotopie du morphisme $\mathrm{P} \to \mathrm{N}$ défini par $(-1)^{n(n+1)/2}\, \tilde{u}_n$. De même si (e, E) est une résolution injective de N, il existe un diagramme commutatif

$$\begin{array}{ccccccccccccc} 0 & \to & \mathrm{N} & \to & \mathrm{E}^0 & \to & \cdots & \to & \mathrm{E}^{n-1} & \to & \mathrm{E}^n & & \\ & & \uparrow{\scriptstyle 1_\mathrm{N}} & & \uparrow{\scriptstyle \tilde{v}^0} & & & & \uparrow{\scriptstyle \tilde{v}^{n-1}} & & \uparrow{\scriptstyle \tilde{v}^n} & & \\ 0 & \to & \mathrm{N} & \to & \mathrm{R}_n & \to & \cdots & \to & \mathrm{R}_1 & \to & \mathrm{M} & \to & 0\,. \end{array}$$

et θ est l'image par $\varphi(\mathrm{M}, \mathrm{E})$ de la classe d'homotopie du morphisme $\mathrm{M} \to \mathrm{E}$ défini par $(-1)^{n(n+1)/2}\, v^n$. Ceci résulte de la construction de θ et des définitions de $\varphi(\mathrm{P}, \mathrm{N})$ et $\varphi(\mathrm{M}, \mathrm{E})$.

2) Lorsque $n = 0$, la suite exacte (4) s'écrit $0 \to \mathrm{N} \xrightarrow{f} \mathrm{M} \to 0$, et la classe associée est $f^{-1} \in \mathrm{Hom}_\mathrm{A}(\mathrm{M}, \mathrm{N}) = \mathrm{Ext}^0_\mathrm{A}(\mathrm{M}, \mathrm{N})$.

4. Propriétés de la classe associée à une suite exacte

PROPOSITION 3. — *Soient*

$$0 \to \mathrm{P} \to \mathrm{S}_m \to \mathrm{S}_{m-1} \to \cdots \to \mathrm{S}_1 \xrightarrow{\lambda} \mathrm{N} \to 0 \tag{6}$$

$$0 \to \mathrm{N} \xrightarrow{\mu} \mathrm{R}_n \to \mathrm{R}_{n-1} \to \cdots \to \mathrm{R}_1 \to \mathrm{M} \to 0 \tag{7}$$

deux suites exactes de A-*modules à gauche de classes respectives* $\theta \in \mathrm{Ext}^m_\mathrm{A}(\mathrm{N}, \mathrm{P})$ *et* $\theta' \in \mathrm{Ext}^n_\mathrm{A}(\mathrm{M}, \mathrm{N})$. *La classe dans* $\mathrm{Ext}^{m+n}_\mathrm{A}(\mathrm{M}, \mathrm{P})$ *associée à la suite exacte*

$$0 \to \mathrm{P} \to \mathrm{S}_m \to \cdots \to \mathrm{S}_1 \xrightarrow{\mu\circ\lambda} \mathrm{R}_n \to \cdots \to \mathrm{R}_1 \to \mathrm{M} \to 0 \tag{8}$$

est le produit de composition $\theta \circ \theta'$.

Choisissons des diagrammes commutatifs

$$\begin{array}{ccccccccccccc} 0 & \to & \mathrm{P} & \to & \mathrm{I}^0(\mathrm{P}) & \to & \cdots & \to & \mathrm{I}^{m-1}(\mathrm{P}) & \xrightarrow{\delta_\mathrm{P}^{m-1}} & \mathrm{I}^m(\mathrm{P}) & & \\ & & \uparrow{\scriptstyle 1_\mathrm{P}} & & \uparrow{\scriptstyle w^0} & & & & \uparrow{\scriptstyle w^{m-1}} & & \uparrow{\scriptstyle w^m} & & \\ 0 & \to & \mathrm{P} & \to & \mathrm{S}_m & \to & \cdots & \to & \mathrm{S}_1 & \xrightarrow{\lambda} & \mathrm{N} & \to & 0\,, \end{array}$$

$$\begin{array}{ccccccccccccc} 0 & \to & \mathrm{N} & \xrightarrow{e_\mathrm{N}} & \mathrm{I}^0(\mathrm{N}) & \to & \cdots & \to & \mathrm{I}^{n-1}(\mathrm{N}) & \to & \mathrm{I}^n(\mathrm{N}) & & \\ & & \uparrow{\scriptstyle 1_\mathrm{N}} & & \uparrow{\scriptstyle v^0} & & & & \uparrow{\scriptstyle v^{n-1}} & & \uparrow{\scriptstyle v^n} & & \\ 0 & \to & \mathrm{N} & \xrightarrow{\mu} & \mathrm{R}_n & \to & \cdots & \to & \mathrm{R}_1 & \to & \mathrm{M} & \to & 0\,. \end{array}$$

Puisque $\mathrm{I}^m(\mathrm{P})$ est injectif, il existe un homomorphisme $h^0 : \mathrm{I}^0(\mathrm{N}) \to \mathrm{I}^m(\mathrm{P})$ tel que $w^m = h^0 \circ e_\mathrm{N}$; d'après X, p. 49, prop. 3 *bis*, h^0 se prolonge en un morphisme de complexes $h : \mathrm{I}(\mathrm{N}) \to \mathrm{I}(\mathrm{P})(-m)$. Alors $w^m = h^0 \circ e_\mathrm{N} = h^0 \circ v^0 \circ \mu$, donc

$$\delta_\mathrm{P}^{m-1} \circ w^{m-1} = w^m \circ \lambda = h^0 \circ v^0 \circ (\mu \circ \lambda)\,,$$

et le diagramme suivant est commutatif :

$$\begin{array}{ccccccccccccccccccc}
0 & \to & P & \to & I^0(P) & \to & \dots & \to & I^{m-1}(P) & \to & I^m(P) & \to & I^{m+1}(P) & \to & \dots & \to & I^{m+n}(P) & & \\
 & & \uparrow{\scriptstyle 1_P} & & \uparrow{\scriptstyle w^0} & & & & \uparrow{\scriptstyle w^{m-1}} & & \uparrow{\scriptstyle t^0} & & \uparrow{\scriptstyle t^1} & & & & \uparrow{\scriptstyle t^n} & & \\
0 & \to & P & \to & S_m & \to & \dots & \to & S_1 & \xrightarrow[\mu\circ\lambda]{} & R_n & \to & R_{n-1} & \to & \dots & \to & M & \to & 0
\end{array}$$

où $t^0 = h^0 \circ v^0, t^1 = (-1)^m h^1 \circ v^1, \dots, t^i = (-1)^{mi} h^i \circ v^i, \dots, t^n = (-1)^{mn} h^n \circ v^n$. La classe θ associée à (6) est celle de $(-1)^{m(m+1)/2} w^m \in \mathrm{Homgr}^m_A(N, I(P))$, donc correspond par l'isomorphisme $a_{N,P}$ à la classe de $(-1)^{m(m+1)/2} h \in \mathrm{Homgr}^m_A(I(N), I(P))$; la classe θ' associée à (7) est celle de $(-1)^{n(n+1)/2} v^n \in \mathrm{Homgr}^n(M, I(N))$, la classe associée à (8) est celle de $(-1)^{(m+n)(m+n+1)/2} t^n \in \mathrm{Homgr}^{m+n}(M, I(P))$, d'où la conclusion, d'après la définition du produit de composition (X, p. 114) et la formule

$$m(m+1)/2 + n(n+1)/2 = (m+n)(m+n+1)/2 - mn .$$

4. — *Considérons un diagramme commutatif de* A-*modules à lignes exactes*

$$\begin{array}{ccccccccccccccc}
0 & \to & N & \to & R_n & \to & R_{n-1} & \to & \dots & \to & R_1 & \to & M & \to & 0 \\
 & & \downarrow{\scriptstyle g} & & \downarrow & & \downarrow & & & & \downarrow & & \downarrow{\scriptstyle f} & & \\
0 & \to & N' & \to & R'_n & \to & R'_{n-1} & \to & \dots & \to & R'_1 & \to & M' & \to & 0 .
\end{array}$$

Soit θ (resp. θ') *la classe de la première* (resp. *seconde*) *ligne dans*

$$\mathrm{Ext}^n_A(M, N) \quad (\text{resp. } \mathrm{Ext}^n_A(M', N')) .$$

Dans $\mathrm{Ext}^n_A(M, N')$, *on a* $\theta' \circ f = g \circ \theta$.

Considérons en effet un diagramme commutatif

$$\begin{array}{ccccccccccccccc}
 & & L_n(M) & \xrightarrow{d_n} & L_{n-1}(M) & \to & \dots & \to & L_0(M) & \xrightarrow{p_M} & M & \to & 0 \\
 & & \downarrow{\scriptstyle u_n} & & \downarrow & & & & \downarrow & & \downarrow{\scriptstyle 1} & & \\
0 & \to & N & \to & R_n & \to & \dots & \to & R_1 & \to & M & \to & 0 \\
 & & \downarrow{\scriptstyle g} & & \downarrow & & & & \downarrow & & \downarrow{\scriptstyle f} & & \\
0 & \to & N' & \to & R'_n & \to & \dots & \to & R'_1 & \to & M' & \to & 0 \\
 & & \downarrow & & \downarrow & & & & \downarrow & & \downarrow{\scriptstyle v^n} & & \\
0 & \to & N' & \xrightarrow{e_{N'}} & I^0(N') & \xrightarrow{\delta^0} & \dots & \to & I^{n-1}(N') & \xrightarrow{\delta^{n-1}} & I^n(N') & &
\end{array}$$

Par définition $\theta' \circ f$ est la classe de $(-1)^{n(n+1)/2} v^n \circ f \circ p_M \in \mathrm{Homgr}^n(L(M), I(N'))$, tandis que $g \circ \theta$ est la classe de $(-1)^{n(n+1)/2} e_{N'} \circ g \circ u_n$. D'après le lemme 1, appliqué aux deux lignes extrêmes du diagramme, ces deux classes sont égales.

COROLLAIRE 1. — *Considérons un diagramme commutatif à lignes exactes*

$$\begin{array}{ccccccccccccc} 0 & \rightarrow & N & \rightarrow & R_n & \rightarrow & \cdots & \rightarrow & R_1 & \rightarrow & M & \rightarrow & 0 \\ & & \downarrow 1 & & \downarrow & & & & \downarrow & & \downarrow 1 & & \\ 0 & \rightarrow & N & \rightarrow & R'_n & \rightarrow & \cdots & \rightarrow & R'_1 & \rightarrow & M & \rightarrow & 0\,; \end{array}$$

les deux lignes du diagramme ont même classe associée dans $\mathrm{Ext}^n_A(M, N)$.

COROLLAIRE 2. — *Soient*

$$0 \rightarrow N \xrightarrow{f_{n+1}} R_n \xrightarrow{f_n} R_{n-1} \rightarrow \cdots \xrightarrow{f_2} R_1 \xrightarrow{f_1} M \rightarrow 0$$

une suite exacte, $\theta \in \mathrm{Ext}^n_A(M, N)$ *la classe associée,* $a_1, \ldots, a_{n+1}$ *des éléments inversibles de* k. *La classe associée à la suite exacte*

$$0 \rightarrow N \xrightarrow{a_{n+1} f_{n+1}} R_n \xrightarrow{a_n f_n} R_{n-1} \rightarrow \cdots \xrightarrow{a_2 f_2} R_1 \xrightarrow{a_1 f_1} M \rightarrow 0$$

est $(a_1^{-1} a_2^{-1} \ldots a_{n+1}^{-1})\,\theta$.

En effet, on a un diagramme commutatif

$$\begin{array}{ccccccccccccccc} 0 & \rightarrow & N & \xrightarrow{a_{n+1} f_{n+1}} & R_n & \rightarrow & \cdots & \rightarrow & R_2 & \xrightarrow{a_2 f_2} & R_1 & \xrightarrow{a_1 f_1} & M & \rightarrow & 0 \\ & & \downarrow a_1 \ldots a_{n+1} & & \downarrow a_1 \ldots a_n & & & & \downarrow a_1 a_2 & & \downarrow a_1 & & \downarrow 1 & & \\ 0 & \rightarrow & N & \xrightarrow{f_{n+1}} & R_n & \rightarrow & \cdots & \rightarrow & R_2 & \xrightarrow{f_2} & R_1 & \xrightarrow{f_1} & M & \rightarrow & 0\,. \end{array}$$

et on applique la proposition.

COROLLAIRE 3. — *Soient* $0 \rightarrow N \xrightarrow{f_{n+1}} R_n \xrightarrow{f_n} \cdots \rightarrow R_1 \xrightarrow{f_1} M \rightarrow 0$ *une suite exacte,* θ *sa classe dans* $\mathrm{Ext}^n_A(M, N)$, $u : M' \rightarrow M$ *et* $v : N \rightarrow N'$ *deux homomorphismes de* A*-modules.*

a) *L'élément* $v \circ \theta$ *de* $\mathrm{Ext}^n_A(M, N')$ *est égal à la classe de la suite exacte*

$$0 \rightarrow N' \xrightarrow{f'_{n+1}} R'_n \xrightarrow{f'_n} R_{n-1} \xrightarrow{f_{n-1}} \cdots \rightarrow R_1 \rightarrow M \rightarrow 0\,,$$

où R'_n *est le* A*-module quotient de* $R_n \oplus N'$ *par le sous-module formé des couples* $(f_{n+1}(x), -v(x))$ *pour* $x \in N$, *et où* f'_{n+1} (resp. f'_n) *est déduit de l'injection canonique* (resp. de $(f_n, 0)$) *par passage aux quotients.*

b) *L'élément* $\theta \circ u$ *de* $\mathrm{Ext}^n_A(M', N)$ *est la classe de la suite exacte*

$$0 \rightarrow N \rightarrow R_n \rightarrow \cdots \rightarrow R_2 \xrightarrow{f''_2} R'_1 \xrightarrow{f''_1} M' \rightarrow 0\,,$$

où R'_1 *est le produit fibré* $R_1 \times_M M'$, *c'est-à-dire* (I, p. 44) *le sous-module de* $R_1 \times M'$ *formé des couples* (x, y) *tels que* $f_1(x) = u(y)$, *et où* f''_2 (resp. f''_1) *est déduit de* $(f_2, 0)$ (resp. *de la seconde projection*).

Démontrons par exemple *a*). Soit z un élément de R'_n tel que $f'_n(z) = 0$; si z est la classe d'un couple (x, y), avec $x \in R_n$, $y \in N'$, on a $f_n(x) = 0$, de sorte qu'il existe un élément $t \in N$ tel que $x = f_{n+1}(t)$. On a alors $z = f'_{n+1}(y + v(t))$, ce qui prouve que $\operatorname{Ker} f'_n = \operatorname{Im} f'_{n+1}$. L'injectivité de f'_{n+1} résulte de celle de f_{n+1}.

Soit $j : R_n \to R'_n$ l'homomorphisme déduit de l'injection canonique ; on a un diagramme commutatif de suites exactes :

$$\begin{array}{ccccccccccc} 0 & \to & N & \xrightarrow{f_{n+1}} & R_n & \xrightarrow{f_n} & R_{n-1} & \to \dots \to & M & \to & 0 \\ & & \downarrow{\scriptstyle v} & & \downarrow{\scriptstyle j} & & \downarrow{\scriptstyle 1} & & \downarrow{\scriptstyle 1} & & \\ 0 & \to & N' & \xrightarrow{f'_{n+1}} & R'_n & \xrightarrow{f'_n} & R_{n-1} & \to \dots \to & M & \to & 0 \end{array}$$

l'assertion *a*) résulte alors de la proposition.

La démonstration de *b*) est analogue.

Remarque. — Soit $\theta \in \operatorname{Ext}^n_A(M, N)$, resp. $\theta' \in \operatorname{Ext}^n_A(M', N')$, la classe d'une suite exacte

$$0 \to N \xrightarrow{f_{n+1}} R_n \to \dots \to R_1 \xrightarrow{f_1} M \to 0,$$

$$\text{resp. } 0 \to N' \xrightarrow{f'_{n+1}} R'_n \to \dots \to R'_1 \xrightarrow{f'_1} M' \to 0.$$

Soient i_N, $i_{N'}$, les injections canoniques de N et N' dans $N \oplus N'$, q_M, $q_{M'}$, les projections de $M \oplus M'$ sur M et M'. Considérons l'homomorphisme

$$m = \operatorname{Ext}(q_M, i_N) \oplus \operatorname{Ext}(q_{M'}, i_{N'})$$

de $\operatorname{Ext}_A(M, N) \oplus \operatorname{Ext}_A(M', N')$ dans $\operatorname{Ext}_A(M \oplus M', N \oplus N')$. *L'élément*

$$m(\theta, \theta') = i_N \circ \theta \circ q_M + i_{N'} \circ \theta' \circ q_{M'}$$

est la classe de la suite exacte

$$0 \to N \oplus N' \xrightarrow{f_{n+1} \oplus f'_{n+1}} R_n \oplus R'_n \to \dots \to R_1 \oplus R'_1 \xrightarrow{f_1 \oplus f'_1} M \oplus M' \to 0.$$

En effet, si l'on désigne cette classe par θ'', il résulte de la prop. 4 qu'on a

$$\theta'' \circ i_M = i_N \circ \theta = m(\theta, \theta') \circ i_M \quad \text{et} \quad \theta'' \circ i_{M'} = i_{N'} \circ \theta = m(\theta, \theta') \circ i_{M'} ;$$

d'après X, p. 89, prop. 7, cela entraîne $\theta'' = m(\theta, \theta')$.

5. Relation entre suites exactes et éléments de $\operatorname{Ext}_A(M, N)$

THÉORÈME 1. — *Soient n un entier $\geqslant 1$,* M *et* N *deux* A*-modules.*

a) *Tout élément de* $\operatorname{Ext}^n_A(M, N)$ *est la classe d'une suite exacte* (X, p. 117, déf. 1).

b) *Soient* $0 \to N \xrightarrow{f_{n+1}} R_n \xrightarrow{f_n} \dots \to R_1 \xrightarrow{f_1} M \to 0$

et $$0 \to \mathrm{N} \xrightarrow{f'_{n+1}} \mathrm{R}'_n \xrightarrow{f'_n} \dots \to \mathrm{R}'_1 \xrightarrow{f'_1} \mathrm{M} \to 0$$

des suites exactes, θ *et* θ' *les classes associées. Les conditions suivantes sont équivalentes* :

(i) $\theta = \theta'$;

(ii) *il existe un diagramme commutatif à lignes exactes* :

$$\begin{array}{ccccccccccccc}
0 & \to & \mathrm{N} & \xrightarrow{f_{n+1}} & \mathrm{R}_n & \to & \dots & \to & \mathrm{R}_1 & \xrightarrow{f_1} & \mathrm{M} & \to & 0 \\
 & & \uparrow{\scriptstyle 1_\mathrm{N}} & & \uparrow & & & & \uparrow & & \uparrow{\scriptstyle 1_\mathrm{M}} & & \\
0 & \to & \mathrm{N} & \to & \mathrm{R}''_n & \to & \dots & \to & \mathrm{R}''_1 & \to & \mathrm{M} & \to & 0 \\
 & & \downarrow{\scriptstyle 1_\mathrm{N}} & & \downarrow & & & & \downarrow & & \downarrow{\scriptstyle 1_\mathrm{M}} & & \\
0 & \to & \mathrm{N} & \xrightarrow{f'_{n+1}} & \mathrm{R}'_n & \to & \dots & \to & \mathrm{R}'_1 & \xrightarrow{f'_1} & \mathrm{M} & \to & 0 ;
\end{array}$$

(iii) *il existe un diagramme commutatif à lignes exactes* :

$$\begin{array}{ccccccccccccc}
0 & \to & \mathrm{N} & \xrightarrow{f_{n+1}} & \mathrm{R}_n & \to & \dots & \to & \mathrm{R}_1 & \xrightarrow{f_1} & \mathrm{M} & \to & 0 \\
 & & \downarrow{\scriptstyle 1_\mathrm{N}} & & \downarrow & & & & \downarrow & & \downarrow{\scriptstyle 1_\mathrm{M}} & & \\
0 & \to & \mathrm{N} & \to & \mathrm{R}''_n & \to & \dots & \to & \mathrm{R}''_1 & \to & \mathrm{M} & \to & 0 \\
 & & \uparrow{\scriptstyle 1_\mathrm{N}} & & \uparrow & & & & \uparrow & & \uparrow{\scriptstyle 1_\mathrm{M}} & & \\
0 & \to & \mathrm{N} & \xrightarrow{f'_{n+1}} & \mathrm{R}'_n & \to & \dots & \to & \mathrm{R}'_1 & \xrightarrow{f'_1} & \mathrm{M} & \to & 0 .
\end{array}$$

Démontrons *a*). Soit $\alpha \in \mathrm{Ext}^n_\mathrm{A}(\mathrm{M}, \mathrm{N})$, et soit P une résolution projective de M. Soit $a : \mathrm{P}(n) \to \mathrm{N}$ un morphisme de complexes représentant α ; son unique composante non nulle est un A-homomorphisme $u : \mathrm{P}_n \to \mathrm{N}$ qui vérifie $u \circ d_{n+1} = 0$, donc se factorise en $u = \bar{u} \circ \delta_n$, où $\delta_n : \mathrm{P}_n \to \mathrm{Z}_{n-1}$ est l'application induite par d_n (on pose $\mathrm{Z}_{n-1} = \mathrm{Im}\, d_n$) et $\bar{u}$ est un A-homomorphisme de Z_{n-1} dans N. D'après la *remarque* 1, p. 117, la classe $\theta \in \mathrm{Ext}^n_\mathrm{A}(\mathrm{M}, \mathrm{Z}_{n-1})$ de la suite exacte

$$0 \to \mathrm{Z}_{n-1} \to \mathrm{P}_{n-1} \to \dots \to \mathrm{P}_0 \to \mathrm{M} \to 0$$

est égale à la classe d'homotopie du morphisme $(-1)^{n(n+1)/2}\, \delta_n$. On a donc

$$\alpha = (-1)^{n(n+1)/2}\, \bar{u} \circ \theta ,$$

ce qui permet d'après le cor. 3, p. 120 de représenter α comme la classe d'une suite exacte.

Démontrons *b*). Il résulte du cor. 1 de X, p. 120 que (ii) $\Rightarrow$ (i) et que (iii) $\Rightarrow$ (i). Supposons (i) satisfaite, et soit P une résolution projective de M. Il existe un diagramme commutatif

$$\begin{array}{ccccccccccccc}
0 & \to & N & \xrightarrow{f_{n+1}} & R_n & \to & R_{n-1} & \to & \cdots & \to & R_1 & \to & M & \to & 0 \\
 & & \uparrow{\scriptstyle u_n} & & \uparrow{\scriptstyle u_{n-1}} & & \uparrow{\scriptstyle u_{n-2}} & & & & \uparrow & & \uparrow{\scriptstyle 1_M} & & \\
 & & P_n & \xrightarrow{d_n} & P_{n-1} & \to & P_{n-2} & \to & \cdots & \to & P_0 & \to & M & \to & 0 \\
 & & \downarrow{\scriptstyle u'_n} & & \downarrow{\scriptstyle u'_{n-1}} & & \downarrow{\scriptstyle u'_{n-2}} & & & & \downarrow & & \downarrow{\scriptstyle 1_M} & & \\
0 & \to & N & \xrightarrow{f'_{n+1}} & R'_n & \to & R'_{n-1} & \to & \cdots & \to & R'_1 & \to & M & \to & 0 .
\end{array}$$

Les morphismes de $P(n)$ dans N définis par u_n et u'_n sont homotopes, car ils appartiennent tous deux à la classe $(-1)^{n(n+1)/2}\,\theta$, donc $u'_n - u_n$ est de la forme $w \circ d_n$, où $w : P_{n-1} \to N$ est un A-homomorphisme. En remplaçant u'_{n-1} par $u'_{n-1} - f'_{n+1} \circ w$ et u'_n par u_n, on se ramène au cas où $u_n = u'_n$. Ceci permet de construire un nouveau diagramme commutatif à lignes exactes :

$$\begin{array}{ccccccccccccc}
0 & \to & N & \to & R_n & \to & R_{n-1} & \to & \cdots & \to & R_1 & \to & M & \to & 0 \\
 & & \uparrow{\scriptstyle 1_N} & & \uparrow{\scriptstyle v} & & \uparrow{\scriptstyle u_{n-2}} & & & & \uparrow & & \uparrow{\scriptstyle 1_M} & & \\
0 & \to & N & \to & N' & \to & P_{n-2} & \to & \cdots & \to & P_0 & \to & M & \to & 0 \\
 & & \downarrow{\scriptstyle 1_N} & & \downarrow{\scriptstyle v'} & & \downarrow{\scriptstyle u'_{n-2}} & & & & \downarrow & & \downarrow{\scriptstyle 1_M} & & \\
0 & \to & N & \to & R'_n & \to & R'_{n-1} & \to & \cdots & \to & R'_1 & \to & M & \to & 0
\end{array}$$

où N′ est le quotient de $P_{n-1} \oplus N$ par le sous-module formé des couples $(d_n(x), -u_n(x))$ pour $x \in P_n$, et où v (resp. v') est défini par passage au quotient à partir de l'application $u_{n-1} \oplus f_{n+1}$ (resp. $u'_{n-1} \oplus f'_{n+1}$). La condition (ii) est donc satisfaite.

Supposons de nouveau la condition (i) satisfaite, et soit E une résolution injective de N. Il existe un diagramme commutatif

$$\begin{array}{ccccccccccc}
0 & \to & N & \to & R_n & \to & \cdots & \to & R_1 & \to & M & \to & 0 \\
 & & \downarrow{\scriptstyle 1_N} & & \downarrow{\scriptstyle v_0} & & & & \downarrow{\scriptstyle v_{n-1}} & & \downarrow{\scriptstyle v_n} & & \\
0 & \to & N & \to & E^0 & \xrightarrow{\delta^0} & \cdots & \to & E^{n-1} & \xrightarrow{\delta^{n-1}} & E^n & & \\
 & & \uparrow{\scriptstyle 1_N} & & \uparrow{\scriptstyle v'_0} & & & & \uparrow{\scriptstyle v'_{n-1}} & & \uparrow{\scriptstyle v'_n} & & \\
0 & \to & N & \to & R'_n & \to & \cdots & \to & R'_1 & \to & M & \to & 0
\end{array}$$

et on montre comme ci-dessus que l'on peut supposer $v'_n = v_n$. On a alors un diagramme commutatif à lignes exactes

$$\begin{array}{ccccccccccccc}
0 & \to & N & \to & R_n & \to & \cdots & \to & R_2 & \to & R_1 & \to & M & \to & 0 \\
 & & \downarrow{\scriptstyle 1_N} & & \downarrow & & & & \downarrow & & \downarrow & & \downarrow{\scriptstyle 1_M} & & \\
0 & \to & N & \to & E^0 & \to & \cdots & \to & E^{n-2} & \to & M' & \to & M & \to & 0 \\
 & & \uparrow{\scriptstyle 1_N} & & \uparrow & & & & \uparrow & & \uparrow & & \uparrow{\scriptstyle 1_M} & & \\
0 & \to & N & \to & R'_n & \to & \cdots & \to & R'_2 & \to & R'_1 & \to & M & \to & 0
\end{array}$$

avec $M' = M \times_{R_1} E_{n-1}$ (*cf.* X, p. 120, cor. 3, *b*)). La condition (iii) est donc satisfaite, ce qui achève la démonstration du théorème.

Remarque 1. — Si l'anneau A est nœthérien, et si les A-modules M et N sont de type fini, il résulte de la démonstration de *a*) que tout élément de $\mathrm{Ext}^n_A(M, N)$ est la classe associée à une suite exacte $0 \to N \to R_n \to \ldots \to R_1 \to M \to 0$ où les R_i sont de *type fini.*

COROLLAIRE. — *Soit* $0 \to N \xrightarrow{f} R \xrightarrow{g} M \to 0$ *et* $0 \to N \xrightarrow{f'} R' \xrightarrow{g'} M \to 0$ *deux suites exactes,* θ *et* θ' *les classes associées dans* $\mathrm{Ext}^1(M, N)$. *Pour que* $\theta = \theta'$, *il faut et il suffit qu'il existe un* A-*homomorphisme* $h : R \to R'$ *rendant le diagramme*

$$\begin{array}{ccccc} & & R & & \\ & \nearrow^{f} & & \searrow^{g} & \\ N & & \downarrow h & & M \\ & \searrow_{f'} & & \nearrow_{g'} & \\ & & R' & & \end{array}$$

commutatif. Un tel homomorphisme est nécessairement un isomorphisme.

La condition est suffisante d'après le cor. 1 de la prop. 4. Si $\theta = \theta'$, on a un diagramme commutatif à lignes exactes :

$$\begin{array}{ccccccccc} 0 & \to & N & \to & R & \to & M & \to & 0 \\ & & \uparrow 1_N & & \uparrow h' & & \uparrow 1_M & & \\ 0 & \to & N & \to & R'' & \to & M & \to & 0 \\ & & \downarrow 1_N & & \downarrow h'' & & \downarrow 1_M & & \\ 0 & \to & N & \to & R' & \to & M & \to & 0 . \end{array}$$

Les morphismes h' et h'' sont des isomorphismes d'après X, p. 7, cor. 3, et $h = h'' \circ h'^{-1}$ répond à la question. La dernière assertion résulte de *loc. cit.*

Remarque 2. — Le théorème 1 donne une description de $\mathrm{Ext}^n_A(M, N)$ comme ensemble de classes d'équivalence de suites exactes ; il est facile de décrire la loi de groupe qu'on obtient sur cet ensemble par transport de structure. Soit en effet θ (resp. θ') la classe d'une suite exacte $0 \to N \xrightarrow{f_{n+1}} R_n \xrightarrow{f_n} \ldots \to R_1 \to M \to 0$ (resp. $0 \to N \xrightarrow{f'_{n+1}} R'_n \xrightarrow{f'_n} \ldots \to R'_1 \to M \to 0$). Soient $\Delta : M \to M \oplus M$ et $\nabla : N \oplus N \to N$ les applications A-linéaires définies par $\Delta(x) = (x, x)$ pour $x \in M$ et $\nabla(y, z) = y + z$ pour $y, z \in N$. Considérons l'application

$$m : \mathrm{Ext}_A(M, N) \oplus \mathrm{Ext}_A(M, N) \to \mathrm{Ext}_A(M \oplus M, N \oplus N)$$

définie dans la *remarque*, p. 121. Avec les notations de *loc. cit.*, on a $\nabla \circ i_N = 1_N$ et $q_M \circ \Delta = 1_M$, et par suite $\theta + \theta' = \nabla \circ m(\theta, \theta') \circ \Delta$. Compte tenu de *loc. cit.* et du cor. 3, p. 120, ceci fournit une suite exacte de classe $\theta + \theta'$: si par exemple $n \geqslant 2$, on peut prendre la suite

$$0 \to N \to R''_n \to R_{n-1} \oplus R'_{n-1} \xrightarrow{f_{n-1} \oplus f'_{n-1}} \ldots \to R_2 \oplus R'_2 \to R''_1 \to M \to 0$$

où R''_n est le quotient de $R_n \oplus R'_n$ par le sous-module formé des couples

$$(f_{n+1}(x), -f'_{n+1}(x)) \quad \text{pour } x \in N,$$

et où $R''_1 = R_1 \times_M R'_1$.

6. Produit de composition et homomorphismes de liaison des modules d'extensions

PROPOSITION 5. — *Soient*

$$(\mathscr{E}) \qquad 0 \to M' \xrightarrow{f} M \xrightarrow{g} M'' \to 0$$

une suite exacte de A*-modules à gauche,* $\theta \in \mathrm{Ext}^1_A(M'', M')$ *la classe associée,* N *un* A*-module à gauche, n un entier.*

a) L'homomorphisme de liaison $\delta^n(N, \mathscr{E}) : \mathrm{Ext}^n_A(N, M'') \to \mathrm{Ext}^{n+1}_A(N, M')$ *est le produit de composition* $\alpha \mapsto \theta \circ \alpha$ *par* θ.

b) L'homomorphisme de liaison $\delta^n(\mathscr{E}, N) : \mathrm{Ext}^n_A(M', N) \to \mathrm{Ext}^{n+1}_A(M'', N)$ *est le produit de composition* $\alpha \mapsto (-1)^{n+1}\alpha \circ \theta$ *par* $(-1)^{n+1}\theta$.

a) Considérons un diagramme commutatif

$$\begin{array}{ccccccccc}
0 & \longrightarrow & M' & \xrightarrow{f} & M & \xrightarrow{g} & M'' & \longrightarrow & 0 \\
 & & \downarrow{\scriptstyle 1_{M'}} & & \downarrow{\scriptstyle v^0} & & \downarrow{\scriptstyle v^1} & & \\
0 & \longrightarrow & M' & \xrightarrow{e_{M'}} & I^0(M') & \xrightarrow{\delta^0} & I^1(M'). & &
\end{array}$$

Par définition, θ est la classe de $-v^1 \in \mathrm{Homgr}^1_A(M'', I(M'))$. Soit d'autre part $\alpha \in \mathrm{Ext}^n_A(N, M'')$, représenté par un élément a de $\mathrm{Homgr}^n_A(L(N), M'')$. Par construction, $\delta^n(\alpha)$ s'obtient comme suit : on relève $a^n \in \mathrm{Hom}_A(L_n(N), M'')$ en

$$b \in \mathrm{Hom}_A(L_n(N), M),$$

et $\delta^n(\alpha)$ est la classe de $e_{M'} \circ c$ où $c \in \mathrm{Hom}_A(L_{n+1}(N), M')$ est tel que

$$f \circ c = Db = (-1)^{n+1}\, b \circ d_{n+1}.$$

On a donc un diagramme commutatif

$$\begin{array}{ccccccccc}
 & & L_{n+1}(N) & \xrightarrow{d_{n+1}} & L_n(N) & & & & \\
 & & \downarrow{\scriptstyle (-1)^{n+1}c} & & \downarrow{\scriptstyle b} & \searrow{\scriptstyle a^n} & & & \\
0 & \longrightarrow & M' & \xrightarrow{f} & M & \xrightarrow{g} & M'' & \longrightarrow & 0 \\
 & & \downarrow{\scriptstyle 1_{M'}} & & \downarrow{\scriptstyle v^0} & & \downarrow{\scriptstyle v^1} & & \\
0 & \longrightarrow & M' & \xrightarrow{e_{M'}} & I^0(M') & \xrightarrow{\delta^0} & I^1(M'). & &
\end{array}$$

Mais, dans $\mathrm{Homgr}_A(L(N), I(M'))$, on a

$$D(v^0 \circ b) = \delta^0 \circ v^0 \circ b - (-1)^n v^0 \circ b \circ d_{n+1} = v^1 \circ a^n + e_{M'} \circ c .$$

Les classes de $e_{M'} \circ c$ et $(-v^1) \circ a$ dans $\mathrm{Ext}_A^{n+1}(N, M')$ sont égales, d'où *a*).

b) Considérons un diagramme commutatif

$$\begin{array}{ccccccccc} & & L_1(M'') & \xrightarrow{d_1} & L_0(M'') & \xrightarrow{p_{M''}} & M'' & \longrightarrow & 0 \\ & & \downarrow{\scriptstyle u_1} & & \downarrow{\scriptstyle u_0} & & \downarrow{\scriptstyle 1_{M''}} & & \\ 0 & \longrightarrow & M' & \xrightarrow{f} & M & \xrightarrow{g} & M'' & \longrightarrow & 0 . \end{array}$$

Par définition, θ est la classe de $-u_1 \in \mathrm{Homgr}_A^1(L(M''), M')$. Soit d'autre part $\alpha \in \mathrm{Ext}^n(M', N)$ représenté par un élément a de $\mathrm{Homgr}_A^n(M', I(N))$. Par construction, $\delta^n(\alpha)$ s'obtient comme suit : on prolonge $a^n \in \mathrm{Hom}_A(M', I^n(N))$ en

$$b \in \mathrm{Hom}_A(M, I^n(N))$$

et $\delta^n(\alpha)$ est la classe de $c \circ p_{M''}$, où $c \in \mathrm{Hom}_A(M'', I^{n+1}(N))$ est tel que

$$g \circ c = Db = \delta^{n+1} \circ b .$$

On a donc un diagramme commutatif

$$\begin{array}{ccccccccc} & & L_1(M'') & \xrightarrow{d_1} & L_0(M'') & \xrightarrow{p_{M''}} & M'' & \longrightarrow & 0 \\ & & {\scriptstyle u_1}\downarrow & & {\scriptstyle u_0}\downarrow & & \downarrow{\scriptstyle 1_{M''}} & & \\ 0 & \longrightarrow & M' & \xrightarrow{f} & M & \xrightarrow{g} & M'' & \longrightarrow & 0 \\ & & & \searrow^{a^n} & {\scriptstyle b}\downarrow & & {\scriptstyle c}\downarrow & & \\ & & & & I^n(N) & \xrightarrow{\delta^n} & I^{n+1}(N) . & & \end{array}$$

Mais, dans $\mathrm{Homgr}_A(L(M''), I(N))$, on a

$$D(b \circ u_0) = \delta^n \circ b \circ u_0 - (-1)^n b \circ u_0 \circ c = c \circ p - (-1)^n a^n \circ u_1 .$$

Les classes de $c \circ p$ et de $(-1)^{n+1} a^n \circ (-u_1)$ dans $\mathrm{Ext}_A^{n+1}(M'', N)$ sont donc égales, d'où *b*).

COROLLAIRE 1. — *a*) *L'homomorphisme de liaison* $\mathrm{Hom}_A(M'', M'') \to \mathrm{Ext}_A^1(M'', M')$ *envoie* $1_{M''}$ *sur* θ.

b) *L'homomorphisme de liaison* $\mathrm{Hom}_A(M', M') \to \mathrm{Ext}_A^1(M'', M')$ *envoie* $1_{M'}$ *sur* $-\theta$.

COROLLAIRE 2. — *Considérons deux suites exactes de* A-*modules à gauche*

$$0 \to M' \to M \to M'' \to 0$$

$$0 \to N' \to N \to N'' \to 0 .$$

Alors les homomorphismes composés d'homomorphismes de liaison

$$\mathrm{Ext}^n_A(M', N'') \to \mathrm{Ext}^{n+1}_A(M'', N'') \to \mathrm{Ext}^{n+2}_A(M'', N')$$

et

$$\mathrm{Ext}^n_A(M', N'') \to \mathrm{Ext}^{n+1}_A(M', N') \to \mathrm{Ext}^{n+2}_A(M'', N')$$

sont opposés.

En effet si θ_1, θ_2 sont les classes associées aux suites exactes données, et si $\alpha \in \mathrm{Ext}^n_A(M', M'')$, les images de α sont respectivement

$$\theta_2 \circ ((-1)^{n+1} \alpha \circ \theta_1) \quad \text{et} \quad (\theta_2 \circ \alpha) \circ ((-1)^{n+2} \theta_1).$$

Considérons une suite exacte de A-modules à gauche

$$(\mathscr{S}) \qquad 0 \to N \to R_n \xrightarrow{f_n} R_{n-1} \xrightarrow{f_{n-1}} \dots \to R_1 \xrightarrow{f_1} M \to 0$$

et posons $K_0 = M$, $K_i = \mathrm{Ker}\, f_i$, $i = 1, \dots, n-1$, $K_n = N$. On a donc des suites exactes

$$(9) \qquad 0 \to K_i \to R_i \to K_{i-1} \to 0, \qquad 1 \leqslant i \leqslant n,$$

auxquelles sont associées pour tout A-module à gauche P, des homomorphismes de liaison

$$\mathrm{Ext}^m_A(P, K_{i-1}) \to \mathrm{Ext}^{m+1}_A(P, K_i),$$
$$\mathrm{Ext}^m_A(K_i, P) \to \mathrm{Ext}^{m+1}_A(K_{i-1}, P),$$

d'où par composition des *homomorphismes de liaison itérés*, associés à $(\mathscr{S})$

$$\delta^m(P, \mathscr{S}) : \mathrm{Ext}^m_A(P, M) \to \mathrm{Ext}^{m+n}_A(P, N)$$
$$\delta^m(\mathscr{S}, P) : \mathrm{Ext}^m_A(N, P) \to \mathrm{Ext}^{m+n}_A(M, P).$$

COROLLAIRE 3. — *Si* $\theta \in \mathrm{Ext}^n_A(M, N)$ *est la classe de la suite exacte* $(\mathscr{S})$, *on a*

$$\delta^m(P, \mathscr{S})(\alpha) = \theta \circ \alpha, \qquad \delta^m(\mathscr{S}, P)(\beta) = (-1)^{mn+n(n+1)/2} \beta \circ \theta.$$

Si $\theta_i \in \mathrm{Ext}^1_A(K_{i-1}, K_i)$ est la classe associée à la suite exacte (9), on a d'après la prop. 5

$$\delta^m(P, \mathscr{S})(\alpha) = \theta_n \circ \cdots \circ \theta_2 \circ \theta_1 \circ \alpha$$
$$\delta^m(\mathscr{S}, P)(\beta) = (-1)^{(m+1)+\cdots+(m+n)} \beta \circ \theta_n \circ \cdots \circ \theta_1.$$

Par ailleurs, d'après la prop. 3 (X, p. 118), on a $\theta = \theta_n \circ \cdots \circ \theta_1$. Le corollaire résulte immédiatement de là, et de la relation (E, III, p. 44)

$$(m+1) + \cdots + (m+n) = mn + n(n+1)/2.$$

COROLLAIRE 4. — *Si chaque module* R_i, $i = 1, \dots, n$, *est injectif* (resp. *projectif*), *l'application* $\alpha \mapsto \theta \circ \alpha$ (resp. $\alpha \mapsto \alpha \circ \theta$) *de* $\mathrm{Ext}^m_A(P, M)$ *dans* $\mathrm{Ext}^{m+n}_A(P, N)$ (resp. *de* $\mathrm{Ext}^m_A(N, P)$ *dans* $\mathrm{Ext}^{m+n}_A(M, P)$) *est bijective pour tout* A-*module* P *et tout entier* $m > 0$.

Cela résulte en effet du cor. 3 et des suites exactes

$$\mathrm{Ext}^{m+i-1}_A(P, R_i) \to \mathrm{Ext}^{m+i-1}_A(P, K_{i-1}) \to \mathrm{Ext}^{m+i}_A(P, K_i) \to \mathrm{Ext}^{m+i}_A(P, R_i)$$

$$(\text{resp. } \mathrm{Ext}^{m+i-1}_A(R_i, P) \to \mathrm{Ext}^{m+i-1}_A(K_i, P) \to \mathrm{Ext}^{m+i}_A(K_{i-1}, P) \to \mathrm{Ext}^{m+i}_A(R_i, P)),$$

dont les termes extrêmes sont nuls par hypothèse.

Remarque. — Les définitions et propositions des nos 3 à 6 s'appliquent aux A-modules à *droite*, considérés comme modules à gauche sur l'anneau A° opposé à A.

7. L'homomorphisme $\mathrm{Ext}_A(P, Q) \otimes \mathrm{Tor}^A(P, M) \to \mathrm{Tor}^A(Q, M)$

Soient M un A-module à gauche, P et Q deux A-modules à droite. Considérons l'homomorphisme $\mathrm{Homgr}_A(L(P), L(Q)) \otimes_k (L(P) \otimes_A L(M)) \to L(Q) \otimes_A L(M)$ qui à $f \otimes (x \otimes y)$ associe $f(x) \otimes y$. D'après X, p. 99, c'est un morphisme de complexes. On en déduit une application k-linéaire graduée de degré 0

$$H(\mathrm{Homgr}_A(L(P), L(Q))) \otimes_k \mathrm{Tor}^A(P, M) \to \mathrm{Tor}^A(Q, M)$$

donc par l'isomorphisme $\varphi(L(P), L(Q))$ du § 6 (X, p. 100, th. 1), une application k-linéaire graduée de degré 0

$$\mathrm{Ext}_A(P, Q) \otimes_k \mathrm{Tor}^A(P, M) \to \mathrm{Tor}^A(Q, M), \tag{10}$$

correspondant à des applications k-bilinéaires

$$c_{P,Q;M} : \mathrm{Ext}^n_A(P, Q) \times \mathrm{Tor}^A_m(P, M) \to \mathrm{Tor}^A_{m-n}(Q, M); \tag{11}$$

l'image du couple (α, γ) par $c_{P,Q;M}$ s'appelle *produit de composition* de α et γ et se note $\alpha \circ \gamma$.

Par construction, $\alpha \circ \gamma$ s'obtient comme suit : on représente α par un morphisme de complexes $f : L(P) \to L(Q)(-n)$, γ par un élément $z \in Z_m(L(P) \otimes_A L(M))$, et $\alpha \otimes \gamma$ est la classe de l'élément

$$(f \otimes 1)(z) \in Z_m(L(Q)(-n) \otimes_A L(M)) = Z_{m-n}(L(Q) \otimes_A L(M)).$$

Par exemple, si $\alpha \in \mathrm{Hom}_A(P, Q)$, alors $\alpha \circ \gamma = \mathrm{Tor}(\alpha, 1)(\gamma)$.

Remarques. — 1) Si on utilise les isomorphismes ψ de X, p. 69, on peut aussi définir le produit de composition par le diagramme commutatif

$$\begin{array}{ccc}
\mathrm{Ext}^n_{\mathrm{A}}(\mathrm{P},\mathrm{Q}) \times \mathrm{Tor}^{\mathrm{A}}_m(\mathrm{P},\mathrm{M}) & \xrightarrow{c_{\mathrm{P,Q;M}}} & \mathrm{Tor}^{\mathrm{A}}_{m-n}(\mathrm{Q},\mathrm{M}) \\
\Big\downarrow{\scriptstyle \bar{a}_{\mathrm{P,Q}} \times \psi_{\mathrm{P}}(\mathrm{M})} & & \Big\downarrow{\scriptstyle \psi_{\mathrm{Q}}(\mathrm{M})} \\
\mathrm{H}^n(\mathrm{Homgr}_{\mathrm{A}}(\mathrm{L(P)},\mathrm{L(Q)})) \times \mathrm{H}_m(\mathrm{L(P)} \otimes_{\mathrm{A}} \mathrm{M}) & \longrightarrow & \mathrm{H}_{m-n}(\mathrm{L(Q)} \otimes_{\mathrm{A}} \mathrm{M})\ ;
\end{array}$$

en d'autres termes, on représente α par un morphisme f de L(P) dans L(Q) $(-n)$, γ par un cycle $x \in \mathrm{L}_m(\mathrm{P}) \otimes_{\mathrm{A}} \mathrm{M}$, et $\alpha \circ \gamma$ est la classe du cycle

$$(f_m \otimes 1_{\mathrm{M}})(x) \in \mathrm{L}_{m-n}(\mathrm{Q}) \otimes_{\mathrm{A}} \mathrm{M}\,.$$

2) On peut aussi utiliser les résolutions I(P) et I(Q).

De même, si N est un deuxième A-module à gauche, on définit un produit de composition $(\mu, \gamma) \mapsto \mu \circ \gamma$ noté

$$c_{\mathrm{P;M,N}} : \mathrm{Ext}^r_{\mathrm{A}}(\mathrm{M},\mathrm{N}) \times \mathrm{Tor}^{\mathrm{A}}_m(\mathrm{P},\mathrm{M}) \to \mathrm{Tor}^{\mathrm{A}}_{m-r}(\mathrm{P},\mathrm{N})$$

par le diagramme commutatif

$$(12)\qquad \begin{array}{ccc}
\mathrm{Ext}^r_{\mathrm{A}}(\mathrm{M},\mathrm{N}) \times \mathrm{Tor}^{\mathrm{A}}_m(\mathrm{P},\mathrm{M}) & \xrightarrow{c_{\mathrm{P;M,N}}} & \mathrm{Tor}^{\mathrm{A}}_{m-r}(\mathrm{P},\mathrm{N}) \\
\Big\downarrow{\scriptstyle 1 \times \sigma_{\mathrm{P,M},r}} & & \Big\downarrow{\scriptstyle \sigma_{\mathrm{P,N},m-r}} \\
\mathrm{Ext}^r_{\mathrm{A}^\circ}(\mathrm{M}^\circ,\mathrm{N}^\circ) \times \mathrm{Tor}^{\mathrm{A}^\circ}_m(\mathrm{M}^\circ,\mathrm{P}^\circ) & \xrightarrow{c_{\mathrm{M^\circ,N^\circ;P^\circ}}} & \mathrm{Tor}^{\mathrm{A}^\circ}_{m-r}(\mathrm{N}^\circ,\mathrm{P}^\circ)
\end{array}\,.$$

où σ désigne les isomorphismes de commutation (X, p. 71).

Si $\mu \in \mathrm{Ext}^r_{\mathrm{A}}(\mathrm{M},\mathrm{N})$ est la classe du morphisme $g : \mathrm{L(M)} \to \mathrm{L(N)}(-r)$, et si $\gamma \in \mathrm{Tor}^{\mathrm{A}}_m(\mathrm{P},\mathrm{M})$ est la classe du cycle $z = \sum_{i,j} z_{ij}$, où $z_{ij} \in \mathrm{L}_i(\mathrm{P}) \otimes_{\mathrm{A}} \mathrm{L}_j(\mathrm{M})$, $\mu \circ \gamma$ est donc la classe du cycle $\sum_{i,j} (-1)^{ir} (1 \otimes g)(z_{ij})$.

On peut aussi représenter γ par un cycle $y \in \mathrm{P} \otimes \mathrm{L}_m(\mathrm{M})$, et $\mu \circ \gamma$ est la classe du cycle $(1 \otimes g)(y) \in \mathrm{P} \otimes \mathrm{L}_{m-r}(\mathrm{M})$.

PROPOSITION 6. — *Soient* K, M, N *des* A-*modules à gauche*, P, Q, R *des* A-*modules à droite*,

$\alpha \in \mathrm{Ext}^n_{\mathrm{A}}(\mathrm{P},\mathrm{Q})$, $\beta \in \mathrm{Ext}^p_{\mathrm{A}}(\mathrm{Q},\mathrm{R})$, $\lambda \in \mathrm{Ext}^r_{\mathrm{A}}(\mathrm{K},\mathrm{M})$, $\mu \in \mathrm{Ext}^s_{\mathrm{A}}(\mathrm{M},\mathrm{N})$, $\gamma \in \mathrm{Tor}^{\mathrm{A}}_m(\mathrm{P},\mathrm{K})$.

Alors

$$(13)\qquad (\beta \circ \alpha) \circ \gamma = \beta \circ (\alpha \circ \gamma) \quad \textit{dans} \quad \mathrm{Tor}^{\mathrm{A}}_{m-p-n}(\mathrm{R},\mathrm{K})\,,$$

$$(14)\qquad (\mu \circ \lambda) \circ \gamma = \mu \circ (\lambda \circ \gamma) \quad \textit{dans} \quad \mathrm{Tor}^{\mathrm{A}}_{n-r-s}(\mathrm{P},\mathrm{N})\,,$$

$$(15)\qquad \alpha \circ (\lambda \circ \gamma) = (-1)^{nr} \lambda \circ (\alpha \circ \gamma) \quad \textit{dans} \quad \mathrm{Tor}^{\mathrm{A}}_{m-p-r}(\mathrm{Q},\mathrm{M}).$$

Les formules (13) et (14) résultent aussitôt des définitions. Démontrons (15). Soient $z = \sum z_{ij}$, $z_{ij} \in \mathrm{L}_i(\mathrm{P}) \otimes \mathrm{L}_j(\mathrm{K})$ un cycle représentant γ, $f : \mathrm{L(P)} \to \mathrm{L(Q)}(-n)$ et $g : \mathrm{L(K)} \to \mathrm{L(M)}(-r)$ des morphismes représentant α et λ. Alors $\lambda \circ (\alpha \circ \gamma)$ est la classe de $\sum (-1)^{(i-n)r} (f \otimes g)(z_{ij})$ et $\alpha \circ (\lambda \circ \gamma)$ est la classe de

$$\sum (-1)^{ir} (f \otimes g)(z_{ij})\,, \quad \text{d'où (15)}\,.$$

8. Produits de composition et homomorphismes de liaison des produits de torsion

PROPOSITION 7. — *a) Soient*

$$(\mathscr{E}) \qquad 0 \to P' \xrightarrow{f} P \xrightarrow{g} P'' \to 0$$

une suite exacte de A-modules à droite, $\theta \in \mathrm{Ext}^1_A(P'', P')$ *la classe associée,* M *un A-module à gauche. L'homomorphisme de liaison*

$$\delta_n(\mathscr{E}, M) : \mathrm{Tor}^A_n(P'', M) \to \mathrm{Tor}^A_{n-1}(P', M) \quad \textit{est l'application} \quad \gamma \mapsto \theta \circ \gamma\,.$$

b) Soient

$$(\mathscr{E}_1) \qquad 0 \to M' \to M \to M'' \to 0$$

une suite exacte de A-modules à gauche, $\theta_1 \in \mathrm{Ext}^1_A(M'', M')$ *la classe associée,* P *un A-module à droite. L'homomorphisme de liaison*

$$\delta_n(P, \mathscr{E}_1) : \mathrm{Tor}^A_n(P, M'') \to \mathrm{Tor}^A_{n-1}(P, M') \quad \textit{est l'application} \quad \gamma \mapsto \theta_1 \circ \gamma\,.$$

Soit $\gamma \in \mathrm{Tor}^A_n(P'', M)$ la classe d'un cycle $z'' \in Z_n(L(P'') \otimes_A L(M))$, et soit

$$\begin{array}{ccccccc} 0 \longrightarrow & P' & \xrightarrow{f} & P & \xrightarrow{g} & P'' & \longrightarrow 0 \\ & \uparrow{\scriptstyle u_1} & & \uparrow{\scriptstyle u_0} & & \uparrow{\scriptstyle 1} & \\ & L_1(P'') & \xrightarrow{d_1} & L_0(P'') & \xrightarrow{p''_0} & P'' & \longrightarrow 0 \end{array}$$

un diagramme commutatif. On notera $p' : L(P') \to P'$ et $p'' : L(P'') \to P''$ les morphismes de complexes canoniques. Par définition, $\delta(\gamma) \in \mathrm{Tor}^A_{n-1}(P', M)$ s'obtient comme suit : on choisit $x \in P \otimes L_n(M)$ tel que $(g \otimes 1)(x) = (p'' \otimes 1)(z'')$ et $\delta(\gamma)$ est la classe des cycles $z' \in Z_{n-1}(L(P') \otimes L(M))$ tels que

$$(f \otimes 1)(p' \otimes 1)(z') = (1 \otimes d_n)(x)\,.$$

Pour $0 \leqslant i \leqslant n$, notons z''_i la composante de z'' dans $L_i(P'') \otimes L_{n-i}(M)$; on a

$$0 = Dz'' = \sum_i (d_i \otimes 1 + (-1)^i \otimes d_{n-i})(z''_i)\,,$$

donc $(d_i \otimes 1)(z''_i) = (-1)^i \otimes d_{n-i+1}(z''_{i-1})$ et en particulier

$$(d_1 \otimes 1)(z''_1) = -1 \otimes d_n(z''_0)\,.$$

Choisissons alors $x = (u_0 \otimes 1)(z''_0)$: on a bien

$$(g \otimes 1)(x) = (p''_0 \otimes 1) z''_0 = (p'' \otimes 1)(z'')\,.$$

Comme

$$\begin{aligned}(1 \otimes d_n)(x) &= (u_0 \otimes 1)(1 \otimes d_n)(z''_0) = -(u_0 \otimes 1)(d_1 \otimes 1)(z''_1) \\ &= -(f \otimes 1)(u_1 \otimes 1)(z''_1)\,,\end{aligned}$$

il en résulte que $\delta(\gamma)$ est la classe des cycles $z' \in Z_{n-1}(L(P') \otimes_A L(M))$ tels que $(p' \otimes 1)(z') = -(u_1 \otimes 1)(z''_1)$. Mais, par définition, la classe θ correspond par l'isomorphisme $\mathrm{Ext}^1_A(P'', P') \to H^1(\mathrm{Homgr}_A(L(P''), P'))$ à la classe du morphisme $f : L(P'')(1) \to P'$ défini par $-u_1$, et le produit $\theta \circ \gamma$ est la classe des cycles

$$\bar{z}' \in Z_{n-1}(L(P') \otimes_A L(M)) \quad \text{tels que} \quad (p \otimes 1)(\bar{z}') = f(z'') = -(u_1 \otimes 1)(z''_1),$$

ce qui achève la démonstration de *a*). L'assertion *b*) se déduit de *a*) par les isomorphismes de commutation.

COROLLAIRE 1. — *Soient* $0 \to P' \to P \to P'' \to 0$ *une suite exacte de* A-*modules à droite*, $0 \to M' \to M \to M'' \to 0$ *une suite exacte de* A-*modules à gauche. Alors les homomorphismes composés d'homomorphismes de liaison*

$$\mathrm{Tor}^A_n(P'', M'') \to \mathrm{Tor}^A_{n-1}(P'', M') \to \mathrm{Tor}^A_{n-2}(P', M')$$

et

$$\mathrm{Tor}^A_n(P'', M'') \to \mathrm{Tor}^A_{n-1}(P', M'') \to \mathrm{Tor}^A_{n-2}(P', M')$$

sont opposés.

En effet, si θ et θ_1 sont les classes associées aux suites exactes données, et si $\gamma \in \mathrm{Tor}^A_n(P'', M'')$, les images de γ sont respectivement $\theta \circ (\theta_1 \circ \gamma)$ et $\theta_1 \circ (\theta \circ \gamma)$, donc sont opposées d'après la prop. 6.

Reprenons les notations de X, p. 127 et considérons la suite $(\mathcal{S})$ de A-modules à gauche et les homomorphismes de liaison associés aux suites exactes (9)

$$\mathrm{Tor}^A_m(P, K_{i-1}) \to \mathrm{Tor}^A_{m-1}(P, K_i);$$

on en déduit par composition des *homomorphismes de liaison itérés*

$$\partial_m(P, \mathcal{S}) : \mathrm{Tor}^A_m(P, M) \to \mathrm{Tor}^A_{m-n}(P, N).$$

Alors d'après la prop. 7 et la prop. 3 de X, p. 118 :

COROLLAIRE 2. — *Si* $\theta \in \mathrm{Ext}^n_A(M, N)$ *est la classe associée à la suite exacte* $(\mathcal{S})$, *on a* $\partial_m(P, \mathcal{S})(\alpha) = \theta \circ \alpha$ *pour tout* $\alpha \in \mathrm{Tor}^A_m(P, M)$.

COROLLAIRE 3. — *Si tous les modules* R_i, $i = 1, \ldots, n$, *sont plats, l'application* $\alpha \mapsto \theta \circ \alpha$ *de* $\mathrm{Tor}^A_{m+n}(P, M)$ *dans* $\mathrm{Tor}^A_m(P, N)$ *est bijective pour tout* A-*module à droite* P *et tout entier* $m > 0$.

Cela résulte du cor. 2 et des suites exactes

$$\mathrm{Tor}^A_{m+n-i+1}(P, R_i) \to \mathrm{Tor}^A_{m+n-i+1}(P, K_{i-1}) \xrightarrow{\partial} \mathrm{Tor}^A_{m+n-i}(P, K_i) \to \mathrm{Tor}^A_{m+n-i}(P, R_i)$$

où les termes extrêmes sont nuls par hypothèse.

De même, si

$$(\mathscr{S}_1) \qquad 0 \to Q \to S_n \to S_{n-1} \to \dots \to S_1 \to P \to 0$$

est une suite exacte de A-modules à droite, et M un A-module à gauche, on définit des *homomorphismes de liaison itérés*

$$\partial^m(\mathscr{S}_1, M) : \mathrm{Tor}_m^A(P, M) \to \mathrm{Tor}_{m-n}^A(Q, M)$$

et on a :

COROLLAIRE 4. — *Si* $\theta_1 \in \mathrm{Ext}_A^n(P, Q)$ *est la classe associée à la suite exacte* $(\mathscr{S}_1)$, *on a* $\partial^m(\mathscr{S}_1, M)(\alpha) = \theta_1 \circ \alpha$ *pour tout* $\alpha \in \mathrm{Tor}_m^A(P, M)$.

9. Calcul des produits de composition par décalage de résolutions

Soient

$$(16) \qquad 0 \to M \xrightarrow{f} K_n \to K_{n-1} \to \dots \to K_1 \xrightarrow{g} M' \to 0$$

une suite exacte de A-modules à gauche et $\theta \in \mathrm{Ext}_A^n(M', M)$ la classe associée.

Soit $a : (R, d) \to M$ une résolution gauche de M ; on a donc une suite exacte

$$\to R_k \xrightarrow{d_k} R_{k-1} \to \dots \xrightarrow{d_1} R_0 \xrightarrow{a_0} M \to 0 .$$

et par translation de n (X, p. 26) une suite exacte

$$(17) \qquad \to R_k \xrightarrow{(-1)^n d_k} R_{k-1} \to \dots \xrightarrow{(-1)^n d_1} R_0 \xrightarrow{(-1)^n a_0} M \to 0 .$$

On déduit de (16) et (17) une suite exacte

$$\to R_k \xrightarrow{(-1)^n d_k} R_{k-1} \to \dots \xrightarrow{(-1)^n d_1} R_0 \xrightarrow{(-1)^n f \circ a_0} K_n \to K_{n-1} \to \dots \to K_1 \to M' \to 0$$

d'où une résolution R' de M' ; notons $\varphi : R' \to R(-n)$ le morphisme tel que $\varphi_k = 1_{R_{k-n}}$ pour $k \geqslant n$.

Si N est un A-module à gauche et P un A-module à droite, on a donc des homomorphismes

$$H(1_P \otimes \varphi) : H(P \otimes_A R') \to H(P \otimes_A R)(-n)$$

$$H(\mathrm{Homgr}_A(\varphi, 1_N)) : H(\mathrm{Homgr}_A(R, N))(n) \to H(\mathrm{Homgr}_A(R', N)) .$$

Soit k un entier.

PROPOSITION 8. — *a) Le diagramme suivant, où* $h_\theta(\alpha) = \theta \circ \alpha$, *est commutatif*

$$\begin{array}{ccc} \mathrm{Tor}_{k+n}^A(P, M') & \xrightarrow{h_\theta} & \mathrm{Tor}_k^A(P, M) \\ \downarrow{\scriptstyle \psi_{k+n}(P, R')} & & \downarrow{\scriptstyle \psi_k(P, R)} \\ H_{k+n}(P \otimes_A R') & \xrightarrow{H_{k+n}(1 \otimes \varphi)} & H_k(P \otimes_A R) \end{array}$$

b) Le diagramme suivant, où $\delta_\theta(\beta) = \beta \circ \theta$, *est commutatif*

$$\begin{array}{ccc} H^k(\mathrm{Homgr}_A(R, N)) & \xrightarrow{H^{k+n}(\mathrm{Homgr}_A(\varphi, 1))} & H^{k+n}(\mathrm{Homgr}_A(R', N)) \\ \downarrow{\scriptstyle \varphi^k(R,N)} & & \downarrow{\scriptstyle \varphi^{k+n}(R',N)} \\ \mathrm{Ext}^k_A(M, N) & \xrightarrow{\delta_\theta} & \mathrm{Ext}^{k+n}_A(M', N)\,. \end{array}$$

Soit $\alpha : L(M) \to R$ un morphisme de complexes tel que $a \circ \alpha = p_M$ et soit

$$\begin{array}{ccccccccccc} & & L_n(M') & \to & L_{n-1}(M') & \to & \dots & \to & L_0(M') & \to & M' \to 0 \\ & & \downarrow{\scriptstyle u_n} & & \downarrow{\scriptstyle u_{n-1}} & & & & \downarrow{\scriptstyle u_0} & & \downarrow{\scriptstyle 1} \\ 0 & \to & M & \xrightarrow{f} & K_n & \to & \dots & \to & K_1 & \to & M' \to 0 \end{array}$$

un diagramme commutatif; choisissons un homomorphisme $v_n : L_n(M') \to L_0(M)$ tel que $p_M \circ v_n = (-1)^n u_n$; d'après X, p. 47, prop. 1, *a*), v_n se prolonge en un morphisme de complexes $v : L(M') \to L(M)(-n)$, et θ est l'image par l'isomorphisme canonique $H^n(\mathrm{Homgr}_A(L(M'), L(M))) \to \mathrm{Ext}^n_A(M', M)$ de la classe de v (X, p. 117, *remarque* 1). On définit un morphisme de complexes $\beta : L(M') \to R'$ par $\beta_p = u_p$ pour $p \leqslant n - 1$, $\beta_p = \alpha_{p-n} \circ v_p$ pour $p \geqslant n$, et on a

$$\varphi \circ \beta = \alpha(-n) \circ v\,.$$

D'autre part, par définition des applications φ et ψ, on a

$$\psi_k(P, R) = H_k(p_P \otimes \alpha)\,, \qquad \varphi^k(R, N) = H^k(\mathrm{Homgr}_A(\alpha, e_N))\,,$$
$$\psi_{k+n}(P, R') = H_{k+n}(p_P \otimes \beta)\,, \qquad \varphi^{k+n}(R', N) = H^{k+n}(\mathrm{Homgr}_A(\beta, e_N))\,.$$

Enfin, par définition du produit de composition, on a

$$h_\theta = H(1_{L(P)} \otimes v)\,, \qquad \delta_\theta = H(\mathrm{Homgr}_A(v, 1_{I(N)}))\,.$$

Par conséquent, on a les égalités

$$\begin{aligned} \psi_k(P, R) \circ h_\theta &= H_k(p_P \otimes \alpha) \circ H_k(1_{L(P)} \otimes v) = H_k(p_P \otimes (\alpha \circ v)) = H_{k+n}(p_P \otimes (\varphi \circ \beta)) \\ &= H_{k+n}(1 \otimes \varphi) \circ H_{k+n}(p_P \circ \beta) = H_{k+n}(1 \otimes \varphi) \circ \psi_{k+n}(P, R')\,, \end{aligned}$$

d'où *a*); la démonstration de *b*) est analogue.

Remarque. — Par les isomorphismes de commutation, on déduit de *a*) un énoncé analogue dans le cas d'une suite exacte (16) de A-modules à *droite*.

Soit maintenant $b : M' \to E'$ une résolution droite de M'; on a donc une suite exacte

$$0 \to M' \xrightarrow{b^0} E'^0 \xrightarrow{\delta^0} E'^1 \to \dots \to E'^k \xrightarrow{\delta^k} E'^{k+1}$$

d'où une suite exacte

$$0 \to M \xrightarrow{f} K_n \to K_{n-1} \to \dots \to K_1 \xrightarrow{(-1)^n b^0 \circ g} E'^0 \xrightarrow{(-1)^n \delta^0} E'^1 \to \dots$$

correspondant à une résolution droite E de M ; notons $\sigma : E'(n) \to E$ le morphisme tel que $\sigma^k = 1_{E'^{k-n}}$ pour $k \geqslant n$. On a donc des homomorphismes

$$H(\mathrm{Homgr}_A(1_N, \sigma)) : H(\mathrm{Homgr}_A(N, E'))(n) \to H(\mathrm{Homgr}_A(N, E)) .$$

PROPOSITION 9. — *Le diagramme suivant, où $\gamma_\theta(\alpha) = \theta \circ \alpha$, est commutatif :*

$$\begin{array}{ccc} H^k(\mathrm{Homgr}_A(N, E')) & \xrightarrow{H^{k+n}(\mathrm{Homgr}_A(1_N, \sigma))} & H^{k+n}(\mathrm{Homgr}_A(N, E)) \\ \downarrow{\scriptstyle \varphi^k(N, E')} & & \downarrow{\scriptstyle \varphi^{k+n}(N, E)} \\ \mathrm{Ext}_A^k(N, M') & \xrightarrow{\gamma_\theta} & \mathrm{Ext}_A^{k+n}(N, M) . \end{array}$$

Cela se démontre de façon analogue à la prop. 8.

§ 8. DIMENSION HOMOLOGIQUE

Dans ce paragraphe, on reprend les conventions du § 5.

1. Dimension projective d'un module

DÉFINITION 1. — *Soit* M *un* A-*module. On appelle* dimension projective *de* M, *et on note* $\mathrm{dp}_A(M)$ *la borne inférieure dans* $\overline{\mathbf{Z}}$ *des longueurs des résolutions projectives de* M (X, p. 48).

On a donc $\mathrm{dp}_A(0) = -\infty$, $\mathrm{dp}_A(M) \geqslant 0$ si $M \neq 0$. Pour que M soit projectif, il faut et il suffit que $\mathrm{dp}_A(M) \leqslant 0$.

Lemme 1. — *Si* $\mathrm{dp}_A(M) < n < +\infty$, *on a* $\mathrm{Ext}_A^n(M, N) = 0$ *pour tout* A-*module* N *et* $\mathrm{Tor}_n^A(P, M) = 0$ *pour tout* A-*module à droite* P.

Cela résulte aussitôt du fait que M possède une résolution projective de longueur $< n$ et de X, p. 100, th. 1.

PROPOSITION 1. — *Soient* M *un* A-*module et* n *un entier* $\geqslant 0$. *Les conditions suivantes sont équivalentes :*

(i) $\mathrm{dp}_A(M) \leqslant n$ (*i.e.* (déf. 1), M *possède une résolution projective de longueur* $\leqslant n$) ;

(ii) $\mathrm{Ext}_A^r(M, N) = 0$ *pour tout* A-*module* N *et tout entier* $r > n$;

(iii) $\mathrm{Ext}_A^{n+1}(M, N) = 0$ *pour tout* A-*module* N ;

(iv) *pour toute suite exacte*

$$0 \to K \to P_{n-1} \to \dots \to P_0 \to M \to 0$$

où les P_i *sont projectifs,* K *est projectif.*

(i) ⇒ (ii) : cela résulte du lemme 1.

(ii) ⇒ (iii) : c'est trivial.

(iii) ⇒ (iv) : dans la situation de (iv), on a pour tout A-module N un isomorphisme de $\mathrm{Ext}^1_A(K, N)$ sur $\mathrm{Ext}^{n+1}_A(M, N)$ (X, p. 128, cor. 4) ; si (iii) est satisfait, on a

$$\mathrm{Ext}^1_A(K, N) = 0$$

pour tout N et K est projectif (X, p. 93, prop. 10).

(iv) ⇒ (i) : considérons la suite exacte (X, p. 50)

$$0 \to Z_{n-1}(M) \to L_{n-1}(M) \to \dots \to L_0(M) \to M \to 0 .$$

Si (iv) est satisfait, $Z_{n-1}(M)$ est projectif et M possède une résolution projective de longueur $\leqslant n$.

COROLLAIRE 1. — *Soit* $(M_i)_{i \in E}$ *une famille de* A-*modules. On a*

$$\mathrm{dp}_A\left(\bigoplus_{i \in E} M_i\right) = \sup_{i \in E} \mathrm{dp}_A(M_i) .$$

Cela résulte de l'équivalence des conditions (i) et (iii) de la prop. 1, et de la prop. 7 de X, p. 89.

Dans l'énoncé suivant, on convient que $\pm \infty + 1 = \pm \infty - 1 = \pm \infty$.

COROLLAIRE 2. — *Soit*

$$0 \to M' \to M \to M'' \to 0$$

une suite exacte de A-*modules.*

a) On a $\mathrm{dp}_A(M) \leqslant \sup(\mathrm{dp}_A(M'), \mathrm{dp}_A(M''))$.
L'égalité a lieu dès que $\mathrm{dp}_A(M'') \neq \mathrm{dp}_A(M') + 1$.

b) On a $\mathrm{dp}_A(M'') \leqslant \sup(\mathrm{dp}_A(M), \mathrm{dp}_A(M') + 1)$.
L'égalité a lieu dès que $\mathrm{dp}_A(M) \neq \mathrm{dp}_A(M')$.

c) On a $\mathrm{dp}_A(M') \leqslant \sup(\mathrm{dp}_A(M), \mathrm{dp}_A(M'') - 1)$.
L'égalité a lieu dès que $\mathrm{dp}_A(M) \neq \mathrm{dp}_A(M'')$.

Démontrons par exemple *a*), les démonstrations de *b*) et *c*) étant analogues. Si N est un A-module quelconque et n un entier $\geqslant 0$, on a une suite exacte

$$\mathrm{Ext}^{n+1}_A(M'', N) \to \mathrm{Ext}^{n+1}_A(M, N) \to \mathrm{Ext}^{n+1}_A(M', N) \to \mathrm{Ext}^{n+2}_A(M'', N) \to \mathrm{Ext}^{n+2}_A(M, N) .$$

Si $\mathrm{dp}_A(M'), \mathrm{dp}_A(M'') \leqslant n$, alors $\mathrm{Ext}^{n+1}_A(M', N) = 0$ et $\mathrm{Ext}^{n+1}_A(M'', N) = 0$ (prop. 1) donc $\mathrm{Ext}^{n+1}_A(M, N) = 0$ et $\mathrm{dp}_A(M) \leqslant n$ (prop. 1), de sorte que

$$\mathrm{dp}_A(M) \leqslant \sup(\mathrm{dp}_A(M'), \mathrm{dp}_A(M'')) .$$

Si $dp_A(M) < \sup(dp_A(M'), dp_A(M''))$, alors nécessairement $dp_A(M) < +\infty$. Pour tout $n > dp_A(M)$, et tout A-module N, on a

$$\mathrm{Ext}_A^{n+1}(M', N) \neq 0 \Leftrightarrow \mathrm{Ext}_A^{n+2}(M'', N) \neq 0,$$

d'après la suite exacte précédente; d'après la prop. 1, cela implique aussitôt $dp_A(M'') = dp_A(M') + 1$, puisque l'une des quantités $dp_A(M')$, $dp_A(M'')$ est $> dp_A(M)$.

Exemple. — Soit a un élément de A qui n'est *ni inversible, ni diviseur de zéro à droite*. Alors $dp_A(A/Aa) = 1$.

En effet, d'après la suite exacte $0 \to A_s \xrightarrow{\varphi} A_s \to A/Aa \to 0$, où $\varphi(x) = xa$, on a $dp_A(A/Aa) \leqslant 1$. Si $dp_A(A/Aa) < 1$, alors A/Aa est projectif, et il existe une application A-linéaire $\psi : A_s \to A_s$ telle que $\psi \circ \varphi = \mathrm{Id}$; cela implique

$$1 = \psi(\varphi(1)) = \psi(a) = a.\psi(1)$$

et a est inversible.

PROPOSITION 2. — *Supposons* A *nœthérien à gauche. Soient* M *un* A-*module de type fini et n un entier* $\geqslant 0$. *Les conditions suivantes sont équivalentes* :

(i) $dp_A(M) \leqslant n$.

(i *bis*) M *possède une résolution projective* P *de longueur* $\leqslant n$ *telle que* P_i *soit un* A-*module de type fini pour chaque* i.

(ii) $\mathrm{Ext}_A^r(M, N) = 0$ *pour tout* A-*module de type fini* N *et tout entier* $r > n$.

(iii) $\mathrm{Ext}_A^{n+1}(M, N) = 0$ *pour tout* A-*module de type fini* N.

(iv) $\mathrm{Tor}_r^A(P, M) = 0$ *pour tout* A-*module à droite* P *et tout* $r > n$.

(v) $\mathrm{Tor}_{n+1}^A(A/\mathfrak{a}, M) = 0$ *pour tout idéal à droite de type fini* $\mathfrak{a}$ *de* A.

(i *bis*) $\Rightarrow$ (i) : c'est trivial.

(i) $\Rightarrow$ (ii) : cela résulte du lemme 1.

(ii) $\Rightarrow$ (iii) : c'est trivial.

(iii) $\Rightarrow$ (i) : d'après (iii) et X, p. 107, prop. 5, on a $\mathrm{Ext}_A^{n+1}(M, N) = 0$ pour tout A-module N, d'où (i) d'après la prop. 1.

(i) $\Rightarrow$ (iv) : cela résulte du lemme 1.

(iv) $\Rightarrow$ (v) : c'est trivial.

(v) $\Rightarrow$ (i *bis*) : soit (L, d) une résolution libre de M telle que L_r soit de type fini pour tout r (X, p. 53, prop. 6). Posons $K = Z_{n-1}(L)$; alors K est de type fini comme sous-module de L_{n-1} et on a une suite exacte

$$(1) \qquad 0 \to K \to L_{n-1} \to L_{n-2} \to \dots \to L_1 \to L_0 \to M \to 0.$$

D'après (v) et X, p. 131, cor. 3, on a $\mathrm{Tor}_1^A(A/\mathfrak{a}, K) = 0$ pour tout idéal à droite de type fini $\mathfrak{a}$ de A. D'après le th. 2 de X, p. 74, le A-module K est plat ; comme il est de type fini, donc de présentation finie (X, p. 10, prop. 5), il est projectif (X, p. 13, cor.), donc (1) est une résolution projective de M.

COROLLAIRE. — *Supposons* A *nœthérien à gauche et soit* $\mathscr{C}_0$ (resp. $\mathscr{C}$) *l'ensemble des classes des* A*-modules projectifs de type fini* (resp. *des* A*-modules de dimension projective finie et de type fini*). *Alors l'homomorphisme des groupes de Grothendieck* $K(\mathscr{C}_0) \to K(\mathscr{C})$ *est bijectif.*

Cela résulte de X, p. 58, th. 1 (notons que $\mathscr{C}_0$ et $\mathscr{C}$ sont exacts à gauche d'après le cor. 2).

2. L'homomorphisme $\mathrm{Tor}_n^A(P, M) \to \mathrm{Hom}_A(\mathrm{Ext}_A^n(M, A), P)$

Soient M un A-module à gauche, P un A-module à droite, n un entier $\geqslant 0$. L'application k-bilinéaire (X, p. 129)

$$c_{P;M,A_s} : \mathrm{Ext}_A^n(M, A) \times \mathrm{Tor}_n^A(P, M) \to P \otimes_A A$$

correspond à une application k-linéaire

$$\mathrm{Tor}_n^A(P, M) \to \mathrm{Hom}_k(\mathrm{Ext}_A^n(M, A), P); \tag{2}$$

de plus, si l'on munit $\mathrm{Ext}_A^n(M, A)$ de la structure de A-module à droite provenant de la structure de bimodule de A, l'image de (2) est formée d'applications A-linéaires, comme on le vérifie aussitôt ; on en déduit un k-homomorphisme, dit *canonique*

$$\mathrm{Tor}_n^A(P, M) \to \mathrm{Hom}_A(\mathrm{Ext}_A^n(M, A), P). \tag{3}$$

PROPOSITION 3. — *a*) *Si* $\mathrm{dp}_A(M) \leqslant n$, *l'homomorphisme canonique* (3) *est injectif.*

b) *Si* $\mathrm{dp}_A(M) \leqslant n$, *si* A *est nœthérien à gauche et si* M *est de type fini, l'homomorphisme canonique* (3) *est bijectif.*

Raisonnons par récurrence sur n. Si $n = 0$, M est projectif, l'homomorphisme (3) se réduit à l'homomorphisme canonique $P \otimes_A M \to \mathrm{Hom}_A(M^*, P)$ de II, p. 77, et la proposition résulte de *loc. cit.*, corollaire. Si $n > 0$, soit

$$0 \to N \to L \to M \to 0 \tag{4}$$

une suite exacte de A-modules où L est libre (et de type fini dans le cas *b*)) ; alors $\mathrm{dp}_A(N) \leqslant n - 1$ (X, p. 135, cor. 2, *c*)) et N est de type fini dans le cas *b*).

Soit $\theta \in \mathrm{Ext}_A^1(M, N)$ la classe associée à la suite exacte (4) (X, p. 117, déf. 1). Notons

$$u_n : \mathrm{Ext}_A^{n-1}(N, A) \to \mathrm{Ext}_A^n(M, A) \qquad v_n : \mathrm{Tor}_n^A(P, M) \to \mathrm{Tor}_{n-1}^A(P, N)$$

les applications définies par $u_n(\alpha) = \alpha \circ \theta$ et $v_n(\beta) = \theta \circ \beta$. On a

$$(\alpha \circ \theta) \circ \beta = \alpha \circ (\theta \circ \beta)$$

pour tous $\alpha \in \operatorname{Ext}_A^{n-1}(N, A)$, $\beta \in \operatorname{Tor}_n^A(P, M)$ (X, p. 129, prop. 6), de sorte que le diagramme

$$(5)\qquad \begin{array}{ccc} \operatorname{Tor}_n^A(P, M) & \longrightarrow & \operatorname{Hom}_A(\operatorname{Ext}_A^n(M, A), P) \\ \downarrow{\scriptstyle v_n} & & \downarrow{\scriptstyle \operatorname{Hom}(u_n, 1)} \\ \operatorname{Tor}_{n-1}^A(P, N) & \longrightarrow & \operatorname{Hom}_A(\operatorname{Ext}_A^{n-1}(N, A), P), \end{array}$$

où les flèches horizontales sont les homomorphismes canoniques, est commutatif.

Si $n = 1$, on a ainsi un diagramme commutatif :

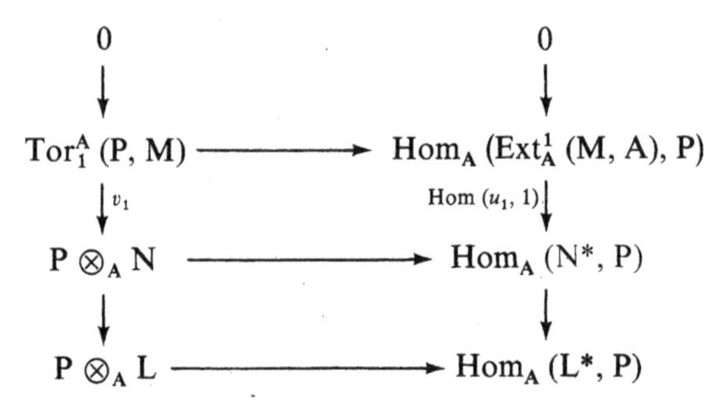

où les colonnes sont exactes ; on en déduit le résultat dans ce cas. Si $n \geqslant 2$, les applications u_n et v_n sont bijectives (X, p. 128, cor. 4 et p. 131, cor. 3). D'après l'hypothèse de récurrence, l'homomorphisme canonique

$$\operatorname{Tor}_{n-1}^A(P, N) \to \operatorname{Hom}_A(\operatorname{Ext}_A^{n-1}(N, A), P)$$

est injectif (resp. bijectif) ; le diagramme (5) montre qu'il en est de même de l'homomorphisme canonique $\operatorname{Tor}_n^A(P, M) \to \operatorname{Hom}_A(\operatorname{Ext}_A^n(M, A), P)$, ce qui achève la démonstration.

3. Dimension homologique d'un anneau

Définition 2. — *On appelle* dimension homologique *de* A *et on note* dh(A) *la borne supérieure dans* $\overline{\mathbf{Z}}$ *de l'ensemble des entiers n pour lesquels il existe deux* A*-modules* M *et* N *tels que* $\operatorname{Ext}_A^n(M, N) \neq 0$.

On a $\mathrm{dh}(0) = -\infty$, $\mathrm{dh}(A) \geqslant 0$ si $A \neq 0$. On verra ci-dessous que $\mathrm{dh}(A) = 1$ si A est principal et n'est pas un corps, et que, si K est un corps commutatif

$$\mathrm{dh}(K[X_1, \ldots, X_n]) = n .$$

Proposition 4. — *Soit n un entier* $\geqslant 0$. *Les conditions suivantes sont équivalentes* :

(i) $\mathrm{dh}(A) \leqslant n$,

(ii) *pour tout* A*-module* M, *on a* $\mathrm{dp}_A(M) \leqslant n$,

(ii′) *pour tout* A*-module* M *de type fini, on a* $\mathrm{dp}_A(M) \leqslant n$,

(iii) *pour toute suite exacte*

$$0 \to K \to P_{n-1} \to P_{n-2} \to \ldots \to P_0$$

où les P_i *sont projectifs,* K *est projectif,*

(iv) *pour toute suite exacte*

$$I^0 \to I^1 \to \ldots \to I^{n-1} \to N \to 0$$

où les I^i *sont injectifs,* N *est injectif,*

(v) *tout* A*-module possède une résolution injective de longueur* $\leqslant n$.

L'équivalence des conditions (i), (ii) et (iii) résulte de la prop. 1. On a évidemment (ii) $\Rightarrow$ (ii'). Il nous suffit donc de prouver (ii') $\Rightarrow$ (iv) $\Rightarrow$ (v) $\Rightarrow$ (i).

(ii') $\Rightarrow$ (iv) : avec les notations de (iv), soit K le noyau de $I^0 \to I^1$. D'après X, p. 128, cor. 4, on a pour tout A-module M un isomorphisme $\mathrm{Ext}^1_A(M, N) \to \mathrm{Ext}^{n+1}_A(M, K)$; il résulte alors de (ii') que $\mathrm{Ext}^1_A(M, N)$ est nul pour tout A-module de type fini M. D'après X, p. 93, prop. 11, cela implique que N est injectif, d'où (iv).

(iv) $\Rightarrow$ (v) : soit M un A-module. Appliquant (iv) à la suite exacte

$$0 \to M \to I^0(M) \to I^1(M) \to \ldots \to I^{n-1}(M) \to K^{n-1}(M) \to 0$$

de X, p. 52, on conclut que $K^{n-1}(M)$ est injectif, d'où (v).

(v) $\Rightarrow$ (i) : cela résulte de X, p. 100, th. 1.

Remarques. — 1) Si $\mathrm{dh}(A) \leqslant n < +\infty$, on a $\mathrm{Tor}^A_{n+1}(P, M) = 0$ pour tout A-module M et tout A-module à droite P, puisque $\mathrm{dp}_A(M) \leqslant n$ (*cf.* lemme 1).

2) Pour que dh(A) soit finie, il faut et il suffit que $\mathrm{dp}_A(M)$ soit finie pour tout A-module M non nul. Cela résulte en effet de ce qui précède et de X, p. 135, cor. 1.

COROLLAIRE. — *Supposons* A *nœthérien à gauche et soit n un entier* > 0. *Les conditions suivantes sont équivalentes :*

(i) $\mathrm{dh}(A) \leqslant n$,

(ii) *pour tout couple de* A*-modules* M *et* N *de type fini, on a* $\mathrm{Ext}^{n+1}_A(M, N) = 0$,

(iii) *pour tout* A*-module à gauche* M *de type fini et tout* A*-module à droite* P *de type fini, on a* $\mathrm{Tor}^A_{n+1}(P, M) = 0$.

Cela résulte des prop. 2 et 4.

Remarque. — D'après l'équivalence de (i) et (iii), on a $\mathrm{dh}(A) = \mathrm{dh}(A^\circ)$ si A est nœthérien à droite et à gauche. Cette égalité n'est pas satisfaite en général (X, p. 204, exercice 20).

PROPOSITION 5. — *Supposons* A *nœthérien à gauche et de dimension homologique finie et soit* $\mathscr{C}_0$ (resp. $\mathscr{C}$) *l'ensemble des classes de* A*-modules projectifs de type fini* (resp. *des* A*-modules de type fini*). *Alors l'homomorphisme canonique des groupes de Grothendieck* $K(\mathscr{C}_0) \to K(\mathscr{C})$ *est bijectif.*

Cela résulte de X, p. 137, cor.

4. Anneaux de dimension homologique 0

PROPOSITION 6. — *Les conditions suivantes sont équivalentes :*

(i) *tout* A*-module est projectif,*

(ii) *tout* A*-module est injectif,*

(iii) *tout idéal de* A *est un module injectif,*

(iv) $\mathrm{dh}(A) \leqslant 0$,

(v) A *est semi-simple,*

(vi) A *est nœthérien et tout* A*-module est plat,*

(vii) *tout complexe de* A*-modules est scindé,*

(viii) *toute suite exacte de* A*-modules est scindée.*

D'après la prop. 4, on a (i) $\Leftrightarrow$ (ii) $\Leftrightarrow$ (iv) ; d'après le cor. 1 à la prop. 4, on a (vi) $\Rightarrow$ (iv). D'après X, p. 35, exemple 4, on a (i) $\Rightarrow$ (vii) ; comme (ii) $\Rightarrow$ (iii) et (vii) $\Rightarrow$ (viii) sont triviales et que (viii) $\Rightarrow$ (i) résulte de II, p. 39, prop. 4, il reste à prouver (iii) $\Rightarrow$ (v) et (v) $\Rightarrow$ (vi) ; la dernière assertion résulte de VIII, § 5, nº 1, prop. 1 et 2 ; enfin si tout idéal de A est injectif, il est facteur direct dans A, d'où (iii) $\Rightarrow$ (v).

5. Anneaux de dimension homologique 1

PROPOSITION 7. — *Les conditions suivantes sont équivalentes :*

(i) $\mathrm{dh}(A) \leqslant 1$,

(ii) *tout sous-module d'un module projectif est projectif,*

(ii') *tout idéal de* A *est projectif,*

(iii) *tout quotient d'un* A*-module injectif est injectif,*

(iv) *pour tout complexe projectif* C, *il existe un homologisme* $\varphi : C \to H(C)$ *tel que* $H(\varphi) = 1_{H(C)}$,

(v) *pour tout complexe injectif* C, *il existe un homologisme* $\psi : H(C) \to C$ *tel que* $H(\psi) = 1_{H(C)}$.

(i) $\Leftrightarrow$ (ii) $\Leftrightarrow$ (iii) : cela résulte de la prop. 4 de X, p. 138.

(ii) $\Rightarrow$ (iv) : soit C un complexe projectif. Si (ii) est vérifié, le sous-module B(C) de C est projectif, d'où (iv) d'après X, p. 35, *remarque b*).

(iii) $\Rightarrow$ (v) : soit C un complexe injectif. Si (iii) est vérifié, le quotient $B_n(C)$ de C_{n+1} est injectif pour tout n, d'où (v) d'après X, p. 35, *remarque a*).

(iv) $\Rightarrow$ (ii) : soient P un A-module projectif, M un sous-module de P, $i : M \to P$ l'injection canonique. Soit $p : L \to M$ un homomorphisme surjectif d'un module libre L sur M. Considérons le complexe projectif C tel que $C_1 = L$, $C_0 = P$, $C_i = 0$ pour $i \neq 0, 1$, $d_1 = i \circ p$. Si (iv) est satisfait, soit $\varphi : C \to H(C)$ un homologisme tel que $H(\varphi) = 1_{H(C)}$. Comme $H_1(C) = \mathrm{Ker}\, p$, φ_1 est un projecteur de L sur $\mathrm{Ker}\, p$, donc la suite exacte

$$0 \to \mathrm{Ker}\, p \to L \xrightarrow{p} M \to 0$$

est scindée et M est isomorphe à un facteur direct de L, donc est projectif.

(v) $\Rightarrow$ (iii) : soient I un module injectif, M un quotient de I, $\pi : \mathrm{I} \to \mathrm{M}$ la projection canonique. Soit $i : \mathrm{M} \to \mathrm{J}$ un homomorphisme injectif de M dans un module injectif J. Considérons le complexe injectif C tel que $\mathrm{C}^0 = \mathrm{I}$, $\mathrm{C}^1 = \mathrm{J}$, $\mathrm{C}^i = 0$ pour $i \neq 0, 1$, $d^0 = i \circ \pi$. Si (v) est satisfait, soit $\psi : \mathrm{H(C)} \to \mathrm{C}$ un homologisme tel que $\mathrm{H}(\psi) = 1_{\mathrm{H(C)}}$. Comme

$$\mathrm{H}^1(\mathrm{C}) = \mathrm{Coker}\, i\,,$$

ψ^1 est une section de la projection canonique $\mathrm{J} \to \mathrm{Coker}\, i$, et M est facteur direct dans J, donc injectif.

(ii) $\Rightarrow$ (ii') : c'est trivial.

(ii') $\Rightarrow$ (ii) : cela résulte de VII, § 3, cor. 1 au th. 1.

Exemple. — Si A est principal, alors $\mathrm{dh(A)} \leqslant 1$.

Remarque. — Si A est (commutatif) intègre, les conditions précédentes équivalent aussi aux suivantes :

(iii') : tout A-module divisible est injectif,

(vi) : tout A-module sans torsion est plat et A est nœthérien.

Les anneaux intègres vérifiant ces conditions sont appelés anneaux de Dedekind (*cf.* X, p. 204, exercice 12 et AC, VII, § 2, n° 2, th. 1).

COROLLAIRE. — *Soient* A *un anneau de dimension homologique* $\leqslant 1$, C *un complexe de* A-*modules projectifs*, $\tilde{\mathrm{C}}$ *un complexe de* A-*modules à droite projectifs*, C' *un complexe de* A-*modules injectifs*, P *un* A-*module à droite*, M *un* A-*module à gauche*, *n un entier. On a alors des suites exactes scindées*

$$0 \to \bigoplus_{p+q=n} \mathrm{H}_p(\tilde{\mathrm{C}}) \otimes_{\mathrm{A}} \mathrm{H}_q(\mathrm{C}) \xrightarrow{\gamma} \mathrm{H}_n(\tilde{\mathrm{C}} \otimes_{\mathrm{A}} \mathrm{C}) \xrightarrow{\alpha} \bigoplus_{p+q=n-1} \mathrm{Tor}_1^{\mathrm{A}}(\mathrm{H}_p(\tilde{\mathrm{C}}), \mathrm{H}_q(\mathrm{C})) \to 0\,,$$

$$0 \to \prod_p \mathrm{Ext}^1_{\mathrm{A}}(\mathrm{H}_p(\mathrm{C}), \mathrm{H}^{n-p-1}(\mathrm{C}')) \xrightarrow{\beta} \mathrm{H}^n(\mathrm{Homgr}_{\mathrm{A}}(\mathrm{C}, \mathrm{C}'))$$
$$\xrightarrow{\lambda} \prod_p \mathrm{Homgr}_{\mathrm{A}}(\mathrm{H}_p(\mathrm{C}), \mathrm{H}^{n-p}(\mathrm{C}')) \to 0\,,$$

$$0 \to \mathrm{P} \otimes_{\mathrm{A}} \mathrm{H}_n(\mathrm{C}) \xrightarrow{\gamma} \mathrm{H}_n(\mathrm{P} \otimes_{\mathrm{A}} \mathrm{C}) \xrightarrow{\alpha} \mathrm{Tor}_1^{\mathrm{A}}(\mathrm{P}, \mathrm{H}_{n-1}(\mathrm{C})) \to 0\,,$$

$$0 \to \mathrm{Ext}^1_{\mathrm{A}}(\mathrm{H}_{n-1}(\mathrm{C}), \mathrm{M}) \xrightarrow{\beta} \mathrm{H}^n(\mathrm{Homgr}_{\mathrm{A}}(\mathrm{C}, \mathrm{M})) \xrightarrow{\lambda} \mathrm{Hom}_{\mathrm{A}}(\mathrm{H}_n(\mathrm{C}), \mathrm{M}) \to 0\,.$$

Puisque Z(C), B(C), $\mathrm{Z}(\tilde{\mathrm{C}})$ et $\mathrm{B}(\tilde{\mathrm{C}})$ sont projectifs et B(C') injectif, cela résulte de X, p. 78, cor. 2, p. 96, cor. 1 et p. 98, cor. 2.

6. Dimension homologique des anneaux de polynômes

Lemme 2. — *Soient* $\rho : \mathrm{A} \to \mathrm{A}'$ *un homomorphisme d'anneaux*, M *un* A-*module*, M' *un* A'-*module. Si le* A-*module* A'_d *est plat, on a* $\mathrm{dp}_{\mathrm{A}'}(\mathrm{A}' \otimes_{\mathrm{A}} \mathrm{M}) \leqslant \mathrm{dp}_{\mathrm{A}}(\mathrm{M})$. *Si le* A-*module* A'_s *est projectif, on a* $\mathrm{dp}_{\mathrm{A}}(\mathrm{M}') \leqslant \mathrm{dp}_{\mathrm{A}'}(\mathrm{M}')$.

La première assertion est claire si $\mathrm{dp}_A(M) = \pm\infty$; si $\mathrm{dp}_A(M) = n \in \mathbf{N}$, il existe une suite exacte de A-modules

$$0 \to P_n \to P_{n-1} \to \dots \to P_0 \to M \to 0$$

où les P_i sont projectifs ; la suite de A'-modules

$$0 \to A' \otimes_A P_n \to A' \otimes_A P_{n-1} \to \dots \to A' \otimes_A P_0 \to A' \otimes_A M \to 0$$

est exacte, puisque A'_d est plat, et les A'-modules $A' \otimes_A P_i$ sont projectifs (II, p. 89, cor.) ; donc $\mathrm{dp}_{A'}(A' \otimes_A M) \leqslant n = \mathrm{dp}_A(M)$. La seconde assertion est claire si $\mathrm{dp}_{A'}(M') = \pm\infty$; si $\mathrm{dp}_{A'}(M') = m \in \mathbf{N}$, il existe une suite exacte de A'-modules

$$0 \to P'_m \to P'_{m-1} \to \dots \to P'_0 \to M' \to 0\,,$$

où les P'_i sont projectifs ; la suite des A-modules sous-jacents est exacte. D'autre part chaque P'_i est un sous-A'-module facteur direct d'un module $A'^{(I)}_s$, donc est un A-module projectif ; on a donc $\mathrm{dp}_A(M') \leqslant m = \mathrm{dp}_{A'}(M')$.

Lemme 3. — *Supposons* A *commutatif et soit* M *un* A[X]-*module.*

a) *On a* $\mathrm{dp}_A(M) \leqslant \mathrm{dp}_{A[X]}(M) \leqslant \mathrm{dp}_A(M) + 1$.

b) *Si l'homothétie* X_M *est injective, on a* $\mathrm{dp}_A(M/XM) \leqslant \mathrm{dp}_{A[X]}(M)$.

c) *Si* $XM = 0$, *on a* $\mathrm{dp}_A(M) + 1 = \mathrm{dp}_{A[X]}(M)$.

a) On a une suite exacte de A[X]-modules (III, p. 106 et VII, § 5, n° 1)

$$0 \to A[X] \otimes_A M \to A[X] \otimes_A M \to M \to 0\,;$$

l'assertion *a*) résulte alors de X, p. 135, cor. 2 et du lemme 2.

b) Si $\mathrm{dp}_{A[X]}(M) = \pm\infty$, l'assertion est triviale. Si M est projectif et non nul, alors le A-module M/XM s'identifie à $A \otimes_{A[X]} M$, donc est projectif, et on a $\mathrm{dp}_A(M/XM) \leqslant 0 = \mathrm{dp}_{A[X]}(M)$. Raisonnons par récurrence sur $\mathrm{dp}_{A[X]}(M) = n$, supposé > 0. Considérons une suite exacte de A[X]-modules $0 \to N \to L \to M \to 0$, où L est un A[X]-module libre ; appliquant au diagramme

$$\begin{array}{ccccccccc} 0 & \longrightarrow & N & \longrightarrow & L & \longrightarrow & M & \longrightarrow & 0 \\ & & \downarrow{\scriptstyle X_N} & & \downarrow{\scriptstyle X_L} & & \downarrow{\scriptstyle X_M} & & \\ 0 & \longrightarrow & N & \longrightarrow & L & \longrightarrow & M & \longrightarrow & 0 \end{array}$$

la prop. 2 de X, p. 4, on voit que X_N est injectif et qu'on a la suite exacte

$$0 \to N/XN \to L/XL \to M/XM \to 0\,.$$

Comme L est libre sur A[X], L/XL est libre sur A et l'on a

$$\mathrm{dp}_{A[X]}(N) = n - 1\,, \qquad \mathrm{dp}_A(M/XM) \leqslant 1 + \mathrm{dp}_A(N/XN)\,;$$

comme $\mathrm{dp}_A(N/XN) \leqslant n - 1$ d'après l'hypothèse de récurrence, on en tire $\mathrm{dp}_A(M/XM) \leqslant n$, ce qu'il fallait démontrer.

c) L'assertion est triviale si $\mathrm{dp}_{A[X]}(M) = \pm\infty$, et aussi si $\mathrm{dp}_{A[X]}(M) = 0$ (qui est impossible puisque $XM = 0$). On peut donc supposer $\mathrm{dp}_{A[X]}(M) = n > 0$. Considérant comme ci-dessus une suite exacte $0 \to N \to L \to M \to 0$, où L est un A[X]-module libre, on obtient une suite exacte de A-modules

$$0 \to M \to N/XN \to L/XL \to M \to 0 .$$

D'après *b*), on a $\mathrm{dp}_A(N/XN) \leqslant \mathrm{dp}_{A[X]}(N) = \mathrm{dp}_{A[X]}(M) - 1 = n - 1$; comme $\mathrm{dp}_A(L/XL) = 0$, on déduit de la suite exacte précédente, en appliquant deux fois X, p. 135, cor. 2, que $\mathrm{dp}_A(M) \leqslant n - 1$. Mais, d'après *a*), on a

$$\mathrm{dp}_A(M) \geqslant \mathrm{dp}_{A[X]}(M) - 1 = n - 1 ,$$

d'où *c*).

THÉORÈME 1. — *Supposons* A *commutatif. Alors*

$$\mathrm{dh}(A[X]) = \mathrm{dh}(A) + 1 .$$

Pour tout A[X]-module M, on a (*lemme* 3)

$$\mathrm{dp}_{A[X]}(M) \leqslant \mathrm{dp}_A(M) + 1 \leqslant \mathrm{dh}(A) + 1$$

donc $\mathrm{dh}(A[X]) \leqslant \mathrm{dh}(A) + 1$; inversement, si M est un A-module, soit $\overline{M}$ le A[X]-module obtenu en munissant M de la structure pour laquelle $XM = 0$, alors (*lemme* 3)

$$\mathrm{dp}_A(M) = \mathrm{dp}_{A[X]}(\overline{M}) - 1 \leqslant \mathrm{dh}(A[X]) - 1 ,$$

donc $\mathrm{dh}(A) \leqslant \mathrm{dh}(A[X]) - 1$.

COROLLAIRE 1. — *Supposons* A *commutatif. On a*

$$\mathrm{dh}(A[X_1, \ldots, X_n]) = \mathrm{dh}(A) + n .$$

Cela résulte du théorème par récurrence sur *n*.

COROLLAIRE 2. — *Soit* K *un corps commutatif* (resp. *un anneau principal* * *ou de Dedekind* * *qui n'est pas un corps*). *Alors* $\mathrm{dh}(K[X_1, \ldots, X_n])$ *est égal à* n (resp. $n + 1$).

Cela résulte de ce que $\mathrm{dh}(K) = 0$ (resp. $\mathrm{dh}(K) = 1$).

7. Dimension homologique des modules gradués

Dans ce numéro, on suppose que A est un anneau gradué à degrés $\geqslant 0$. On note $(A_n)_{n \in \mathbf{Z}}$ sa graduation ; on a donc $A_n = 0$ pour $n < 0$, A_0 est un sous-anneau de A, $J_0 = \bigoplus_{n>0} A_n$ est un idéal bilatère de A et l'anneau gradué quotient A/J_0 s'identifie à A_0.

Lemme 4. — *Soit* M *un* A*-module gradué borné inférieurement* (X, p. 56). *Si* $A_0 \otimes_A M = 0$, *alors* $M = 0$.

Comme $A_0 \otimes_A M$ est isomorphe à $M/J_0 M$, ce n'est autre que II, p. 171, prop. 6.

Lemme 5. — *Soit* M *un* A*-module gradué borné inférieurement, et soit*

$$s : A \otimes_{A_0} M/J_0 M \rightarrow M$$

un A*-homomorphisme gradué tel que* $1 \otimes_A s : A_0 \otimes_A (A \otimes_{A_0} M/J_0 M) \rightarrow A_0 \otimes_A M$ *soit l'isomorphisme canonique. Alors* s *est surjectif. Si* $\mathrm{Tor}_1^A(A_0, M) = 0$, s *est bijectif.*

On a une suite exacte

$$0 \rightarrow \mathrm{Ker}\, s \rightarrow A \otimes_{A_0} M/J_0 M \xrightarrow{s} M \rightarrow \mathrm{Coker}\, s \rightarrow 0$$

et les A-modules gradués $\mathrm{Ker}\, s$ et $\mathrm{Coker}\, s$ sont bornés inférieurement. De la suite exacte $A_0 \otimes_A (A \otimes_{A_0} M/J_0 M) \xrightarrow{1 \otimes s} A_0 \otimes_A M \rightarrow A_0 \otimes_A \mathrm{Coker}\, s \rightarrow 0$, on déduit que $A_0 \otimes_A \mathrm{Coker}\, s = 0$, donc s est surjectif (*lemme* 4). On a alors une suite exacte

$$\mathrm{Tor}_1^A(A_0, M) \rightarrow A_0 \otimes_A \mathrm{Ker}\, s \rightarrow A_0 \otimes_A (A \otimes_{A_0} M/J_0 M) \xrightarrow{1 \otimes s} A_0 \otimes_A M\,.$$

Si $\mathrm{Tor}_1^A(A_0, M) = 0$, alors $A_0 \otimes_A \mathrm{Ker}\, s = 0$ et s est injectif (*lemme* 4).

PROPOSITION 8. — *Soit* M *un* A*-module gradué borné inférieurement.*

a) *Les conditions suivantes sont équivalentes* :

(i) M *est isomorphe à un* A*-module gradué de la forme* $A \otimes_{A_0} N$, *où* N *est un* A_0*-module gradué projectif* (resp. *gradué libre*) ;

(ii) M *est un* A*-module projectif* (resp. *gradué libre*) ;

(iii) $M/J_0 M$ *est un* A_0*-module projectif* (resp. *gradué libre*) *et* $\mathrm{Tor}_1^A(A_0, M) = 0$.

b) *Supposons de plus que* M *ait un système générateur formé d'éléments homogènes de degrés bornés. Alors les conditions suivantes sont équivalentes* :

(i) *Le* A*-module gradué* M *possède une suite de composition finie dont les quotients sont isomorphes à des* A*-modules gradués de la forme* $A \otimes_{A_0} N$, *où* N *est un* A_0*-module gradué plat* ;

(ii) M *est un* A*-module plat* ;

(iii) $M/J_0 M$ *est un* A_0*-module plat et* $\mathrm{Tor}_1^A(A_0, M) = 0$.

Dans chacun des deux cas, on a évidemment (i) ⇒ (ii) ⇒ (iii). Il s'agit donc de démontrer (iii) ⇒ (i).

a) Le A-module gradué $A \otimes_{A_0} M/J_0 M$ est un A-module projectif puisque $M/J_0 M$ est un A_0-module projectif. L'homomorphisme canonique de A-modules

$$p : M \rightarrow M/J_0 M$$

est surjectif ; il existe donc un A-homomorphisme gradué de degré zéro

$$s : A \otimes_{A_0} M/J_0 M \rightarrow M$$

tel que $p \circ s(a \otimes x) = ax$ pour $a \in A$ et $x \in M/J_0 M$.

D'après le lemme 5, s est un isomorphisme de A-modules de $A \otimes_{A_0} M/J_0 M$ sur M, d'où (i).

b) D'après l'hypothèse sur M, il existe des entiers a, b avec $a \leqslant b$ tels que M soit engendré par $\bigoplus_{a \leqslant i \leqslant b} M_i$. Raisonnons par récurrence sur l'entier positif $b - a$.

Si $b - a = 0$, alors M est engendré par M_a et le A_0-homomorphisme canonique $M_a \to M/J_0 M$ est bijectif ; on déduit alors du A-homomorphisme $A \otimes_{A_0} M_a \to M$ défini par la structure de A-module de M un A-homomorphisme gradué

$$s : A \otimes_{A_0} M/J_0 M \to M$$

satisfaisant à la condition du lemme 5. Alors, d'après le lemme 5, s est bijectif, d'où (i).

Dans le cas général, soient $M^{(a)}$ le sous-A-module (gradué) de M engendré par M_a et M′ le quotient $M/M^{(a)}$. On a une suite exacte

$$0 \to M^{(a)} \xrightarrow{f} M \xrightarrow{g} M' \to 0 ,$$

d'où, puisque $\mathrm{Tor}_1^A(A_0, M) = 0$ par hypothèse, des suites exactes

$$\mathrm{Tor}_2^A(A_0, M') \to \mathrm{Tor}_1^A(A_0, M^{(a)}) \to 0 \tag{6}$$

$$0 \to \mathrm{Tor}_1^A(A_0, M') \to M^{(a)}/J_0 M^{(a)} \xrightarrow{1 \otimes f} M/J_0 M \xrightarrow{1 \otimes g} M'/J_0 M' \to 0 . \tag{7}$$

Mais l'homomorphisme canonique $M_a \to M^{(a)}/J_0 M^{(a)}$ est *bijectif*. Il s'ensuit que l'homomorphisme $1 \otimes f : M^{(a)}/J_0 M^{(a)} \to M/J_0 M$ est injectif et que son image est un sous-A_0-module *facteur direct* de $M/J_0 M$. Il résulte alors de la suite exacte (7) que $\mathrm{Tor}_1^A(A_0, M') = 0$ et que le A_0-module $M'/J_0 M'$ est plat puisque isomorphe à un facteur direct de $M/J_0 M$. D'après l'hypothèse de récurrence (qui s'applique à M′ puisque celui-ci est engendré par les M'^i pour $a < i \leqslant b$), M′ satisfait à la condition (i), donc est plat. On déduit alors de la suite exacte (6) que $\mathrm{Tor}_1^A(A_0, M^{(a)}) = 0$, mais $M^{(a)}/J_0 M^{(a)}$ s'identifie à M_a qui est un A_0-module plat (comme sous-module facteur direct de $M/J_0 M$) ; d'après ce qu'on a déjà démontré, le A-module gradué $M^{(a)}$ est isomorphe à $A \otimes_{A_0} M_a$, donc satisfait aussi à (i), ce qui achève la démonstration.

COROLLAIRE 1. — *Soit* M *un* A-*module gradué de type fini. Si le* A_0-*module* $M/J_0 M$ *est projectif* (resp. *gradué libre*, resp. *plat*) *et si* $\mathrm{Tor}_1^A(A_0, M) = 0$, *alors le* A-*module* M *est projectif* (resp. *gradué libre*, resp. *plat*).

COROLLAIRE 2. — *Supposons que tout* A_0-*module projectif soit libre* (resp. *que* A *soit nœthérien et que tout* A_0-*module projectif de type fini soit libre*). *Soit* M *un* A-*module gradué borné inférieurement* (resp. *un* A-*module gradué de type fini*) *et soit* n *un entier* $\geqslant 0$ *tel que* $\mathrm{dp}_A(M) \leqslant n$. *Il existe une suite exacte de* A-*modules gradués et d'homomorphismes gradués de degré* 0

$$0 \to L_n \to L_{n-1} \to \ldots \to L_0 \to M \to 0$$

où les L_i *sont gradués libres et bornés inférieurement* (resp. *gradués libres et de type fini*).

En effet, il existe (X, p. 56, prop. 11) une suite exacte de A-modules gradués et d'homomorphismes de degré 0

$$0 \to L_n \to L_{n-1} \to \dots \to L_0 \to M \to 0$$

où les L_i sont bornés inférieurement (resp. de type fini) pour $0 \leqslant i \leqslant n$ et gradués libres pour $0 \leqslant i \leqslant n-1$.

Comme $\mathrm{dp}_A(M) \leqslant n$, le A-module L_n est projectif; donc $A_0 \otimes_A L_n$ est un A_0-module projectif, donc gradué libre; comme L_n est borné inférieurement et $A_0 \otimes_A L_n$ gradué libre, L_n est gradué libre (prop. 7).

COROLLAIRE 3 (Théorème des syzygies de Hilbert). — *Supposons que* A_0 *soit un corps commutatif et que* A *soit engendré comme* A_0*-algèbre par n éléments homogènes de degrés* > 0 *algébriquement indépendants. Pour tout* A*-module gradué* M *borné inférieurement* (resp. *de type fini*), *il existe une suite exacte de* A*-modules gradués et d'homomorphismes gradués de degrés* 0

$$0 \to L_n \to L_{n-1} \to \dots \to L_0 \to M \to 0,$$

où les L_i *sont gradués libres et bornés inférieurement* (resp. *et de type fini*).

En effet, $\mathrm{dh}(A) = n$ d'après le théorème 1 de X, p. 143, et on applique le cor. 2.

Remarque. — Le cor. 2 s'applique également aux cas suivants :

a) A_0 est principal et $A = A_0[X_1, \dots, X_{n-1}]$;

b) * A_0 est nœthérien local régulier de dimension r et $A = A_0[X_1, \dots, X_{n-r}]$. *

COROLLAIRE 4. — *Supposons* A_0 *semi-simple. Soient* M *un* A*-module gradué borné inférieurement et n un entier* $\geqslant 0$. *Pour que* $\mathrm{dp}_A(M) \leqslant n$, *il faut et il suffit que* $\mathrm{Tor}^A_{n+1}(A_0, M) = 0$.

Si $\mathrm{dp}_A(M) \leqslant n$, alors $\mathrm{Tor}^A_{n+1}(A_0, M) = 0$ (X, p. 135, *lemme* 1). Inversement, soit $0 \to K \to L_{n-1} \to \dots \to L_1 \to L_0 \to M \to 0$ une suite exacte de A-modules gradués bornés inférieurement telle que $L_0, \dots, L_{n-1}$ soient gradués libres (X, p. 56, prop. 11); d'après le cor. 3 de X, p. 131, l'égalité $\mathrm{Tor}^A_{n+1}(A_0, M) = 0$ implique $\mathrm{Tor}^A_1(A_0, K) = 0$; comme K/J_0K est un A_0-module projectif puisque A_0 est semi-simple (X, p. 140, prop. 6), K est projectif d'après la prop. 8 (X, p. 144), et $\mathrm{dp}_A(M) \leqslant n$.

COROLLAIRE 5. — *Supposons l'anneau* A_0 *semi-simple. Si* $\mathrm{Tor}^A_{n+1}(A_0, A_0) = 0$, *on a* $\mathrm{dp}_A(M) \leqslant n$ *pour tout* A*-module gradué borné inférieurement.*

Notons A° l'anneau gradué opposé à A : on a $(A^\circ)_0 = (A_0)^\circ$, donc $(A^\circ)_0$ est semi-simple (VIII, § 5, n° 1, *remarque* 3). Comme $\mathrm{Tor}^{A^\circ}_{n+1}(A^\circ_0, A^\circ_0) = 0$, on a $\mathrm{dp}_A(A^\circ_{0s}) \leqslant n$ d'après le cor. 4 ; cela implique $\mathrm{Tor}^{A^\circ}_{n+1}(M_0, A^\circ_0) = 0$ pour tout A-module M, donc $\mathrm{Tor}^A_{n+1}(A_0, M) = 0$ et on applique le cor. 4.

§ 9. COMPLEXES DE KOSZUL

Dans ce paragraphe, tous les anneaux considérés sont commutatifs.

1. Les complexes $\mathbf{K}(u)$, $\mathbf{K}_{\bullet}(u, C)$, $\mathbf{K}^{\bullet}(u, C)$

Soient A un anneau, L un A-module, $u : L \to A$ une forme linéaire, et $\Lambda(L)$ l'algèbre extérieure du A-module L. Pour $x \in \Lambda(L)$, notons $d_u(x)$ le produit intérieur $x \llcorner u$ (III, p. 161, *exemple*). D'après *loc. cit.*, p. 162, formule (60), on a

$$(1) \quad d_u(e_1 \wedge \dots \wedge e_n) = \sum_{i=1}^{n} (-1)^{i+1} u(e_i)\, e_1 \wedge \dots \wedge e_{i-1} \wedge e_{i+1} \wedge \dots \wedge e_n$$

pour $e_1, \dots, e_n$ dans L. D'après III, p. 164 et 165, l'application $d_u : \Lambda(L) \to \Lambda(L)$ est une *antidérivation* de degré (-1) et de carré nul. C'est l'unique antidérivation de la A-algèbre $\Lambda(L)$ qui prolonge $u : \Lambda^1(L) \to \Lambda^0(L)$.

DÉFINITION 1. — *Le complexe* $(\Lambda(L), d_u)$ *se note* $\mathbf{K}^A(u)$ *ou* $\mathbf{K}(u)$.

On prendra garde que $\mathbf{K}_n(u) = \Lambda^n(L) = \mathbf{K}^{-n}(u)$. Il est clair que $\mathbf{K}(u)$ est nul à droite et que $H_0(\mathbf{K}(u)) = \operatorname{Coker}(u) = A/\mathfrak{q}$ où $\mathfrak{q}$ est l'idéal $u(L)$ de A.

Pour tout complexe de A-modules C, on pose

$$\mathbf{K}^A_{\bullet}(u, C) = C \otimes_A \mathbf{K}^A(u)\,, \qquad \mathbf{K}^{\bullet}_A(u, C) = \operatorname{Homgr}_A(\mathbf{K}^A(u), C)\,.$$
$$H^A_{\bullet}(u, C) = H(C \otimes_A \mathbf{K}^A(u)) \qquad H^{\bullet}_A(u, C) = H(\operatorname{Homgr}_A(\mathbf{K}^A(u), C))\,,$$
$$H^A_r(u, C) = H_r(C \otimes_A \mathbf{K}^A(u))\,, \qquad H^r_A(u, C) = H^r(\operatorname{Homgr}_A(\mathbf{K}^A(u), C))\,.$$

On a donc des homomorphismes canoniques de A-modules (X, p. 62 et p. 82)

$$\gamma_0 : H_0(C) \otimes_A A/\mathfrak{q} \to H^A_0(u, C)\,,$$
$$\lambda^0 : H^0_A(u, C) \to \operatorname{Hom}_A(A/\mathfrak{q}, H^0(C))\,.$$

Lemme 1. — *Si le complexe* C *est nul à droite* (resp. *à gauche*), *alors* $\mathbf{K}^A(u, C)$ (resp. $\mathbf{K}^{\bullet}_A(u, c)$) *est nul à droite* (resp. *à gauche*), *et* γ_0 (resp. λ^0) *est bijectif.*

Cela résulte de X, p. 62, prop. 1 et p. 82, prop. 1.

PROPOSITION 1. — *Soit* $x \in L$; *notons* $R_x : y \mapsto x \wedge y$ *la multiplication à gauche par* x *dans l'algèbre* $\Lambda(L)$. *Alors* $d_u \circ R_x + R_x \circ d_u = u(x).1_{\Lambda(L)} = u(x)_{\Lambda(L)}$.

En effet $(d_u \circ R_x + R_x \circ d_u)(y) = d_u(x \wedge y) + x \wedge d_u(y)$; puisque d_u est une antidérivation, $d_u(x \wedge y) + x \wedge d_u(y) = d_u(x) \wedge y = u(x).y$.

Corollaire 1. — *Si u est surjectif,* $\mathbf{K}(u)$ *est homotope à zéro* (X, p. 34) *ainsi que* $\mathbf{K}^{\mathrm{A}}_{\cdot}(u, \mathrm{C})$ *et* $\mathbf{K}^{\cdot}_{\mathrm{A}}(u, \mathrm{C})$ *pour tout complexe* C.

En effet, il existe $x \in \mathrm{L}$ tel que $u(x) = 1$. Alors $\mathbf{K}(u)$ est homotope à zéro d'après la prop. 1, donc aussi $\mathbf{K}^{\mathrm{A}}_{\cdot}(u, \mathrm{C})$ (X, p. 64, prop. 3) et $\mathbf{K}^{\cdot}_{\mathrm{A}}(u, \mathrm{C})$ (X, p. 83, prop. 3).

Corollaire 2. — *Soient* C *un complexe,* Ann (C) *son annulateur. Alors* $\mathfrak{q}$ + Ann (C) *annule* $\mathrm{H}^{\mathrm{A}}_{\cdot}(u, \mathrm{C})$ *et* $\mathrm{H}^{\cdot}_{\mathrm{A}}(u, \mathrm{C})$.

Pour tout $\lambda \in \mathfrak{q}$, l'homothétie $\lambda_{\mathbf{K}(u)}$ est homotope à zéro d'après la proposition, donc aussi $1_{\mathrm{C}} \otimes \lambda_{\mathbf{K}(u)}$ et Homgr $(\lambda_{\mathbf{K}(u)}, 1_{\mathrm{C}})$ d'après X, p. 64, prop. 3 et X, p. 83, prop. 3 ; il s'ensuit que λ annule $\mathrm{H}_{\cdot}(u, \mathrm{C})$ et $\mathrm{H}^{\cdot}(u, \mathrm{C})$. Si $\lambda \in \mathrm{Ann}(\mathrm{C})$, alors $1_{\mathbf{K}(u)} \otimes \lambda_{\mathrm{C}}$ et Homgr $(1_{\mathbf{K}(u)}, \lambda_{\mathrm{C}})$ sont nuls.

Supposons L *projectif* (resp. $\mathbf{K}(u)$ acyclique en degrés > 0). Alors le complexe $\mathbf{\Lambda}(\mathrm{L})$ est *projectif* d'après III, p. 87, cor. 2 (resp. est une résolution de $\mathrm{A}/\mathfrak{q}$) ; d'après X, p. 102 (resp. p. 100), on a donc, pour tout A-module M, des homomorphismes

(2) $\qquad \mathrm{H}^{\mathrm{A}}_{r}(u, \mathrm{M}) \to \mathrm{Tor}^{\mathrm{A}}_{r}(\mathrm{A}/\mathfrak{q}, \mathrm{M}), \qquad \mathrm{Ext}^{r}_{\mathrm{A}}(\mathrm{A}/\mathfrak{q}, \mathrm{M}) \to \mathrm{H}^{r}_{\mathrm{A}}(u, \mathrm{M})$

resp.

(3) $\qquad \mathrm{Tor}^{\mathrm{A}}_{r}(\mathrm{A}/\mathfrak{q}, \mathrm{M}) \to \mathrm{H}^{\mathrm{A}}_{r}(u, \mathrm{M}), \qquad \mathrm{H}^{r}(u, \mathrm{M}) \to \mathrm{Ext}^{r}_{\mathrm{A}}(\mathrm{A}/\mathfrak{q}, \mathrm{M})$.

Si L est projectif et $\mathbf{K}(u)$ acyclique en degrés > 0, les homomorphismes (2) et (3) ci-dessus sont bijectifs et réciproques les uns des autres (X, p. 102, prop. 1).

Proposition 2. — *Soit* $(\mathrm{L}_i)_{i \in \mathrm{I}}$ *une famille de* A-*modules, où l'ensemble* I *est fini et totalement ordonné. Soient u une forme linéaire sur* $\bigoplus_{i \in \mathrm{I}} \mathrm{L}_i$, u_i *sa restriction à* L_i. *L'isomorphisme canonique de* A-*algèbres* (III, p. 84)

$$g : {}^{g}\bigotimes_{i \in \mathrm{I}} \mathbf{\Lambda}(\mathrm{L}_i) \to \mathbf{\Lambda}(\bigoplus_{i \in \mathrm{I}} \mathrm{L}_i)$$

est un isomorphisme du complexe $\bigotimes_{i \in \mathrm{I}} \mathbf{K}(u_i)$ (X, p. 63) *sur le complexe* $\mathbf{K}(u)$.

En effet, d'après X, p. 64, *remarque* 4, la différentielle D du complexe $\bigotimes_{i \in \mathrm{I}} \mathbf{K}(u_i)$ est une antidérivation ; les antidérivations d_u et $g \circ \mathrm{D} \circ g^{-1}$ de $\mathbf{\Lambda}(\bigoplus \mathrm{L}_i)$ coïncident sur $\bigoplus \mathrm{L}_i$ avec l'application $x \mapsto u(x).1$ de $\bigoplus \mathrm{L}_i$ dans $\mathbf{\Lambda}(\bigoplus \mathrm{L}_i)$, donc sont égales (III, p. 128, cor.).

Soient C et C' deux complexes de A-modules. On a (X, p. 63 et p. 99) des isomorphismes canoniques de complexes

$$\mathrm{C} \otimes_{\mathrm{A}} (\mathrm{C}' \otimes_{\mathrm{A}} \mathbf{K}(u)) \to (\mathrm{C} \otimes_{\mathrm{A}} \mathrm{C}') \otimes_{\mathrm{A}} \mathbf{K}(u)$$

$$\mathrm{Homgr}_{\mathrm{A}}(\mathrm{C}', \mathrm{Homgr}_{\mathrm{A}}(\mathbf{K}(u), \mathrm{C})) \to \mathrm{Homgr}_{\mathrm{A}}(\mathrm{C}' \otimes_{\mathrm{A}} \mathbf{K}(u), \mathrm{C}),$$

c'est-à-dire des *isomorphismes*

$$\text{(4)} \qquad \mathrm{C} \otimes_{\mathrm{A}} \mathbf{K}_{\cdot}^{\mathrm{A}}(u, \mathrm{C}') \to \mathbf{K}_{\cdot}^{\mathrm{A}}(u, \mathrm{C} \otimes_{\mathrm{A}} \mathrm{C}')$$

$$\text{(5)} \qquad \mathrm{Homgr}_{\mathrm{A}}(\mathrm{C}', \mathbf{K}_{\mathrm{A}}^{\cdot}(u, \mathrm{C})) \to \mathrm{Homgr}_{\mathrm{A}}(\mathbf{K}_{\cdot}^{\mathrm{A}}(u, \mathrm{C}'), \mathrm{C}) .$$

Dans (4) et (5), prenons $\mathrm{C}' = \mathbf{K}(u')$, où $u' : \mathrm{L}' \to \mathrm{A}$ est une forme linéaire sur un A-module L', et notons que $\mathbf{K}_{\cdot}^{\mathrm{A}}(u, \mathbf{K}(u'))$ qui est égal par définition à $\mathbf{K}(u') \otimes_{\mathrm{A}} \mathbf{K}(u)$ s'identifie d'après la prop. 2 à $\mathbf{K}(u' \oplus u)$ où $u' \oplus u : \mathrm{L}' \oplus \mathrm{L} \to \mathrm{A}$ est la forme linéaire $(x', x) \mapsto u'(x') + u(x)$. On obtient alors des isomorphismes de complexes

$$\text{(6)} \qquad \mathbf{K}_{\cdot}^{\mathrm{A}}(u' \oplus u, \mathrm{C}) \to \mathbf{K}_{\cdot}^{\mathrm{A}}(u, \mathbf{K}_{\cdot}^{\mathrm{A}}(u', \mathrm{C}))$$

$$\text{(7)} \qquad \mathbf{K}_{\mathrm{A}}^{\cdot}(u', \mathbf{K}_{\mathrm{A}}^{\cdot}(u, \mathrm{C})) \to \mathbf{K}_{\mathrm{A}}^{\cdot}(u' \oplus u, \mathrm{C}) .$$

Par passage à l'homologie, on en déduit des isomorphismes de A-modules

$$\mathrm{H}_r^{\mathrm{A}}(u' \oplus u, \mathrm{C}) \to \mathrm{H}_r^{\mathrm{A}}(u, \mathbf{K}_{\cdot}^{\mathrm{A}}(u', \mathrm{C})) , \qquad r \in \mathbf{Z} ,$$

$$\mathrm{H}_{\mathrm{A}}^r(u', \mathbf{K}_{\mathrm{A}}^{\cdot}(u, \mathrm{C})) \to \mathrm{H}_{\mathrm{A}}^r(u' \oplus u, \mathrm{C}) , \qquad r \in \mathbf{Z} .$$

Notons enfin que l'homomorphisme déduit du produit dans l'algèbre $\mathbf{\Lambda}(\mathrm{L})$

$$m : \mathbf{K}^{\mathrm{A}}(u) \otimes_{\mathrm{A}} \mathbf{K}^{\mathrm{A}}(u) \to \mathbf{K}^{\mathrm{A}}(u)$$

est un morphisme de *complexes* (puisque d_u est une antidérivation). Supposant L *libre de rang n* et composant avec le morphisme de complexes $\mathbf{K}^{\mathrm{A}}(u) \to \mathbf{\Lambda}^n \mathrm{L}(-n)$ qui est l'identité en degré n, on en déduit un morphisme de complexes

$$\chi : \mathbf{K}^{\mathrm{A}}(u) \otimes_{\mathrm{A}} \mathbf{K}^{\mathrm{A}}(u) \to \mathbf{\Lambda}^n \mathrm{L}(-n) ;$$

à ce morphisme correspond canoniquement, d'après X, p. 99, prop. 12, un morphisme de complexes

$$\varphi : \mathbf{K}^{\mathrm{A}}(u) \to \mathrm{Homgr}_{\mathrm{A}}(\mathbf{K}^{\mathrm{A}}(u), \mathbf{\Lambda}^n \mathrm{L}(-n))$$

qui est *bijectif* (III, p. 87, formule (20)). Pour tout complexe C, on en déduit un isomorphisme composé

$$\mathbf{K}_{\cdot}^{\mathrm{A}}(u, \mathrm{C}) = \mathrm{C} \otimes_{\mathrm{A}} \mathbf{K}^{\mathrm{A}}(u) \xrightarrow{1 \otimes \varphi} \mathrm{C} \otimes \mathrm{Homgr}_{\mathrm{A}}(\mathbf{K}^{\mathrm{A}}(u), \mathbf{\Lambda}^n \mathrm{L}(-n)) \to$$
$$\to \mathrm{Homgr}_{\mathrm{A}}(\mathbf{K}^{\mathrm{A}}(u), \mathrm{C} \otimes_{\mathrm{A}} \mathbf{\Lambda}^n \mathrm{L}(-n)) = \mathbf{K}_{\mathrm{A}}^{\cdot}(u, \mathrm{C} \otimes_{\mathrm{A}} \mathbf{\Lambda}^n \mathrm{L}(-n)) .$$

Par passage à l'homologie, on a donc des isomorphismes *canoniques*

$$\text{(8)} \qquad \mathrm{H}_r^{\mathrm{A}}(u, \mathrm{C}) \to \mathrm{H}_{\mathrm{A}}^{n-r}(u, \mathrm{C} \otimes_{\mathrm{A}} \mathbf{\Lambda}^n \mathrm{L}) , \qquad r \in \mathbf{Z} .$$

Remarques. — 1) * Ce qui précède reste valable lorsque L est projectif de rang n. *

2) Puisque L est libre de rang n, $\boldsymbol{\Lambda}^n$ L est isomorphe à A, on a des isomorphismes *non canoniques* $\mathrm{H}_r^{\mathrm{A}}(u, \mathrm{C}) \to \mathrm{H}_{\mathrm{A}}^{n-r}(u, \mathrm{C})$.

2. Fonctorialité

Soit $f : \mathrm{C} \to \mathrm{C}'$ un morphisme de complexes. On note

$$\mathbf{K}_{\bullet}^{\mathrm{A}}(u, f) : \mathbf{K}_{\bullet}^{\mathrm{A}}(u, \mathrm{C}) \to \mathbf{K}_{\bullet}^{\mathrm{A}}(u, \mathrm{C}') ,$$

$$\mathbf{K}_{\mathrm{A}}^{\bullet}(u, f) : \mathbf{K}_{\mathrm{A}}^{\bullet}(u, \mathrm{C}) \to \mathbf{K}_{\mathrm{A}}^{\bullet}(u, \mathrm{C}') ,$$

les morphismes de complexes $f \otimes 1_{\mathbf{K}(u)}$ et $\mathrm{Homgr}_{\mathrm{A}}(1_{\mathbf{K}(u)}, f)$.

On note $\mathrm{H}_{\bullet}^{\mathrm{A}}(u, f) : \mathrm{H}_{\bullet}^{\mathrm{A}}(u, \mathrm{C}) \to \mathrm{H}_{\bullet}^{\mathrm{A}}(u, \mathrm{C}')$, $\mathrm{H}_{\mathrm{A}}^{\bullet}(u, f) : \mathrm{H}_{\mathrm{A}}^{\bullet}(u, \mathrm{C}) \to \mathrm{H}_{\mathrm{A}}^{\bullet}(u, \mathrm{C}')$, $\mathrm{H}_r^{\mathrm{A}}(u, f) : \mathrm{H}_r^{\mathrm{A}}(u, \mathrm{C}) \to \mathrm{H}_r^{\mathrm{A}}(u, \mathrm{C}')$, $\mathrm{H}_{\mathrm{A}}^r(u, f) : \mathrm{H}_{\mathrm{A}}^r(u, \mathrm{C}) \to \mathrm{H}_{\mathrm{A}}^r(u, \mathrm{C}')$ les morphismes induits en homologie. L'application $f \mapsto \mathbf{K}_{\bullet}^{\mathrm{A}}(u, f)$ est linéaire ; si $g : \mathrm{C}' \to \mathrm{C}''$ est un autre morphisme de complexes, on a $\mathbf{K}_{\bullet}^{\mathrm{A}}(u, g \circ f) = \mathbf{K}_{\bullet}^{\mathrm{A}}(u, g) \circ \mathbf{K}_{\bullet}^{\mathrm{A}}(u, f)$; de même pour $\mathbf{K}_{\mathrm{A}}^{\bullet}$, $\mathrm{H}_{\bullet}^{\mathrm{A}}$, $\mathrm{H}_{\mathrm{A}}^{\bullet}$, $\mathrm{H}_r^{\mathrm{A}}$, $\mathrm{H}_{\mathrm{A}}^r$.

Soit $0 \to \mathrm{C}' \xrightarrow{f} \mathrm{C} \xrightarrow{g} \mathrm{C}'' \to 0$ une *suite exacte* de complexes.

a) *Supposons* L *plat* ; alors $\boldsymbol{\Lambda}(\mathrm{L})$ est plat (X, p. 15, cor.). La suite

$$0 \to \mathbf{K}_{\bullet}^{\mathrm{A}}(u, \mathrm{C}') \xrightarrow{\mathbf{K}_{\bullet}^{\mathrm{A}}(u, f)} \mathbf{K}_{\bullet}^{\mathrm{A}}(u, \mathrm{C}) \xrightarrow{\mathbf{K}_{\bullet}^{\mathrm{A}}(u, g)} \mathbf{K}_{\bullet}^{\mathrm{A}}(u, \mathrm{C}'') \to 0$$

est alors *exacte*, et donne naissance (X, p. 30) à une suite exacte d'homologie

$$\ldots \to \mathrm{H}_n^{\mathrm{A}}(u, \mathrm{C}') \xrightarrow{\mathrm{H}_n(u, f)} \mathrm{H}_n^{\mathrm{A}}(u, \mathrm{C}) \xrightarrow{\mathrm{H}_n(u, g)} \mathrm{H}_n^{\mathrm{A}}(u, \mathrm{C}'') \xrightarrow{\partial_n} \mathrm{H}_{n-1}^{\mathrm{A}}(u, \mathrm{C}') \to \ldots .$$

b) *Supposons* L *projectif* ; alors $\boldsymbol{\Lambda}(\mathrm{L})$ est projectif. La suite

$$0 \to \mathbf{K}_{\mathrm{A}}^{\bullet}(u, \mathrm{C}') \xrightarrow{\mathbf{K}_{\mathrm{A}}^{\bullet}(u, f)} \mathbf{K}_{\mathrm{A}}^{\bullet}(u, \mathrm{C}) \xrightarrow{\mathbf{K}_{\mathrm{A}}^{\bullet}(u, g)} \mathbf{K}_{\mathrm{A}}^{\bullet}(u, \mathrm{C}'') \to 0$$

est alors *exacte*, et donne naissance à une suite exacte d'homologie

$$\ldots \to \mathrm{H}_{\mathrm{A}}^n(u, \mathrm{C}') \xrightarrow{\mathrm{H}^n(u, f)} \mathrm{H}_{\mathrm{A}}^n(u, \mathrm{C}) \xrightarrow{\mathrm{H}^n(u, g)} \mathrm{H}_{\mathrm{A}}^n(u, \mathrm{C}'') \xrightarrow{\partial^n} \mathrm{H}_{\mathrm{A}}^{n+1}(u, \mathrm{C}') \to \ldots .$$

Soient $\rho : \mathrm{A} \to \mathrm{A}'$ un homomorphisme d'anneaux, L' le A'-module $\mathrm{A}' \otimes_{\mathrm{A}} \mathrm{L}$, $u' : \mathrm{L}' \to \mathrm{A}'$ la forme linéaire $1 \otimes u$. L'homomorphisme canonique bijectif (III, p. 83, prop. 8)

$$\psi : \boldsymbol{\Lambda}_{\mathrm{A}'}(\mathrm{A}' \otimes_{\mathrm{A}} \mathrm{L}) \to \mathrm{A}' \otimes_{\mathrm{A}} \boldsymbol{\Lambda}_{\mathrm{A}}(\mathrm{L})$$

est un *isomorphisme de complexes* de A'-modules. On en déduit :

1) pour tout complexe de A'-modules C', un *isomorphisme* de complexes de A-modules

$$\mathbf{K}_{\bullet}^{\mathrm{A}'}(u', \mathrm{C}') \to \mathbf{K}_{\bullet}^{\mathrm{A}}(u, \mathrm{C}') ,$$

composé du diagramme

$$C' \otimes_{A'} (\mathsf{\Lambda}_{A'}(A' \otimes_A L)) \xrightarrow{1_{C'} \otimes \psi} C' \otimes_{A'} A' \otimes_A \mathsf{\Lambda}_A(L) \xrightarrow{\varphi} C' \otimes_A \mathsf{\Lambda}_A(L)$$

où φ est la bijection canonique (III, p. 85, prop. 14) ;

2) pour tout complexe de A-modules C, un *isomorphisme* de complexes de A'-modules

$$\mathbf{K}^{A}_{\bullet}(u, A' \otimes_A C) \to A' \otimes_A \mathbf{K}^{A}_{\bullet}(u, C) ,$$

d'où des homomorphismes de A'-modules

$$A' \otimes_A H^{A}_{n}(u, C) \to H^{A'}_{n}(u', A' \otimes_A C) ,$$

qui sont bijectifs lorsque A' est *plat* sur A (X, p. 66, cor. 2).

Soient L' un A-module, $u' : L' \to A$ une forme linéaire, $f : L \to L'$ un A-homomorphisme tel que $u' \circ f = u$. Il résulte de III, p. 161, formule (55), que l'homomorphisme $\mathsf{\Lambda}(f) : \mathsf{\Lambda}(L) \to \mathsf{\Lambda}(L')$ satisfait à $d_u \circ \mathsf{\Lambda}(f) = \mathsf{\Lambda}(f) \circ d_{u'}$, donc définit un *morphisme de complexes* $\mathsf{\Lambda}(u) : \mathbf{K}^{A}(u) \to \mathbf{K}^{A}(u')$. Si C est un A-complexe, on en déduit des morphismes de complexes

$$1_C \otimes \mathsf{\Lambda}(u) : \mathbf{K}^{A}_{\bullet}(u, C) \to \mathbf{K}^{A}_{\bullet}(u', C) \quad \text{et} \quad \mathrm{Homgr}(\mathsf{\Lambda}(u), 1_C) : \mathbf{K}^{\bullet}_{A}(u', C) \to \mathbf{K}^{\bullet}_{A}(u, C) .$$

Si f est bijectif, tous ces morphismes sont des isomorphismes.

3. Exemple 1 : le complexe $\mathbf{S}(L) \otimes_A \mathsf{\Lambda}(L)$

Soient A un anneau, L un A-module, $\mathbf{S}(L)$ son algèbre symétrique, $\mathbf{S}(L) \otimes_A L$ le $\mathbf{S}(L)$-module déduit par extension des scalaires, $u : \mathbf{S}(L) \otimes_A L \to \mathbf{S}(L)$ la forme linéaire telle que $u(s \otimes x) = sx$ pour $s \in \mathbf{S}(L)$, $x \in L$. Par l'isomorphisme canonique de $\mathbf{S}(L)$-modules (III, p. 83, prop. 8)

$$\mathsf{\Lambda}_{\mathbf{S}(L)}(\mathbf{S}(L) \otimes_A L) \to \mathbf{S}(L) \otimes_A \mathsf{\Lambda}(L) ,$$

la différentielle du complexe $\mathbf{K}^{\mathbf{S}(L)}(u)$ est transportée en l'application

$$d : \mathbf{S}(L) \otimes_A \mathsf{\Lambda}(L) \to \mathbf{S}(L) \otimes_A \mathsf{\Lambda}(L)$$

telle que, pour $x_1, \dots, x_p, y_1, \dots, y_q$ dans L, on ait

$$(9) \quad d((x_1 \dots x_p) \otimes (y_1 \wedge \dots \wedge y_q)) = \sum_{i=1}^{q} (-1)^{i+1} y_i x_1 \dots x_p \otimes (y_1 \wedge \dots \wedge y_{i-1} \wedge y_{i+1} \wedge \dots \wedge y_q) .$$

Notons que d applique $\mathbf{S}^p(L) \otimes \mathsf{\Lambda}^q(L)$ dans $\mathbf{S}^{p+1}(L) \otimes \mathsf{\Lambda}^{q-1}(L)$, donc que le *complexe de* A-*modules* $\mathbf{S}(L) \otimes \mathsf{\Lambda}(L)$ se décompose en la somme directe des complexes décrits par les diagrammes suivants :

$$(\mathscr{E}_n) : 0 \to \mathbf{S}^0 L \otimes_A \mathsf{\Lambda}^n L \to \mathbf{S}^1 L \otimes_A \mathsf{\Lambda}^{n-1} L \to \dots \to \mathbf{S}^n L \otimes_A \mathsf{\Lambda}^0 L \to 0 , \quad n \in \mathbf{N} .$$

Si le A-module L est somme directe d'une famille finie $(L_i)_{i \in I}$ où I est totalement ordonné, la bijection canonique

$$\overset{g}{\bigotimes_{i \in I}} (\mathbf{S}(L_i) \otimes_A \mathbf{\Lambda}(L_i)) \to \mathbf{S}(L) \otimes_A \mathbf{\Lambda}(L)$$

est un isomorphisme de complexes de A-modules (cela résulte de la prop. 2 de X, p. 148 ou de la formule (9) ci-dessus).

PROPOSITION 3. — *Si le* A-*module* L *est plat, les suites* $(\mathscr{E}_n)$ *ci-dessus sont exactes pour* $n > 0$.

a) Notons d'abord que, si p_L est l'homomorphisme composé

$$\mathbf{S}(L) \otimes \mathbf{\Lambda}(L) \xrightarrow{\alpha} \mathbf{S}^0(L) \otimes \mathbf{\Lambda}^0(L) \xrightarrow{\beta} A\,,$$

où α est le produit tensoriel des projections canoniques et β l'isomorphisme canonique, il s'agit de prouver que $H(p_L)$ est *bijectif*.

b) Si $L = 0$ ou si $L = A$, la proposition est évidente.

c) Supposons L libre de rang fini ; écrivons-le comme somme directe $L_1 \oplus \dots \oplus L_n$ de A-modules libres de rang 1. D'après la remarque qui précède la proposition, le complexe $\mathbf{S}(L) \otimes \mathbf{\Lambda}(L)$ est isomorphe au produit tensoriel des n complexes *libres* $\mathbf{S}(L_i) \otimes \mathbf{\Lambda}(L_i)$ dont d'après *b*) l'homologie est *libre*. D'après X, p. 79, cor. 4, l'homomorphisme canonique

$$\gamma : \bigoplus_{i=1}^{n} H(\mathbf{S}(L_i) \otimes \mathbf{\Lambda}(L_i)) \to H(\mathbf{S}(L) \otimes \mathbf{\Lambda}(L))$$

est bijectif. D'après *b*) $H(p_{L_i})$ est bijectif pour tout i. Comme $\bigotimes_{i=1}^{n} H(p_{L_i}) = H(p_L) \circ \gamma$,

$$H(p_L) \text{ est bijectif}\,.$$

d) Dans le cas général, L est limite inductive d'un système inductif filtrant $(L_i)_{i \in I}$ de modules libres de rang fini (X, p. 14, th. 1). Comme l'homomorphisme bijectif canonique

$$\varinjlim \mathbf{S}(L_i) \otimes \mathbf{\Lambda}(L_i) \to \mathbf{S}(L) \otimes \mathbf{\Lambda}(L)$$

est un isomorphisme de complexes, la proposition résulte de X, p. 28, prop. 1.

Remarques. — 1) Nous verrons ci-dessous (X, p. 158, *exemple*) une autre démonstration de la partie *c*) ci-dessus.

2) Si A est une **Q**-algèbre, la conclusion de la prop. 3 reste vraie sans hypothèse sur L (*cf.* X, p. 206, exercice 1).

* 3) Soient G un groupe et $\rho : G \to \mathbf{GL}(L)$ une représentation linéaire de G dans un A-module plat L. Alors les $(\mathscr{E}_n)$ sont des suites exactes de représentations linéaires. Supposons L projectif de type fini, et notons $R_A(G)$ l'anneau des représentations

de G dans les A-modules projectifs de type fini. Il résulte de la prop. 3 que l'on a dans $R_A(G)$ les relations

$$\sum_{i=0}^{n} (-1)^i [\mathbf{S}^i(L)] [\mathbf{\Lambda}^{n-i}(L)] = 0 , \qquad n > 0 . \tag{10}$$

Si on considère les séries formelles

$$s(T) = \sum_{i=0}^{\infty} [\mathbf{S}^i(L)] T^i \in R_A(G) [[T]] ,$$

$$\lambda(T) = \sum_{i=0}^{\infty} [\mathbf{\Lambda}^i(L)] T^i \in R_A(G) [[T]] ,$$

les relations (10) s'écrivent

$$s(T) \lambda(-T) = 1_* . \tag{11}$$

4. Exemple 2 : le cas d'un module libre

Soient k un anneau, M un k-module, I un ensemble et p un entier $\geqslant 0$. Une application $\boldsymbol{m} : I^p \to M$ est dite *alternée* si elle satisfait aux deux conditions suivantes :

a) pour toute permutation $\sigma \in \mathfrak{S}_p$ et toute suite $(\alpha_1, \ldots, \alpha_p) \in I^p$, on a

$$\boldsymbol{m}(\alpha_{\sigma(1)}, \ldots, \alpha_{\sigma(p)}) = \varepsilon_\sigma \, \boldsymbol{m}(\alpha_1, \ldots, \alpha_p) ,$$

b) pour toute suite $(\alpha_1, \ldots, \alpha_p) \in I^p$ telle que deux des indices $\alpha_1, \ldots, \alpha_p$ soient égaux, on a $\boldsymbol{m}(\alpha_1, \ldots, \alpha_p) = 0$.

(Dans le cas où I est un k-module et $\boldsymbol{m}$ est multilinéaire, on retrouve la notion introduite en III, p. 80.)

Supposons I *fini* et notons $C_I^p(M)$ le k-module des applications alternées de I^p dans M.

Soient L_0 un k-module, $(e_i)_{i \in I}$ une famille d'éléments de L_0 ; on définit deux applications k-linéaires

$$g : \mathrm{Hom}_k (\mathbf{\Lambda}^p L_0, M) \to C_I^p(M)$$

$$h : C_I^p(M) \to M \otimes_k \mathbf{\Lambda}^p L_0$$

comme suit : si $f \in \mathrm{Hom}_k (\mathbf{\Lambda}^p L_0, M)$, on pose

$$g(f) (\alpha_1, \ldots, \alpha_p) = f(e_{\alpha_1} \wedge \ldots \wedge e_{\alpha_p}) ;$$

soit $\boldsymbol{m} \in C_I^p(M)$, définissons $h(\boldsymbol{m}) \in M \otimes_k \mathbf{\Lambda}^p L_0$. Pour tout élément $(\alpha_1, \ldots, \alpha_p)$

de I^p, l'élément $\boldsymbol{m}(\alpha_1, \dots, \alpha_p) \otimes (e_{\alpha_1} \wedge \dots \wedge e_{\alpha_p})$ de $\boldsymbol{\Lambda}^p \mathrm{L}_0 \otimes_k \mathrm{M}$ est nul si Card $\{\alpha_1, \dots, \alpha_p\} < p$ et est indépendant de l'ordre des indices $\alpha_1, \dots, \alpha_p$ si

$$\operatorname{Card}\{\alpha_1, \dots, \alpha_p\} = p .$$

Il ne dépend que de la *partie* $\mathrm{J} = (\alpha_1, \dots, \alpha_p)$ de I ; notons-le $h_{\mathrm{J}}(\boldsymbol{m})$; on a $h_{\mathrm{J}}(\boldsymbol{m}) = 0$ si Card (J) $< p$; on pose alors :

$$h(\boldsymbol{m}) = \sum_{\mathrm{J}} h_{\mathrm{J}}(\boldsymbol{m}) ,$$

où J parcourt les parties de I ayant p éléments.

Lemme 2. — Si le k-module L_0 *est libre de base* $(e_i)_{i \in \mathrm{I}}$, *les applications k-linéaires g et h sont bijectives.*

Cela résulte de III, p. 79, th. 1.

Soient maintenant M un k-module, et $\boldsymbol{x} = (x_i)_{i \in \mathrm{I}}$ une famille de k-endomorphismes de M, deux à deux permutables. Considérons l'anneau de polynômes $\mathrm{A} = k[(\mathrm{X}_i)_{i \in \mathrm{I}}]$ et munissons M de la structure de A-module telle que $\mathrm{P}(\mathrm{X}_i)\, m = \mathrm{P}(x_i)\, m$ pour $\mathrm{P} \in \mathrm{A}$ et $m \in \mathrm{M}$. Soient d'autre part L le A-module libre A^{I}, $(e_i)_{i \in \mathrm{I}}$ sa base canonique et $u : \mathrm{L} \to \mathrm{A}$ la forme linéaire qui applique e_i sur X_i pour tout $i \in \mathrm{I}$. Considérons les complexes de k-modules $\mathbf{K}^{\mathrm{A}}_{\bullet}(u, \mathrm{M})$ et $\mathbf{K}^{\bullet}_{\mathrm{A}}(u, \mathrm{M})$; on a des *isomorphismes* canoniques

$$\mathbf{K}^p_{\mathrm{A}}(u, \mathrm{M}) = \operatorname{Hom}_{\mathrm{A}}(\boldsymbol{\Lambda}^p_{\mathrm{A}}(\mathrm{A}^{\mathrm{I}}), \mathrm{M}) \to \operatorname{Hom}_k(\boldsymbol{\Lambda}^p_k(k^{\mathrm{I}}), \mathrm{M}) ,$$

$$\mathrm{M} \otimes_k \boldsymbol{\Lambda}^p_k(k^{\mathrm{I}}) \to \mathrm{M} \otimes_{\mathrm{A}} \boldsymbol{\Lambda}^p_{\mathrm{A}}(\mathrm{A}^{\mathrm{I}}) = \mathbf{K}^{\mathrm{A}}_p(u, \mathrm{M}) ;$$

d'où par composition avec les isomorphismes g et h des *isomorphismes de k-modules*

$$\theta^p : \mathbf{K}^p_{\mathrm{A}}(u, \mathrm{M}) \to \mathrm{C}^p_{\mathrm{I}}(\mathrm{M}) ,$$

$$\theta_p : \mathrm{C}^p_{\mathrm{I}}(\mathrm{M}) \to \mathbf{K}^{\mathrm{A}}_p(u, \mathrm{M}) .$$

On note

$$\partial^p : \mathrm{C}^p_{\mathrm{I}}(\mathrm{M}) \to \mathrm{C}^{p+1}_{\mathrm{I}}(\mathrm{M}) ,$$

$$\partial_p : \mathrm{C}^p_{\mathrm{I}}(\mathrm{M}) \to \mathrm{C}^{p-1}_{\mathrm{I}}(\mathrm{M}) ,$$

les k-homomorphismes obtenus en transportant les différentielles de $\mathbf{K}^{\bullet}_{\mathrm{A}}(u, \mathrm{M})$ et $\mathbf{K}^{\mathrm{A}}_{\bullet}(u, \mathrm{M})$ par les isomorphismes θ. On a par exemple :

$$(12) \quad (\partial^p \boldsymbol{m})(\alpha_1, \dots, \alpha_{p+1}) = \sum_{j=1}^{p+1} (-1)^{j+1} x_{\alpha_j} \boldsymbol{m}(\alpha_1, \dots, \alpha_{j-1}, \alpha_{j+1}, \dots, \alpha_{p+1}) .$$

Le complexe formé des $\mathrm{C}^p_{\mathrm{I}}(\mathrm{M})$ et des ∂^p (resp. des ∂_p) se note $\mathbf{K}^{\bullet}(\boldsymbol{x}, \mathrm{M})$ (resp. $\mathbf{K}_{\bullet}(\boldsymbol{x}, \mathrm{M})$) et s'appelle *le complexe de Koszul* ascendant (resp. descendant) associé au module M et à la suite d'endomorphismes $(x_1, \ldots, x_n)$. On a donc des isomorphismes de complexes de k-modules

$$\theta^{\cdot} : \mathbf{K}_{\mathrm{A}}^{\cdot}(u, \mathrm{M}) \to \mathbf{K}^{\cdot}(\boldsymbol{x}, \mathrm{M}) ,$$

$$\theta_{\cdot} : \mathbf{K}_{\cdot}(\boldsymbol{x}, \mathrm{M}) \to \mathbf{K}_{\cdot}^{\mathrm{A}}(u, \mathrm{M}) .$$

Remarque. — Inversement, soient B une k-algèbre, L un B-module libre de base $(e_i)_{i \in \mathrm{I}}$, et M un B-module. La donnée d'une forme linéaire $u : \mathrm{L} \to \mathrm{B}$ équivaut à celle d'une famille $\boldsymbol{x} = (x_i)_{i \in \mathrm{I}}$ d'éléments de B, par la relation $x_i = u(e_i)$. Le complexe de k-modules sous-jacent à $\mathbf{K}_{\mathrm{B}}^{\cdot}(u, \mathrm{M})$ (resp. $\mathbf{K}_{\cdot}^{\mathrm{B}}(u, \mathrm{M})$) s'identifie alors, par l'isomorphisme $\theta^{\cdot}$ (resp. $\theta_{\cdot}$) au complexe de Koszul $\mathbf{K}^{\cdot}(\boldsymbol{x}, \mathrm{M})$ (resp. $\mathbf{K}_{\cdot}(\boldsymbol{x}, \mathrm{M})$). Par exemple $\mathbf{K}^{\mathrm{B}}(u)$ s'identifie à $\mathbf{K}^{\cdot}(\boldsymbol{x}, \mathrm{B})$.

On introduit comme au n° 1 (X, p. 147) les notations $\mathrm{H}_{\cdot}(\boldsymbol{x}, \mathrm{M})$, $\mathrm{H}_{\cdot}(\boldsymbol{x}, \mathrm{M})$, etc., et tous les résultats des n°s 1 et 2 s'appliquent *mutatis mutandis*, le module A^{I} étant *libre*. On a par exemple des isomorphismes

$$\mathrm{H}_0(\boldsymbol{x}, \mathrm{M}) \to \mathrm{M}/(\boldsymbol{x})\,\mathrm{M}$$

$$\mathrm{H}^0(\boldsymbol{x}, \mathrm{M}) \to \mathrm{Hom}_{\mathrm{A}}(\mathrm{A}/(\boldsymbol{x}), \mathrm{M}) ,$$

où $(\boldsymbol{x})$ désigne l'idéal $\sum \mathrm{A}x_i$ de A. Par exemple aussi, si $\mathbf{K}_{\cdot}(\boldsymbol{x}, \mathrm{A})$ est acyclique en degrés > 0, on a des isomorphismes

$$\mathrm{H}_r(\boldsymbol{x}, \mathrm{M}) \to \mathrm{Tor}_r^{\mathrm{A}}(k, \mathrm{M}) ,$$

$$\mathrm{Ext}_{\mathrm{A}}^r(k, \mathrm{M}) \to \mathrm{H}^r(\boldsymbol{x}, \mathrm{M}) .$$

Enfin, supposons I (fini et) totalement ordonné, par exemple $\mathrm{I} = \{1, \ldots, n\}$; identifions $\mathbf{\Lambda}^n(\mathrm{A}^{\mathrm{I}})$ à A grâce à l'élément de base $e_1 \wedge \ldots \wedge e_n$ et traduisons l'isomorphisme $\mathbf{K}_p^{\mathrm{A}}(u, \mathrm{M}) \to \mathbf{K}_{\mathrm{A}}^{n-p}(u, \mathrm{M})$ de X, p. 149. Il devient, par transport par (θ_p) et (θ^{n-p}), l'isomorphisme

$$\mathrm{C}_{\mathrm{I}}^p(\mathrm{M}) \to \mathrm{C}_{\mathrm{I}}^{n-p}(\mathrm{M})$$

qui associe à $\boldsymbol{m} \in \mathrm{C}_{\mathrm{I}}^p(\mathrm{M})$ l'élément $\check{\boldsymbol{m}}$ de $\mathrm{C}_{\mathrm{I}}^{n-p}(\mathrm{M})$ tel que

$$\boldsymbol{m}(\alpha_1, \ldots, \alpha_p) = \check{\boldsymbol{m}}(\beta_1, \ldots, \beta_{n-p}) \tag{13}$$

si $(\alpha_1, \ldots, \alpha_p, \beta_1, \ldots, \beta_{n-p})$ est une permutation *paire* de $\{1, \ldots, n\}$. Remarquons aussi que lorsque $\mathrm{I} = \{1, \ldots, n\}$, on peut identifier $\mathrm{C}_{\mathrm{I}}^p(\mathrm{M})$ à l'ensemble des familles $\boldsymbol{m}(\alpha_1, \ldots, \alpha_p)$ d'éléments de M où $\alpha_1 < \alpha_2 < \ldots < \alpha_p$; la formule (12) reste valable, ainsi que la relation (13).

Exemple. — Prenons $\mathrm{M} = k[\mathrm{T}_1, \ldots, \mathrm{T}_n]$; le complexe de Koszul $\mathbf{K}(\partial/\partial\mathrm{T}, \mathrm{M})$ associé à la suite d'endomorphismes $(\partial/\partial\mathrm{T}_1, \ldots, \partial/\partial\mathrm{T}_n)$ s'identifie au complexe de de Rham de $k[x_1, \ldots, x_n]$ sur k (X, p. 44) : à $\boldsymbol{m} \in \mathrm{C}^p_{\{1,\ldots,n\}}(\mathrm{M})$, on associe la forme différentielle

$$\omega(\boldsymbol{m}) = \sum_{\alpha_1 < \ldots < \alpha_p} \boldsymbol{m}(\alpha_1, \ldots, \alpha_p)\, dx_{\alpha_1} \wedge \ldots \wedge dx_{\alpha_p},$$

cf. formule (12) et *exemple* 1, p. 44.

5. Exemple 3 : le cas L = A

Si L = A, posons $u(1) = x \in \mathrm{A}$. Le complexe $\mathbf{K}(u)$ est alors de longueur 1, on a $\mathbf{K}_0(u) = \mathbf{K}_1(u) = \mathrm{A}$ et $d_1(a) = xa$, donc pour tout A-module M, $\mathbf{K}_0(u, \mathrm{M})$, $\mathbf{K}_1(u, \mathrm{M})$, $\mathbf{K}^0(u, \mathrm{M})$ et $\mathbf{K}^1(u, \mathrm{M})$ s'identifient à M, les différentielles

$$d_1 : \mathbf{K}_1(u, \mathrm{M}) \to \mathbf{K}_0(u, \mathrm{M}) \quad \text{et} \quad d^0 : \mathbf{K}^0(u, \mathrm{M}) \to \mathbf{K}^1(u, \mathrm{M})$$

étant $m \mapsto xm$. On a donc des isomorphismes

$$\mathrm{H}_0(x, \mathrm{M}) \to \mathrm{A}/x\mathrm{A} \otimes_{\mathrm{A}} \mathrm{M} \leftarrow \mathrm{H}^1(x, \mathrm{M}),$$

$$\mathrm{H}_1(x, \mathrm{M}) \to \mathrm{Hom}_{\mathrm{A}}(\mathrm{A}/x\mathrm{A}, \mathrm{M}) \leftarrow \mathrm{H}^0(x, \mathrm{M}).$$

Lemme 3. — *Soit* K *un complexe tel que* $\mathrm{K}_i = 0$ *pour* $i \neq 0, 1$, *et soient* C *un complexe et* p *un entier.*

a) Si K est plat, on a pour tout $p \in \mathbf{N}$ *une suite exacte*

$$0 \to \mathrm{H}_0(\mathrm{K} \otimes_{\mathrm{A}} \mathrm{H}_p(\mathrm{C})) \to \mathrm{H}_p(\mathrm{K} \otimes_{\mathrm{A}} \mathrm{C}) \to \mathrm{H}_1(\mathrm{K} \otimes_{\mathrm{A}} \mathrm{H}_{p-1}(\mathrm{C})) \to 0.$$

b) Si K *est projectif, on a pour tout* $p \in \mathbf{N}$ *une suite exacte*

$$0 \to \mathrm{H}^1(\mathrm{Homgr}_{\mathrm{A}}(\mathrm{K}, \mathrm{H}^{p-1}(\mathrm{C}))) \to \mathrm{H}^p(\mathrm{Homgr}_{\mathrm{A}}(\mathrm{K}, \mathrm{C})) \to \mathrm{H}^0(\mathrm{Homgr}_{\mathrm{A}}(\mathrm{K}, \mathrm{H}^p(\mathrm{C}))) \to 0.$$

Démontrons *a*), la démonstration de *b*) étant analogue. Pour tout i, notons $\mathrm{K}_{(i)}$ le complexe $\mathrm{K}_i(-i)$. On a une suite exacte de complexes, scindée comme suite de A-modules

$$0 \to \mathrm{K}_{(0)} \xrightarrow{\alpha} \mathrm{K} \xrightarrow{\beta} \mathrm{K}_{(1)} \to 0;$$

la suite

$$0 \longrightarrow \mathrm{K}_{(0)} \otimes_{\mathrm{A}} \mathrm{C} \xrightarrow{\alpha \otimes 1} \mathrm{K} \otimes_{\mathrm{A}} \mathrm{C} \xrightarrow{\beta \otimes 1} \mathrm{K}_{(1)} \otimes_{\mathrm{A}} \mathrm{C} \longrightarrow 0 \tag{14}$$

est exacte, et K étant plat, les homomorphismes

$$\gamma_{0,p}(\mathrm{K}_{(0)}, \mathrm{C}) : \mathrm{K}_{(0)} \otimes_{\mathrm{A}} \mathrm{H}_p(\mathrm{C}) \to \mathrm{H}_p(\mathrm{K}_{(0)} \otimes_{\mathrm{A}} \mathrm{C})$$

$$\gamma_{1,p-1}(\mathrm{K}_{(1)}, \mathrm{C}) : \mathrm{K}_{(1)} \otimes_{\mathrm{A}} \mathrm{H}_{p-1}(\mathrm{C}) \to \mathrm{H}_p(\mathrm{K}_{(1)} \otimes_{\mathrm{A}} \mathrm{C})$$

sont bijectifs (X, p. 66, cor. 2). Calculons l'homomorphisme de liaison $\partial(\alpha \otimes 1, \beta \otimes 1)$; par définition, il applique la classe du cycle $\sum a_i \otimes b_i$ sur celle de $\sum da_i \otimes b_i$, ce qui signifie que

$$\partial(\alpha \otimes 1, \beta \otimes 1) \circ \gamma(K_{(1)}, C) = \gamma(K_{(0)}, C) \circ (d_K \otimes 1) .$$

La suite exacte d'homologie associée à (14) prend donc la forme

$$K_1 \otimes H_p(C) \xrightarrow{d_K \otimes 1} K_0 \otimes H_p(C) \longrightarrow H_p(K \otimes C) \longrightarrow K_1 \otimes H_{p-1}(C) \xrightarrow{d_K \otimes 1} K_0 \otimes H_{p-1}(C) ,$$

d'où *a*).

Appliquant le lemme 3, *a*) au complexe $\mathbf{K}(u)$, et utilisant les isomorphismes de commutation, on obtient :

PROPOSITION 4. — *Pour tout complexe* C, *on a des suites exactes*

$$0 \to A/xA \otimes_A H_p(C) \to H_p(x, C) \to \mathrm{Hom}_A(A/xA, H_{p-1}(C)) \to 0 .$$

COROLLAIRE 1. — *Pour que* $H_p(x, C) = 0$, *il faut et il suffit que l'homothétie de rapport x dans* $H_p(C)$ *soit surjective et que l'homothétie de rapport x dans* $H_{p-1}(C)$ *soit injective.*

COROLLAIRE 2. — *Soient* $\boldsymbol{x} = (x_1, \ldots, x_n)$ *une suite d'éléments de* A, M *un* A-*module,* $\boldsymbol{x}'$ *la suite* $(x_1, \ldots, x_{n-1})$. *On a des suites exactes*

$$0 \to A/x_n A \otimes_A H_p(\boldsymbol{x}', M) \to H_p(\boldsymbol{x}, M) \to \mathrm{Hom}_A(A/x_n A, H_{p-1}(\boldsymbol{x}', M)) \to 0 .$$

COROLLAIRE 3. — *Pour que* $H_i(\boldsymbol{x}, M)$ *soit nul pour tout* $i > 0$, *il faut et il suffit que l'homothétie de rapport* x_n *dans* $H_i(\boldsymbol{x}', M)$ *soit bijective pour* $i > 0$, *et que l'homothétie de rapport* x_n *dans* $M/(\boldsymbol{x}')M$ *soit injective.*

6. Familles complètement sécantes

Soient A un anneau, M un A-module, $\boldsymbol{x} = (x_i)_{i \in I}$ une famille d'éléments de A.

DÉFINITION 2. — *La famille* $\boldsymbol{x}$ *est dite* complètement sécante pour M *si on a* $H_i(\boldsymbol{x}, M) = 0$ *pour* $i > 0$.

Si I est fini, il revient au même (X, p. 150) de dire qu'on a $H^i(\boldsymbol{x}, M) = 0$ pour $i < \mathrm{Card}(I)$.

La proposition suivante permet de donner des exemples de familles complètement sécantes.

PROPOSITION 5. — *Soit* $\boldsymbol{x} = (x_1, \ldots, x_n)$ *une suite d'éléments de* A. *Si pour* $i = 1, \ldots, n$, *l'homothétie de rapport* x_i *dans le* A-*module* $M/(x_1 M + \cdots + x_{i-1} M)$ *est injective, la suite* $\boldsymbol{x}$ *est complètement sécante pour* M.

Une suite vérifiant les conditions de la proposition est dite *régulière pour* M, ou M-*régulière*. On notera que cette propriété dépend en général de l'*ordre* des x_i ; par exemple la suite (1, 0) est toujours M-régulière, tandis que la suite (0, 1) ne l'est que si M est nul. En revanche, le fait qu'une suite soit complètement sécante ne dépend pas de l'ordre des termes.

Démontrons la proposition par récurrence sur n, le cas $n = 0$ étant immédiat. Posons $\boldsymbol{x}' = (x_1, \dots, x_{n-1})$; si la suite $\boldsymbol{x}$ est M-régulière, la suite $\boldsymbol{x}'$ est M-régulière et la multiplication par x_n dans $\mathrm{M}/(\boldsymbol{x}')\mathrm{M}$ est injective ; d'après l'hypothèse de récurrence, on a $\mathrm{H}_i(\boldsymbol{x}', \mathrm{M}) = 0$ pour $i > 0$; il résulte alors du cor. 3 de X, p. 157, que $\mathrm{H}_i(\boldsymbol{x}, \mathrm{M}) = 0$ pour $i > 0$.

Exemple. — Soit k un anneau ; prenons $\mathrm{A} = k[\mathrm{X}_1, \dots, \mathrm{X}_n]$ et $\boldsymbol{x} = (\mathrm{X}_1, \dots, \mathrm{X}_n)$. La suite $\boldsymbol{x}$ est A-régulière et la proposition redonne l'acyclicité en degrés > 0 du complexe $\mathbf{S}_k(k^n) \otimes_k \mathbf{\Lambda}_k(k^n)$ (*cf.* X, p. 152, prop. 3).

De même dans l'anneau de séries formelles $\hat{\mathrm{A}} = k[[\mathrm{X}_1, \dots, \mathrm{X}_n]]$, la suite $(\mathrm{X}_1, \dots, \mathrm{X}_n)$ est $\hat{\mathrm{A}}$-régulière, donc complètement sécante pour $\hat{\mathrm{A}}$.

PROPOSITION 6. — *a) Si* $\sum_{i \in \mathrm{I}} x_i \mathrm{A} = \mathrm{A}$, *la famille* $(x_i)_{i \in \mathrm{I}}$ *est complètement sécante pour* M.

b) Soit $\boldsymbol{x} = (x_1, \dots, x_n)$ *une suite d'éléments de* A. *Soit* $(a_{ij}) \in \mathbf{GL}_n(\mathrm{A})$; *posons*

$$y_i = \sum_j a_{ij} x_j .$$

Si la suite $\boldsymbol{x}$ *est complètement sécante pour* M, *il en est de même de la suite* $(y_1, \dots, y_n)$.

c) Soient $k_1, \dots, k_n$ *des entiers* $\geqslant 1$; *pour que la suite* $(x_1^{k_1}, \dots, x_n^{k_n})$ *soit complètement sécante pour* M, *il faut et il suffit que la suite* $\boldsymbol{x}$ *soit complètement sécante pour* M.

L'assertion *a*) résulte du cor. 1, p. 148.

Démontrons *b*). Soit $f : \mathrm{A}^n \to \mathrm{A}^n$ l'isomorphisme défini par la matrice ${}^t(a_{ij})$; il résulte de X, p. 151, que $1_{\mathrm{M}} \otimes \Lambda(f)$ est un isomorphisme du complexe $\mathbf{K}_{\bullet}(\boldsymbol{y}, \mathrm{M})$ sur le complexe $\mathbf{K}_{\bullet}(\boldsymbol{x}, \mathrm{M})$, d'où *b*).

Pour démontrer *c*), il suffit évidemment de prouver que si k est un entier $\geqslant 1$, la suite $(x_1, \dots, x_{n-1}, x_n^k)$ est complètement sécante pour M si et seulement si il en est de même pour la suite $\boldsymbol{x}$. Soit $\boldsymbol{x}' = (x_1, \dots, x_{n-1})$; d'après le cor. 3, p. 157, la première condition (resp. la seconde) signifie que l'homothétie de rapport x_n^k (resp. x_n) est bijective dans $\mathrm{H}_i(\boldsymbol{x}', \mathrm{M})$ pour $i \geqslant 1$ et injective dans $\mathrm{M}/(\boldsymbol{x}')\mathrm{M}$. Ces deux conditions sont clairement équivalentes, d'où *c*).

Remarque. — 1) L'assertion analogue à *c*) pour les suites régulières est vraie (X, p. 207, exercice 5).

PROPOSITION 7. — *a) Soit* N *un* A-*module plat. Si la famille* $\boldsymbol{x}$ *est complètement sécante pour* M, *elle l'est pour* $\mathrm{M} \otimes_{\mathrm{A}} \mathrm{N}$.

b) Soit $0 \to M' \to M \to M'' \to 0$ *une suite exacte de* A*-modules. Si la famille* $\boldsymbol{x}$ *est complètement sécante pour* M' *et pour* M'', *elle l'est pour* M.

Le complexe $\mathbf{K}.(\boldsymbol{x}, M \otimes_A N)$ est isomorphe par définition à $\mathbf{K}.(\boldsymbol{x}, M) \otimes_A N$; comme N est plat, on en déduit un isomorphisme $H.(\boldsymbol{x}, M) \otimes_A N \to H.(\boldsymbol{x}, M \otimes_A N)$ (X, p. 66, cor. 2), d'où *a*).

Le complexe $\mathbf{K}.(\boldsymbol{x})$ étant plat, on a une suite exacte de complexes

$$0 \to \mathbf{K}.(\boldsymbol{x}, M') \to \mathbf{K}.(\boldsymbol{x}, M) \to \mathbf{K}.(\boldsymbol{x}, M'') \to 0 ;$$

l'assertion *b*) résulte de la suite exacte d'homologie associée.

Remarques. — 2) Les assertions analogues à *a*) et *b*) pour les suites régulières sont immédiates.

3) Si la famille $\boldsymbol{x}$ est complètement secante pour A, le complexe $K.(\boldsymbol{x}, A)$ définit une résolution libre du A-module $A/\mathfrak{x}$, avec $\mathfrak{x} = \sum_{i \in I} x_i A$; on a donc pour tout entier $i \geqslant 0$ et pour tout A-module M des isomorphismes

$$\text{(15)} \qquad \operatorname{Ext}_A^{n-i}(A/\mathfrak{x}, M) \to H^{n-i}(\boldsymbol{x}, M) \to H_i(\boldsymbol{x}, M) \to \operatorname{Tor}_i^A(A/\mathfrak{x}, M) .$$

4) On dit que la suite $\boldsymbol{x} = (x_1, \dots, x_n)$ est M-*corégulière* si (notant $(x_i)_M$ l'homothétie de rapport x_i dans M) l'homothétie de rapport x_i dans le module

$$\operatorname{Ker}(x_1)_M \cap \dots \cap \operatorname{Ker}(x_{i-1})_M$$

est surjective pour $i = 1, \dots, n$. *On a alors* $H_i(\boldsymbol{x}, M) = 0$ *pour* $i < n$: cela se démontre de la même manière que la prop. 5.

Prenons par exemple $A = k[D_1, \dots, D_n]$, où k est une $\mathbf{Q}$-algèbre, et $M = k[T_1, \dots, T_n]$, muni de la structure de A-module telle que $D_i P = \partial P/\partial T_i$ pour tout $P \in M$ ($1 \leqslant i \leqslant n$). On vérifie aussitôt que la suite $(D_1, \dots, D_n)$ est M-corégulière; compte tenu de l'exemple p. 155, on en déduit que *le complexe de de Rham de* $k[T_1, \dots, T_n]$ *sur* k *est acyclique en degrés* > 0.

7. Un critère pour les suites complètement sécante

Soient A un anneau, M un A-module, $\mathfrak{x}$ un idéal de A. On appelle *topologie* $\mathfrak{x}$*-adique* sur M la topologie compatible avec la structure de groupe de M pour laquelle l'ensemble des sous-modules $\mathfrak{x}^r M$ ($r \geqslant 0$) est un système fondamental de voisinages de zéro (TG, III, p. 5, exemple). Cette topologie est séparée si et seulement si

$$\bigcap_{r \geqslant 0} \mathfrak{x}^r = 0 .$$

Supposons maintenant que l'idéal $\mathfrak{x}$ soit engendré par une suite $\boldsymbol{x} = (x_1, \dots, x_n)$

d'éléments de A. Considérons le A-module gradué $\bigoplus_{r \geqslant 0} \mathfrak{x}^r M$ et le A-homomorphisme gradué de degré 0

$$a_M^{\mathfrak{x}} : A[X_1, \dots, X_n] \otimes_A M \to \bigoplus_{r \geqslant 0} \mathfrak{x}^r M$$

tel que $a_M^{\mathfrak{x}}(P \otimes m) = P(x_1, \dots, x_n)\, m$ si P est un polynôme homogène en $X_1, \dots, X_n$ et $m \in M$. Notons $\mathfrak{d}$ l'idéal de $A[X_1, \dots, X_n]$ engendré par les éléments $(x_i X_j - x_j X_i)$ pour $1 \leqslant i < j \leqslant n$. On a $P(x_1, \dots, x_n) = 0$ si $P \in \mathfrak{d}$, de sorte que $a_M^{\mathfrak{x}}$ donne par passage au quotient un A-homomorphisme gradué de degré 0

$$\alpha_M^{\mathfrak{x}} : (A[X_1, \dots, X_n]/\mathfrak{d}) \otimes_A M \to \bigoplus_{r \geqslant 0} \mathfrak{x}^r M .$$

Par produit tensoriel avec $A/\mathfrak{x}$, on déduit de $\alpha_M^{\mathfrak{x}}$ un A-homomorphisme gradué de degré 0

$$\beta_M^{\mathfrak{x}} : (A/\mathfrak{x})\,[X_1, \dots, X_n] \otimes_A M \to \bigoplus_{r \geqslant 0} (\mathfrak{x}^r M/\mathfrak{x}^{r+1} M) .$$

Les homomorphismes $a_M^{\mathfrak{x}}$, $\alpha_M^{\mathfrak{x}}$ et $\beta_M^{\mathfrak{x}}$ sont surjectifs.

THÉORÈME 1. — *Considérons les conditions suivantes* :

(i) *La suite* $\boldsymbol{x}$ *est* M-*régulière* (X, p. 158).

(ii) *La suite* $\boldsymbol{x}$ *est complètement sécante pour* M (X, p. 157, déf. 2).

(iii) *On a* $H_1(\boldsymbol{x}, M) = 0$.

(iv) *L'homomorphisme* $\alpha_M^{\mathfrak{x}} : (A[X_1, \dots, X_n]/\mathfrak{d}) \otimes_A M \to \bigoplus_{r \geqslant 0} \mathfrak{x}^r M$ *est bijectif.*

(v) *L'homomorphisme* $\beta_M^{\mathfrak{x}} : (A/\mathfrak{x})\,[X_1, \dots, X_n] \otimes_A M \to \bigoplus_{r \geqslant 0} (\mathfrak{x}^r M/\mathfrak{x}^{r+1} M)$ *est bijectif.*

On a alors les implications (i) $\Rightarrow$ (ii) $\Rightarrow$ (iii) $\Leftrightarrow$ (iv) $\Rightarrow$ (v). *Si pour* $1 \leqslant i \leqslant n$ *le* A-*module* $M/(x_1 M + \cdots + x_{i-1} M)$ *est séparé pour la topologie* $\mathfrak{x}$-*adique, les conditions* (i) *à* (v) *sont équivalentes.*

Le théorème sera démontré aux n°s 8 et 9.

* COROLLAIRE 1. — *Si* A *est nœthérien, si le* A-*module* M *est de type fini et si les* x_i *appartiennent au radical de* A, *les conditions* (i) *à* (v) *du théorème sont équivalentes.*

En effet, sur chacun des modules $M/(x_1 M + \cdots + x_{i-1} M)$ la topologie $\mathfrak{x}$-adique est séparée (AC III, § 3, n° 3, prop. 6). *

COROLLAIRE 2. — *Supposons que* A *soit un anneau gradué à degrés positifs,* M *un* A-*module gradué borné inférieurement, et les* x_i *des éléments homogènes de degré* > 0 *de* A. *Alors les conditions* (i) *à* (v) *du théorème sont équivalentes.*

La topologie $\mathfrak{x}$-adique est en effet séparée pour tout A-module gradué N borné inférieurement, puisque si $N_n = 0$ pour $n < n_0$ on a $\mathfrak{x}^a N \subset \sum_{j \geqslant n_0 + a} N_j$ pour tout $a \geqslant 0$.

COROLLAIRE 3. — *Supposons que les modules* $M/(x_1 M + \cdots + x_{i-1} M)$ *soient séparés pour la topologie* $\mathfrak{x}$*-adique* ($1 \leqslant i \leqslant n$) ; *soit* p *un entier compris entre* 1 *et* n. *Pour que la suite* $\boldsymbol{x}$ *soit complètement sécante pour* M, *il faut et il suffit que la suite* $(x_1, \ldots, x_p)$ *soit complètement sécante pour* M *et que la suite* $(x_{p+1}, \ldots, x_n)$ *soit complètement sécante pour* $M/(x_1 M + \cdots + x_p M)$.

En effet le corollaire est évident si on remplace dans l'énoncé « suites complètement sécantes » par « suites régulières » ; or les deux notions coïncident ici d'après le théorème.

Remarque. — Soit $\boldsymbol{x} = (x_1, \ldots, x_n)$ une suite d'éléments de A telle que $H_1(\boldsymbol{x}, A) = 0$; alors le noyau de l'homomorphisme surjectif $u : A^n \to \mathfrak{x}$ tel que $u(\sum a_i e_i) = \sum a_i x_i$ est engendré par les éléments $X_j e_i - X_i e_j$; par conséquent, la A-algèbre $A[X_1, \ldots, X_n]/\mathfrak{d}$ est isomorphe à l'algèbre symétrique $S_A(\mathfrak{x})$ (III, p. 69, prop. 4). Il résulte donc du théorème 1 que l'homomorphisme d'algèbres $S_A(\mathfrak{x}) \to \bigoplus_n \mathfrak{x}^n$ déduit de l'injection canonique de $\mathfrak{x}$ dans $\bigoplus_n \mathfrak{x}^n$ est un isomorphisme. Il en va de même pour l'homomorphisme $S_A(\mathfrak{x}/\mathfrak{x}^2) \to \bigoplus_n \mathfrak{x}^n/\mathfrak{x}^{n+1}$.

8. Démonstration du théorème 1 : première partie

L'implication (i) ⇒ (ii) a déjà été démontrée (X, p. 157, prop. 5). L'implication (ii) ⇒ (iii) est évidente ; il en est de même de (iv) ⇒ (v), puisque $\beta_M^{\boldsymbol{x}}$ s'identifie à $\alpha_M^{\boldsymbol{x}} \otimes 1_{A/\mathfrak{x}}$.

Pour montrer que (iv) entraîne (iii), considérons l'homomorphisme $(\alpha_M^{\boldsymbol{x}})_1$ induit sur les composants de degré 1. Notons E le A-module gradué $A[X_1, \ldots, X_n]$; le A-module E_1 est libre de base $X_1, \ldots, X_n$ et $\mathfrak{d}_1$ est le sous-A-module de E_1 engendré par les éléments $(x_i X_j - x_j X_i)$ pour $1 \leqslant i < j \leqslant n$. Par suite $((E/\mathfrak{d}) \otimes_A M)_1$ s'identifie à $K_1(\boldsymbol{x}, M)/B_1(K.(\boldsymbol{x}, M))$, l'homomorphisme $(\alpha_M^{\boldsymbol{x}})_1$ s'identifiant à l'application de $K_1(\boldsymbol{x}, M)/B_1(K.(\boldsymbol{x}, M))$ sur $B_0(K.(\boldsymbol{x}, M))$ induite par d_1. Ainsi la nullité de $H_1(\boldsymbol{x}, M)$ est équivalente à l'injectivité de $(\alpha_M^{\boldsymbol{x}})_1$, d'où l'implication (iv) ⇒ (iii).

Pour démontrer que (iii) entraîne (iv), nous utiliserons le lemme suivant :

Lemme 4. — *Soit* A_0 *l'anneau* $\mathbf{Z}[T_1, \ldots, T_n]$, *et soit* $u : A_0[X_1, \ldots, X_n] \to A_0[U]$ *l'homomorphisme de* A_0*-algèbres tel que* $u(X_i) = T_i U$. *Le noyau de u est l'idéal* $\mathfrak{d}_0$ *de* $A_0[X_1, \ldots, X_n]$ *engendré par les éléments* $(T_i X_j - T_j X_i)$ *pour* $1 \leqslant i < j \leqslant n$. *Si* $\mathfrak{t}$ *est l'idéal de* A_0 *engendré par* $(T_1, \ldots, T_n)$, *u induit un isomorphisme*

$$\bar{u} : A_0[X_1, \ldots, X_n]/\mathfrak{d}_0 \to \bigoplus_{r \geqslant 0} \mathfrak{t}^r .$$

Il suffit évidemment de démontrer la première assertion. Pour toute suite d'entiers naturels $\boldsymbol{\alpha} = (\alpha_1, \ldots, \alpha_n)$ et tout entier $k \in [0, n]$, notons $P_{\alpha,k}$ le monôme

$$T_1^{\alpha_1} \ldots T_k^{\alpha_k} X_{k+1}^{\alpha_{k+1}} \ldots X_n^{\alpha_n} ;$$

soit N le sous-**Z**-module de $A_0[X_1, \dots, X_n]$ engendré par les $P_{\alpha,k}$ pour $\alpha \in \mathbf{N}^n$ et $0 \leqslant k \leqslant n$. Nous allons montrer que la restriction de u à N est injective et que $A_0[X_1, \dots, X_n] = \mathfrak{d}_0 + N$; comme on a $\mathfrak{d}_0 \subset \operatorname{Ker} u$, cela entraînera le lemme.

Observons que N est engendré par l'ensemble S formé de $P_{\mathbf{0},0} = 1$ et de ceux des $P_{\alpha,k}$ pour lesquels $\alpha_k \neq 0$. Pour prouver l'injectivité de la restriction de u à N, il suffit de montrer que deux éléments distincts de S ont pour image par u des monômes distincts dans $A_0[U]$. Or on a $u(P_{\alpha,k}) = T^{\alpha} U^{\sum_{i \geqslant k} \alpha_i}$, de sorte que l'égalité $u(P_{\alpha,k}) = u(P_{\alpha',k'})$ entraîne $\alpha = \alpha'$ et $\sum_{i \geqslant k} \alpha_i = \sum_{i \geqslant k'} \alpha_i$. Supposons que $P_{\alpha,k}$ et $P_{\alpha',k'}$ appartiennent à S. Si $\alpha = \mathbf{0}$, on a alors $k = k' = 0$; si $\alpha \neq \mathbf{0}$, on obtient $k = k'$ puisque α_k et $\alpha_{k'}$ sont différents de zéro, d'où le résultat.

Montrons que tout monôme $T^{\alpha} X^{\beta} \in A_0[X_1, \dots, X_n]$ est congru modulo $\mathfrak{d}_0$ à un $P_{\eta,k}$. Pour toute suite $\lambda \in \mathbf{N}^n$, on notera $i(\lambda)$ (resp. $j(\lambda)$) le plus petit (resp. le plus grand) entier $k \in [1, n]$ tel que $\lambda_k \neq 0$. Dans l'ensemble des monômes $T^{\gamma} X^{\delta}$ qui sont congrus à $T^{\alpha} X^{\beta}$ modulo $\mathfrak{d}_0$, choisissons-en un pour lequel l'entier rationnel $j(\gamma) - i(\delta)$ soit *minimum* ; montrons qu'on a alors $j(\gamma) - i(\delta) < 0$. Supposons qu'on ait $j(\gamma) \geqslant i(\delta)$; notons $j = j(\gamma)$, $i = i(\delta)$, et soit $\varepsilon = \inf(\gamma_j, \delta_i)$. Comme $(T_j^{\varepsilon} X_i^{\varepsilon} - T_i^{\varepsilon} X_j^{\varepsilon})$ est divisible par $(T_j X_i - T_i X_j)$, donc appartient à $\mathfrak{d}_0$, on voit que $T^{\gamma} X^{\delta}$ est congru modulo $\mathfrak{d}_0$ à $T^{\gamma'} X^{\delta'}$, où $\gamma'_i = \gamma_i + \varepsilon$, $\gamma'_j = \gamma_j - \varepsilon$, $\gamma'_k = \gamma_k$ pour $k \neq i, j$, et $\delta'_i = \delta_i - \varepsilon$, $\delta'_j = \delta_j + \varepsilon$, $\delta'_k = \delta_k$ pour $k \neq i, j$. Comme γ'_j ou δ'_i est nul, on a $j(\gamma') - i(\delta') < j(\gamma) - i(\delta)$ ce qui contredit le caractère minimal de $j(\gamma) - i(\delta)$.

Par conséquent on a $j(\gamma) < i(\delta)$, d'où $T^{\gamma} X^{\delta} \in N$, ce qui achève de prouver le lemme.

Démontrons que (iii) implique (iv). Considérons l'anneau $A_0 = \mathbf{Z}[T_1, \dots, T_n]$ et l'idéal $\mathfrak{t}$ de A_0 engendré par $T_1, \dots, T_n$. Munissons M de la structure de A_0-module pour laquelle $T_i m = x_i m$ pour $m \in M$, $1 \leqslant i \leqslant n$. D'après X, p. 155, $H_i(\mathbf{x}, M)$ s'identifie canoniquement à $H_i(\mathbf{T}, M)$.

Comme la suite $\mathbf{T}$ est régulière pour A_0, il résulte de l'implication (i) ⇒ (ii) que le complexe $\mathbf{K}.(\mathbf{T}, A_0)$ définit une résolution libre du A_0-module $A_0/\mathfrak{t}$. Remarquons que celui-ci s'identifie à $\mathbf{Z}$, muni de la structure de A_0-module telle que $T_i \mathbf{Z} = 0$ pour $1 \leqslant i \leqslant n$. Ainsi *la condition* (iii) *est équivalente à* $\operatorname{Tor}_1^{A_0}(M, \mathbf{Z}) = 0$.

Montrons que (iii) entraîne $\operatorname{Tor}_1^{A_0}(M, A_0/\mathfrak{t}^r) = 0$ pour tout $r \geqslant 1$. Cela résulte de ce qui précède pour $r = 1$. Dans le cas général, considérons la suite exacte

$$0 \to \mathfrak{t}^r/\mathfrak{t}^{r+1} \to A_0/\mathfrak{t}^{r+1} \to A_0/\mathfrak{t}^r \to 0 . \tag{16}$$

Le A_0-module $\mathfrak{t}^r/\mathfrak{t}^{r+1}$ est isomorphe à un produit fini d'exemplaires de $\mathbf{Z}$; on a donc $\operatorname{Tor}_1^{A_0}(M, \mathfrak{t}^r/\mathfrak{t}^{r+1}) = 0$. On en déduit, par récurrence sur r, que

$$\operatorname{Tor}_1^{A_0}(M, A_0/\mathfrak{t}^r) = 0 \qquad \text{pour tout } r .$$

La suite exacte (16) fournit donc, par produit tensoriel avec M, une suite exacte

$$0 \to (\mathfrak{t}^r/\mathfrak{t}^{r+1}) \otimes_{A_0} M \to M/\mathfrak{x}^{r+1} M \to M/\mathfrak{x}^r M \to 0 \tag{17}$$

d'où un isomorphisme de $(\mathfrak{t}^r/\mathfrak{t}^{r+1}) \otimes_{A_0} M$ sur $\mathfrak{x}^r M/\mathfrak{x}^{r+1} M$. En considérant la suite exacte $0 \to \mathfrak{t}^{r+1} \to \mathfrak{t}^r \to \mathfrak{t}^r/\mathfrak{t}^{r+1} \to 0$, on voit alors par récurrence sur r que l'application $m_r : \mathfrak{t}^r \otimes_{A_0} M \to \mathfrak{x}^r M$, induite par l'opération de A_0 dans M, est un isomorphisme.

Pour démontrer (iv), il reste à observer que le diagramme

$$\begin{array}{ccc} (A_0[X_1, \dots, X_n]/\mathfrak{d}_0) \otimes_{A_0} M & \xrightarrow{\bar{u} \otimes 1_M} & \bigoplus_{r \geqslant 0} (\mathfrak{t}^r \otimes_{A_0} M) \\ \downarrow e & & \downarrow \oplus m_r \\ (A[X_1, \dots, X_n]/\mathfrak{d}) \otimes_A M & \xrightarrow{\alpha_M^{\mathfrak{x}}} & \bigoplus_{r \geqslant 0} \mathfrak{x}^r M \end{array}$$

où e est l'isomorphisme canonique d'extension des scalaires (II, p. 85, prop. 6), est commutatif, et à appliquer le lemme 4.

9. Démonstration du théorème 1 : deuxième partie

Considérons de nouveau la suite exacte

(16) $$0 \longrightarrow \mathfrak{t}^r/\mathfrak{t}^{r+1} \xrightarrow{i_r} A_0/\mathfrak{t}^{r+1} \xrightarrow{p_r} A_0/\mathfrak{t}^r \longrightarrow 0$$

et la suite exacte de modules de torsion associée

(18) $$\mathrm{Tor}_1^{A_0}(A_0/\mathfrak{t}^{r+1}, M) \longrightarrow \mathrm{Tor}_1^{A_0}(A_0/\mathfrak{t}^r, M)$$
$$\longrightarrow (\mathfrak{t}^r/\mathfrak{t}^{r+1}) \otimes_{A_0} M \xrightarrow{i_r \otimes 1_M} (A_0/\mathfrak{t}^{r+1}) \otimes_{A_0} M \xrightarrow{p_r \otimes 1_M} (A_0/\mathfrak{t}^r) \otimes_{A_0} M \longrightarrow 0 .$$

Le noyau de $p_r \otimes 1_M$ s'identifie à $\mathfrak{x}^r M/\mathfrak{x}^{r+1} M$; par ailleurs $\mathfrak{t}^r/\mathfrak{t}^{r+1}$ est annulé par les T_i et s'identifie au composant homogène de degré r de A_0, de sorte que l'homomorphisme $(\mathfrak{t}^r/\mathfrak{t}^{r+1}) \otimes_{A_0} M \to \mathfrak{x}^r M/\mathfrak{x}^{r+1} M$ déduit de $i_r \otimes 1_M$ s'identifie à la composante homogène de degré r de l'homomorphisme $\beta_M^{\mathfrak{x}}$. Il résulte donc de la suite exacte (18) que la condition (v) est équivalente à

(v') : *l'homomorphisme* $\mathrm{Tor}_1^{A_0}(p_r, 1_M) : \mathrm{Tor}_1^{A_0}(A_0/\mathfrak{t}^{r+1}, M) \to \mathrm{Tor}_1^{A_0}(A_0/\mathfrak{t}^r, M)$ *est surjectif pour tout* $r \geqslant 1$.

Il nous reste à prouver l'implication (v) ⇒ (i) lorsque les modules

$$M/(x_1 M + \cdots + x_{i-1} M)$$

sont séparés pour la topologie $\mathfrak{x}$-adique ($1 \leqslant i \leqslant n$). Notons $\overline{M}$ le A-module $M/x_1 M$. Par définition, la suite $\boldsymbol{x}$ est régulière pour M si et seulement si $(x_1)_M$ est injectif et la suite $\boldsymbol{x}' = (x_2, \dots, x_n)$ est régulière pour $\overline{M}$. Raisonnant par récurrence sur n, il suffit donc de prouver que, si M est séparé pour la topologie $\mathfrak{x}$-adique et si $\beta_M^{\mathfrak{x}}$ est bijectif, alors $(x_1)_M$ est injectif et $\beta_{\overline{M}}^{\mathfrak{x}'}$ est bijectif. Or la bijectivité de $\beta_M^{\mathfrak{x}}$ implique en particulier que l'homothétie de rapport x_1 dans $\bigoplus_r \mathfrak{x}^r M/\mathfrak{x}^{r+1} M$ est injective, donc que $\operatorname{Ker}(x_1)_M \subset \bigcap_i \mathfrak{x}^i M$ et par conséquent que $(x_1)_M$ est injectif si la topologie $\mathfrak{x}$-adique sur M est séparée.

On est ainsi ramené à démontrer que si $(x_1)_M$ est injectif et si M vérifie la condition (v′), alors $\overline{M}$ vérifie la condition (v′) relativement à la suite $\boldsymbol{x}'$.

On a par hypothèse une suite exacte

$$0 \longrightarrow M \xrightarrow{(x_1)_M} M \longrightarrow \overline{M} \longrightarrow 0 ;$$

posons $\overline{A}_0 = A_0/T_1 A_0$, $\overline{t} = t\overline{A}_0$. Soit $q : L \to M$ une résolution libre du A_0-module M ; comme l'homothétie de rapport T_1 est injective dans A_0, elle est injective dans L, et on a une suite exacte de complexes

$$0 \longrightarrow L \xrightarrow{(x_1)_L} L \longrightarrow \overline{L} \longrightarrow 0$$

avec $\overline{L} = L/x_1 L$, et un diagramme commutatif

$$\begin{array}{ccccccccc} 0 & \to & L & \xrightarrow{(x_1)_L} & L & \to & \overline{L} & \to & 0 \\ & & \downarrow q & & \downarrow q & & \downarrow \overline{q} & & \\ 0 & \to & M & \xrightarrow{(x_1)_M} & M & \to & \overline{M} & \to & 0 . \end{array}$$

Comme q est un homologisme, $\overline{q} : \overline{L} \to \overline{M}$ est une résolution libre du $\overline{A}_0$-module $\overline{M}$ (cor. 1, p. 30). Pour tout $\overline{A}_0$-module P, on a un isomorphisme canonique

$$P \otimes_{A_0} L \to P \otimes_{\overline{A}_0} \overline{L} ,$$

d'où par passage à l'homologie un isomorphisme

$$\varphi_P : \operatorname{Tor}_1^{A_0} (P, M) \to \operatorname{Tor}_1^{\overline{A}_0} (P, \overline{M}) .$$

Si $u : P \to P'$ est un $\overline{A}$-homomorphisme, alors

$$\varphi_{P'} \circ \operatorname{Tor}_1^{A_0} (u, 1_M) = \operatorname{Tor}_1^{\overline{A}_0} (u, 1_{\overline{M}}) \circ \varphi_P .$$

Cela étant, supposons la condition (v′) vérifiée pour M, et démontrons qu'elle est vraie pour $\overline{M}$. Soit r un entier $\geqslant 1$; on a un diagramme commutatif à lignes exactes

$$\begin{array}{ccccccccc} 0 & \to & A_0/t^r & \xrightarrow{T_1} & A_0/t^{r+1} & \to & \overline{A}_0/\overline{t}^{r+1} & \to & 0 \\ & & \downarrow p_{r-1} & & \downarrow p_r & & \downarrow \overline{p}_r & & \\ 0 & \to & A_0/t^{r-1} & \xrightarrow{T_1} & A_0/t^r & \to & \overline{A}_0/\overline{t}^r & \to & 0 \end{array}$$

d'où l'on déduit un diagramme commutatif à lignes exactes

$$\begin{array}{ccccccc} \operatorname{Tor}_1^{A_0} (A_0/t^{r+1}, M) & \to & \operatorname{Tor}_1^{A_0}(\overline{A}_0/\overline{t}^{r+1}, M) & \to & M/\boldsymbol{x}^r M & \xrightarrow{x_1} & M/\boldsymbol{x}^{r+1} M \\ \downarrow \operatorname{Tor}_1 (p_r, 1) & & \downarrow \operatorname{Tor}_1 (\overline{p}_r, 1) & & \downarrow & & \downarrow \\ \operatorname{Tor}_1^{A_0}(A_0/t^r, M) & \to & \operatorname{Tor}_1^{A_0}(\overline{A}_0/\overline{t}^r, M) & \to & M/\boldsymbol{x}^{r-1} M & \xrightarrow{x_1} & M/\boldsymbol{x}^r M . \end{array}$$

Or la multiplication par x_1 définit une *injection* de $M/\boldsymbol{x}^r M$ dans $M/\boldsymbol{x}^{r+1} M$: cela résulte aussitôt, par récurrence sur r, de la suite exacte

$$0 \to \boldsymbol{x}^{r-1} M/\boldsymbol{x}^r M \to M/\boldsymbol{x}^r M \to M/\boldsymbol{x}^{r-1} M \to 0$$

et de l'injectivité de l'homothétie de rapport x_1 dans $\bigoplus_{r \geqslant 0} (\mathfrak{x}^r \mathrm{M}/\mathfrak{x}^{r+1} \mathrm{M})$. La condition (v) entraîne donc que l'homomorphisme $\mathrm{Tor}_1^{\overline{\mathrm{A}}_0} (\overline{p}_r, 1_{\mathrm{M}})$ est surjectif pour tout $r \geqslant 1$. Par composition avec les isomorphismes $(\varphi_{\overline{\mathrm{A}}_0/\overline{\mathfrak{t}}^{r+1}})^{-1}$ et $\varphi_{\overline{\mathrm{A}}_0/\overline{\mathfrak{t}}^r}$, on en déduit que l'homomorphisme

$$\mathrm{Tor}_1^{\overline{\mathrm{A}}_0} (\overline{p}_r, 1_{\mathrm{M}}) : \mathrm{Tor}_1^{\overline{\mathrm{A}}_0} (\overline{\mathrm{A}}_0/\overline{\mathfrak{t}}^{r+1}, \mathrm{M}) \to \mathrm{Tor}_1^{\overline{\mathrm{A}}_0} (\overline{\mathrm{A}}_0/\overline{\mathfrak{t}}^r, \mathrm{M})$$

est surjectif pour $r \geqslant 1$, d'où la condition (v') pour $\overline{\mathrm{M}}$. Ceci achève la démonstration du théorème.

10. Classe d'extensions associée à une suite régulière

Soient A un anneau, M un A-module, $\boldsymbol{x} = (x_1, \ldots, x_n)$ une suite d'éléments de A. Notons M_i le A-module $\mathrm{M}/(x_1 \mathrm{M} + \cdots + x_{i-1} \mathrm{M})$ pour $i = 0, \ldots, n+1$, de sorte que M_0 et M_1 s'identifient à M et que $\mathrm{M}_{n+1} = \mathrm{M}/(\boldsymbol{x})\mathrm{M}$. Notons

$$\overline{x}_i : \mathrm{M}_{i-1} \to \mathrm{M}_i\,, \qquad i = 1, \ldots, n\,,$$

le A-homomorphisme composé de l'homothétie de M_{i-1} de rapport x_i et de la projection canonique de M_{i-1} sur M_i. Notons enfin $p : \mathrm{M}_n \to \mathrm{M}/(\boldsymbol{x})\mathrm{M}$ la projection canonique. Le diagramme

$$(19) \qquad 0 \longrightarrow \mathrm{M} \xrightarrow{\overline{x}_1} \mathrm{M}_1 \xrightarrow{\overline{x}_2} \mathrm{M}_2 \longrightarrow \cdots \xrightarrow{\overline{x}_n} \mathrm{M}_n \xrightarrow{p} \mathrm{M}/(\boldsymbol{x})\mathrm{M} \longrightarrow 0$$

est une *suite exacte* si et seulement si la suite $\boldsymbol{x}$ est M-régulière. *Supposons désormais la suite* $\boldsymbol{x}$ *régulière pour* M. L'élément $\theta_{\boldsymbol{x}} \in \mathrm{Ext}_{\mathrm{A}}^n (\mathrm{M}/(\boldsymbol{x})\mathrm{M}, \mathrm{M})$ associé à la suite exacte (19) est aussi dit *associé à la suite* M-*régulière* $\boldsymbol{x}$.

Soit i un entier, $1 \leqslant i \leqslant n$. Notons que la suite (19) peut se décomposer en les deux suites exactes

$$(20) \quad 0 \longrightarrow \mathrm{M} \xrightarrow{\overline{x}_1} \mathrm{M}_1 \xrightarrow{\overline{x}_2} \mathrm{M}_2 \longrightarrow \cdots \xrightarrow{\overline{x}_i} \mathrm{M}_i \longrightarrow \mathrm{M}/(x_1 \mathrm{M} + \cdots + x_i \mathrm{M}) \longrightarrow 0$$

$$(21) \quad 0 \longrightarrow \mathrm{M}/(x_1 \mathrm{M} + \cdots + x_i \mathrm{M}) \xrightarrow{\overline{x}_{i+1}} \mathrm{M}_{i+1} \longrightarrow \cdots$$
$$\longrightarrow \mathrm{M}_n \xrightarrow{p} \mathrm{M}/(\boldsymbol{x})\mathrm{M} \longrightarrow 0$$

qui ne sont autres que les suites exactes associées à la suite $(x_1, \ldots, x_i)$ qui est régulière pour M et à la suite $(x_{i+1}, \ldots, x_n)$ qui est régulière pour $\mathrm{M}/(x_1 \mathrm{M} + \cdots + x_i \mathrm{M})$. Notant

$$\theta_{(x_1, \ldots, x_i)} \in \mathrm{Ext}_{\mathrm{A}}^i (\mathrm{M}/(x_1 \mathrm{M} + \cdots + x_i \mathrm{M}), \mathrm{M})$$
$$\theta_{(x_{i+1}, \ldots, x_n)} \in \mathrm{Ext}_{\mathrm{A}}^{n-i} (\mathrm{M}/(\boldsymbol{x})\mathrm{M}, \mathrm{M}/(x_1 \mathrm{M} + \cdots + x_i \mathrm{M}))\,,$$

les classes d'extensions associées à (20) et (21), on a d'après X, p. 118, prop. 3

$$\theta_{(x_1,\ldots,x_n)} = \theta_{(x_1,\ldots,x_i)} \circ \theta_{(x_{i+1},\ldots,x_n)} . \tag{22}$$

Par ailleurs, d'après la prop. 5 (X, p. 157), le complexe de Koszul $\mathbf{K}.(\boldsymbol{x}, \mathrm{M})$ est acyclique en degrés $\neq n$, d'où une suite exacte

$$0 \longrightarrow \mathrm{M} \xrightarrow{\partial^0} \mathbf{K}^1(\boldsymbol{x}, \mathrm{M}) \xrightarrow{\partial^1} \mathbf{K}^2(\boldsymbol{x}, \mathrm{M}) \xrightarrow{\partial^2} \cdots \longrightarrow \mathbf{K}^n(\boldsymbol{x}, \mathrm{M}) \xrightarrow{q} \mathrm{M}/(\boldsymbol{x})\,\mathrm{M} \longrightarrow 0 , \tag{23}$$

où on a identifié $\mathbf{K}^0(\boldsymbol{x}, \mathrm{M})$ à M et où q applique chaque élément $\boldsymbol{m} \in \mathbf{K}^n(\boldsymbol{x}, \mathrm{M})$ sur la classe dans $\mathrm{M}/(\boldsymbol{x})\,\mathrm{M}$ de $\boldsymbol{m}(1, 2, \ldots, n) \in \mathrm{M}$.

Proposition 8. — *Supposons la suite* $\boldsymbol{x}$ *régulière pour* M. *L'élément de* $\mathrm{Ext}^n_{\mathrm{A}}(\mathrm{M}/(\boldsymbol{x})\,\mathrm{M}, \mathrm{M})$ *associé à la suite exacte* (23) *est* $(-1)^{n(n+1)/2}.\theta_{\boldsymbol{x}}$.

Pour $i = 0, 1, \ldots, n$, définissons une application A-linéaire

$$a^i : \mathbf{K}^i(\boldsymbol{x}, \mathrm{M}) \to \mathrm{M}_i = \mathrm{M}/(x_1\,\mathrm{M} + \cdots + x_{i-1}\,\mathrm{M})$$

comme suit : si $\boldsymbol{m} \in \mathbf{K}^i(\boldsymbol{x}, \mathrm{M})$, $a^i(\boldsymbol{m})$ est la classe dans M_i de l'élément $\boldsymbol{m}(1, 2, \ldots, i)$ de M. Il est clair que a^0 est l'application identique de M et que $p \circ a^n = q$. Par ailleurs $a^{i+1} \circ \partial^i(\boldsymbol{m})$ est l'image dans M_{i+1} de l'élément

$$\sum_{k=1}^{i+1} (-1)^{k+1}\, x_k\, \boldsymbol{m}(1, 2, \ldots, k-1, k+1, \ldots, i+1) .$$

Comme x_k annule M_{i+1} pour $k = 1, \ldots, i$, $a^{i+1} \circ \partial^i(\boldsymbol{m})$ est aussi l'image de

$$(-1)^i\, x_{i+1}\, \boldsymbol{m}(1, 2, \ldots, i) ,$$

donc

$$a^{i+1} \circ \partial^i = (-1)^i\, \overline{x}_{i+1} \circ a^i .$$

D'après X, p. 120, cor. 1 et 2, l'élément de $\mathrm{Ext}^n_{\mathrm{A}}(\mathrm{M}/(\boldsymbol{x})\,\mathrm{M}, \mathrm{M})$ associé à (23) est égal à $\prod_{i=1}^{n} (-1)^i.\theta_{\boldsymbol{x}}$, d'où l'assertion.

Corollaire. — *Supposons de plus les modules* $\mathrm{M}/(x_1\,\mathrm{M} + \cdots + x_{i-1}\,\mathrm{M})$ *séparés pour la topologie* $(\boldsymbol{x})$*-adique, et soit* $(a_{ij}) \in \mathbf{GL}_n(\mathrm{A})$. *Posons*

$$y_i = \sum_j a_{ij}\, x_j \quad et \quad \boldsymbol{y} = (y_1, \ldots, y_n) .$$

Alors la suite $\boldsymbol{y}$ *est régulière pour* M, *et on a* $\theta_{\boldsymbol{y}} = \det(a_{ij})^{-1}\,\theta_{\boldsymbol{x}}$.

En effet, la suite $\boldsymbol{y}$ est régulière pour M d'après la prop. 6 (X, p. 158) et le théorème 1 (X, p. 160) ; la dernière assertion résulte de la prop. 8, et de la prop. 4 de X, p. 119.

Proposition 9. — *Supposons la suite* $\boldsymbol{x}$ *régulière pour* M. *Si* N *est un* A*-module tel que* $(\boldsymbol{x})\,\mathrm{N} = 0$, *on a* $\mathrm{Ext}^i_{\mathrm{A}}(\mathrm{N}, \mathrm{M}) = 0$ *pour* $i < n$, *et l'application* $\alpha \mapsto \theta_{\boldsymbol{x}} \circ \alpha$

de $\mathrm{Hom}_A(\mathrm{N}, \mathrm{M}/(\boldsymbol{x})\mathrm{M})$ *dans* $\mathrm{Ext}^n_A(\mathrm{N}, \mathrm{M})$ (*qui est aussi l'homomorphisme de liaison itéré associé à* (19), *cf.* X, p. 127, cor. 3) *est bijective.*

Il s'agit de prouver que l'homomorphisme $\psi^i : \alpha \mapsto \theta_x \circ \alpha$ de $\mathrm{Ext}^{i-n}_A(\mathrm{N}, \mathrm{M}/(\boldsymbol{x})\mathrm{M})$ dans $\mathrm{Ext}^i_A(\mathrm{N}, \mathrm{M})$ est bijectif pour $i \leqslant n$. Raisonnons par récurrence sur n, l'assertion étant triviale pour $n = 0$. Posons $\mathrm{M}_1 = \mathrm{M}/x_1\mathrm{M}$, $\boldsymbol{x}' = (x_2, \ldots, x_n)$, de sorte que $\boldsymbol{x}'$ est M_1-régulière. D'après l'hypothèse de récurrence, l'homomorphisme

$$\overline{\psi}^{i-1} : \alpha \mapsto \theta_{\boldsymbol{x}'} \circ \alpha$$

de $\mathrm{Ext}^{i-n}_A(\mathrm{N}, \mathrm{M}/(\boldsymbol{x})\mathrm{M})$ dans $\mathrm{Ext}^{i-1}_A(\mathrm{N}, \mathrm{M}_1)$ est bijectif pour $i < n$. Par ailleurs, considérons la suite exacte

$$0 \longrightarrow \mathrm{M} \xrightarrow{(x_1)_\mathrm{M}} \mathrm{M} \longrightarrow \mathrm{M}_1 \longrightarrow 0\,;$$

l'homomorphisme de liaison $\mathrm{Ext}^i_A(\mathrm{N}, \mathrm{M}_1) \to \mathrm{Ext}^{i+1}_A(\mathrm{N}, \mathrm{M})$ associé est
$\varphi^i : \beta \mapsto \theta_{x_1} \circ \beta$ (X, p. 125, prop. 5) ;

comme on a $\mathrm{Ext}^i(1_\mathrm{N}, (x_1)_\mathrm{M}) = \mathrm{Ext}^i((x_1)_\mathrm{N}, 1_\mathrm{M}) = 0$, on en déduit des suites exactes

$$0 \longrightarrow \mathrm{Ext}^i_A(\mathrm{N}, \mathrm{M}) \longrightarrow \mathrm{Ext}^i_A(\mathrm{N}, \mathrm{M}_1) \xrightarrow{\varphi^i} \mathrm{Ext}^{i+1}_A(\mathrm{N}, \mathrm{M}) \longrightarrow 0\,.$$

Comme $\mathrm{Ext}^i_A(\mathrm{N}, \mathrm{M}_1) = 0$ pour $i < n - 1$, on en déduit que $\mathrm{Ext}^{i+1}_A(\mathrm{N}, \mathrm{M}) = 0$ pour $i < n - 1$, c'est-à-dire $i + 1 < n$; il s'ensuit que φ^i est bijectif pour $i < n$. Comme $\psi^i(\alpha) = \theta_{\boldsymbol{x}} \circ \alpha = \theta_{x_1} \circ \theta_{\boldsymbol{x}'} \circ \alpha = \varphi^{i-1} \circ \overline{\psi}^i(\alpha)$ pour $\alpha \in \mathrm{Ext}^{i-n}_A(\mathrm{N}, \mathrm{M}/(\boldsymbol{x})\mathrm{M})$, ψ^i est bien bijectif pour $i \leqslant n$.

EXERCICES

§ 1

1) Soit

$$\begin{array}{ccccccc} M & \rightarrow & N & \xrightarrow{t} & P & \rightarrow & Q \\ \downarrow{\scriptstyle u} & & \downarrow{\scriptstyle v} & & \downarrow{\scriptstyle w} & & \downarrow{\scriptstyle s} \\ M' & \rightarrow & N' & \xrightarrow{t'} & P' & \rightarrow & Q' \end{array}$$

un diagramme commutatif de A-modules où les lignes sont exactes ; on suppose que u est surjectif et s injectif. Montrer que :

$$\operatorname{Ker}(w) = t(\operatorname{Ker}(v)) \qquad \operatorname{Im}(v) = t'^{-1}(\operatorname{Im}(w)).$$

2) Soient $u : M \rightarrow N$, $v : N \rightarrow P$ deux homomorphismes de A-modules. Montrer qu'il existe une suite exacte :

$$0 \rightarrow \operatorname{Ker}(u) \rightarrow \operatorname{Ker}(v \circ u) \rightarrow \operatorname{Ker}(v) \rightarrow \operatorname{Coker}(u) \rightarrow \operatorname{Coker}(v \circ u) \rightarrow \operatorname{Coker} v \rightarrow 0 .$$

3) Dans le diagramme de A-modules :

$$\begin{array}{ccc} P & \longleftarrow & M \\ \downarrow & \swarrow\; R \;\nwarrow & \downarrow \\ N & \longleftarrow & Q \end{array}$$

la commutativité des deux triangles extraits du diagramme entraîne-t-elle nécessairement celle du diagramme ?

4) Soient k un corps, $B = k[T]$, A le sous-anneau $k[T^2, T^3] \subset k[T]$. Montrer que le A-module B est sans torsion, mais n'est pas un A-module plat.

5) Soient k un corps, $C = k[X, Y]$; on considère les sous-anneaux $A = k[X^4, Y^4]$, $B = k[X^4, X^3 Y, XY^3, Y^4]$ et $\tilde{B} = k[X^4, X^3 Y, X^2 Y^2, XY^3, Y^4]$ de C. Les inclusions $A \subset B \subset \tilde{B}$ permettent de définir sur B et $\tilde{B}$ des structures de A-module. Montrer que $\tilde{B}$ est un A-module plat, tandis que le A-module B n'est pas plat.

6) Montrer qu'un A-module E est plat si et seulement si il vérifie la condition suivante (*cf.* X, p. 15, remarque) :

(ii″) Pour toute famille finie $(c_i)_{i \in I}$ d'éléments de A, toute solution $e = (e_i)_{i \in I}$ de l'équation $\sum_{i \in I} c_i e_i = 0$ peut s'écrire $b_1 z_1 + \cdots + b_n z_n$, où $b_1, \ldots, b_n \in E$ et où, pour $r = 1, \ldots, n$, $z_r = (z_{r,i})_{i \in I}$ est une solution de l'équation $\sum_{i \in I} z_{r,i} c_i = 0$.

7) Soient E un monoïde et S une partie stable de E, simplifiable et vérifiant les hypothèses de l'exercice 17 de III, p. 121, de sorte qu'il existe un « monoïde de fractions » $\overline{E}$ et un homomorphisme injectif $\varepsilon : E \rightarrow \overline{E}$. Soit A un anneau commutatif. On déduit de ε un homomorphisme des algèbres de monoïdes $u : A^{(E)} \rightarrow A^{(\overline{E})}$, qui permet de considérer $A^{(\overline{E})}$ comme un $A^{(E)}$-module à gauche. Montrer que ce module est plat sur $A^{(E)}$ (écrire $A^{(\overline{E})}$ comme limite inductive filtrante de $A^{(E)}$-modules libres de rang 1).

* 8) Soit A l'anneau des fonctions continues à valeurs réelles sur l'intervalle $[0, 1]$.

a) Montrer que l'idéal des fonctions nulles en 0 est un A-module plat (montrer qu'il est limite inductive filtrante des idéaux Af, où f est une fonction qui ne s'annule qu'en 0).

b) Montrer que l'idéal I des fonctions nulles au voisinage de 0 est un A-module projectif (montrer qu'il existe une suite $(f_n)_{n \geqslant 1}$, $f_n \in I$, telle que $\operatorname{Supp}(f_n) \subset \left[\frac{1}{n+2}, \frac{1}{n}\right]$ et $\sum_n f_n(x) = 1$ pour $x \neq 0$; en déduire que tout élément h de I s'écrit $h = \sum_n (f_n h) e_n$ avec $e_n = \sum_{r \leqslant n+1}^{n} f_r$, et utiliser II, p. 46, prop. 12 . $_*$

9) Soit P un A-module. Montrer que les conditions suivantes sont équivalentes :

α) Pour qu'une suite $M' \xrightarrow{u} M \xrightarrow{v} M''$ de A-modules à droite soit exacte, il faut et il suffit que la suite

$$M' \otimes_A P \xrightarrow{u \otimes 1} M \otimes_A P \xrightarrow{v \otimes 1} M'' \otimes_A P$$

soit exacte.

β) P est plat, et pour tout A-module à droite non nul M, on a $M \otimes_A P \neq (0)$.

γ) P est plat, et pour tous A-modules à droite M, N, l'homomorphisme canonique

$$\mathrm{Hom}_A(M, N) \to \mathrm{Hom}_{\mathbf{Z}}(M \otimes_A P, N \otimes_A P)$$

est injectif.

δ) P est plat, et pour tout idéal à droite maximal $\mathfrak{m}$ de A, on a $\mathfrak{m}P \neq P$.

On dit alors que P est un A-module *fidèlement plat.*

10) *a*) Montrer qu'un module fidèlement plat est fidèle (II, p. 28).

b) Le **Z**-module **Q** est fidèle et plat, mais non fidèlement plat.

c) Soit (p_n) la suite strictement croissante des nombres premiers, et soit A l'anneau produit $\prod_n \mathbf{Z}/p_n\mathbf{Z}$. Montrer que la somme directe E des $\mathbf{Z}/p_n\mathbf{Z}$ est un A-module projectif fidèle qui n'est pas fidèlement plat (observer que E est un idéal de A tel que $E^2 = E$).

11) Soit $0 \to P' \to P \to P'' \to 0$ une suite exacte de A-modules. On suppose que P' et P'' sont plats, et que l'un d'eux est fidèlement plat. Montrer que P est fidèlement plat.

12) Soit $\rho : A \to B$ un homomorphisme d'anneaux qui fasse de B un A-module à droite fidèlement plat ; soit M un A-module.

a) Montrer que pour que M soit de type fini (resp. de présentation finie), il faut et il suffit qu'il en soit de même du B-module $B \otimes_A M$.

b) On suppose que $\rho(A)$ est contenu dans le centre de B. Montrer que M est plat (resp. fidèlement plat, resp. projectif de type fini) si et seulement si le B-module $B \otimes_A M$ l'est.

13) Montrer que tout module plat de type fini P sur un anneau intègre A est projectif (considérer une présentation $0 \to R \xrightarrow{i} L \xrightarrow{p} P \to 0$, où L est libre de type fini ; choisir un sous-module de type fini R' de R tel que R/R' soit de torsion, et appliquer le théorème 1, p. 14).

¶ 14) *a*) Soit $0 \to R \to L \to E \to 0$ une suite exacte de A-modules, où L est un A-module libre ; soit (e_α) une base de L. Montrer que les conditions suivantes sont équivalentes :

α) E est plat.

β) Pour tout $x \in R$, si $\mathfrak{a}_x$ est l'idéal à droite engendré par les composantes de x sur la base (e_α), on a $x \in \mathfrak{a}_x R$.

γ) Pour tout $x \in R$, il existe un homomorphisme $u_x : L \to R$ tel que $u_x(x) = x$.

δ) Pour toute suite finie $(x_i)_{1 \leqslant i \leqslant n}$ d'éléments de R, il existe un homomorphisme $u : L \to R$ tel que $u(x_i) = x_i$ pour $1 \leqslant i \leqslant n$. (Utiliser le th. 1, p. 14.)

b) Soit $\mathfrak{r}$ le radical de A, et soit $0 \to R \to L \to E \to 0$ une suite exacte de A-modules, telle que L soit libre. On suppose que E est plat et que R est contenu dans $\mathfrak{r}L$. Montrer que l'on a alors $R = 0$ (avec les notations de *a*), observer que $\mathfrak{a}_x$ est un idéal de type fini et que l'on a $\mathfrak{a}_x = \mathfrak{a}_x \mathfrak{r}$).

c) Soit E un A-module plat de type fini ; supposons qu'il existe un idéal bilatère $\mathfrak{b}$ de A contenu dans le radical de A, tel que $E/\mathfrak{b}E$ soit un $(A/\mathfrak{b})$-module libre. Montrer que E est alors un A-module libre (observer qu'il existe un A-module libre de type fini L tel que $L/\mathfrak{b}L$ soit isomorphe à $E/\mathfrak{b}E$ et appliquer *b*)). En particulier, tout module plat de type fini sur un anneau *local* est libre.

15) Soient A un anneau, a un élément de A. Montrer que les propriétés suivantes sont équivalentes :

α) $a \in aAa$.

β) Aa est facteur direct dans le module A_s.

γ) A_s/Aa est un A-module plat.

δ) Pour tout idéal à droite $\mathfrak{b}$ de A, on a $\mathfrak{b} \cap Aa = \mathfrak{b}a$.

16) Soit A un anneau. Montrer que les propriétés suivantes sont équivalentes :

α) Tout élément $a \in A$ vérifie les propriétés équivalentes de l'exercice 15.

β) Tout idéal à gauche de type fini est facteur direct de A_s.

γ) Tout A-module à gauche est plat.

δ) Tout A-module à droite est plat.

On dit alors que A est un anneau *absolument plat* (*cf.* VIII, § 8, exercice 15).

17) Soit A un anneau absolument plat (exercice 16).

a) Soit P un A-module projectif. Montrer que tout sous-module de type fini de P est facteur direct de P (se ramener au cas où P est libre de type fini).
b) Montrer que tout A-module projectif est somme directe de sous-modules monogènes, isomorphes à des idéaux monogènes de A. (Utiliser le théorème de Kaplansky (II, p. 183, exercice 2) pour se ramener au cas où P admet une famille dénombrable de générateurs, puis utiliser *a*).)
c) Montrer que tout idéal de A engendré par une famille dénombrable de générateurs est projectif.
d) Donner un exemple d'un anneau absolument plat A et d'un A-module de type fini non projectif.
¶ 18) Soit M un A-module. Montrer que les conditions suivantes sont équivalentes :
α) M est de type fini (resp. de présentation finie).
β) Pour tout système inductif (N_i, u_{ji}) de A-modules relatif à un ensemble préordonné filtrant I, l'homomorphisme canonique $\varinjlim_{i \in I} \mathrm{Hom}_A(M, N_i) \to \mathrm{Hom}_A(M, \varinjlim_{i \in I} N_i)$ est injectif (resp. bijectif).
γ) Pour toute famille $(P_j)_{j \in J}$ de A-modules à droite, l'homomorphisme canonique

$$(\prod_{j \in J} P_j) \otimes_A M \to \prod_{j \in J} (P_j \otimes_A M)$$

(II, p. 61) est surjectif (resp. bijectif).
δ) Pour tout ensemble I, l'homomorphisme canonique $A_d^I \otimes_A M \to M^I$ est surjectif (resp. bijectif).
19) Soient A et B deux anneaux, $\varphi : A \to B$ un homomorphisme, M un B-module. On munit $B \otimes_A M$ et $\mathrm{Hom}_A(B, M)$ des structures de B-module à gauche déduite de la structure de B-module de B. On dit que M est *projectif relativement à* A, ou φ-*projectif*, si la surjection canonique $B \otimes_A M \to M$ admet une section B-linéaire ; on dit que M est *injectif relativement à* A, ou φ-*injectif*, si l'injection canonique

$$M \to \mathrm{Hom}_A(B, M)$$

admet une rétraction B-linéaire.
a) Si M est projectif (resp. injectif) en tant que A-module et φ-projectif (resp. φ-injectif) alors M est un B-module projectif (resp. injectif).
b) Pour tout A-module N, le B-module $B \otimes_A N$ (resp. $\mathrm{Hom}_A(B, N)$) est φ-projectif (resp. φ-injectif).
c) On suppose que φ(A) est contenu dans le centre de B. Soit N un A-module, P un B-module φ-projectif. Montrer que le B-module $P \otimes_A N$ (resp. le B-module à droite $\mathrm{Hom}_A(P, N)$) est φ-projectif (resp. φ-injectif).
20) Soient A un anneau principal, a un élément non nul de A, $B = A/Aa$. Montrer que le B-module B_s est injectif.
21) Montrer que les conditions suivantes sont équivalentes :
α) A est noethérien.
β) Tout A-module limite inductive de A-modules injectifs est injectif.
γ) Tout A-module somme directe de A-modules injectifs est injectif.
(Pour prouver que γ) entraîne α), soit $(\mathfrak{a}_n)_{n \geqslant 1}$ une suite croissante d'idéaux à gauche de A, $\mathfrak{a} = \bigcup_n \mathfrak{a}_n$, I_n une enveloppe injective de $\mathfrak{a}/\mathfrak{a}_n$. L'homomorphisme naturel de $\mathfrak{a}$ dans $\oplus I_n$ est la restriction d'un homomorphisme $f : A \to \oplus I_n$; considérer $f(1)$.)
22) Soient A un anneau principal, K son corps des fractions, π un élément extrémal de A. Montrer que le composant π-primaire du A-module K/A est une enveloppe injective du A-module $A/\pi^n A$ pour tout $n \geqslant 1$.
¶ 23) Soient I un A-module injectif, E l'anneau $\mathrm{End}_A(I)$, $\mathfrak{r}$ l'ensemble des éléments u de E tels que I soit enveloppe injective de Ker (u).
a) Montrer que $\mathfrak{r}$ est un idéal bilatère et que l'anneau $E/\mathfrak{r}$ est absolument plat (exercice 16). (Soit u un élément de E, N un sous-module de I tel que $N \cap \mathrm{Ker}\, u = 0$ et maximal pour cette propriété ; montrer qu'il existe $v \in E$ tel que $vu(x) = x$ pour tout $x \in N$, et en déduire que $uvu - u \in \mathfrak{r}$.)
b) Montrer que $\mathfrak{r}$ est le radical de E (l'inclusion $\mathfrak{r}(E) \subset \mathfrak{r}$ résulte de *a*) ; montrer que pour tout $u \in \mathfrak{r}$, $1 - u$ est bijectif).
c) On suppose que I est somme directe d'une famille finie d'injectifs indécomposables. Montrer que l'anneau $E/\mathfrak{r}$ est semi-simple.
¶ 24) Soit $i : A \to I$ une enveloppe injective du A-module A_s. On pose $E = \mathrm{End}_A(I)$ et $B = \mathrm{End}_E(I)$, de sorte que B est le bicommutant du A-module I (VIII, § 3, déf. 1). On considère A comme un sous-anneau de B. On note $j : B \to I$ et $p : E \to I$ les applications définies par $j(b) = b(i(1))$ et $p(u) = u(i(1))$ pour $b \in B$, $u \in E$.
a) Montrer que p est une surjection et j une injection.

b) Montrer que les conditions suivantes sont équivalentes :

α) L'application p est bijective.

β) L'application j est bijective.

γ) Le A-module B est injectif.

Si ces conditions sont réalisées, l'application $j^{-1} \circ p$ est un isomorphisme de l'anneau E sur l'anneau opposé à B.

c) Soit $\mathfrak{F}$ l'ensemble des idéaux à gauche $\mathfrak{a}$ de A tels que $\mathfrak{a} \cap \mathfrak{b} \neq (0)$ pour tout idéal à gauche non nul $\mathfrak{b}$. On note $s(\mathrm{A})$ l'ensemble des éléments a de A pour lesquels il existe $\mathfrak{a} \in \mathfrak{F}$ tel que $\mathfrak{a}a = 0$. Montrer que $s(\mathrm{A})$ est un idéal bilatère de A.

d) Montrer que les conditions suivantes sont équivalentes :

α) $s(\mathrm{A}) = 0$.

β) L'anneau E est sans radical.

γ) L'anneau B est absolument plat.

Si ces conditions sont réalisées, les propriétés équivalentes de *b*) sont satisfaites.

(Soit $s(\mathrm{I})$ l'ensemble des éléments x de I pour lesquels il existe $\mathfrak{a} \in \mathfrak{F}$ tel que $\mathfrak{a}x = 0$. En utilisant l'exercice 23, prouver que $p^{-1}(s(\mathrm{I}))$ est égal au radical $\mathfrak{r}$ de E, d'où l'implication β) $\Rightarrow$ α). Montrer ensuite que α) implique $\mathfrak{r} = \mathrm{Ker}\,(p) = 0$, ce qui entraîne β) et γ) (compte tenu de l'exercice 23) ainsi que la condition α) de *b*). Montrer enfin que γ) entraîne α).)

e) Si A est noethérien à gauche, l'idéal $s(\mathrm{A})$ est nilpotent (prouver d'abord que tout élément a de $s(\mathrm{A})$ est nilpotent, en considérant les annulateurs à gauche des a^n ; puis utiliser l'exercice 8, *b*) de VIII, § 9).

¶ 25) On suppose que l'anneau A est noethérien à gauche et ne contient pas d'idéaux bilatères nilpotents.

a) Démontrer que l'anneau B défini dans l'exercice 24 est *semi-simple* (« *théorème de Goldie* » ; utiliser l'exercice 23, *c*) et l'exercice 24, *d*) et *e*)). Si de plus (0) est un idéal bilatère premier dans A (VIII, § 8, exercice 19), montrer que B est simple.

b) On identifie A à un sous-anneau de B. Démontrer les propriétés suivantes :

(i) Tout élément de A simplifiable à gauche est inversible dans B (donc simplifiable dans A).

(ii) Tout élément b de B peut s'écrire $s^{-1}a$, avec $s \in \mathrm{A}$, $a \in \mathrm{A}$ et s simplifiable.

On dit parfois que B est l'*anneau total des fractions à gauche* de A.

(Pour prouver (ii), se ramener au cas où B est simple. Montrer qu'alors l'idéal (0) de A est premier. Soit $\mathfrak{a}$ un idéal de $\mathfrak{F}$, a un élément de $\mathfrak{a}$ pour lequel l'idéal à droite $a\mathrm{B}$ est maximal parmi les idéaux $a'\mathrm{B}$ ($a' \in \mathfrak{a}$), x un élément de B tel que $axa = a$. Prouver que $\mathrm{B}(1 - xa) \subset a\mathrm{B}$, d'où

$$(\mathrm{B}(1 - ax) \cap \mathfrak{a}) \cdot (\mathrm{B}(1 - xa) \cap \mathfrak{a}) = (0) ;$$

en déduire que a est simplifiable. Conclure en prenant pour $\mathfrak{a}$ l'ensemble des $a \in \mathrm{A}$ tels que $ab \in \mathrm{A}$.)

c) On suppose que tout élément non nul de A est simplifiable. Montrer que B est un corps, qui est un corps des fractions à gauche pour A (*cf.* I, p. 155, exercice 15).

¶ 26) *a*) Montrer que les conditions suivantes sont équivalentes :

α) L'anneau A est noethérien à droite, et le A-module A_s est injectif.

α^0) A est noethérien à gauche et le A-module A_d est injectif.

β) L'anneau A est *auto-injectif* (VIII, § 2, exercice 11).

(Prouver que α) entraîne que tout idéal à droite $\mathfrak{r}$ vérifie $\mathfrak{r} = \mathfrak{r}^0$. Montrer alors que $r(\mathrm{A})$ est nilpotent, et en déduire que A est artinien à droite en utilisant l'exercice 23. Démontrer ensuite que le dual d'un A-module à gauche simple est simple. En déduire que A est nœthérien à gauche et finalement auto-injectif.

b) Montrer que l'anneau A est auto-injectif si et seulement si tout A-module injectif est projectif et tout A-module projectif est injectif.

¶ 27) On suppose l'anneau A noethérien à gauche.

a) Soit I un A-module injectif indécomposable. Montrer que l'ensemble des idéaux annulateurs d'un sous-module non nul de I admet un plus grand élément $\mathfrak{A}(\mathrm{I})$, qui est un idéal bilatère *premier* (VIII, § 8, exercice 19).

b) Montrer que pour tout idéal bilatère premier $\mathfrak{p}$ de A, il existe un A-module injectif indécomposable I tel que $\mathfrak{A}(\mathrm{I}) = \mathfrak{p}$ (considérer un facteur direct indécomposable de l'enveloppe injective de $\mathrm{A}/\mathfrak{p}$).

c) On suppose A commutatif. Montrer que tout A-module injectif indécomposable I est enveloppe injective de $\mathrm{A}/\mathfrak{A}(\mathrm{I})$. En déduire que l'application $\mathrm{I} \mapsto \mathfrak{A}(\mathrm{I})$ définit une bijection de l'ensemble $\mathscr{I}$ des classes de A-modules injectifs indécomposables sur l'ensemble des idéaux premiers de A. La bijection inverse associe à l'idéal $\mathfrak{p}$ l'enveloppe injective de $\mathrm{A}/\mathfrak{p}$.

d) Montrer que pour que l'application $\mathrm{I} \mapsto \mathfrak{A}(\mathrm{I})$ de $\mathscr{I}$ sur l'ensemble des idéaux bilatères premiers de A soit bijective, il suffit que A vérifie la condition (H) suivante :

(H) Pour tout idéal à gauche $\mathfrak{a}$ de A, il existe des éléments $x_1, \ldots, x_k$ de $A/\mathfrak{a}$ tels que

$$\mathrm{Ann}\,(A/\mathfrak{a}) = \bigcap_i \mathrm{Ann}\,(x_i)\,.$$

e) Montrer que la condition (H) est vérifiée dans les cas suivants :

α) Tous les idéaux à gauche de A sont bilatères.

β) A est artinien.

γ) Le centre Z de A est un anneau noethérien et A est un Z-module de type fini.

f) Soient k un corps, $\mathbf{Q}^+$ le monoïde additif des nombres rationnels $\geqslant 0$, A l'algèbre $k^{(\mathbf{Q}^+)}$, a un élément non nul de A, I l'enveloppe injective de A/Aa. Montrer que le A-module I est indécomposable, mais ne contient pas de sous-module isomorphe à $A/\mathfrak{p}$ pour $\mathfrak{p}$ premier (remarquer que l'ensemble des idéaux de A est totalement ordonné et que A ne contient que deux idéaux premiers).

28) Soient A un anneau nœthérien, M un A-module, I une enveloppe injective de M, somme directe d'une famille $(I_\alpha)_{\alpha \in J}$ de sous-modules indécomposables. On note Ass (M) l'ensemble des idéaux bilatères premiers $\mathfrak{A}(I_\alpha)$, pour $\alpha \in J$ (exercice 27) ; si $\mathfrak{p} \in \mathrm{Ass}\,(M)$, on dit que $\mathfrak{p}$ est *associé à* M.

a) On a $\mathrm{Ass}\,(M) \neq \varnothing$ si $M \neq 0$; si M est de type fini, l'ensemble Ass (M) est fini.

b) Montrer qu'un idéal bilatère premier $\mathfrak{p}$ est associé à M si et seulement si M contient un sous-module N tel que $\mathrm{Ann}\,(N') = \mathfrak{p}$ pour tout sous-module non nul N' de N. Si A est commutatif, $\mathfrak{p}$ est associé à M si et seulement si M contient un sous-module isomorphe à $A/\mathfrak{p}$.

c) Soit M' un sous-module de M. Montrer qu'on a

$$\mathrm{Ass}\,(M') \subset \mathrm{Ass}\,(M) \subset \mathrm{Ass}\,(M') \cup \mathrm{Ass}\,(M/M')\,.$$

d) On pose $J_\mathfrak{p} = \sum_{\mathfrak{A}(I_\alpha) = \mathfrak{p}} I_\alpha$ et $Q(\mathfrak{p}) = \Big(\sum_{\mathfrak{q} \neq \mathfrak{p}} J_\mathfrak{q}\Big) \cap M$. Montrer qu'on a $\bigcap_{\mathfrak{p} \in \mathrm{Ass}\,(M)} Q(\mathfrak{p}) = 0$ et $\bigcap_{\mathfrak{p} \in E} Q(\mathfrak{p}) \neq 0$ pour tout sous-ensemble E de Ass (M) distinct de Ass (M). Pour tout $\mathfrak{p} \in \mathrm{Ass}\,(M)$, on a $\mathrm{Ass}\,(M/Q(\mathfrak{p})) = \{\mathfrak{p}\}$.

e) Soit a un élément du centre de A. Montrer que pour que l'homothétie de rapport a soit injective dans M, il faut et il suffit que a n'appartienne à aucun des idéaux premiers associés à M.

* 29) On suppose que l'anneau A est commutatif et noethérien. Soit $\mathfrak{a}$ un idéal de A.

a) Soit H un A-module tel que tout élément de H soit annulé par une puissance de $\mathfrak{a}$. Montrer que pour que H soit injectif, il suffit que pour tout entier $n \geqslant 1$, tout A-module M de type fini *annulé par* $\mathfrak{a}^n$ et tout sous-module M' de M, l'homomorphisme naturel $\mathrm{Hom}_A(M, H) \to \mathrm{Hom}_A(M', H)$ soit surjectif.

(Utiliser le fait que pour tout idéal $\mathfrak{b}$ de A, il existe un entier $k \geqslant 0$ tel que $\mathfrak{b} \cap \mathfrak{a}^k \subset \mathfrak{b}\mathfrak{a}$ (AC, III, § 3, n° 1, cor. 2).)

b) Soit M un A-module injectif. Pour $n \geqslant 1$, on note H_n le sous-module de M formé des éléments annulés par $\mathfrak{a}^n$; on pose $H = \bigcup_n H_n$. Montrer que H est un A-module injectif.

c) Montrer que pour tout élément de l'enveloppe injective de $A/\mathfrak{a}$ est annulé par une puissance de $\mathfrak{a}$. *

30) On suppose l'anneau A local, commutatif et noethérien ; on note $\mathfrak{m}$ son idéal maximal, $k = A/\mathfrak{m}$. Soit I un A-module tel que tout élément de I soit annulé par une puissance de $\mathfrak{m}$. Pour tout A-module M, on note T(M) le A-module $\mathrm{Hom}_A(M, I)$ et $c_M : M \to T(T(M))$ l'homomorphisme défini par

$$(c_M(m))\,(u) = u(m) \quad \text{pour} \quad m \in M\,, \quad u \in T(M)\,.$$

Montrer que les propriétés suivantes sont équivalentes :

α) Pour tout A-module de longueur finie M, le A-module T(M) est de longueur finie et l'homomorphisme $c_M : M \to T(T(M))$ est bijectif.

β) Pour tout A-module de longueur finie M, on a long T(M) = long M.

γ) Le A-module I est injectif et les A-modules k et $T(k)$ sont isomorphes.

δ) Le A-module I est isomorphe à l'enveloppe injective de k.

Lorsque ces conditions sont vérifiées, on dit parfois que I est un *module dualisant* pour l'anneau A.

(Montrer que la propriété γ) est équivalente à chacune des trois autres : pour voir que α) ou β) entraîne γ), utiliser l'exercice 29.)

31) Avec les hypothèses de l'exercice précédent, soit B un anneau local, commutatif et noethérien et soit $\rho : A \to B$ un homomorphisme d'anneaux qui fasse de B un A-module de type fini. Si I est un module dualisant pour A, montrer que le B-module $\mathrm{Hom}_A(B, I)$ est dualisant pour B. En particulier pour tout idéal $\mathfrak{a}$ de A, le sous-module de I formé des éléments annulés par $\mathfrak{a}$ est un module dualisant pour $A/\mathfrak{a}$.

32) *a*) On garde les hypothèses de l'exercice 30 ; on suppose de plus que A contient un corps k_0 tel que k soit un k_0-espace vectoriel de dimension finie. Montrer que le A-module $I = \varinjlim_n \mathrm{Hom}_{k_0}(A/\mathfrak{m}^n, k_0)$ est dualisant pour A.
b) Soient k un corps de caractéristique zéro, B l'anneau de séries formelles $k[[T_1, \ldots, T_n]]$. On munit le groupe $I = k[X_1, \ldots, X_n]$ d'une structure de B-module en posant $T_i . P = \partial P / \partial X_i$ pour tout $P \in k[X_1, \ldots, X_n]$. Montrer que I est une enveloppe injective de k.

§ 2

1) On suppose l'anneau A principal ; soit C un complexe de A-modules *libres*.
a) Montrer que C est somme directe d'une famille de complexes $({}^pE)_{p \in \mathbf{Z}}$ vérifiant : ${}^pE_n = 0$ pour $n \neq p$, $p - 1$; $Z_p({}^pE) = 0$.
b) On suppose de plus que C_n est de type fini pour tout $n \in \mathbf{Z}$. Montrer que C est somme directe de complexes ayant seulement, soit une composante non nulle, soit deux composantes consécutives non nulles, ces composantes étant isomorphes à A.
2) Soient C et C′ deux complexes de A-modules ; on suppose que les complexes C et B(C) (resp. C′ et Z(C′)) sont projectifs (resp. injectifs). Montrer que tout morphisme de complexes de H(C) dans H(C′) est induit par un morphisme de C dans C′.
3) Soit C un complexe de A-modules ; on considère C comme un A(ε)-module (X, p. 27). On note

$$i : A \to A(\varepsilon)$$

l'injection canonique.
Montrer que les conditions suivantes sont équivalentes :
(i) C est i-projectif (X, p. 170, exercice 19).
(ii) C est i-injectif (*loc. cit.*).
(iii) Le complexe C est homotope à zéro.
(iv) Il existe un A-module gradué M et un isomorphisme de A(ε)-modules gradués $A(\varepsilon) \otimes_A M \to C$.
(v) Il existe un A-module gradué N et un isomorphisme de A(ε)-modules gradués $C \to \mathrm{Hom}_A(A(\varepsilon), N)$.
4) *a*) Soit C un A-complexe *borné à droite*, tel que C et H(C) soient projectifs. Montrer que C est scindé.
b) Sur l'anneau $B = A(\varepsilon)$ (X, p. 27), on considère le complexe C défini par $C_n = B$ pour tout n, et $d(b) = \varepsilon b$ pour $b \in B$. Le complexe C est libre d'homologie nulle, mais non scindé.
5) Soient C un complexe, s une scission de C, $\delta : C \to C$ un homomorphisme gradué de degré -1, tel que $(d + \delta) \circ (d + \delta) = 0$. On note C′ le complexe $(C, d + \delta)$. On suppose que l'application A-linéaire θ de C dans C définie par $\theta = 1_C + \delta s$ est *bijective*.
a) Pour que $s\theta^{-1}$ soit une scission de C′, il faut et il suffit que $\delta(Z(C)) \subset \theta(B(C))$.
b) On suppose les conditions de *a*) satisfaites. Montrer qu'il existe des décompositions en somme directe : $C = B(C) \oplus \mathrm{Ker}\,(ds) = B(C') \oplus \mathrm{Ker}\,(ds)$. Si p (resp. p') est le projecteur d'image Ker (ds) et de noyau B(C) (resp. B(C′)), on a $p' = p\theta^{-1}$.
c) On suppose de plus que l'application A-linéaire λ de C dans C définie par $\lambda = 1_C + s\delta$ est bijective. Montrer qu'on a $Z(C') = \lambda^{-1}(Z(C))$ et $C = Z(C) \oplus \mathrm{Im}\,(sd) = Z(C') \oplus \mathrm{Im}\,(sd)$. Si q (resp. q') est le projecteur d'image Z(C) (resp. Z(C′)) et de noyau Im (sd), on a $q' = \lambda^{-1} q$.
6) On garde les notations de l'exercice 5 ; on suppose de plus que A est commutatif, que les complexes C et C′/B(C′) sont plats et qu'il existe un idéal $\mathfrak{m}$ de A vérifiant $\delta(C) \subset \mathfrak{m}C$ et $\bigcap_n (B(C) + \mathfrak{m}^n C) = B(C)$ (* cette dernière condition est toujours vérifiée si A est local noethérien d'idéal maximal $\mathfrak{m}$ et si C_n est un A-module de type fini pour tout n, *cf.* AC, III, § 3, n° 3, prop. 6). * Montrer alors que $s\theta^{-1}$ est une scission de C′.
(Les hypothèses de platitude entraînent $\mathrm{Im}\,(d + \delta) \cap \mathfrak{m}^n C = (d + \delta)(\mathfrak{m}^n C)$ pour tout n ; si $x \in Z(C)$, construire par récurrence des éléments $y_n \in C$, $z_n \in Z(C) \cap \mathfrak{m}^n C$ tels que $\delta(x) = \theta d(y_n) + \delta(z_n)$. Conclure à l'aide de l'exercice 5, *a*).)
7) Soient C et C′ deux complexes, s (resp. s') une scission de C (resp. C′), $u : C' \to C$ un morphisme de complexes. On définit un A-endomorphisme σ de Con (u), gradué de degré -1, en posant

$$\sigma(y', x) = (-s'(y'), s(x) - sus'(y')).$$

Montrer que pour que σ soit une scission de Con (u), il faut et il suffit que l'on ait $H(u) = 0$.
8) Soit $0 \to M' \xrightarrow{u} M \xrightarrow{v} M'' \to 0$ une suite exacte de A-modules, que l'on peut considérer comme une suite

exacte de complexes (nuls en degrés $\neq 0$). Montrer que le morphisme de complexes $\varphi : \mathrm{Con}(u) \to M''$ (X, p. 39) est un homotopisme si et seulement si la suite exacte $0 \to M' \to M \to M'' \to 0$ est scindée.

9) Soit $u : C' \to C$ un morphisme de A-complexes. On note $v : C \to \mathrm{Coker}(u)$ l'application de passage au quotient. On considère les A-homomorphismes gradués

$$\alpha : (\mathrm{Ker}\, u)(-1) \to \mathrm{Con}(u) \quad \text{et} \quad \varphi : \mathrm{Con}(u) \to \mathrm{Coker}(u)$$

définis par $\alpha(x') = (x', 0)$, $\varphi(x', x) = v(x)$ pour $x' \in C'$, $x \in C$. Montrer que α, φ sont des morphismes de complexes et qu'ils donnent lieu à une suite exacte

$$\cdots \to H_{n-1}(\mathrm{Ker}\, u) \xrightarrow{H(\alpha)} H_n(\mathrm{Con}(u)) \xrightarrow{H(\varphi)} H_n(\mathrm{Coker}\, u) \xrightarrow{\delta} H_{n-2}(\mathrm{Ker}\, u) \to \cdots$$

où δ est le composé des homomorphismes de liaison relatifs aux deux suites exactes

$$0 \to \mathrm{Ker}\, u \to C' \to \mathrm{Im}\, u \to 0 \quad \text{et} \quad 0 \to \mathrm{Im}\, u \to C \to \mathrm{Coker}\, u \to 0\,.$$

10) Soient $u : C \to C'$ un morphisme de A-complexes, P un A-module projectif, n un entier $\geqslant 0$,

$$h : P \to H_n(\mathrm{Con}(u))$$

un A-homomorphisme. Montrer qu'il existe un complexe $\tilde{C}$, une suite exacte de complexes

$$0 \to C \xrightarrow{i} \tilde{C} \to P(-n) \to 0$$

et un morphisme $\tilde{u} : \tilde{C} \to C'$ tels que $\tilde{u} \circ i = u$ et que le morphisme $C(i) : \mathrm{Con}(u) \to \mathrm{Con}(\tilde{u})$ induit par i vérifie les propriétés suivantes :

α) L'application $H_p(C(i)) : H_p(\mathrm{Con}(u)) \to H_p(\mathrm{Con}(\tilde{u}))$ est bijective pour $p \neq n, n+1$;

β) Il existe une suite exacte

$$0 \to H_{n+1}(\mathrm{Con}(u)) \xrightarrow{H_{n+1}(C(i))} H_{n+1}(\mathrm{Con}(\tilde{u})) \to P \xrightarrow{h} H_n(\mathrm{Con}(u)) \xrightarrow{H_n(C(i))} H_n(\mathrm{Con}(\tilde{u})) \to 0\,.$$

11) On appelle *bicomplexe* de A-modules un triplet (C, d', d''), où C est un A-module gradué de type $\mathbf{Z} \times \mathbf{Z}$, $d' : C \to C$ un A-endomorphisme gradué de degré $(-1, 0)$ et $d'' : C \to C$ un A-endomorphisme gradué de degré $(0, -1)$, satisfaisant à $d' \circ d' = d'' \circ d'' = d' \circ d'' + d'' \circ d' = 0$. On utilisera aussi la graduation ascendante définie par $C^{p,q} = C_{-p,-q}$ pour $p, q \in \mathbf{Z}$.

On note $Z'(C)$, $Z''(C)$, $B'(C)$, $B''(C)$ les sous-bicomplexes $\mathrm{Ker}(d')$, $\mathrm{Ker}(d'')$, $\mathrm{Im}(d')$, $\mathrm{Im}(d'')$, et $H'(C)$ (resp. $H''(C)$) le bicomplexe $Z'(C)/B'(C)$ (resp. $Z''(C)/B''(C)$).

a) On pose $d = d' + d''$. Montrer que lorsque l'on munit C de la graduation totale associée à la bigraduation donnée (définie par $C_n = \bigoplus_{p+q=n} C_{p,q}$, cf. II, p. 164), le couple (C, d) est un complexe. On dit que c'est le *complexe associé* au bicomplexe (C, d', d'') ; son homologie est notée $H(C)$.

b) Soient (C, d', d'') et (K, δ', δ'') deux bicomplexes. On appelle *morphisme* de (C, d', d'') dans (K, δ', δ'') un A-homomorphisme gradué u de degré $(0, 0)$ de C dans K vérifiant : $\delta' \circ u = u \circ d'$ et $\delta'' \circ u = u \circ d''$. Montrer que u induit un morphisme des complexes associés.

c) Soient u, v deux morphismes de bicomplexes de C dans K. On appelle *homotopie reliant u à v* un couple (s', s'') de A-homomorphismes de C dans K, gradués de degrés $(1, 0)$ et $(0, 1)$ respectivement, tel que

$$g - f = d' \circ s' + s' \circ d' + d'' \circ s'' + s'' \circ d''\,; \quad s' \circ d'' + d'' \circ s' = 0\,; \quad s'' \circ d' + d' \circ s'' = 0\,.$$

Montrer que $s' + s''$ est une homotopie reliant les morphismes de complexes associés induits par u et v.

12) Soit (C, d', d'') un bicomplexe, tel que l'on ait $H''_{p,-p}(C) = 0$ pour tout $p \in \mathbf{Z}$, $H'_{-q,q+1}(C) = 0$ pour $q \geqslant 0$, $H'_{r,-r-1}(C) = 0$ pour $r \geqslant 0$, et qu'il existe des entiers positifs a et b tels que $C_{a,-a} = C_{-b,b} = 0$. Démontrer que le A-module $H'_{0,0}(C)$ est nul.

13) Soit I un ensemble fini ; on notera $(e_i)_{i \in I}$ la base canonique du $\mathbf{Z}$-module $\mathbf{Z}^I$. On appelle I-*complexe* (resp. I-*précomplexe*) de A-modules un A-module C gradué de type $\mathbf{Z}^I$, muni d'une famille de A-endomorphismes $(d_i)_{i \in I}$, tels que d_i soit gradué de degré $(-e_i)$, vérifiant :

$$d_i \circ d_i = 0 \quad \text{pour tout} \quad i \in I\,;$$

$$d_i \circ d_j + d_j \circ d_i = 0 \ (\text{resp. } d_i \circ d_j = d_j \circ d_i) \quad \text{pour} \quad i, j \in I\,.$$

Si Card (I) = 1, un I-complexe est un complexe ; si Card (I) = 2, un I-complexe est un bicomplexe (exercice 11). Si $(C, (d_i))$ et $(C', (d'_i))$ sont deux I-complexes (resp. I-précomplexes), un *morphisme* de $(C, (d_i))$ dans $(C', (d'_i))$ est un homomorphisme gradué de degré zéro $u : C \to C'$ tel que $d'_i \circ u = u \circ d_i$ pour tout $i \in I$.

a) Soit $(C, (d_i))$ un I-complexe. Si l'on munit C de la graduation totale (de type **Z**) déduite de sa graduation, montrer que $(C, \sum_{i \in I} d_i)$ est un complexe de A-modules, dit *complexe associé* au I-complexe $(C, (d_i))$. Montrer qu'un morphisme de I-complexes induit un morphisme des complexes associés.

b) Soit C un I-précomplexe, et soit R une relation d'ordre total sur I, notée $\leqslant$. Pour $\boldsymbol{k} = (k_i)_{i \in I}$, $x \in C_{\boldsymbol{k}}$ et $i \in I$, on pose

$\delta_i(x) = (-1)^{\sum_{j<i} k_j} d_i(x)$. Montrer que $(C, (\delta_i))$ est un I-complexe, noté C_R.

c) Soient R_α, R_β deux relations d'ordre total sur I, notées $\leqslant_\alpha$ et $\leqslant_\beta$. Soit $u_{\beta\alpha}$ l'endomorphisme de C défini par $u(x) = (-1)^{\varepsilon(\boldsymbol{k})} x$ pour $x \in C_{\boldsymbol{k}}$, avec $\varepsilon(\boldsymbol{k}) = \sum_{\substack{i <_\alpha j \\ j <_\beta i}} k_i k_j$. Montrer que $u_{\beta\alpha}$ est un morphisme de I-complexes de C_{R_α} dans C_{R_β}.

d) Soit S l'ensemble des relations d'ordre total sur I ; on munit S de la relation de préordre triviale (c'est-à-dire telle que $R_\alpha \leqslant R_\beta$ quels que soient $R_\alpha, R_\beta \in S$). Montrer que le système $(C_{R_\alpha}, u_{\alpha\beta})$ est un système projectif de I-complexes, relatif à S ; sa limite $\tilde{C}$ est un I-complexe, appelé I-complexe associé au I-précomplexe C. Montrer que tout morphisme de I-précomplexes induit un morphisme des I-complexes associés.

¶ 14) On appelle *suite spectrale* de A-modules la donnée d'une suite de A-complexes $(E_r, d_r)_{r \geqslant 2}$ et d'applications $\alpha_r : H(E_r) \to E_{r+1}$, telle que :

(i) La graduation du complexe E_r est la graduation totale associée à une bigraduation

$$E_r = \bigoplus_{p,q \in \mathbf{Z}} E_r^{p,q} \ (r \geqslant 2) ;$$

on a $d_r(E_r^{pq}) \subset E_r^{p+r, q-r+1}$.

(ii) Les applications α_r sont des isomorphismes de A-modules bigradués.

On utilisera également la bigraduation descendante de E_r : on notera $E^r_{pq} = E_r^{-p,-q}$.

a) On notera ici $Z_{r+1}(E_r)$ (resp. $B_{r+1}(E_r)$) le A-module bigradué $\operatorname{Ker} d_r$ (resp. $\operatorname{Im} d_r$). Soit

$$p_r : E_r \to E_r/B_{r+1}(E_r)$$

l'application de passage au quotient et $i_r : E_{r+1} \to E_r/B_{r+1}(E_r)$ l'application composée de α_r^{-1} et de l'injection naturelle. Pour tout $r \geqslant 2$, on définit par récurrence sur k les sous-modules bigradués $Z_{r+k}(E_r)$ et $B_{r+k}(E_r)$ de E_r en posant :

$$Z_{r+k}(E_r) = p_r^{-1}(i_r(Z_{r+k}(E_{r+1}))) ; \qquad B_{r+k}(E_r) = p_r^{-1}(i_r(B_{r+k}(E_{r+1}))) .$$

Démontrer que l'on a des inclusions :

$$0 \subset B_{r+1}(E_r) \subset B_{r+2}(E_r) \subset \ldots \subset Z_{r+2}(E_r) \subset Z_{r+1}(E_r) \subset E_r$$

et que E_k est isomorphe à $Z_k(E_r)/B_k(E_r)$ pour $k \geqslant r+1$.

On pose $Z_\infty(E_2) = \bigcap_{r \geqslant 3} Z_r(E_2)$, $B_\infty(E_2) = \bigcup_{r \geqslant 3} B_r(E_2)$ et $E_\infty = Z_\infty(E_2)/B_\infty(E_2)$. On dit que la suite spectrale est *régulière* si la suite décroissante $(Z_r(E_2^{pq}))_{r \geqslant 2}$ est *stationnaire* pour tout couple (p, q).

b) Soient $E = (E_r, d_r, \alpha_r)_{r \geqslant 2}$ et $E' = (E'_r, d'_r, \alpha'_r)_{r \geqslant 2}$ deux suites spectrales de A-modules ; on appelle *morphisme* de E dans E' une suite de morphismes de A-complexes $u_r : E_r \to E'_r$, compatibles aux bigraduations, tels que $\alpha'_r \circ H(u_r) = u_{r+1} \circ \alpha_r$ pour tout $r \geqslant 2$. Montrer que pour tout $r \geqslant 2$ et tout $k \geqslant r+1$, u_r induit un homomorphisme de $Z_k(E_r)$ (resp. $B_k(E_r)$) dans $Z_k(E'_r)$ (resp. $B_k(E'_r)$). En particulier, u_2 induit des homomorphismes $Z_\infty(u_2) : Z_\infty(E_2) \to Z_\infty(E'_2)$, $B_\infty(u_2) : B_\infty(E_2) \to B_\infty(E'_2)$ et $u_\infty : E_\infty \to E'_\infty$; tous ces homomorphismes sont compatibles aux bigraduations.

c) On suppose que u_2 est un isomorphisme. Montrer qu'alors u_r est un isomorphisme pour tout $r \geqslant 2$, ainsi que $B_\infty(u_2)$. Si de plus les suites E et E' sont régulières, $Z_\infty(u_2)$ et u_∞ sont des isomorphismes.

d) Soit $G = \bigoplus_{n \in \mathbf{Z}} G^n$ un A-module gradué, muni d'une suite décroissante $(F^p G)_{p \in \mathbf{Z}}$ de sous-A-modules gradués, telle que $\bigcap_p F^p G = 0$ et $\bigcup_p F^p G = G$. On dit que la suite spectrale E *approche* $(G, (F^p G)_{p \in \mathbf{Z}})$ (ou simplement G) s'il existe des isomorphismes $\beta^{pq} : E_\infty^{pq} \to (F^p G)^{p+q}/(F^{p+1} G)^{p+q}$ pour tout

$$(p, q) \in \mathbf{Z} \times \mathbf{Z} .$$

On dit que la suite spectrale E *converge* vers G si elle approche G et si de plus :

(i) La suite spectrale E est régulière ;

(ii) Pour tout entier n, il existe un entier p tel que $(\mathrm{F}^p\,\mathrm{G})^n = 0$.

Supposons que E (resp. E′) converge vers G (resp. G′). Soient $u : \mathrm{E} \to \mathrm{E}'$ un morphisme de suites spectrales, $v : \mathrm{G} \to \mathrm{G}'$ un homomorphisme gradué de degré 0, tel que $v(\mathrm{F}^p\,\mathrm{G}) \subset \mathrm{F}^p\,\mathrm{G}'$ pour tout p et que les homomorphismes induits $\bar{v}^{p,n} : (\mathrm{F}^p\,\mathrm{G})^n/(\mathrm{F}^{p+1}\,\mathrm{G})^n \to (\mathrm{F}^p\,\mathrm{G}')^n/(\mathrm{F}^{p+1}\,\mathrm{G}')^n$ vérifient $\bar{v}^{p,p+q} \circ \beta^{p,q} = \beta'^{p,q} \circ u_\infty^{p,q}$ pour tout couple (p, q). Montrer que si u_2^{pq} est un isomorphisme pour tout couple (p, q), alors v est un isomorphisme.

15) Soit E une suite spectrale de A-modules, qui approche un A-module gradué G (exercice 14).

a) On suppose $\mathrm{E}_2^{p,q} = 0$ pour $p < 0$. Montrer que les applications α_r induisent pour tout q des A-homomorphismes injectifs :

$$\mathrm{E}_\infty^{0,q} \to \cdots \to \mathrm{E}_3^{0,q} \to \mathrm{E}_2^{0,q}$$

d'où, par composition avec $(\beta^{0q})^{-1}$ et avec l'application de passage au quotient, un A-homomorphisme $\gamma^q : \mathrm{G}^q \to \mathrm{E}_2^{0,q}$.

b) On suppose $\mathrm{E}_2^{pq} = 0$ pour $q < 0$. Montrer que les applications α_r^{-1} induisent des homomorphismes surjectifs :

$$\mathrm{E}_2^{p,0} \to \mathrm{E}_3^{p,0} \to \cdots \to \mathrm{E}_\infty^{p,0}$$

d'où par composition avec $\beta^{p,0}$ un A-homomorphisme $\delta^p : \mathrm{E}_2^{p,0} \to \mathrm{G}^p$.

c) On suppose vérifiées les hypothèses de *a*) et *b*), c'est-à-dire $\mathrm{E}_2^{pq} = 0$ si $p < 0$ ou $q < 0$. Montrer que la suite

$$0 \to \mathrm{E}_2^{1,0} \xrightarrow{\delta^1} \mathrm{G}^1 \xrightarrow{\gamma^1} \mathrm{E}_1^{0,1} \xrightarrow{d_2} \mathrm{E}_2^{2,0} \xrightarrow{\delta^2} \mathrm{G}^2$$

est exacte.

d) On suppose $\mathrm{E}_2^{pq} = 0$ si $p > 0$ ou $q > 0$; définir une suite exacte analogue à celle de *c*).

e) On suppose qu'il existe des entiers r, d, avec $d \geqslant r \geqslant 2$, tels que $\mathrm{E}_r^{pq} = 0$ si $p \neq 0, d$. Définir une suite exacte :

$$\cdots \to \mathrm{E}_r^{d,n-d} \to \mathrm{G}^n \to \mathrm{E}_r^{0,n} \to \mathrm{E}_r^{d,n+1-d} \to \mathrm{G}^{n+1} \to \cdots.$$

Si de même $\mathrm{E}_r^{pq} = 0$ pour $q \neq 0, d$, montrer qu'il existe une suite exacte :

$$\cdots \to \mathrm{E}_r^{n,0} \to \mathrm{G}^n \to \mathrm{E}_r^{n-d,d} \to \mathrm{E}_r^{n+1,0} \to \cdots.$$

f) On suppose $\mathrm{E}_2^{pq} = 0$ si $q \neq 0$ (resp. $p \neq 0$). Montrer que l'homomorphisme

$$\delta^n : \mathrm{E}_2^{n,0} \to \mathrm{G}^n \text{ (resp. } \gamma^n : \mathrm{G}^n \to \mathrm{E}_2^{0,n})$$

est bijectif pour tout n.

¶ 16) Soient C un A-complexe, $(\mathrm{F}^p\,\mathrm{C})_{p \in \mathbf{Z}}$ une suite décroissante de sous-complexes de C.

a) Pour $p, q, r \in \mathbf{Z}$, soit M_r^{pq} l'ensemble des éléments x de $(\mathrm{F}^p\,\mathrm{C})^{p+q}$ tels que $dx \in \mathrm{F}^{p+r}\,\mathrm{C}$; pour $r \geqslant 0$, on pose $\mathrm{E}_r^{pq} = \mathrm{M}_r^{pq}/(d(\mathrm{M}_{r-1}^{p-r+1,q+r-2}) + \mathrm{M}_r^{p+1,q-1})$ et on note $d_r : \mathrm{E}_r^{pq} \to \mathrm{E}_r^{p+r,q-r+1}$ l'homomorphisme déduit de d par passage aux quotients. Montrer qu'il existe pour $r \geqslant 0$ un isomorphisme $\alpha_r : \mathrm{H}(\mathrm{E}_r) \to \mathrm{E}_{r+1}$, de sorte que la suite $(\mathrm{E}_r, d_r)_{r \geqslant 2}$, munie des applications α_r, est une suite spectrale. On a

$$\mathrm{E}_0^{pq} = (\mathrm{F}^p\,\mathrm{C})^{p+q}/(\mathrm{F}^{p+1}\,\mathrm{C})^{p+q}.$$

b) On suppose que $\bigcup_p \mathrm{F}^p\,\mathrm{C} = \mathrm{C}$ et que pour tout n, il existe un entier p tel que $(\mathrm{F}^p\,\mathrm{C})^n = 0$. Montrer que la suite spectrale définie en *a*) converge (exercice 14) vers le A-module gradué H(C), muni de la suite de sous-modules gradués $\mathrm{F}^p\,\mathrm{H}(\mathrm{C}) = \mathrm{Im}\,\mathrm{H}(i_p)$ où $i_p : \mathrm{F}^p\,\mathrm{C} \to \mathrm{C}$ est l'injection canonique.

c) Si $\mathrm{F}^0\,\mathrm{C} = \mathrm{C}$, le A-module E_r^{pq} est nul pour $p < 0$; si $(\mathrm{F}^p\,\mathrm{C})^n = 0$ pour $p > n$, on a $\mathrm{E}_r^{pq} = 0$ pour $q < 0$.

d) Soient C′ un second complexe, $(\mathrm{F}^p\,\mathrm{C}')_{p \in \mathbf{Z}}$ une suite décroissante de sous-complexes de C′, E′ la suite spectrale associée. Soit $u : \mathrm{C} \to \mathrm{C}'$ un morphisme de complexes tel que $u(\mathrm{F}^p\,\mathrm{C}) \subset \mathrm{F}^p\,\mathrm{C}'$ pour tout p. Montrer que u induit un morphisme de suites spectrales $\tilde{u} : \mathrm{E} \to \mathrm{E}'$.

e) Avec les notations de *d*), soit $v : \mathrm{C} \to \mathrm{C}'$ un second morphisme tel que $v(\mathrm{F}^p\,\mathrm{C}) \subset \mathrm{F}^p\,\mathrm{C}'$ pour tout p, et soit h une homotopie reliant u à v. Soit k un entier $\geqslant 0$ tel que $h(\mathrm{F}^p\,\mathrm{C}) \subset \mathrm{F}^{p-k}\,\mathrm{C}'$ pour tout p. Montrer que $\tilde{u}_r = \tilde{v}_r$ pour $r > k$.

17) Soit C un bicomplexe (X, p. 174, exercice 11).

a) On définit deux suites décroissantes $('F^p\,C)_{p\in\mathbf{Z}}$ et $(''F^q\,C)_{q\in\mathbf{Z}}$ de sous-complexes du complexe associé à C en posant

$$('F^p\,C)^n = \bigoplus_{i\geqslant p} C^{i,n-i} \qquad (''F^q\,C)^n = \bigoplus_{j\geqslant q} C^{n-j,j}.$$

Soient 'E et "E les suites spectrales correspondantes (exercice 16, *a*)). Montrer que pour tout couple (p, q), le A-module $'E_2^{pq}$ (resp. $''E_2^{pq}$) est isomorphe à $'H^p(''H^q(C))$ (resp. $''H^p('H^q(C))$).

b) On suppose qu'il existe un entier n tel que $C^{pq} = 0$ pour $p \geqslant n$ ou pour $q \leqslant n$. Montrer que la suite spectrale 'E converge vers H(C). Si de même il existe un entier m tel que $C^{pq} = 0$ pour $p \leqslant m$ ou pour $q \geqslant m$, la suite spectrale "E converge vers H(C).

c) On suppose que $C^{pq} = 0$ pour $p < 0$ ou $q < 0$. Montrer que l'homomorphisme $\delta^p : 'E_2^{p0} \to H^p(C)$ (exercice 15) provient par passage à l'homologie de l'injection canonique de complexes $''Z^0(C) \to C$. De même l'homomorphisme $''E_2^{p0} \to H^p(C)$ provient de l'injection $'Z^0(C) \to C$.

d) Soient $\tilde{C}$ un second bicomplexe, $'\tilde{E}$ et $''\tilde{E}$ les deux suites spectrales associées. Montrer que tout morphisme de bicomplexes $u : C \to \tilde{C}$ induit des morphismes de suites spectrales $'u : 'E \to '\tilde{E}$ et $''u : ''E \to ''\tilde{E}$. Montrer que si deux morphismes u, v de C dans $\tilde{C}$ sont homotopes, les morphismes associés $'u$ et $'v$ (resp. $''u$ et $''v$) sont *égaux* (utiliser l'exercice 16, *e*)).

18) Soit E une suite spectrale (exercice 14), telle que le A-module E_2 soit de longueur finie. Soit $\mathscr{C}$ l'ensemble des classes de A-modules de longueur finie; montrer que l'on a $\chi_{\mathscr{C}}(E_2) = \chi_{\mathscr{C}}(E_r) = \chi_{\mathscr{C}}(E_\infty)$ pour tout $r \geqslant 2$ (X, p. 41). Si de plus E converge vers un A-module gradué G, celui-ci est de longueur finie et on a $\chi_{\mathscr{C}}(G) = \chi_{\mathscr{C}}(E_2)$.

¶ 19) On appelle *schéma simplicial* un couple $(K, \mathscr{F})$, où K est un ensemble et $\mathscr{F}$ un ensemble de parties finies de K, appelées faces de K, tel que tout sous-ensemble d'une face soit une face et que tout point de K appartienne à au moins une face. Une application *simpliciale* d'un schéma simplicial $(K, \mathscr{F})$ dans un schéma simplicial $(L, \mathscr{G})$ est une application de Kdans L qui transforme toute face de K en une face de L.

a) Soit n un entier $\geqslant 0$. On appelle *n-simplexe* du schéma simplicial K toute suite $(\alpha_0, \ldots, \alpha_n)$ d'éléments de K telle que les α_i appartiennent à une même face de K. On note $S_n(K, A)$ le A-module libre engendré par les n-simplexes pour $n \geqslant 0$, et on pose $S_n(K, A) = 0$ pour $n < 0$. On définit un A-homomorphisme $d_n : S_n(K, A) \to S_{n-1}(K, A)$ en posant $d_n = 0$ pour $n \leqslant 0$ et $d_n(\alpha_0, \ldots, \alpha_n) = \sum_{i=0}^{n} (-1)^i (\alpha_0, \ldots, \hat{\alpha}_i, \ldots, \alpha_n)$ pour tout n-simplexe $(\alpha_0, \ldots, \alpha_n)$ (le signe ^ sur une lettre signifie qu'elle doit être omise). Montrer que $d_{n-1} \circ d_n = 0$ pour tout n, de sorte que $(S(K, A), d)$ est un complexe de A-modules. On définit de même un A-complexe C(K, A) en posant $C^n(K, A) = \mathrm{Hom}_{\mathbf{Z}}(S_n(K, \mathbf{Z}), A)$, $\delta^n = \mathrm{Hom}(d_n, 1_A)$ pour tout n. Pour $n \geqslant 0$, on note parfois $H_n(K, A)$ (resp. $H^n(K, A)$) le A-module $H_n(S(K, A))$ (resp. $H^n(C(K, A))$).

b) Soit K, L deux schémas simpliciaux, $f : K \to L$ une application simpliciale. Montrer que f induit des morphismes de complexes $S(f) : S(K, A) \to S(L, A)$ et $C(f) : C(L, A) \to C(K, A)$, d'où des A-homomorphismes $f_* : H(K, A) \to H(L, A)$ et $f^* : H^{\cdot}(L, A) \to H^{\cdot}(K, A)$.

c) Soit $g : K \to L$ une seconde application simpliciale. On dit que f et g sont *simplicialement homotopes* si pour toute face σ de K, l'ensemble $f(\sigma) \cup g(\sigma)$ est une face de L. Montrer que les morphismes $S(f)$ et $S(g)$ (resp. $C(f)$ et $C(g)$) sont alors homotopes (définir une homotopie h en posant

$$h(\alpha_0, \ldots, \alpha_n) = \sum_{i=0}^{n} (-1)^i (f(\alpha_0), \ldots, f(\alpha_i), g(\alpha_i), \ldots, g(\alpha_n))$$

pour tout n-simplexe $(\alpha_0, \ldots, \alpha_n)$).

d) On dit que le schéma simplicial K est *conique* s'il existe un point s de K tel que pour toute face σ de K, $\sigma \cup \{ s \}$ soit une face. Montrer qu'il existe alors des homotopismes de S(K, A) et de C(K, A) sur A.

e) On note D(K, A) le sous-complexe de S(K, A) engendré par les simplexes $(\alpha_0, \ldots, \alpha_n)$ pour lesquels deux des α_i sont égaux, et par les éléments de la forme $(\alpha_0, \ldots, \alpha_n) - \varepsilon(\sigma).(\alpha_{\sigma(0)}, \ldots, \alpha_{\sigma(n)})$ pour tout n-simplexe $(\alpha_0, \ldots, \alpha_n)$ et toute permutation σ de $\{ 0, \ldots, n \}$. Montrer que D(K, A) est un sous-complexe de S(K, A), et que l'application de passage au quotient $p : S(K, A) \to S(K, A)/D(K, A)$ est un homotopisme (un homotopisme réciproque s'obtient en choisissant un ordre total sur K et en associant à la classe modulo D(K, A) d'un simplexe $(\alpha_0, \ldots, \alpha_n)$ le simplexe $\varepsilon(\sigma).(\alpha_{\sigma(0)}, \ldots, \alpha_{\sigma(n)})$, où σ est la permutation telle que $\alpha_{\sigma(0)} < \ldots < \alpha_{\sigma(n)}$, si tous les α_i sont différents, et 0 dans le cas contraire).

*20) Soit R un anneau de valuation discrète (AC, VI, § 3, nº 6) complet, à corps résiduel k de caractéristique $p > 0$. On suppose que le corps des fractions de R est de caractéristique 0. On note v la valua-

tion normée de R, $\mathfrak{m}$ l'idéal maximal de R et R^* le groupe multiplicatif des unités de R. Pour tout entier $n \geqslant 0$, soit $R^*(n)$ le sous-groupe de R^* formé des éléments x tels que $v(x-1) \geqslant n$.
a) Soit r un entier, $r > v(p)/(p-1)$. Montrer que la série

$$\exp(x) = \sum_{i=0}^{+\infty} x^i/i\,!$$

converge pour $x \in \mathfrak{m}^r$ et définit un isomorphisme du groupe additif $\mathfrak{m}^r$ sur le groupe $R^*(r)$.
b) On suppose que k est un corps fini à q éléments. Soient n un entier $\geqslant 1$, μ_n le sous-groupe des éléments x de R^* tels que $x^n = 1$. Montrer que les groupes μ_n et $R^*/(R^*)^n$ sont finis et que l'on a

$$\mathrm{Card}\,(R^*/R^{*n})/\mathrm{Card}\,(\mu_n) = qv(n)\,.$$

(Soient $\mathscr{C}$ l'ensemble des classes de **Z**-modules finis, $\varphi : K(\mathscr{C}) \to \mathbf{Q}^*$ l'homomorphisme défini par

$$\varphi([G]) = \mathrm{Card}\,(G) \quad \text{pour} \quad G \in \mathscr{C}\,,$$

$C^{(r)}$ le complexe de **Z**-modules tel que $C_p^{(r)} = 0$ pour $p \neq 0, 1$, $C_0^{(r)} = C_1^{(r)} = R^*(r)$, $d_1(x) = x^n$ pour $x \in R^*(r)$. Démontrer que $\varphi(H(C^{(r)}))$ est indépendant de r, puis utiliser *a*).) $_*$
21) On suppose que l'anneau A est une algèbre commutative sur un anneau commutatif k ; le A-module $D_k(A)$ des k-dérivations de A s'identifie alors au dual du A-module $\Omega^1_{A/k}$, ce qui définit sur $\Omega_{A/k}$ une structure de $\mathbf{\Lambda}_A(D_k(A))$-module à gauche (*cf.* III, p. 165). Démontrer la formule

$$(X_0 \wedge \ldots \wedge X_p) \lrcorner\, d\omega = \sum_{i=0}^{p} (-1)^i X_i((X_0 \wedge \ldots \wedge \hat{X}_i \wedge \ldots \wedge X_p) \lrcorner\, \omega)$$
$$+ \sum_{0 \leqslant i < j \leqslant p} (-1)^{i+j} ([X_i, X_j] \wedge X_0 \wedge \ldots \wedge \hat{X}_i \wedge \ldots \wedge \hat{X}_r \wedge \ldots \wedge X_p) \lrcorner\, \omega$$

où $\omega \in \Omega^p_{A/k}$, $X_0, \ldots, X_p \in D_k(A)$, et où le signe ^ sur une lettre signifie qu'elle doit être omise. (Se ramener au cas $p = 1$.)
22) On garde les conventions de l'exercice précédent ; si M est un A-module, ∇ une connexion sur M et si $X \in D_k(A)$, on note ∇_X le k-endomorphisme $(1_M \otimes X) \circ \nabla$ de M.
a) Soient M_1, M_2 deux A-modules, munis de connexions ${}^1\nabla$, ${}^2\nabla$; montrer qu'on définit une connexion ∇ sur $M_1 \oplus M_2$ (resp. $M_1 \otimes_A M_2$, resp. $\mathrm{Hom}_A(M_1, M_2)$) en posant $\nabla(m_1 + m_2) = {}^1\nabla(m_1) + {}^2\nabla(m_2)$ pour $m_1 \in M_1$, $m_2 \in M_2$ (resp. $\nabla_X(m_1 \otimes m_2)) = {}^1\nabla_X(m_1) \otimes m_2 + m_1 \otimes {}^2\nabla_X(m_2)$ pour $X \in D_k(A)$, $m_1 \in M_1$ et $m_2 \in M_2$, resp. $\nabla_X(u) = {}^2\nabla_X \circ u - u \circ {}^1\nabla_X$ pour $X \in D_k(A)$, $u \in \mathrm{Hom}_A(M_1, M_2)$.
b) Soit M un A-module, $\nabla : M \to M \otimes_A \Omega^1_{A/k}$ une connexion sur M. Si $X, Y \in D_k(A)$, on note $R(X, Y)$ le A-endomorphisme de M tel que $R(X, Y)(m) = \langle R(m), X \wedge Y \rangle$ pour tout $m \in M$. Démontrer la formule : $R(X, Y) = [\nabla_X, \nabla_Y] - \nabla_{[X,Y]}$ (utiliser l'exercice 21).
c) On suppose le A-module M *projectif*, de sorte que l'homomorphisme de courbure R s'identifie à un élément de $\mathrm{End}_A(M) \otimes_A \Omega^2_{A/k}$. Si l'on munit $\mathrm{End}_A(M)$ de la connexion ∇ définie en *a*), montrer que l'on a $\nabla^2 R = 0$.

§ 3

1) Soient a, b deux éléments de A, tels que l'annulateur à gauche de a (resp. b) soit l'idéal Ab (resp. Aa). Montrer que la suite

$$\cdots \longrightarrow A_s \xrightarrow{\delta_a} A_s \xrightarrow{\delta_b} A_s \xrightarrow{\delta_a} A_s \longrightarrow \cdots \longrightarrow A_s \xrightarrow{\delta_a} A_s \longrightarrow A/Aa \longrightarrow 0\,,$$

où $\boldsymbol{\delta}_a$ (resp. $\boldsymbol{\delta}_b$) désigne la multiplication à droite par a (resp. b), définit une résolution libre du A-module A/Aa. Montrer que cette construction s'applique dans les deux cas suivants :
α) Soit A_0 un anneau ; on prend $A = A_0(\varepsilon)$ (X, p. 27), $a = b = \varepsilon$.
β) Soient G un groupe cyclique fini, σ un générateur de G, k un anneau commutatif. On prend

$$A = k^{(G)}\,, \qquad a = 1 - e_\sigma\,, \qquad b = \sum_{g \in G} e_g\,.$$

2) On suppose l'anneau A *commutatif*. Soit B une A-algèbre ; pour $n \geqslant 0$, on note $\mathscr{A}^n(B)$ le produit tensoriel sur A de $(n+1)$ modules égaux à B. On pose $\mathscr{A}^n(B) = 0$ pour $n < 0$ et $\mathscr{A}(B) = \bigoplus_n \mathscr{A}^n(B)$. On

définit un A-endomorphisme d gradué de degré ascendant $+ 1$ de $\mathscr{A}(\mathrm{B})$ en posant :

$$d(b_0 \otimes \cdots \otimes b_n) = \sum_{i=0}^{n+1} (-1)^i b_0 \otimes \cdots \otimes b_{i-1} \otimes 1_{\mathrm{B}} \otimes b_i \otimes \cdots \otimes b_n \quad \text{pour } b_0, \cdots, b_n \in \mathrm{B}.$$

a) Montrer que $d \circ d = 0$, de sorte que $(\mathscr{A}(\mathrm{B}), d)$ est un complexe de A-modules. Si M est un A-module, on note $\mathscr{A}(\mathrm{B}, \mathrm{M})$ le complexe tel que $\mathscr{A}^n(\mathrm{B}, \mathrm{M}) = \mathscr{A}^n(\mathrm{B}) \otimes_{\mathrm{A}} \mathrm{M}$, de différentielle $d \otimes 1_{\mathrm{M}}$.
b) On suppose que l'algèbre B est un A-module *fidèlement plat* (X, p. 169, exercice 9). Montrer que le complexe $\mathscr{A}(\mathrm{B}, \mathrm{M})$ définit une résolution droite du A-module M. (Il suffit de vérifier que le complexe $\mathrm{B} \otimes_{\mathrm{A}} \mathscr{A}(\mathrm{B}, \mathrm{M})$ définit une résolution de $\mathrm{B} \otimes_{\mathrm{A}} \mathrm{M}$; construire un homotopisme A-linéaire entre ces deux complexes.)
3) Soient B un anneau, $\mathfrak{a}$ un idéal bilatère de B, $\mathfrak{b}$ un idéal à gauche de B contenant $\mathfrak{a}$. On désigne par A l'anneau $\mathrm{B}/\mathfrak{a}$, par $p : \mathrm{B} \to \mathrm{A}$ l'homomorphisme de passage au quotient et par $\mathfrak{b}'$ l'idéal $p(\mathfrak{b}) \subset \mathrm{A}$.
a) On considère la suite d'injections canoniques :

$$\cdots \to \mathfrak{a}^n \mathfrak{b} \to \mathfrak{a}^n \to \mathfrak{a}^{n-1} \mathfrak{b} \to \mathfrak{a}^{n-1} \to \cdots \to \mathfrak{a} \to \mathfrak{b} \to \mathrm{B}.$$

Montrer que la suite obtenue par produit tensoriel avec $\mathrm{B}/\mathfrak{a}$

$$\cdots \to \mathfrak{a}^n \mathfrak{b}/\mathfrak{a}^{n+1} \mathfrak{b} \to \mathfrak{a}^n/\mathfrak{a}^{n+1} \to \cdots \to \mathfrak{a}/\mathfrak{a}^2 \to \mathfrak{b}/\mathfrak{a}\mathfrak{b} \to \mathrm{A}$$

définit une résolution gauche du A-module $\mathrm{A}/\mathfrak{b}'$.
b) On suppose que les idéaux $\mathfrak{a}$ et $\mathfrak{b}$ sont des A-modules à gauche *libres*. Montrer que la résolution précédente est une résolution libre du A-module $\mathrm{A}/\mathfrak{b}'$.
c) Soient G un groupe, k un anneau commutatif, $\mathrm{A} = k^{(\mathrm{G})}$ l'algèbre de G sur k, $\varepsilon : \mathrm{A} \to k$ l'homomorphisme de k-algèbres tel que $\varepsilon(e_g) = 1$ pour tout $g \in \mathrm{G}$. On munit k de la structure de A-module (à gauche) associée à l'homomorphisme ε. Soient $(g_\iota)_{\iota \in \mathrm{I}}$ une famille génératrice de G, F le groupe libre construit sur I, $\mathrm{B} = k^{(\mathrm{F})}$, $\pi : \mathrm{F} \to \mathrm{G}$ l'homomorphisme tel que $\pi(\iota) = g_\iota$ pour $\iota \in \mathrm{I}$, $p : \mathrm{B} \to \mathrm{A}$ l'homomorphisme de k-algèbres déduit de π. Montrer que les idéaux $\mathfrak{a} = \mathrm{Ker}\,(p)$ et $\mathfrak{b} = \mathrm{Ker}\,(\varepsilon \circ p)$ sont des B-modules à gauche libres; en déduire une résolution libre du $k^{(\mathrm{G})}$-module k.

(D'après I, p. 147, exercice 20, le groupe $\mathrm{Ker}\,(\pi)$ admet une famille basique $(r_\alpha)_{\alpha \in \mathrm{J}}$; montrer que les éléments $(e_{r_\alpha} - 1)$, pour $\alpha \in \mathrm{J}$ (resp. $(e_\iota - 1)$, pour $\iota \in \mathrm{I}$) forment une base du B-module à gauche $\mathfrak{a}$ (resp. $\mathfrak{b}$).)
d) Avec les notations de *c*), on pose $\mathrm{R} = \mathrm{Ker}\,(\pi)$; soit $\varphi : \mathrm{R} \to \mathrm{R}/(\mathrm{R}, \mathrm{R})$ l'application de passage au quotient. On munit le k-module $k \otimes_{\mathbf{Z}} \mathrm{R}/(\mathrm{R}, \mathrm{R})$ de la structure de A-module telle que

$$e_{\pi(f)}(1 \otimes \varphi(r)) = 1 \otimes \varphi(frf^{-1})$$

pour tout $r \in \mathrm{R}$, $f \in \mathrm{F}$. Montrer qu'il existe une suite exacte de A-modules :

$$0 \to k \otimes_{\mathbf{Z}} \mathrm{R}/(\mathrm{R}, \mathrm{R}) \to \mathrm{A}^{(\mathrm{I})} \to \mathrm{A} \to k \to 0.$$

4) On suppose l'anneau A commutatif.

Soient G un groupe, K un schéma simplicial (X, p. 177, exercice 19). Une *opération de* G *dans* K est un homomorphisme de G dans le groupe des applications simpliciales bijectives de K dans lui-même.
a) Une opération de G dans K définit une opération de G sur le A-module S(K, A) (*loc. cit.*) ; montrer que cette action fait de S(K, A) un complexe de $\mathrm{A}^{(\mathrm{G})}$-modules.
b) On suppose que G opère *librement* sur l'ensemble sous-jacent à K. Montrer que les $\mathrm{A}^{(\mathrm{G})}$-modules $\mathrm{S}_n(\mathrm{K}, \mathrm{A})$ sont libres.
c) On suppose que le schéma simplicial K est *conique*. Montrer que le $\mathrm{A}^{(\mathrm{G})}$-complexe S(K, A) définit une résolution gauche de A, muni de la structure de $\mathrm{A}^{(\mathrm{G})}$-module pour laquelle $e_g a = a$ pour tous $g \in \mathrm{G}$, $a \in \mathrm{A}$.
d) Soit $|\mathrm{G}|$ le schéma simplicial $(\mathrm{G}, \mathscr{F})$, où $\mathscr{F}$ est l'ensemble des parties finies de G. Le groupe G opère par translations à gauche sur le schéma simplicial $|\mathrm{G}|$; montrer que le $\mathrm{A}^{(\mathrm{G})}$-complexe $\mathrm{S}(|\mathrm{G}|, \mathrm{A})$ est une résolution libre du $\mathrm{A}^{(\mathrm{G})}$-module A.
e) Soit $\mathrm{B}(\mathrm{A}^{(\mathrm{G})}, \mathrm{A})$ la résolution standard du $\mathrm{A}^{(\mathrm{G})}$-module A ; pour $n \geqslant 0$, le $\mathrm{A}^{(\mathrm{G})}$-module $\mathrm{B}_n(\mathrm{A}^{(\mathrm{G})}, \mathrm{A})$ s'identifie à $(\mathrm{A}^{(\mathrm{G})})^{\otimes(n+1)}$. Montrer que l'homomorphisme A-linéaire $u : \mathrm{S}(|\mathrm{G}|, \mathrm{A}) \to \mathrm{B}(\mathrm{A}^{(\mathrm{G})}, \mathrm{A})$, défini par

$$u(g_0, \ldots, g_n) = g_0 \otimes g_0^{-1} g_1 \otimes \ldots \otimes g_{n-1}^{-1} g_n \qquad \text{pour } g_0, \ldots, g_n \text{ dans G},$$

est un isomorphisme de $\mathrm{A}^{(\mathrm{G})}$-complexes.

5) *a*) Soient $0 \to K \to P \to M \to 0$, $0 \to K' \to P' \to M \to 0$ deux suites exactes de A-modules, avec P et P' projectifs. Montrer qu'il existe un diagramme commutatif :

$$\begin{array}{ccccccccc} 0 & \to & K \oplus P' & \to & P \oplus P' & \to & M & \to & 0 \\ & & \downarrow v & & \downarrow u & & \downarrow 1_M & & \\ 0 & \to & P \oplus K' & \to & P \oplus P' & \to & M & \to & 0 \end{array}$$

où les lignes horizontales sont exactes, et où u et v sont des isomorphismes (*cf.* II, p. 183, exercice 4).

b) Soient n un entier $\geqslant 0$, (P, p) et (P', p') deux résolutions gauches du A-module M, telles que $P_j = P'_j = 0$ pour $j > n$ et que les A-modules P_i et P'_i soient projectifs pour $0 \leqslant i \leqslant n-1$. Montrer que les A-modules $\bigoplus_{i \geqslant 0} (P_{2i} \oplus P'_{2i+1})$ et $\bigoplus_{j \geqslant 0} (P'_{2j} \oplus P_{2j+1})$ sont isomorphes.

c) Sous les hypothèses de *b*), montrer qu'il existe deux complexes projectifs R, R', d'homologie nulle, tels que $R_i = R'_i = 0$ pour $i \notin [0, n]$, et un isomorphisme de résolutions $u : P \oplus R \to P' \oplus R'$.

¶ 6) Soit M un A-module à gauche. On appelle *présentation de longueur n* ou *n-présentation* de M une suite exacte

$$L_n \to L_{n-1} \to \cdots \to L_1 \to L_0 \to M \to 0$$

où L_i est un A-module à gauche libre $(0 \leqslant i \leqslant n)$. On dit que la présentation est *finie* si tous les L_i sont des modules libres de type fini.

Si M est un A-module à gauche de type fini, on désigne par $\lambda(M)$ la borne supérieure (finie ou égale à $+\infty$) des entiers $n \geqslant 0$ tels que M possède une n-présentation finie. Si M n'est pas de type fini, on pose $\lambda(M) = -1$.

a) Soit $0 \to P \to N \to M \to 0$ une suite exacte de A-modules à gauche. On a alors $\lambda(N) \geqslant \inf(\lambda(P), \lambda(M))$.

b) Soit $L_n \xrightarrow{d_n} L_{n-1} \to \cdots \to L_0 \to M \to 0$ une n-présentation finie de M ; si $\lambda(M) > n$, montrer que $\operatorname{Ker}(d_n)$ est un A-module de type fini (utiliser l'exercice 5, *b*)).

c) Montrer que, sous les hypothèses de *a*), on a

$$\lambda(M) \geqslant \inf(\lambda(N), \lambda(P) + 1).$$

(Si $n \leqslant \inf(\lambda(N), \lambda(P) + 1)$, montrer par récurrence sur n que $\lambda(M) \geqslant n$, en raisonnant comme dans *a*) et utilisant *b*).)

d) Montrer que, sous les hypothèses de *a*), on a

$$\lambda(P) \geqslant \inf(\lambda(N), \lambda(M) - 1).$$

(Même méthode que dans *c*).) En déduire que, si $\lambda(N) = +\infty$, alors $\lambda(M) = \lambda(P) + 1$.

e) Déduire de *a*), *c*) et *d*) que, si $N = M \oplus P$, on a

$$\lambda(N) = \inf(\lambda(M), \lambda(P)).$$

En particulier, pour que N admette une présentation finie il faut et il suffit qu'il en soit ainsi pour M et P.

f) Soient N_1, N_2 deux sous-modules d'un A-module M. Supposons que N_1 et N_2 admettent une présentation finie. Pour que $N_1 + N_2$ admette une présentation finie, il faut et il suffit que $N_1 \cap N_2$ soit de type fini.

7) *a*) Avec les notations de l'exercice 6, montrer que, si M est un module projectif, on a

$$\lambda(M) = -1 \quad \text{ou} \quad \lambda(M) = +\infty.$$

Si A est un anneau nœthérien à gauche, alors, pour tout A-module M, on a $\lambda(M) = -1$ ou $\lambda(M) = +\infty$.

b) Si $\mathfrak{a}$ est un idéal à gauche d'un anneau A, qui n'est pas de type fini, $A_s/\mathfrak{a}$ est un A-module monogène qui n'admet pas de présentation finie, autrement dit $\lambda(A_s/\mathfrak{a}) = 0$ (*cf.* X, p. 11, prop. 6).

c) Donner un exemple d'un idéal à gauche monogène $\mathfrak{a}$ d'un anneau A tel que $A_s/\mathfrak{a}$ (qui est de présentation finie) admette un dual qui ne soit pas un A-module à droite de type fini.

d) Soient K un corps commutatif, E l'espace vectoriel $K^{(\mathbf{N})}$, (e_n) la base canonique de E, T l'algèbre tensorielle de E, dont une base est donc formée des produits finis $e_{i_1} e_{i_2} \ldots e_{i_k}$ $(k \geqslant 0,\ i_j \in \mathbf{N}$ pour tout $j)$. Pour un entier n donné, soit $\mathfrak{b}$ l'idéal bilatère de T engendré par les produits $e_1 e_0, e_2 e_1, \ldots, e_n e_{n-1}$ et $e_{n+k} e_n$

pour tout $k \geqslant 1$; soit A l'anneau quotient $T/\mathfrak{b}$, et pour tout entier m, soit a_m l'image canonique de e_m dans A. Montrer que, si $M = A_s/Aa_0$, on a $\lambda(M) = n$ (observer que, pour $m \leqslant n - 1$, l'annulateur à gauche de a_m est Aa_{m+1}, et utiliser l'exercice 6, *b*)).

8) Soient C un anneau commutatif, E, F deux C-modules. Montrer que l'on a $\lambda(E \otimes_C F) \geqslant \inf(\lambda(E), \lambda(F))$.

9) Soient $\rho : A \to B$ un homomorphisme d'anneaux, M un A-module.

a) Si B est un A-module à droite plat et si M admet une n-présentation finie, le B-module $B \otimes_A M$ admet une n-présentation finie.

b) Si B est un A-module à droite fidèlement plat (X, p. 169, exercice 9), et si le B-module $B \otimes_A M$ admet une n-présentation finie, alors M admet une n-présentation finie (utiliser l'exercice 6, *b*) et l'exercice 12, p. 169).

10) Soit E un A-module. On dit que E est *pseudo-cohérent* si tout sous-module de type fini de E est de présentation finie ; tout sous-module d'un module pseudo-cohérent est pseudo-cohérent. On dit que E est *cohérent* s'il est pseudo-cohérent et de type fini (donc de présentation finie).

a) Soit $0 \to E' \to E \to E'' \to 0$ une suite exacte de A-modules. Montrer que, si E est pseudo-cohérent (resp. cohérent) et E' de type fini, E'' est pseudo-cohérent (resp. cohérent). Montrer que, si E' et E'' sont pseudo-cohérents (resp. cohérents), il en est de même de E. Montrer que, si E et E'' sont cohérents, il en est de même de E' (utiliser X, p. 11, prop. 6).

b) Soient E un A-module cohérent, E' un A-module pseudo-cohérent (resp. cohérent). Montrer que, pour tout homomorphisme $u : E \to E'$, Im (u) et Ker (u) sont cohérents et Coker (u) pseudo-cohérent (resp. cohérent) (utiliser *a*)).

c) Montrer que toute somme directe (resp. toute somme directe finie) de modules pseudo-cohérents (resp. cohérents) est un module pseudo-cohérent (resp. cohérent).

d) Si E est un module pseudo-cohérent et si M, N sont des sous-modules cohérents de E, montrer que $M + N$ et $M \cap N$ sont cohérents (utiliser *a*) et *c*)).

e) On suppose A commutatif. Montrer que, si E est un A-module cohérent et F un A-module cohérent (resp. pseudo-cohérent), $\mathrm{Hom}_A(E, F)$ est un A-module cohérent (resp. pseudo-cohérent). (Se ramener au cas où F est cohérent ; considérer une présentation finie de E, puis utiliser *b*).)

¶ 11) *a*) Soit A un anneau. Montrer que les propriétés suivantes sont équivalentes :

α) Le A-module A_s est cohérent (exercice 10).

β) Tout A-module de présentation finie est cohérent.

γ) Pour tout A-module à droite M de présentation finie, le dual M* est un A-module de type fini.

δ) Pour tout ensemble I, le A-module à droite A_d^I est plat.

ε) Tout produit de A-modules à droite plats est plat.

(Pour prouver que α) entraine β), utiliser l'exercice 10, *b*). Pour voir que δ) entraîne γ), utiliser X, p. 14, th. 1 ; pour montrer que α) entraîne ε), utiliser X, p. 170, exercice 18.)

On dit qu'un anneau vérifiant ces propriétés est *cohérent à gauche* (ou simplement *cohérent*), et on définit de même la notion d'anneau *cohérent à droite*.

b) Montrer qu'un anneau noethérien (à gauche) est cohérent. Donner un exemple d'anneau artinien à droite qui n'est pas cohérent (*cf.* VIII, § 1, exercice 4).

c) Montrer qu'un anneau absolument plat (X, p. 169, exercice 16) est cohérent.

d) Montrer que, si A est un anneau cohérent et M un A-module, on a $\lambda(M) = -1$ ou $\lambda(M) = 0$ ou $\lambda(M) = +\infty$ (exercice 6). En particulier, tout A-module de présentation finie admet une résolution par des modules libres de type fini.

e) Soit $(A_\alpha, \varphi_{\beta\alpha})$ un système inductif d'anneaux dont l'ensemble d'indices est filtrant, et soit $A = \varinjlim A_\alpha$. On suppose que pour $\alpha \leqslant \beta$, A_β est un A_α-module à droite plat. Montrer que si les A_α sont cohérents, il en est de même de A. (Observer que A est un A_α-module à droite plat pour tout α, et que pour tout idéal à gauche $\mathfrak{a} \subset A$, de type fini, il existe un indice α et un idéal $\mathfrak{a}_\alpha$ de A tels que $\mathfrak{a}$ soit isomorphe à $A \otimes_A \mathfrak{a}_\alpha$.)

f) Déduire de *e*) que tout anneau de polynômes (pour un ensemble fini ou infini quelconque d'indéterminées) sur un anneau commutatif noethérien est cohérent. En déduire qu'un anneau quotient d'un anneau cohérent n'est pas nécessairement cohérent.

g) Pour que A soit cohérent à gauche, il faut et il suffit que l'annulateur à gauche de tout élément de A soit de type fini, et que l'intersection de deux idéaux à gauche de type fini soit de type fini (utiliser l'exercice 6, *f*)).

12) Soit $\mathfrak{c}$ un cardinal infini. On suppose que tout idéal à gauche de l'anneau A admet un ensemble générateur de cardinal $\leqslant \mathfrak{c}$. Montrer que tout A-module engendré par un ensemble d'éléments de cardinal $\leqslant \mathfrak{c}$ admet une résolution gauche par des A-modules libres de rang $\leqslant \mathfrak{c}$ (*cf.* VIII, § 1, exercice 13).

13) Soit M un A-module. Une *résolution injective minimale* de M est une résolution injective (e, I) de M telle que I^n soit une enveloppe injective de $\mathrm{Z}^n(\mathrm{I})$ pour tout $n \geqslant 0$.

a) Tout A-module admet des résolutions injectives minimales ; deux telles résolutions sont isomorphes.

b) Soient I, I′ deux résolutions injectives de M, I étant minimale ; soit $f : \mathrm{I} \to \mathrm{I}'$ et $g : \mathrm{I}' \to \mathrm{I}$ deux morphismes de résolutions. Alors f est injectif, g est surjectif et I′ est somme directe de sous-complexes $\mathrm{Im}\,(f)$ (isomorphe à I) et $\mathrm{Ker}\,(g)$ (d'homologie nulle).

14) On suppose que l'anneau A est *local nœthérien* ; on note $\mathfrak{m}$ son idéal maximal. Soient L un complexe de A-modules de type fini, nul en degrés < 0, M un A-module de type fini, et $q : \mathrm{L} \to \mathrm{M}$ un morphisme. On fait les hypothèses suivantes :

(i) L'homomorphisme $1 \otimes q : (\mathrm{A}/\mathfrak{m}) \otimes_{\mathrm{A}} \mathrm{L}_0 \to (\mathrm{A}/\mathfrak{m}) \otimes_{\mathrm{A}} \mathrm{M}$ est injectif.

(ii) On a $d_i(\mathrm{L}_i) \subset \mathfrak{m}\mathrm{L}_{i-1}$ pour $i \geqslant 1$, et l'application

$$\bar{d}_i : \mathrm{L}_i/\mathfrak{m}\mathrm{L}_i \to \mathfrak{m}\mathrm{L}_{i-1}/\mathfrak{m}^2\,\mathrm{L}_{i-1} \quad \text{est injective}.$$

Soient (P, p) une résolution projective de M, $u : \mathrm{L} \to \mathrm{P}$ un morphisme tel que $p \circ u = q$. Démontrer que u est injectif et que $u(\mathrm{L})$ est facteur direct de P en tant que A-module gradué (se ramener au cas où la résolution P est minimale, et utiliser VIII, § 8, n° 3, cor. 3).

¶ 15) Soient A un anneau local nœthérien, $\mathfrak{m}$ son idéal maximal, $k = \mathrm{A}/\mathfrak{m}$. Soit P une résolution projective minimale du A-module k ; pour $n \geqslant 0$, on note b_n le rang du A-module libre P_n.

a) Montrer qu'on a $b_0 = 1$ et que $b_1 = \dim_k(\mathfrak{m}/\mathfrak{m}^2)$ est le nombre minimal de générateurs de $\mathfrak{m}$.

b) Si A est commutatif, on a $b_2 \geqslant \frac{1}{2} b_1(b_1 - 1)$ (considérer la suite exacte $\mathrm{P}_2 \to \mathfrak{m}\mathrm{P}_1 \to \mathfrak{m}^2 \to 0$).

c) On suppose l'anneau A artinien (non nécessairement commutatif). Démontrer l'inégalité $b_2 \geqslant \frac{1}{4} b_1^2$ (soit M_l le sous-module de P_2 formé des éléments x tels que $d_2(x) \in \mathfrak{m}^l\,\mathrm{P}_1$; montrer que l'on a

$$\mathfrak{m}^l\,\mathrm{P}_2 \subset \mathrm{M}_{l+1}$$

et qu'il existe une suite exacte $0 \to \mathrm{M}_l/\mathrm{M}_{l+1} \to \mathfrak{m}^l\,\mathrm{P}_1/\mathfrak{m}^{l+1}\,\mathrm{P}_1 \to \mathfrak{m}^{l+1}/\mathfrak{m}^{l+2} \to 0$. En déduire que le polynôme $p(t) = \sum_l (\dim_k(\mathfrak{m}^l/\mathfrak{m}^{l+1}))\,t^l$ vérifie $(b_2\,t^2 - b_1\,t + 1)\,p(t) \geqslant 0$ pour $0 \leqslant t \leqslant 1$. Conclure en examinant séparément les cas $b_1 = 1$, $b_1 \geqslant 2$).

16) *a*) Soient $0 \to \mathrm{M}' \to \mathrm{M} \to \mathrm{M}'' \to 0$ une suite exacte de A-modules, (P', p') (resp. (P'', p'')) une résolution projective de M′ (resp. M″). Montrer qu'il existe une résolution projective (P, p) de M et un diagramme commutatif :

$$\begin{array}{ccccccccc} 0 & \to & \mathrm{P}' & \to & \mathrm{P} & \to & \mathrm{P}'' & \to & 0 \\ & & \downarrow{\scriptstyle p'} & & \downarrow{\scriptstyle p} & & \downarrow{\scriptstyle p''} & & \\ 0 & \to & \mathrm{M}' & \to & \mathrm{M} & \to & \mathrm{M}'' & \to & 0 \end{array}$$

où les lignes horizontales sont exactes.

b) Soient $0 \to \mathrm{N}' \to \mathrm{N} \to \mathrm{N}'' \to 0$ une seconde suite exacte de A-modules, (Q, q) (resp. (Q', q'), resp. (Q'', q'')) une résolution projective de N (resp. N′, resp. N″), de façon qu'il existe un diagramme commutatif à lignes exactes :

$$\begin{array}{ccccccccc} 0 & \to & \mathrm{Q}' & \to & \mathrm{Q} & \to & \mathrm{Q}'' & \to & 0 \\ & & \downarrow{\scriptstyle q'} & & \downarrow{\scriptstyle q} & & \downarrow{\scriptstyle q''} & & \\ 0 & \to & \mathrm{N}' & \to & \mathrm{N} & \to & \mathrm{N}'' & \to & 0 \end{array}$$

Soit d'autre part :

$$\begin{array}{ccccccccc} 0 & \to & \mathrm{M}' & \to & \mathrm{M} & \to & \mathrm{M}'' & \to & 0 \\ & & \downarrow{\scriptstyle u'} & & \downarrow{\scriptstyle u} & & \downarrow{\scriptstyle u''} & & \\ 0 & \to & \mathrm{N}' & \to & \mathrm{N} & \to & \mathrm{N}'' & \to & 0\,. \end{array}$$

un diagramme commutatif de suites exactes, et soient $\tilde{u}' : \mathrm{P}' \to \mathrm{Q}'$ et $\tilde{u}'' : \mathrm{P}'' \to \mathrm{Q}''$ des morphismes de complexes tels que $u' \circ p' = q' \circ \tilde{u}'$ et $u'' \circ p'' = q'' \circ \tilde{u}''$. Montrer qu'il existe un morphisme $\tilde{u} : \mathrm{P} \to \mathrm{Q}$ tel que $u \circ p = q \circ \tilde{u}$ et que le diagramme :

$$(*) \qquad \begin{array}{ccccccccc} 0 & \to & \mathrm{P}' & \to & \mathrm{P} & \to & \mathrm{P}'' & \to & 0 \\ & & \downarrow{\scriptstyle \tilde{u}'} & & \downarrow{\scriptstyle \tilde{u}} & & \downarrow{\scriptstyle \tilde{u}''} & & \\ 0 & \to & \mathrm{Q}' & \to & \mathrm{Q} & \to & \mathrm{Q}'' & \to & 0 \end{array}$$

soit commutatif.

c) Soient $\tilde{u}'_1 : P' \to Q'$, $\tilde{u}_1 : P \to Q$ et $\tilde{u}''_1 : P'' \to Q''$ trois morphismes de complexes tels que

$$u' \circ p' = q' \circ \tilde{u}'_1 \,, \quad u \circ p = q \circ \tilde{u}_1 \,, \quad u'' \circ p'' = q'' \circ \tilde{u}''_1$$

et rendant le diagramme (*) commutatif ; soit s' (resp. s'') une homotopie reliant $\tilde{u}'$ à $\tilde{u}'_1$ (resp. $\tilde{u}''$ à $\tilde{u}''_1$). Montrer qu'il existe une homotopie s reliant $\tilde{u}$ à $\tilde{u}_1$, telle que le diagramme :

$$\begin{array}{ccccccccc} 0 & \to & P' & \to & P & \to & P'' & \to & 0 \\ & & \downarrow{\scriptstyle s'} & & \downarrow{\scriptstyle s} & & \downarrow{\scriptstyle s''} & & \\ 0 & \to & Q' & \to & Q & \to & Q'' & \to & 0 \end{array}$$

soit commutatif.

d) Enoncer et démontrer les résultats correspondant à *a*), *b*), *c*) pour des résolutions injectives.

¶ 17) Dans cet exercice, si (K, d', d'') est un bicomplexe (X, p. 174, exercice 11), on notera $K_{p,.}$ le complexe $(\bigoplus_n K_{p,n}, d'')$. Tout complexe sera considéré comme un bicomplexe, nul en degré (p, q) pour $q \neq 0$.

Soit C un complexe de A-modules. Une ***résolution projective*** de C est un couple (P, p), où P est un bicomplexe et $p : P \to C$ un morphisme de bicomplexes, tel que $P_{p,q} = 0$ pour $q < 0$ et que le complexe $P_{p,.}$ (resp. $Z'_{p,.}(P)$, $B'_{p,.}(P)$, $H'_{p,.}(P)$) définisse une résolution projective de C_p (resp. $Z_p(C)$, $B_p(C)$, $H_p(C)$) pour tout $p \in \mathbf{Z}$. Pour que (P, p) soit une résolution projective de C, il suffit que les complexes $B'_{p,.}(P)$ et $H'_{p,.}(P)$ définissent pour tout p des résolutions projectives de $B_p(C)$ et $H_p(C)$.

a) Montrer que tout A-complexe C admet une résolution projective (choisir pour tout p des résolutions projectives $B_{p,.}$ et $H_{p,.}$ de $B_p(C)$ et $H_p(C)$; en utilisant l'exercice 16, construire des résolutions projectives $Z_{p,.}$ de $Z_p(C)$ et $P_{p,.}$ de C_p ainsi que des suites exactes :

$$0 \to B_{p,.} \to Z_{p,.} \to H_{p,.} \to 0 \,; \qquad 0 \to Z_{p,.} \to P_{p,.} \to B_{p+1,.} \to 0) \,.$$

b) Soient C′ un autre complexe, (P', p') une résolution projective de C′, $u : C \to C'$ un morphisme de complexes. Montrer qu'il existe un morphisme de bicomplexes $\tilde{u} : P \to P'$ tel que $u \circ p = p' \circ \tilde{u}$ (pour tout $p \in \mathbf{Z}$, choisir des morphismes $B'_{p,.}(P) \to B'_{p,.}(P')$ et $H'_{p,.}(P) \to H'_{p,.}(P')$; construire $\tilde{u}$ comme précédemment, en utilisant l'exercice 16, *b*)).

c) Soit $v : C \to C'$ un morphisme de complexes homotope à u, et soit $\tilde{v} : P \to P'$ un morphisme de bicomplexes tel que $v \circ p = p' \circ \tilde{v}$. Montrer que $\tilde{u}$ et $\tilde{v}$ sont homotopes (au sens de X, p. 174, exercice 11, *c*) ; utiliser l'exercice 16, *c*)).

d) Soient E un sous-ensemble de $\mathbf{Z}$, C un A-complexe tel que $C_p = 0$ pour $p \in E$. Montrer qu'il existe une résolution projective (P, p) de C telle que $P_{p,q} = 0$ pour $p \in E$.

e) On suppose qu'il existe un entier n tel que tout A-module admette une résolution projective de longueur $\leqslant n$. Montrer que tout A-complexe C admet une résolution projective (P, p) telle que $P_{p,q} = 0$ pour $q > n$.

f) Soit C un A-complexe. Une ***résolution injective*** de C est un couple (e, I), où I est un bicomplexe et $e : C \to I$ un morphisme de bicomplexes, tel que $I^{p,q} = 0$ pour $q < 0$ et que le complexe $I^{p,.}$ (resp. $'Z^{p,.}(I)$, $'B^{p,.}(I)$, $'H^{p,.}(I)$) définisse une résolution injective de C^p (resp. $Z^p(C)$, $B^p(C)$, $H^p(C)$) pour tout $p \in \mathbf{Z}$. Enoncer et démontrer les analogues des résultats *a*) à *e*) pour les résolutions injectives.

18) On suppose l'anneau A commutatif. Une A-*algèbre différentielle graduée* est une A-algèbre S, graduée de type $\mathbf{Z}$, telle que $S_n = 0$ pour $n < 0$, munie d'une antidérivation d de degré (-1), vérifiant $d \circ d = 0$. On notera encore S le complexe de A-modules (S, d).

a) Soit C un complexe de A-modules, nul en degrés < 0. Montrer qu'il existe sur $S = \mathbf{T}(C)$ (resp. $S = \mathbf{S}(C)$, resp. $S = \mathbf{\Lambda}(C)$) une structure de A-algèbre différentielle graduée, telle que l'injection canonique de C dans S soit un morphisme de complexes.

b) Montrer que la multiplication de S induit une structure de A-algèbre graduée sur H(S).

c) Soient S, T deux A-algèbres différentielles graduées. On pose $D(s \otimes t) = ds \otimes t + (-1)^p s \otimes dt$ pour $s \in S_p$, $t \in T$. Montrer que D définit une structure de A-algèbre différentielle graduée sur le produit tensoriel gauche $S \,^g\!\otimes_A T$ (III, p. 49).

19) On suppose l'anneau A commutatif.

a) Soient (S, d_S) une A-algèbre différentielle graduée (exercice 18), M un A-module, $u : M \to Z_n(S)$ un A-homomorphisme. Montrer qu'il existe sur $S \otimes_A \mathbf{T}(M)$ une structure de A-algèbre différentielle graduée telle que $d(s \otimes 1) = d_S s \otimes 1$ pour $s \in S$ et $d(1 \otimes m) = u(m) \otimes 1$ pour $m \in M$.

b) Soit B une A-algèbre. Montrer qu'il existe une A-algèbre différentielle graduée S et un homomorphisme de A-algèbres $p : S_0 \to B$ tels que (S, p) soit une résolution libre du A-module B. (Construire par récurrence sur n, à l'aide de *a)*, une algèbre différentielle graduée $S(n)$, libre en chaque degré, telle que $H_i(S(n)) = 0$ pour $0 < i < n$ et $H_0(S(n)) = B$.)

c) Si l'algèbre B est commutative, montrer qu'on peut trouver une A-algèbre S *alternée* (III, p. 53) vérifiant les conditions de *b)*. Si de plus A est noethérien et si B est un quotient de A par un idéal, montrer qu'on peut trouver S de façon que $S_0 = A$ et que S_n soit un A-module de type fini pour tout n.

¶ 20) On suppose que l'anneau A est une algèbre sur un anneau commutatif k. Soit $\eta : k \to A$ l'homomorphisme défini par $\eta(\lambda) = \lambda 1_A$ pour $\lambda \in k$, et soit $\bar{A}$ son conoyau. Si a est un élément de A, on notera $\bar{a}$ sa classe dans $\bar{A}$. On pose $N_n(A) = A \otimes_k \bar{A}^{\otimes n} \otimes_k A$ pour $n \geqslant 0$, $N_n(A) = 0$ pour $n < 0$, et

$$N(A) = \bigoplus_{n \in \mathbf{Z}} N_n(A).$$

a) Montrer qu'il existe un (A, A)-endomorphisme d de N(A), gradué de degré (-1), tel que

$$d(a \otimes \bar{a}_1 \otimes \cdots \otimes \bar{a}_n \otimes b) = aa_1 \otimes \bar{a}_2 \otimes \cdots \otimes \bar{a}_n \otimes b + \sum_{i=1}^{n-1} (-1)^i a \otimes \cdots \otimes \overline{a_i a_{i+1}} \otimes \cdots \otimes \bar{a}_n \otimes b$$
$$+ (-1)^n a \otimes \bar{a}_1 \otimes \cdots \otimes \bar{a}_{n-1} \otimes a_n b \quad \text{pour} \quad a, a_1, \ldots, a_n, b \in A.$$

b) Montrer que $d \circ d = 0$, de sorte que N(A) est un complexe de (A, A)-bimodules. Si M est un A-module à gauche, on note N(A, M) le A-complexe $N(A) \otimes_A M$.

c) Soit B(A, M) la résolution standard de M (X, p. 58), $p : B(A, M) \to N(A, M)$ le A-homomorphisme défini par $p(a_0 \otimes \cdots \otimes a_n \otimes m) = a_0 \otimes \bar{a}_1 \otimes \cdots \otimes \bar{a}_n \otimes m$ pour $a_0, \ldots, a_n \in A$, $m \in M$. Montrer que p est un homotopisme de A-complexes (construire par récurrence une application inverse à homotopie près).

* 21) Soient k un anneau commutatif, $\mathfrak{g}$ une k-algèbre de Lie, U son algèbre enveloppante (*cf.* LIE, I, § 2). On suppose que $\mathfrak{g}$ est un k-module libre.

a) Montrer qu'il existe pour tout $n \geqslant 0$ un U-homomorphisme injectif

$$j_n : U \otimes_k \mathbf{\Lambda}^n(\mathfrak{g}) \to U^{\otimes(n+1)} \quad \text{tel que} \quad j_n(u \otimes (x_1 \wedge \ldots \wedge x_n)) = \sum_{\sigma \in \mathfrak{S}_n} \varepsilon(\sigma).u \otimes x_{\sigma(1)} \otimes \cdots \otimes x_{\sigma(n)}$$

pour $u \in U, x_1, \ldots, x_n \in \mathfrak{g}$.

On définit ainsi un U-homomorphisme gradué de degré 0 $j : U \otimes_k \mathbf{\Lambda}(\mathfrak{g}) \to B(U, k)$, où $B(U, k)$ est la résolution standard du U-module à gauche k (la structure de U-module de k étant déduite de l'homomorphisme naturel $U \to k$). Montrer que $U \otimes_k \mathbf{\Lambda}(\mathfrak{g})$ s'identifie par j à un sous-complexe de $B(U, k)$, la différentielle étant donnée par la formule :

$$d(u \otimes (x_1 \wedge \ldots \wedge x_n)) = \sum_{1 \leqslant i \leqslant n} (-1)^{i+1} ux_i \otimes (x_1 \wedge \ldots \wedge \hat{x}_i \wedge \ldots \wedge x_n)$$
$$+ \sum_{1 \leqslant i < j \leqslant n} (-1)^{i+j} u \otimes ([x_i, x_j] \wedge x_1 \wedge \ldots \wedge \hat{x}_i \wedge \ldots \wedge \hat{x}_j \wedge \ldots \wedge x_n) \quad \text{pour} \quad u \in U, x_1, \ldots, x_n \in \mathfrak{g}$$

(où le signe ^ sur une lettre signifie qu'elle doit être omise). On note $V(\mathfrak{g})$ le U-complexe ainsi défini.

b) Montrer que $V(\mathfrak{g})$ définit une résolution libre du U-module k (soient $(U_n)_{n \geqslant 0}$ la filtration naturelle de U, $F_r V(\mathfrak{g})$ le sous-k-module de $V(\mathfrak{g})$ engendré par les éléments $u_p \otimes x_q$ pour $u_p \in U_p$, $x_q \in \mathbf{\Lambda}^q(\mathfrak{g})$, $p + q \leqslant r$. Montrer que $F_r V(\mathfrak{g})$ est un sous-complexe de $V(\mathfrak{g})$, et que le complexe $\bigoplus_{r \geqslant 0} F_r V(\mathfrak{g})/F_{r-1} V(\mathfrak{g})$ est isomorphe au complexe $\mathbf{S}(\mathfrak{g}) \otimes \mathbf{\Lambda}(\mathfrak{g})$ défini dans X, p. 151). *

§ 4

1) On note B l'anneau A(ε) (X, p. 27); soit C le complexe de (B, B)-bimodules tel que $C_n = B$ pour tout $n \in \mathbf{Z}$, $d(x) = \varepsilon x$ pour tout $x \in C$. Montrer que le complexe C est d'homologie nulle, mais que $H_n(C \otimes_B C)$ est isomorphe à A pour tout $n \in \mathbf{Z}$. En déduire qu'on ne peut supprimer l'hypothèse « E borné à droite » dans le lemme 1 et la prop. 4, pp. 66-67.

2) Soient $\rho : A \to B$ un homomorphisme d'anneaux, M un A-module. Montrer que les propriétés suivantes sont équivalentes :

α) On a $\mathrm{Tor}_1^A(\rho_*(P), M) = 0$ pour tout B-module à droite P.

β) On a $\mathrm{Tor}_1^A(\rho_*(P), M) = 0$ pour tout B-module à droite *monogène* P.

γ) Le B-module $B \otimes_A M$ est plat, et on a $\mathrm{Tor}_1^A(B, M) = 0$.

(Pour voir que γ) entraîne α), considérer une suite exacte $0 \to R \to L \to P \to 0$ de B-modules à droite, où L est libre.)

3) On suppose l'anneau A *commutatif*. Soient I un ensemble fini et $(C^{(i)}, d^{(i)})_{i \in I}$ une famille de complexes de A-modules.

a) On munit le produit tensoriel $\bigotimes_{i \in I} C^{(i)}$ de sa graduation de type $\mathbf{Z}^I$ et des A-endomorphismes

$$d_i = \bigotimes_{j \in I} d_i^{(j)} \quad \text{avec} \quad d_i^{(j)} = 1_{C^{(j)}} \quad \text{pour} \quad j \neq i \quad \text{et} \quad d_i^{(i)} = d^{(i)}.$$

Montrer qu'on obtient ainsi un I-précomplexe (X, exercice 13, p. 174); le I-complexe associé est appelé I-*complexe produit tensoriel* des complexes $C^{(i)}$. Le complexe associé à cet I-complexe est appelé *complexe produit tensoriel* des $C^{(i)}$.

b) Montrer que le choix d'un ordre total sur I permet de définir un isomorphisme du complexe produit tensoriel des $C^{(i)}$ sur le complexe défini en X, p. 64.

4) Soit $\mathfrak{a}$ un idéal bilatère de A. Soit M un A-module, tel que $\mathrm{Tor}_1^A(A/\mathfrak{a}, M) = 0$ et que le $(A/\mathfrak{a})$-module $M/\mathfrak{a}M$ soit *projectif*.

a) On suppose, ou bien que M est de présentation finie et $\mathfrak{a}$ contenu dans le radical de A, ou bien que $\mathfrak{a}$ est nilpotent. Montrer que M est projectif (utiliser VIII, § 8, nº 3, cor. 3).

b) On suppose que M est de type fini, que l'on a $\bigcap_n \mathfrak{a}^n = 0$ et que le $(A/\mathfrak{a})$-module $M/\mathfrak{a}M$ est libre. Montrer que le A-module M est libre.

c) Donner un exemple d'un anneau local A, d'idéal maximal $\mathfrak{m}$, et d'un A-module de type fini M non plat tel que $\mathrm{Tor}_1^A(A/\mathfrak{m}, M) = 0$.

5) On suppose qu'il existe un homomorphisme (unifère) de k-algèbres $\pi : A \to k$, qui munit k d'une structure de A-module. On considère la résolution standard $B(A, k)$ (X, p. 58); pour $n \geqslant 0$, on identifie $B_n(A, k)$ à $A \otimes_k A^{\otimes n}$ et on note $a[a_1, \ldots, a_n]$ l'élément $a \otimes a_1 \otimes \cdots \otimes a_n$ de $A \otimes_k A^{\otimes n}$.

a) Montrer que le complexe $B(A, k) \otimes_k B(A, k)$ définit une résolution du $(A \otimes_k A)$-module k. Montrer que l'homomorphisme $(A \otimes_k A)$-linéaire

$$g : B(A \otimes_k A, k) \to B(A, k) \otimes_k B(A, k)$$

tel que

$$g([x_1 \otimes y_1, \ldots, x_n \otimes y_n]) = \sum_{0 \leqslant p \leqslant n} \pi(x_{p+1} \ldots x_n)[x_1, \ldots, x_p] \otimes y_1 \ldots y_p[y_{p+1}, \ldots, y_n]$$

pour $x_1, \ldots, x_n, y_1, \ldots, y_n$ dans A, est un morphisme de résolutions.

b) On suppose A commutatif. Montrer qu'il existe sur $B(A, k)$ une structure de A-algèbre graduée telle que l'on ait pour $x_1, \ldots, x_n \in A$:

$$[x_1, \ldots, x_p][x_{p+1}, \ldots, x_n] = \sum_{\sigma \in M_{p,n}} \varepsilon(\sigma)[x_{\sigma(1)}, \ldots, x_{\sigma(n)}]$$

où $M_{p,n}$ est le sous-ensemble de $\mathfrak{S}_n$ formé des permutations σ telles que $\sigma(1) < \cdots < \sigma(p)$ et $\sigma(p+1) < \cdots < \sigma(n)$.

Montrer que $B(A, k)$ est alors une A-algèbre différentielle graduée (X, p. 183, exercice 18).

6) Soit P un complexe plat de A-modules à droite. Pour tout A-module M et tout entier i, on pose

$$T_i^P(M) = H_i(P \otimes_A M);$$

si $u : M \to N$ est un A-homomorphisme, on note $T_i^P(u)$ le k-homomorphisme $H_i(1_P \otimes u)$.

a) Soit r un entier. Montrer que les conditions suivantes sont équivalentes :

α) Pour toute injection $u : M' \to M$, l'application $T_r^P(u)$ est injective.

β) Pour toute surjection $v : M \to M''$, l'application $T_{r+1}^P(v)$ est surjective.

γ) Le A-module à droite $P_r/B_r(P)$ est plat.

δ) Il existe un complexe plat P' de A-modules à droite, dont la différentielle d_{r+1} est nulle, et pour tout A-module M et tout entier i un k-isomorphisme $\varphi_i^M : T_i^P(M) \to T_i^{P'}(M)$, tel que l'on ait

$$T_i^{P'}(u) \circ \varphi_i^M = \varphi_i^N \circ T_i^P(u)$$

pour tout A-homomorphisme $u : M \to N$.

(Pour prouver que γ) entraîne δ), définir P′ en posant $P'_{r+1} = Z_{r+1}(P)$ et $P'_r = P_r/B_r(P)$.)
b) On suppose de plus que A est noethérien et que les A-modules P_i sont de type fini. Montrer que les conditions de *a*) sont équivalentes à la condition suivante :

ε) Il existe un A-module Q et pour tout A-module M un *k*-isomorphisme $\psi^M : T_r^P(M) \to \mathrm{Hom}_A(Q, M)$ tel que $\psi^N \circ T_r^P(u) = \mathrm{Hom}(1, u) \circ \psi^M$ pour tout A-homomorphisme $u : M \to N$.

(Pour prouver que δ) entraîne ε), se ramener au cas où $d_{r+1} = 0$ et prendre pour Q le dual de $Z_r(P)$.)
c) Montrer que le résultat de *b*) reste valable sous l'hypothèse que A est noethérien, $H_i(P)$ de type fini pour tout i et $H_i(P) = 0$ pour $i < i_0$ (utiliser la prop. 10, p. 56).

7) Soient C un complexe de A-modules à droite et M un A-module à gauche. On appelle produit de torsion de C et M le *k*-module gradué $\mathscr{T}or^A(C, M) = H(C \otimes_A L(M))$. Si $f : C \to C'$ est un morphisme de complexes et $g : M \to M'$ un homomorphisme de A-modules, on note $\mathscr{T}or^A(f, g) = H(f \otimes L(g))$.
a) Si $f : C \to C'$ est un homologisme, $\mathscr{T}or^A(f, 1)$ est un isomorphisme ; si C est plat et borné à droite, le *k*-module gradué $\mathscr{T}or^A(C, M)$ est isomorphe à $H(C \otimes_A M)$.
b) Si $0 \to C' \to C \to C'' \to 0$ est une suite exacte de complexes de A-modules à droite et si M est un A-module, montrer qu'il existe une suite exacte

$$\cdots \to \mathscr{T}or_n^A(C', M) \to \mathscr{T}or_n^A(C, M) \to \mathscr{T}or_n^A(C'', M) \to \mathscr{T}or_{n-1}^A(C', M) \to \cdots.$$

Si $0 \to M' \xrightarrow{i} M \xrightarrow{p} M'' \to 0$ est une suite exacte de A-modules, montrer que l'on a une suite exacte :

$$\cdots \to \mathscr{T}or_n^A(C, M') \to \mathscr{T}or_n^A(C, M) \to \mathscr{T}or_n^A(C, M'') \to \mathscr{T}or_{n-1}^A(C, M') \to \cdots.$$

(Remarquer qu'il existe un homotopisme de $L(M'')$ sur le cône de $L(i)$).
c) Montrer qu'il existe une suite spectrale ′E (X, pp. 175-177, exercices 14 à 17) convergeant vers $\mathscr{T}or^A(C, M)$, telle que $'E^2_{pq} = \mathrm{Tor}_p^A(H_q(C), M)$. Si de plus le complexe C est borné à droite, montrer qu'il existe une suite spectrale ″E, convergeant vers $\mathscr{T}or^A(C, M)$, telle que $''E^2_{pq} = H_p(\mathrm{Tor}_q^A(C, M))$ (considérer le complexe double $C \otimes_A L(M)$).

8) Soient A, B deux *k*-algèbres (associatives et unifères), M un A-module à droite, P un B-module à gauche, N un (A, B)-bimodule.
a) Montrer qu'il existe deux suites spectrales de *k*-modules ${}^1E$ et ${}^2E$, convergeant vers le même *k*-module gradué, telles que

$${}^1E^2_{pq} = \mathrm{Tor}_p^A(M, \mathrm{Tor}_q^B(N, P))\,; \qquad {}^2E^2_{pq} = \mathrm{Tor}_p^B(\mathrm{Tor}_q^A(M, N), P)\,.$$

(Considérer le complexe double $L(M) \otimes_A (N \otimes_B L(P))$.)
b) Si N est un B-module plat, montrer que la suite spectrale ${}^2E$ converge vers $\mathrm{Tor}^A(M, N \otimes_B P)$. Si N est un A-module plat, la suite ${}^1E$ converge vers $\mathrm{Tor}^B(M \otimes_A N, P)$.
c) Soit $\rho : A \to B$ un homomorphisme de *k*-algèbres. Déduire de *b*) une suite spectrale E telle que

$$E^2_{pq} = \mathrm{Tor}_p^B(\mathrm{Tor}_q^A(M, B), P)\,,$$

convergeant vers $\mathrm{Tor}^A(M, P)$.

9) Soient P un complexe de A-modules à droite, Q un complexe de A-modules à gauche. On suppose ou bien que P et Q sont bornés inférieurement, ou bien qu'il existe un entier *d* tel que tout A-module à gauche ou à droite admette une résolution projective de longueur $\leqslant d$.
a) Montrer qu'il existe deux suites spectrales (X, p. 175, exercice 14) ′E et ″E, convergeant vers le même *k*-module gradué, telles que

$$'E^2_{pq} = H_p(\mathrm{Tor}_q^A(P, Q))\,; \qquad ''E^2_{pq} = \bigoplus_{q'+q''=q} \mathrm{Tor}_p^A(H_{q'}(P), H_{q''}(Q))$$

(où $\mathrm{Tor}_q^A(P, Q)$ désigne le complexe associé au bicomplexe $\bigoplus_{r,s} \mathrm{Tor}_q^A(P_r, Q_s)$).

(Considérer des résolutions projectives (X, p. 183, exercice 17) $\mathscr{P}$ et $\mathscr{Q}$ de P et Q, et le complexe double C tel que $C_{p,q} = \bigoplus_{\substack{p'+p''=p\\ q'+q''=q}} (\mathscr{P}_{p'q'} \otimes \mathscr{Q}_{p''q''})$.)
b) Si P est plat, montrer que la suite spectrale ″E converge vers $H(P \otimes_A Q)$. Si H(P) est plat, la suite ′E converge vers $H(P) \otimes_A H(Q)$.

§ 5

¶ 1) On dit qu'un A-complexe C est *pur* si pour tout A-module à droite P on a $H(P \otimes_A C) = 0$.

a) Un complexe homotope à zéro est pur ; un complexe de modules plats, d'homologie nulle et borné à droite est pur. Donner un exemple de complexe de modules libres de rang 1, d'homologie nulle mais non pur.

b) Montrer que les conditions suivantes sont équivalentes :

α) C est pur.

β) Pour tout A-module M de présentation finie, on a $H(\mathrm{Homgr}_A(M, C)) = 0$.

γ) Il existe un système inductif filtant $(C^{(\alpha)})_{\alpha \in j}$ de complexes *homotopes à zéro* tel que $C = \varinjlim C^{(\alpha)}$. (Pour voir que β) entraîne γ), se ramener au cas où $C_i = 0$ pour $i < i_0$ et écrire C_{i_0} comme limite inductive de modules de présentation finie.)

2) Soit M un A-module. On dit qu'un sous-module M′ de M est *pur* si le complexe défini par la suite exacte $0 \to M' \to M \to M/M' \to 0$ est pur (exercice 1).

a) Montrer que lorsque A est un anneau *principal*, la notion de sous-module pur coïncide avec celle de VII, § 2, exercice 7.

b) On suppose que le A-module M est plat. Montrer que les conditions suivantes sont équivalentes :

α) le sous-module M′ est pur ;

β) le quotient M/M′ est plat ;

γ) pour tout idéal $\mathfrak{a}$ de A, on a $M' \cap \mathfrak{a}M = \mathfrak{a}M'$.

3) Soient M un A-module, *n* un entier $\geqslant 1$. Montrer que les conditions suivantes sont équivalentes :

α) M admet une *n*-présentation finie (X, p. 180, exercice 6).

β) Pour tout système inductif filtrant $(N_\alpha)_{\alpha \in I}$, l'homomorphisme canonique

$$\varinjlim \mathrm{Ext}^i_A(M, N_\alpha) \to \mathrm{Ext}^i_A(M, \varinjlim N_\alpha)$$

est bijectif pour $i < n$.

γ) Pour toute famille $(P_\beta)_{\beta \in J}$ de A-modules à droite, l'homomorphisme canonique

$$\mathrm{Tor}^A_i\Big(\prod_{\beta \in J} P_\beta, M\Big) \to \prod_{\beta \in J} \mathrm{Tor}^A_i(P_\beta, M) \quad \text{est bijectif pour} \quad i < n\,.$$

δ) Pour tout ensemble I, l'homomorphisme canonique $A^I_d \otimes_A M \to M^I$ est bijectif, et on a

$$\mathrm{Tor}^A_i(A^I_d, M) = 0 \quad \text{pour} \quad 0 < i < n\,.$$

(Raisonner par récurrence sur *n*, en utilisant l'exercice 18, p. 170.)

4) Soient P un complexe de A-modules projectifs, nul à droite, et *n* un entier tel que $H_i(P) = 0$ pour $i < n$. Soient M un A-module à gauche, N un A-module à droite. Montrer que l'on a $H^i(\mathrm{Homgr}_A(P, M)) = 0$ et $H_i(N \otimes_A P) = 0$ pour $i < n$, et que les homomorphismes canoniques

$$\lambda^n : H^n(\mathrm{Homgr}_A(P, M)) \to \mathrm{Hom}_A(H_n(P), M)\,, \qquad \gamma^n : N \otimes_A H_n(P) \to H_n(N \otimes_A P)$$

sont bijectifs.

¶ 5) Soient P un A-complexe projectif, nul à droite, *n* un entier $\geqslant 0$. Montrer que les conditions suivantes sont équivalentes :

α) Il existe un complexe P′ de A-modules projectifs de type fini, tel que $P'_i = 0$ pour $i > n$ ou $i < 0$, et un morphisme $f : P' \to P$ tel que $H_i(f)$ soit bijectif pour $i < n$ et surjectif pour $i = n$.

β) Pour tout système inductif filtrant de A-modules $(M_\alpha)_{\alpha \in I}$, l'homomorphisme canonique

$$\varinjlim H^i(\mathrm{Homgr}_A(P, M_\alpha)) \to H^i(\mathrm{Homgr}_A(P, \varinjlim M_\alpha))$$

est bijectif pour $i < n$ et injectif pour $i = n$.

γ) Pour toute famille de A-modules à droite $(N_\alpha)_{\alpha \in I}$, l'homomorphisme canonique

$$H_i\Big(\Big(\prod_\alpha N_\alpha\Big) \otimes_A P\Big) \to \prod_\alpha H_i(N_\alpha \otimes P)$$

est bijectif pour $i < n$ et surjectif pour $i = n$.

(Pour démontrer que α) entraîne β) et γ), appliquer l'exercice 4 au cône de *f*. Pour démontrer que β) ou γ) entraîne α), raisonner par récurrence sur n, en appliquant l'exercice 4, l'exercice 18, p. 170 et l'exercice 10, p. 174.)

6) Soient A, B deux k-algèbres (associatives et unifères), M un A-module à gauche, P un B-module à gauche, N un (B, A)-bimodule.

a) Montrer qu'il existe deux suites spectrales (X, pp. 175-177, exercices 14 à 17) de k-modules ${}^1\mathrm{E}$ et ${}^2\mathrm{E}$, convergeant vers le même k-module gradué, telles que

$$ {}^1\mathrm{E}_2^{pq} = \mathrm{Ext}_\mathrm{A}^p(\mathrm{M}, \mathrm{Ext}_\mathrm{B}^q(\mathrm{N}, \mathrm{P}))\,; \qquad {}^2\mathrm{E}_2^{pq} = \mathrm{Ext}_\mathrm{B}^p(\mathrm{Tor}_q^\mathrm{A}(\mathrm{N}, \mathrm{M}), \mathrm{P})\,. $$

b) Par composition des homomorphismes γ et δ de l'exercice 15, p. 176, définir un k-homomorphisme

$$ \mu : \mathrm{Ext}_\mathrm{A}(\mathrm{M}, \mathrm{Hom}_\mathrm{B}(\mathrm{N}, \mathrm{P})) \to \mathrm{Hom}_\mathrm{B}(\mathrm{Tor}^\mathrm{A}(\mathrm{N}, \mathrm{M}), \mathrm{P})\,. $$

Si P est injectif, démontrer que μ est un isomorphisme.

c) Si N est un A-module plat, montrer que la suite ${}^1\mathrm{E}$ converge vers $\mathrm{Ext}_\mathrm{B}(\mathrm{N} \otimes_\mathrm{A} \mathrm{M}, \mathrm{P})$; si N est un B-module projectif, la suite ${}^2\mathrm{E}$ converge vers $\mathrm{Ext}_\mathrm{A}(\mathrm{M}, \mathrm{Hom}_\mathrm{B}(\mathrm{N}, \mathrm{P}))$.

d) Soit $\rho : \mathrm{A} \to \mathrm{B}$ un homomorphisme de k-algèbres. Montrer qu'il existe une suite spectrale E, telle que $\mathrm{E}_2^{pq} = \mathrm{Ext}_\mathrm{B}^p(\mathrm{Tor}_q^\mathrm{A}(\mathrm{B}, \mathrm{M}), \mathrm{P})$, convergeant vers $\mathrm{Ext}_\mathrm{A}(\mathrm{M}, \mathrm{P})$, et une suite spectrale ${}'\mathrm{E}$, telle que

$$ {}'\mathrm{E}_2^{pq} = \mathrm{Ext}_\mathrm{B}^p(\mathrm{P}, \mathrm{Ext}_\mathrm{A}^q(\mathrm{B}, \mathrm{M}))\,, $$

convergeant vers $\mathrm{Ext}_\mathrm{A}(\mathrm{P}, \mathrm{M})$.

7) Soient C un A-complexe, M un A-module. On appelle module d'extension de M par C (resp. de C par M) le k-module gradué

$$ \mathscr{E}xt_\mathrm{A}(\mathrm{C}, \mathrm{M}) = \mathrm{H}(\mathrm{Homgr}_\mathrm{A}(\mathrm{C}, \mathrm{I}(\mathrm{M}))) \qquad (\text{resp. } \mathscr{E}xt_\mathrm{A}(\mathrm{M}, \mathrm{C}) = \mathrm{H}(\mathrm{Homgr}_\mathrm{A}(\mathrm{L}(\mathrm{M}), \mathrm{C})))\,. $$

Si $f : \mathrm{C} \to \mathrm{C}'$ est un morphisme de complexes et $g : \mathrm{M} \to \mathrm{M}'$ un homomorphisme de A-modules, on pose $\mathscr{E}xt_\mathrm{A}(f, g) = \mathrm{H}(\mathrm{Homgr}(f, \mathrm{I}(g)))$, $\mathscr{E}xt_\mathrm{A}(g, f) = \mathrm{H}(\mathrm{Homgr}(\mathrm{L}(g), f))$.

a) Si $f : \mathrm{C} \to \mathrm{C}'$ est un homologisme, les k-homomorphismes $\mathscr{E}xt_\mathrm{A}(f, 1)$ et $\mathscr{E}xt_\mathrm{A}(1\ f)$ sont bijectifs. Si C est projectif et borné à droite (resp. injectif et borné à gauche), le k-module gradué $\mathscr{E}xt_\mathrm{A}(\mathrm{C}, \mathrm{M})$ (resp. $\mathscr{E}xt_\mathrm{A}(\mathrm{M}, \mathrm{C})$) est isomorphe à $\mathrm{H}(\mathrm{Homgr}_\mathrm{A}(\mathrm{C}, \mathrm{M}))$ (resp. $\mathrm{H}(\mathrm{Homgr}_\mathrm{A}(\mathrm{M}, \mathrm{C}))$).

b) Soit $0 \to \mathrm{C}' \to \mathrm{C} \to \mathrm{C}'' \to 0$ une suite exacte de A-complexes et $0 \to \mathrm{M}' \to \mathrm{M} \to \mathrm{M}'' \to 0$ une suite exacte de A-modules. Montrer qu'il existe des suites exactes

$$ \cdots \to \mathscr{E}xt_\mathrm{A}^n(\mathrm{C}'', \mathrm{M}) \to \mathscr{E}xt_\mathrm{A}^n(\mathrm{C}, \mathrm{M}) \to \mathscr{E}xt_\mathrm{A}^n(\mathrm{C}', \mathrm{M}) \to \mathscr{E}xt_\mathrm{A}^{n+1}(\mathrm{C}'', \mathrm{M}) \to \cdots $$
$$ \cdots \to \mathscr{E}xt_\mathrm{A}^n(\mathrm{C}, \mathrm{M}') \to \mathscr{E}xt_\mathrm{A}^n(\mathrm{C}, \mathrm{M}) \to \mathscr{E}xt_\mathrm{A}^n(\mathrm{C}, \mathrm{M}'') \to \mathscr{E}xt_\mathrm{A}^{n+1}(\mathrm{C}, \mathrm{M}') \to \cdots $$
$$ \cdots \to \mathscr{E}xt_\mathrm{A}^n(\mathrm{M}, \mathrm{C}') \to \mathscr{E}xt_\mathrm{A}^n(\mathrm{M}, \mathrm{C}) \to \mathscr{E}xt_\mathrm{A}^n(\mathrm{M}, \mathrm{C}'') \to \mathscr{E}xt_\mathrm{A}^{n+1}(\mathrm{M}, \mathrm{C}') \to \cdots $$
$$ \cdots \to \mathscr{E}xt_\mathrm{A}^n(\mathrm{M}'', \mathrm{C}) \to \mathscr{E}xt_\mathrm{A}^n(\mathrm{M}, \mathrm{C}) \to \mathscr{E}xt_\mathrm{A}^n(\mathrm{M}', \mathrm{C}) \to \mathscr{E}xt_\mathrm{A}^{n+1}(\mathrm{M}'', \mathrm{C}) \to \cdots $$

c) Montrer qu'il existe une suite spectrale ${}''\mathrm{E}$ (X, pp. 175-177, exercices 14 à 17) convergeant vers $\mathscr{E}xt_\mathrm{A}(\mathrm{C}, \mathrm{M})$ telle que ${}''\mathrm{E}_2^{pq} = \mathrm{H}^q(\mathrm{Ext}_\mathrm{A}^p(\mathrm{C}, \mathrm{M}))$. Si C est borné à droite, montrer qu'il existe une suite spectrale ${}'\mathrm{E}$, convergeant vers $\mathscr{E}xt_\mathrm{A}(\mathrm{C}, \mathrm{M})$, telle que ${}'\mathrm{E}_2^{pq} = \mathrm{Ext}_\mathrm{A}^p(\mathrm{H}_q(\mathrm{C}), \mathrm{M})$ (considérer le bicomplexe $\mathrm{Homgr}_\mathrm{A}(\mathrm{C}, \mathrm{I}(\mathrm{M}))$).

8) Soient P, Q deux A-complexes. On suppose ou bien que P est borné inférieurement et Q borné supérieurement, ou bien qu'il existe un entier d tel que tout A-module admette une résolution projective de longueur $\leqslant d$.

a) Montrer qu'il existe deux suites spectrales ${}'\mathrm{E}$ et ${}''\mathrm{E}$, convergeant vers le même k-module gradué, telles que

$$ {}'\mathrm{E}_2^{pq} = \mathrm{H}^p(\mathrm{Ext}_\mathrm{A}^q(\mathrm{P}, \mathrm{Q})) \qquad {}''\mathrm{E}_2^{pq} = \bigoplus_{q'+q''=q} \mathrm{Ext}_\mathrm{A}^p(\mathrm{H}_{q'}(\mathrm{P}), \mathrm{H}^{q''}(\mathrm{Q})) $$

(où $\mathrm{Ext}_\mathrm{A}^q(\mathrm{P}, \mathrm{Q})$ désigne le complexe associé au bicomplexe $\bigoplus_{r,s} \mathrm{Ext}_\mathrm{A}^q(\mathrm{P}_r, \mathrm{Q}^s)$).

b) Si P est projectif ou Q injectif, la suite spectrale ${}''\mathrm{E}$ converge vers $\mathrm{H}(\mathrm{Homgr}_\mathrm{A}(\mathrm{P}, \mathrm{Q}))$. Si H(P) est projectif ou H(Q) injectif, la suite ${}'\mathrm{E}$ converge vers $\mathrm{Homgr}_\mathrm{A}(\mathrm{H}(\mathrm{P}), \mathrm{H}(\mathrm{Q}))$.

§ 6

1) Soient $\rho : A \to B$ un homomorphisme d'anneaux, M, N deux B-modules à gauche, P un B-module à droite.

a) Soit L_B (resp. L_A) une résolution projective du B-module (resp. du A-module) M. Montrer qu'il existe un morphisme A-linéaire de résolutions $L_A \to L_B$, unique à homotopie près ; en déduire des k-homomorphismes gradués de degré zéro

$$\alpha : \mathrm{Tor}^A(P, M) \to \mathrm{Tor}^B(P, M) \qquad \beta : \mathrm{Ext}_B(M, N) \to \mathrm{Ext}_A(M, N) .$$

b) On considère les homomorphismes canoniques (X, p. 109)

$$\lambda : \mathrm{Tor}^A(P, M) \to \mathrm{Tor}^B(P \otimes_A B, M) \qquad \mu : \mathrm{Tor}^A(P, M) \to \mathrm{Tor}^B(P, B \otimes_A M)$$
$$\nu : \mathrm{Ext}_B(B \otimes_A M, N) \to \mathrm{Ext}_A(M, N) \qquad \rho : \mathrm{Ext}_B(M, \mathrm{Hom}_A(B, N)) \to \mathrm{Ext}_A(M, N) .$$

Soient $m : B \otimes_A M \to M$, $p : P \otimes_A B \to B$ et $n : N \to \mathrm{Hom}_A(B, N)$ les B-homomorphismes définis par $m(b \otimes x) = bx$, $p(y \otimes b) = yb$ et $n(z)(b) = bz$ pour $b \in B$, $x \in M$, $y \in P$, $z \in N$. Démontrer les égalités

$$\alpha = \mathrm{Tor}(1_P, m) \circ \mu = \mathrm{Tor}(p, 1_M) \circ \lambda$$
$$\beta = \nu \circ \mathrm{Ext}(m, 1_N) = \rho \circ \mathrm{Ext}(1_M, n) .$$

2) Soient A, B deux k-algèbres (associatives et unifères) ; soient M un A-module à gauche, P un B-module à droite, N un (A, B)-bimodule. On considère l'homomorphisme

$$\sigma : \mathrm{Hom}_B(N, P) \otimes_A M \to \mathrm{Hom}_B(\mathrm{Hom}_A(M, N), P)$$

tel que $\sigma(u \otimes m)(v) = u \circ v(m)$ pour $u \in \mathrm{Hom}_B(N, P)$, $v \in \mathrm{Hom}_A(M, N)$, $m \in M$ (II, p. 190, exercice 6).

a) En remplaçant M par une résolution projective, définir à l'aide de σ un k-homomorphisme

$$\tau : \mathrm{Tor}^A(\mathrm{Hom}_B(N, P), M) \to \mathrm{Homgr}_B(\mathrm{Ext}_A(M, N), P) .$$

b) On suppose désormais que A est noethérien à gauche et que le A-module M est de type fini. Montrer que si le B-module P est injectif, τ est un isomorphisme.

c) Montrer qu'il existe deux suites spectrales E et 'E (X, pp. 175-177, exercices 14 à 17), convergeant vers le même k-module gradué, telles que

$$E_2^{pq} = \mathrm{Tor}^A_{-p}(\mathrm{Ext}^q_B(N, P), M) \qquad {}'E_2^{pq} = \mathrm{Ext}^p_B(\mathrm{Ext}_A^{-q}(M, N), P) .$$

3) Soit I un k-module injectif ; pour tout A-module M, on note D(M) le A-module à droite $\mathrm{Hom}_k(M, I)$. Soient M et N deux A-modules à gauche, P un A-module à droite. Démontrer que pour tout $p \geqslant 0$, les k-modules $\mathrm{Ext}^p_A(P, D(M))$ et $D(\mathrm{Tor}^A_p(P, M))$ sont isomorphes ; si A est noethérien à gauche et si M est un A-module de type fini, les k-modules $\mathrm{Tor}^A_p(D(N), M)$ et $D(\mathrm{Ext}^p_A(M, N))$ sont isomorphes (utiliser l'exercice 2, *b*) et l'exercice 6, *b*), p. 188).

4) Pour tout groupe G, on note $\varepsilon_G : \mathbf{Z}^{(G)} \to \mathbf{Z}$ l'homomorphisme d'anneaux tel que $\varepsilon_G(e_g) = 1$ pour tout $g \in G$; on pose $I_G = \mathrm{Ker}(\varepsilon_G)$.

a) Montrer que le groupe $H_1(G, \mathbf{Z})$ est isomorphe à I_G/I_G^2.

b) Soit $(g_\iota)_{\iota \in I}$ une famille génératrice de G ; montrer que les éléments $(e_{g_\iota} - 1)$, pour $\iota \in I$, engendrent l'idéal I_G.

c) On suppose que la famille $(g_\iota)_{\iota \in I}$ est *basique* (I, p. 86). Montrer que $(e_{g_\iota} - 1)_{\iota \in I}$ est une base du $\mathbf{Z}^{(G)}$-module à gauche I_G.

5) Soient X un ensemble, $G = F(X)$ le groupe libre construit sur X, M un $\mathbf{Z}^{(G)}$-module. Montrer que les groupes $H^q(G, M)$ et $H_q(G, M)$ sont nuls pour $q \geqslant 2$ (utiliser l'exercice 4).

6) Soient G un groupe fini d'ordre n, M un $\mathbf{Z}^{(G)}$-module. Montrer que pour tout $q \geqslant 1$, les $\mathbf{Z}$-modules $H^q(G, M)$ et $H_q(G, M)$ sont annulés par n (considérer l'homotopie h de C(G, M) dans lui-même définie par

$$hf(g_1, \ldots, g_q) = (-1)^q \sum_{g \in G} f(g_1, \ldots, g_q, g)$$

pour $f \in C^{q+1}(G, M)$ et $g, g_1, \ldots, g_q \in G$). Si M est un $\mathbf{Z}$-module de type fini, les groupes $H^q(G, M)$ et $H_q(G, M)$ sont finis pour $q \geqslant 1$.

7) Soient G un groupe *cyclique* d'ordre n, M un $\mathbf{Z}^{(G)}$-module, σ un générateur de G. On note N la multiplication dans M par l'élément $\sum_{g \in G} e_g$ de $\mathbf{Z}^{(G)}$. Montrer que le $\mathbf{Z}$-module $H^0(G, M)$ (resp. $H_0(G, M)$) est isomorphe à $\operatorname{Ker}(1 - \sigma_M)$ (resp. $\operatorname{Coker}(1 - \sigma_M)$) ; pour q impair, les groupes $H^q(G, M)$ et $H_{q+1}(G, M)$ sont isomorphes à $\operatorname{Ker} N/\operatorname{Im}(1 - \sigma_M)$; pour q pair $\geqslant 2$, $H^q(G, M)$ et $H_{q-1}(G, M)$ sont isomorphes à $\operatorname{Ker}(1 - \sigma_M)/\operatorname{Im} N$. (Utiliser l'exercice 1, p. 178.)

8) Soient F un groupe libre, R un sous-groupe distingué de F, $G = F/R$. Montrer que le groupe $H_2(G, \mathbf{Z})$ est isomorphe à $((F, F) \cap R)/(F, R)$ (utiliser l'exercice 3, p. 179).

9) *a*) Soient G un groupe, M un G-module, g un élément du centre de G tel que l'endomorphisme $m \mapsto gm - m$ de M soit bijectif. Montrer que les groupes $H^p(G, M)$ et $H_p(G, M)$ sont nuls pour $p \geqslant 1$.
b) Soit V un espace vectoriel sur un corps k, avec $\operatorname{Card}(k) \geqslant 3$. Démontrer que les groupes $H^p(GL(V), V)$ et $H_p(GL(V), V)$ sont nuls pour $p \geqslant 1$.

10) Soient G et H deux groupes, $u : H \to G$ un homomorphisme, M un $\mathbf{Z}^{(G)}$-module. Pour tout $q \geqslant 0$, on déduit des homomorphismes α et β de l'exercice 1 des homomorphismes

$$u_q^M : H_q(H, M) \to H_q(G, M) \qquad u_M^q : H^q(G, M) \to H^q(H, M)$$

que l'on note simplement u_q et u^q s'il n'y a pas d'ambiguïté sur M.
a) Pour $f \in C^q(G, M)$, on note f_u l'élément de $C^q(H, M)$ tel que $f_u(h_1, \ldots, h_q) = f(u(h_1), \ldots, u(h_q))$ pour $h_1, \ldots, h_q \in H$. Montrer que l'application $f \mapsto f_u$ est un morphisme de complexes de $C^{\cdot}(G, M)$ dans $C^{\cdot}(H, M)$, qui induit sur l'homologie l'homomorphisme $\bigoplus_q u^q$. Définir de même un morphisme de $C_{\cdot}(H, M)$ dans $C_{\cdot}(G, M)$ qui induit $(\bigoplus u_q)$.
b) On suppose $H = G$ et on prend pour u un automorphisme intérieur de G. Démontrer que les homomorphismes u_q et u^q sont égaux à l'identité (raisonner par récurrence sur q).

11) Soient G un groupe, H un sous-groupe distingué de G, M un G-module. D'après l'exercice 10, le groupe G agit par conjugaison sur les $\mathbf{Z}$-modules $H^q(H, M)$; l'action du sous-groupe H étant triviale, ceux-ci sont donc munis d'une structure de $\mathbf{Z}^{(G/H)}$-modules.
a) Montrer qu'il existe une suite spectrale E (X, p. 175, exercice 14), convergeant vers $\bigoplus_n H^n(G, M)$, telle que $E_2^{pq} = H^p(G/H, H^q(H, M))$ (considérer la suite spectrale de X, p. 188, exercice 6, *d*), en tenant compte de l'isomorphisme canonique (12), p. 109).
b) Montrer qu'il existe une suite exacte

$$0 \to H^1(G/H, H^0(H, M)) \to H^1(G, M) \to H^0(G/H, H^1(H, M)) \to H^2(G/H, H^0(H, M)) \to H^2(G, M).$$

Décrire les homomorphismes de cette suite en utilisant la description de $H^{\cdot}(G, M)$ en termes de $C^{\cdot}(G, M)$.
c) Définir une suite spectrale analogue à celle de *a*) pour l'homologie.

12) Soit G un groupe. On dit qu'un $\mathbf{Z}^{(G)}$-module M est *co-induit* (resp. *induit*) s'il existe un $\mathbf{Z}$-module A tel que M soit isomorphe à $\operatorname{Hom}_{\mathbf{Z}}(\mathbf{Z}^{(G)}, A)$ (resp. $\mathbf{Z}^{(G)} \otimes_{\mathbf{Z}} A$).
a) Tout $\mathbf{Z}^{(G)}$-module est isomorphe à un sous-module d'un module co-induit et à un quotient d'un module induit.
b) Soit M un $\mathbf{Z}^{(G)}$-module. Montrer que les conditions suivantes sont équivalentes :
  α) M est facteur direct d'un module co-induit.
  β) M est injectif relativement à $\mathbf{Z}$ (exercice 19, p. 170).
  γ) Il existe une G-moyenne sur M (I, p. 136, exercice 8), c'est-à-dire un $\mathbf{Z}^{(G)}$-homomorphisme $m : C^1(G, M) \to M$ (la structure de G-module sur $C^1(G, M)$ étant définie par $(gf)(x) = g.f(g^{+1}x)$ pour $g \in G$, $x \in M$) tel que si f_x est la fonction constante de valeur $x \in M$, on ait $m(f_x) = x$.
c) Montrer que les conditions suivantes sont équivalentes :
  α) M est facteur direct d'un module induit.
  β) M est projectif relativement à $\mathbf{Z}$ (exercice 19, p. 170).
  γ) Il existe un $\mathbf{Z}$-endomorphisme ρ de M tel que pour tout $x \in M$, la famille $(\rho(g^{-1}x))_{g \in G}$ soit à support fini et que l'on ait $x = \sum_{g \in G} g\rho(g^{-1}x)$.
d) Soit M un $\mathbf{Z}^{(G)}$-module injectif (resp. projectif) relativement à $\mathbf{Z}$. Montrer que $H^q(G, M) = 0$ (resp. $H_q(G, M) = 0$) pour tout $q \geqslant 1$.
e) Si G est fini, montrer que les notions de module induit et co-induit (resp. projectif et injectif relativement à $\mathbf{Z}$) coïncident.

13) Soient G un groupe, H un sous-groupe de G, M un $\mathbf{Z}^{(H)}$-module à gauche, N un $\mathbf{Z}^{(H)}$-module à droite. On munit le groupe $\hat{M} = \mathrm{Hom}_{\mathbf{Z}^{(H)}}(\mathbf{Z}^{(G)}, M)$ (resp. $\check{N} = N \otimes_{\mathbf{Z}^{(H)}} \mathbf{Z}^{(G)}$) de la structure de $\mathbf{Z}^{(G)}$-module à gauche (resp. à droite) déduite de la structure de $\mathbf{Z}^{(G)}$-module à droite de $\mathbf{Z}^{(G)}$.

Soient $m : \hat{M} \to M$ et $n : N \to \check{N}$ les $\mathbf{Z}^{(H)}$-homomorphismes tels que $m(u) = u(1)$ pour $u \in \hat{M}$ et

$$n(x) = x \otimes 1 \quad \text{pour} \quad x \in N\,,$$

et soit $i : H \to G$ l'injection canonique. Démontrer que les homomorphismes composés

$$\hat{\imath}^q : H^q(G, \hat{M}) \xrightarrow{i^q} H^q(H, \hat{M}) \xrightarrow{H^q(H,m)} H^q(H, M)$$

et

$$\check{\imath}_q : H_q(H, N) \xrightarrow{H^q(H,n)} H_q(H, \check{N}) \xrightarrow{i_q} H_q(G, \check{N})$$

sont des isomorphismes pour tout $q \geqslant 0$.

14) Soient G un groupe, H un sous-groupe d'indice fini de G. On pose $n = (G : H)$.

a) Soient Q, M deux $\mathbf{Z}^{(G)}$-modules. Montrer qu'il existe un $\mathbf{Z}$-homomorphisme

$$t : \mathrm{Hom}_{\mathbf{Z}^{(H)}}(Q, M) \to \mathrm{Hom}_{\mathbf{Z}^{(G)}}(Q, M)$$

tel que l'on ait, pour tout système de représentants $g_1, \ldots, g_n$ des classes de G modulo H,

$$(tu)(q) = \sum_{i=1}^{n} g_i\, u(g_i^{-1} q) \quad \text{pour} \quad q \in Q\,, \quad u \in \mathrm{Hom}_{\mathbf{Z}^{(H)}}(Q, M)\,.$$

Si $j : \mathrm{Hom}_{\mathbf{Z}^{(G)}}(Q, M) \to \mathrm{Hom}_{\mathbf{Z}^{(H)}}(Q, M)$ est l'injection canonique, on a $t \circ j = n.\mathrm{Id}$.

b) Soit N un $\mathbf{Z}^{(G)}$-module à droite. Avec les notations de *a*), montrer qu'il existe un $\mathbf{Z}$-homomorphisme $\theta : N \otimes_{\mathbf{Z}^{(G)}} Q \to N \otimes_{\mathbf{Z}^{(H)}} Q$ tel que

$$\theta(n \otimes q) = \sum_{i=1}^{n} n g_i^{-1} \otimes g_i\, q \quad \text{pour} \quad n \in N\,, \quad q \in Q\,.$$

Si $p : N \otimes_{\mathbf{Z}^{(H)}} Q \to N \otimes_{\mathbf{Z}^{(G)}} Q$ est l'application canonique, on a $p \circ \theta = n.\mathrm{Id}$.

c) Soient P une résolution projective du $\mathbf{Z}^{(G)}$-module $\mathbf{Z}$, q un entier. En appliquant *a*) et *b*) avec $Q = P_q$, définir des homomorphismes $t^q : H^q(H, M) \to H^q(G, M)$ et $\theta_q : H_q(G, N) \to H_q(H, N)$. Si i désigne l'injection canonique de H dans G, on a $t^q \circ i^q = n.\mathrm{Id}$ et $i_q \circ \theta_q = n.\mathrm{Id}$.

d) On considère les $\mathbf{Z}^{(G)}$-modules $\hat{M} = \mathrm{Hom}_{\mathbf{Z}^{(H)}}(\mathbf{Z}^{(G)}, M)$ et $\check{N} = N \otimes_{\mathbf{Z}^{(H)}} \mathbf{Z}^{(G)}$ (exercice 13). En prenant $Q = \mathbf{Z}^{(G)}$, on obtient à partir des homomorphismes t et θ de *a*) et *b*) des homomorphismes $t_M : \hat{M} \to M$ et $\theta_N : N \to \check{N}$. Montrer que ces homomorphismes sont $\mathbf{Z}^{(G)}$-linéaires. Montrer que l'homomorphisme composé

$$H^q(H, M) \xrightarrow{(\hat{\imath}^q)^{-1}} H^q(G, \hat{M}) \xrightarrow{H^q(G,t_M)} H^q(G, M)$$

$$(\text{resp. } H_q(G, N) \xrightarrow{H_q(G,\theta_N)} H_q(G, \check{N}) \xrightarrow{(\check{\imath}_q)^{-1}} H_q(H, N)) \text{ est égal à } t^q \text{ (resp. } \theta_q)\,.$$

e) Soit $(g_1, \ldots, g_n)$ un système de représentant des classes de G modulo H, et soit $x \in H^0(H, M)$. Montrer que l'on a $t^0(x) = \sum_{i=1}^{n} g_i\, x$. Décrire t^1.

f) Si l'on identifie les groupes $H_1(G, \mathbf{Z})$ et $H_1(H, \mathbf{Z})$ à $G/(G, G)$ et $H/(H, H)$ respectivement, l'homomorphisme t_1 s'identifie à un homomorphisme («*transfert*») $V : G/(G, G) \to H/(H, H)$. Si $s : H/G \to G$ est une section de l'application canonique, montrer que V est obtenu par passage au quotient à partir de l'application $V_s : G \to H$ telle que

$$V_s(g) = \prod_{x \in H\backslash G} s(x)\, g(s(xg))^{-1} \quad \text{pour} \quad g \in G\,.$$

15) Soient G un groupe et k un corps commutatif, que l'on munit des structures de $\mathbf{Z}^{(G)}$-module et de $k^{(G)}$-module déduites de l'action triviale de G.

a) Montrer que le groupe $H^q(G, k)$ est isomorphe à $\mathrm{Ext}^q_{k^{(G)}}(k, k)$ pour tout $q \geqslant 0$, donc admet une structure de k-espace vectoriel ; on note $h^q(G, k)$ sa dimension sur k.

b) On suppose que le groupe G admet une *présentation* (I, p. 86) définie par d générateurs et r relations. Démontrer les inégalités

$$d \geqslant h^1(\mathrm{G}, k) \quad \text{et} \quad r \geqslant h^2(\mathrm{G}, k)$$

(utiliser l'exercice 3, *d*), p. 179).

¶ 16) Soit G un p-groupe (I, p. 72, déf. 9). On pose $d(\mathrm{G}) = \dim_{\mathbf{F}_p} \mathrm{H}^1(\mathrm{G}, \mathbf{F}_p)$ et $r(\mathrm{G}) = \dim_{\mathbf{F}_p} \mathrm{H}^2(\mathrm{G}, \mathbf{F}_p)$ (*cf.* exercice 15).

a) Montrer que $d(\mathrm{G})$ est le nombre minimal de générateurs de G (prouver que $\mathrm{H}^1(\mathrm{G}, \mathbf{F}_p)$ est isomorphe au dual de $\mathrm{G}/\mathrm{G}^p\,\mathrm{D}(\mathrm{G})$, et utiliser I, p. 140, exercice 32).

b) Si Card (G) $= p^n$, montrer que l'on a $d(\mathrm{G}) \leqslant n$ et $r(\mathrm{G}) \leqslant \frac{1}{2}n(n+1)$ (prouver par récurrence sur n qu'il existe une présentation de G avec n générateurs et $\frac{1}{2}n(n+1)$ relations). Si $\mathrm{G} = (\mathbf{Z}/p\mathbf{Z})^n$, montrer que l'on a $d(\mathrm{G}) = n$ et $r(\mathrm{G}) = \frac{1}{2}n(n+1)$.

c) Si G est non trivial, démontrer l'inégalité $r(\mathrm{G}) > \frac{1}{4}(d(\mathrm{G}))^2$ (« *théorème de Golod-Chafarévitch* » : utiliser l'exercice 15, p. 182, et l'exercice 22 de VIII, § 8).

d) Démontrer que l'on a $r(\mathrm{G}) - d(\mathrm{G}) = \dim_{\mathbf{F}_p} (\mathrm{H}^3(\mathrm{G}, \mathbf{Z}) \otimes_{\mathbf{Z}} \mathbf{F}_p)$.

17) Soit G un groupe fini. On note N l'élément $\sum_{g \in \mathrm{G}} e_g$ de $\mathbf{Z}^{(\mathrm{G})}$. Pour tout $\mathbf{Z}^{(\mathrm{G})}$-module M, la multiplication par N définit par passage au quotient un homomorphisme $\mathrm{N}_0 : \mathrm{H}_0(\mathrm{G}, \mathrm{M}) \to \mathrm{H}^0(\mathrm{G}, \mathrm{M})$. On pose $\hat{\mathrm{H}}^0(\mathrm{G}, \mathrm{M}) = \mathrm{Coker}\,(\mathrm{N}_0)$, $\hat{\mathrm{H}}^{-1}(\mathrm{G}, \mathrm{M}) = \mathrm{Ker}\,(\mathrm{N}_0)$, $\hat{\mathrm{H}}^q(\mathrm{G}, \mathrm{M}) = \mathrm{H}^q(\mathrm{G}, \mathrm{M})$ pour $q \geqslant 1$, et

$$\hat{\mathrm{H}}^{-q}(\mathrm{G}, \mathrm{M}) = \mathrm{H}_{q-1}(\mathrm{G}, \mathrm{M}) \quad \text{pour} \quad q \geqslant 2\,.$$

a) Soit $\mathscr{E} : 0 \to \mathrm{M}' \to \mathrm{M} \to \mathrm{M}'' \to 0$ une suite exacte de $\mathbf{Z}^{(\mathrm{G})}$-modules ; définir une suite exacte

$$\cdots \to \hat{\mathrm{H}}^{q-1}(\mathrm{G}, \mathrm{M}'') \xrightarrow{\partial^{q-1}(\mathrm{G}, \mathscr{E})} \hat{\mathrm{H}}^q(\mathrm{G}, \mathrm{M}') \to \hat{\mathrm{H}}^q(\mathrm{G}, \mathrm{M}) \to \hat{\mathrm{H}}^q(\mathrm{G}, \mathrm{M}'') \xrightarrow{\partial^q(\mathrm{G}, \mathscr{E})} \hat{\mathrm{H}}^{q+1}(\mathrm{G}, \mathrm{M}') \to \cdots$$

b) Si M est projectif relativement à $\mathbf{Z}$, montrer que l'on a $\hat{\mathrm{H}}^q(\mathrm{G}, \mathrm{M}) = 0$ pour tout $q \in \mathbf{Z}$ (*cf.* exercice 12).

c) Soient H un sous-groupe de G, $i : \mathrm{H} \to \mathrm{G}$ l'injection canonique. Pour tout $\mathbf{Z}^{(\mathrm{G})}$-module M et tout entier rationnel q, on définit des homomorphismes $\hat{i}^q_{\mathrm{M}} : \hat{\mathrm{H}}^q(\mathrm{G}, \mathrm{M}) \to \hat{\mathrm{H}}^q(\mathrm{H}, \mathrm{M})$ et $\hat{t}^q_{\mathrm{M}} : \hat{\mathrm{H}}^q(\mathrm{H}, \mathrm{M}) \to \hat{\mathrm{H}}^q(\mathrm{G}, \mathrm{M})$ (notés simplement $\hat{i}^q$ et $\hat{t}^q$ s'il n'y a pas d'ambiguïté sur M) de la façon suivante : pour $q \geqslant 1$, on pose $\hat{i}^q = i^q$ et $\hat{t}^q = t^q$ (exercices 10 et 14) ; pour $q \leqslant -2$, on pose $\hat{i}^q = \theta_{-q-1}$ et $\hat{t}^q = i_{-q-1}$; enfin, on définit $\hat{i}^0$ et $\hat{t}^0$ (resp. $\hat{i}^{-1}$ et $\hat{t}^{-1}$) par passage aux quotients (resp. aux sous-ensembles) à partir de i^0 et t^0 (resp. t_0 et i_0). Démontrer que l'on a $\hat{t}^q \circ \hat{i}^q = n.\mathrm{Id}$ pour tout $q \in \mathbf{Z}$, où n est l'indice de H dans G. En déduire que les groupes $\hat{\mathrm{H}}^q(\mathrm{G}, \mathrm{M})$ sont annulés par l'ordre de G (*cf.* exercice 6, p. 189).

d) Avec les notations de *b*), montrer que l'on a $\hat{i}^{q+1}_{\mathrm{M}'} \circ \partial^q(\mathrm{G}, \mathscr{E}) = \partial^q(\mathrm{H}, \mathscr{E}) \circ \hat{i}^q_{\mathrm{M}''}$ et

$$\hat{t}^{q+1}_{\mathrm{M}'} \circ \partial^q(\mathrm{H}, \mathscr{E}) = \partial^q(\mathrm{G}, \mathscr{E}) \circ \hat{t}^q_{\mathrm{M}''}$$

pour tout $q \in \mathbf{Z}$.

e) Soient p un nombre premier et H un p-sous-groupe de Sylow (I, p. 74) de G. Montrer que l'homomorphisme $\hat{i}^q : \hat{\mathrm{H}}^q(\mathrm{G}, \mathrm{M}) \to \hat{\mathrm{H}}^q(\mathrm{H}, \mathrm{M})$ a pour noyau la somme des composants l-primaires du $\mathbf{Z}$-module $\hat{\mathrm{H}}^q(\mathrm{G}, \mathrm{M})$ pour $l \neq p$. En particulier, si pour tout nombre premier p, on choisit un p-sous-groupe de Sylow H_p de G, l'application $\hat{\mathrm{H}}^q(\mathrm{G}, \mathrm{M}) \to \prod_p \hat{\mathrm{H}}^q(\mathrm{H}_p, \mathrm{M})$ déduite des homomorphismes $\hat{i}^q$ est injective.

18) Soient G un groupe fini et M un $\mathbf{Z}^{(\mathrm{G})}$-module. On dit que M est *cohomologiquement trivial* si pour tout sous-groupe H de G et pour tout $q \in \mathbf{Z}$, le groupe $\hat{\mathrm{H}}^q(\mathrm{H}, \mathrm{M})$ est nul.

a) Montrer qu'un $\mathbf{Z}^{(\mathrm{G})}$-module projectif relativement à $\mathbf{Z}$ (en particulier un module induit, *cf.* exercice 12) est cohomologiquement trivial.

b) Soient n, r, k trois entiers tels que r divise $(k^n - 1)$; soit G un groupe cyclique d'ordre n, σ un générateur de G. On munit le $\mathbf{Z}$-module $\mathrm{M} = \mathbf{Z}/r\mathbf{Z}$ de la structure de $\mathbf{Z}^{(\mathrm{G})}$-module définie par $\sigma m = km$ pour tout $m \in \mathrm{M}$. Démontrer que M est projectif relativement à $\mathbf{Z}$ si et seulement si n et r sont premiers entre eux.

c) Avec les notations de *b*), montrer que pour que $\hat{\mathrm{H}}^q(\mathrm{G}, \mathrm{M}) = 0$ pour tout $q \in \mathbf{Z}$, il faut et il suffit que l'on ait $(r, k-1)(r, 1 + k + \cdots + k^{n-1}) = r$. En particulier si $r = k^n - 1$, montrer que M est cohomologiquement trivial.

d) Déduire de *b*) et *c*) un exemple d'un $\mathbf{Z}^{(\mathrm{G})}$-module cohomologiquement trivial qui n'est pas projectif relativement à $\mathbf{Z}$, et d'un $\mathbf{Z}^{(\mathrm{G})}$-module M tel que $\hat{\mathrm{H}}^q(\mathrm{G}, \mathrm{M}) = 0$ pour tout $q \in \mathbf{Z}$ qui n'est pas cohomologiquement trivial.

¶ 19) Soient p un nombre premier, G un p-groupe, M un $\mathbf{Z}^{(\mathrm{G})}$-module. On pose $\mathrm{A} = \mathbf{F}_p^{(\mathrm{G})}$.

a) On suppose que $p\mathrm{M} = 0$. Montrer que les conditions suivantes sont équivalentes :

α) Il existe un entier rationnel q tel que $\hat{\mathrm{H}}^q(\mathrm{G}, \mathrm{M}) = 0$.

β) M est cohomologiquement trivial (exercice 18).

γ) M est un $\mathbf{Z}^{(G)}$-module induit.

δ) Le A-module M est libre.

(Pour prouver que α) entraîne δ), se ramener au cas où $q = -2$; montrer que l'on a alors

$$\mathrm{Tor}_1^A(\mathrm{F}_p, \mathrm{M}) = 0\,,$$

et conclure avec l'exercice 4, p. 185 et l'exercice 22 de VIII, § 8).

b) On suppose que la multiplication par p est injective dans M. Montrer que les conditions suivantes sont équivalentes :

α) Il existe un entier q tel que les groupes $\hat{\mathrm{H}}^q(\mathrm{G}, \mathrm{M})$ et $\hat{\mathrm{H}}^{q+1}(\mathrm{G}, \mathrm{M})$ soient nuls.

β) M est cohomologiquement trivial.

γ) Le A-module $\mathrm{M}/p\mathrm{M}$ est libre.

¶ 20) Soient G un groupe fini, M un $\mathbf{Z}^{(G)}$-module.

a) On suppose que le $\mathbf{Z}$-module M est libre. Montrer que le $\mathbf{Z}^{(G)}$-module M est projectif si et seulement si pour tout sous-groupe de Sylow $\mathrm{H} \subset \mathrm{G}$, le $\mathbf{Z}^{(H)}$-module M est cohomologiquement trivial.

(Pour prouver que la condition est suffisante, considérer une résolution $0 \to \mathrm{R} \to \mathrm{L} \to \mathrm{M} \to 0$ du $\mathbf{Z}^{(G)}$-module M, où L est libre ; montrer que le $\mathbf{Z}^{(H)}$-module $\mathrm{Q} = \mathrm{Hom}_{\mathbf{Z}}(\mathrm{M}, \mathrm{N})$ est cohomologiquement trivial en observant que $\mathrm{Q}/p\mathrm{Q}$ est cohomologiquement trivial et en utilisant l'exercice 19. Déduire de l'exercice 17, *e*) que l'on a $\mathrm{H}^1(\mathrm{G}, \mathrm{Q}) = 0$, et en conclure que M est projectif.)

b) Montrer que les conditions suivantes sont équivalentes :

α) Le $\mathbf{Z}^{(G)}$-module M est cohomologiquement trivial.

β) Le $\mathbf{Z}^{(G)}$-module M admet une résolution projective finie.

γ) Le $\mathbf{Z}^{(G)}$-module M admet une résolution projective de longueur un.

(Pour montrer que α) entraîne γ), considérer une suite exacte $0 \to \mathrm{R} \to \mathrm{L} \to \mathrm{M} \to 0$, où L est un $\mathbf{Z}^{(G)}$-module libre, et appliquer *a*) à R.)

c) On suppose que le $\mathbf{Z}$-module M est divisible. Montrer que le $\mathbf{Z}^{(G)}$-module M est cohomologiquement trivial si et seulement si il est injectif (considérer une suite exacte $0 \to \mathrm{M} \to \mathrm{I} \to \mathrm{Q} \to 0$, où I est un $\mathbf{Z}^{(G)}$-module injectif, et montrer en utilisant *b*) que le $\mathbf{Z}^{(G)}$-module $\mathrm{Hom}_{\mathbf{Z}}(\mathrm{Q}, \mathrm{M})$ est cohomologiquement trivial).

d) Pour qu'un $\mathbf{Z}^{(G)}$-module soit cohomologiquement trivial, il faut et il suffit qu'il admette une résolution injective de longueur 1.

¶ 21) Soit G un groupe cyclique d'ordre fini.

a) Si M est un $\mathbf{Z}^{(G)}$-module et q un entier rationnel pair (resp. impair), le groupe $\hat{\mathrm{H}}^q(\mathrm{G}, \mathrm{M})$ est isomorphe à $\hat{\mathrm{H}}^0(\mathrm{G}, \mathrm{M})$ (resp. $\hat{\mathrm{H}}^1(\mathrm{G}, \mathrm{M})$) (*cf.* exercice 7).

b) On note $\mathscr{C}$ l'ensemble des classes de $\mathbf{Z}^{(G)}$-modules de type fini T tels que les groupes $\hat{\mathrm{H}}^q(\mathrm{G}, \mathrm{T})$ soient *finis* pour tout $q \in \mathbf{Z}$; si le $\mathbf{Z}^{(G)}$-module M est de type $\mathscr{C}$, on pose

$$h(\mathrm{M}) = \mathrm{Card}\,(\mathrm{H}^0(\mathrm{G}, \mathrm{M}))/\mathrm{Card}\,(\mathrm{H}^1(\mathrm{G}, \mathrm{M}))\,.$$

Soit $0 \to \mathrm{M}' \to \mathrm{M} \to \mathrm{M}'' \to 0$ une suite exacte de $\mathbf{Z}^{(G)}$-modules. Montrer que si deux des modules M′, M, M″ sont de type $\mathscr{C}$, il en est de même du troisième, et qu'on a alors $h(\mathrm{M}) = h(\mathrm{M}')\,h(\mathrm{M}'')$. En particulier, la fonction h définit un homomorphisme du groupe de Grothendieck $\mathrm{K}(\mathscr{C})$ dans le groupe multiplicatif $\mathbf{Q}^*$.

c) Soit M un $\mathbf{Z}^{(G)}$-module fini. Montrer que M est de type $\mathscr{C}$ et que l'on a $h(\mathrm{M}) = 1$.

d) On suppose que l'ordre de G est un nombre premier p. On note $\mathscr{C}'$ l'ensemble des classes des $\mathbf{Z}^{(G)}$-modules de type fini dans lesquels la multiplication par p a un noyau et un conoyau fini ; si M est de type $\mathscr{C}'$, on pose $\varphi(\mathrm{M}) = \mathrm{Card}\,(\mathrm{Coker}\,p_{\mathrm{M}})/\mathrm{Card}\,(\mathrm{Ker}\,p_{\mathrm{M}})$. Démontrer comme en *b*) que φ définit un homomorphisme de $\mathrm{K}(\mathscr{C}')$ dans $\mathbf{Q}^*$.

e) Montrer que $\mathrm{K}(\mathscr{C}')$ est engendré par les classes des $\mathbf{Z}^{(G)}$-modules T possédant une des propriétés suivantes :

(i) T est fini.

(ii) La multiplication par p dans T est bijective.

(iii) $\mathrm{T} = \mathbf{Z}$ muni de l'action triviale de G.

(iv) $\mathrm{T} = \mathbf{Z}^{(G)}$.

(v) $\mathrm{T} = \mathbf{Q}_p/\mathbf{Z}_p$ (*cf.* TG, III, p. 84, exercice 23), muni de l'action triviale de G.

(vi) $\mathrm{T} = \mathbf{Z}^{(G)} \otimes_{\mathbf{Z}} (\mathbf{Q}_p/\mathbf{Z}_p)$.

(Montrer d'abord que tout $\mathbf{Z}^{(G)}$-module de type $\mathscr{C}'$ s'écrit dans $\mathrm{K}(\mathscr{C}')$ comme somme d'un $\mathbf{Z}^{(G)}$-module de type fini sur $\mathbf{Z}$ et d'un $\mathbf{Z}^{(G)}$-module dans lequel la multiplication par p est surjective. Déterminer ensuite la structure des modules simples sur les anneaux $\mathbf{Q}^{(G)}$ et $\mathbf{Q}_p^{(G)}$.)

g) Déduire de ce qui précède que l'on a $\mathscr{C}' \subset \mathscr{C}$ et que si M est un $\mathbf{Z}^{(G)}$-module de type $\mathscr{C}'$, on a

$$h(M)^{p-1} = (\varphi(H^0(G, M)))^p/\varphi(M) .$$

(Vérifier la formule dans les six cas considérés en f).)

22) Soient K un corps commutatif, L une extension galoisienne finie de K, G son groupe de Galois.

a) Montrer que la suite exacte de G-modules

$$0 \to \mu_n(L) \to L^* \xrightarrow{x \mapsto x^n} L^{*n} \to 0$$

permet de définir un isomorphisme $k_L : (L^n \cap K^*)/K^{*n} \to H^1(G, \mu_n(L))$. Lorsque $\mu_n(K)$ a n éléments et que l'on identifie $H^1(G, \mu_n(L))$ à Hom $(G, \mu_n(K))$, montrer que k_L coïncide avec l'homomorphisme défini en V, § 11, n° 8.

b) Soit p un nombre premier ; on suppose que K est de caractéristique p. Montrer que la suite exacte de G-modules (V, § 11, n° 9)

$$0 \to \mathbf{F}_p \to L \xrightarrow{\mathfrak{p}} \mathfrak{p}(L) \to 0$$

permet de définir un isomorphisme $a_L : (\mathfrak{p}(L) \cap K)/\mathfrak{p}(K) \to H^1(G, \mathbf{F}_p)$ qui coïncide avec l'homomorphisme défini dans *loc. cit.* si l'on identifie $H^1(G, \mathbf{F}_p)$ à Hom $(G, \mathbf{F}_p)$.

23) Soient G un groupe, M un groupe à opérateurs dans G (I, p. 29, déf. 2). On notera ${}^g m$ le composé de $g \in G$ et $m \in M$. On dira que M est un G-*groupe* si on a ${}^h({}^g m) = {}^{hg}m$ pour $m \in M$, $g, h \in G$, autrement dit si l'application φ de G dans Aut (M) telle que $\varphi(g).m = {}^g m$ pour $g \in G$, $m \in M$ est un *homomorphisme*.

Si M est un G-groupe, on note $H^0(G, M)$ le sous-groupe de M formé des éléments $m \in M$ tels que ${}^g m = m$ pour tout $g \in G$, et $Z^1(G, M)$ l'ensemble des applications h de G dans M telles que

$$h(gg') = h(g)\, {}^g h(g') \qquad \text{pour} \qquad g, g' \in G .$$

a) On dit que deux éléments h_1, h_2 de $Z^1(G, M)$ sont *cohomologues* s'il existe un élément m de M tel que $h_2(g) = m^{-1}\, h_1(g)\, {}^g m$ pour tout $g \in G$. Montrer que la relation ainsi définie est une relation d'équivalence sur $Z^1(G, M)$; l'ensemble quotient est noté $H^1(G, M)$. La classe dans $H^1(G, M)$ de l'application $i \in Z^1(G, M)$ telle que $i(g) = 1_M$ pour tout $g \in G$ est notée $e_{G,M}$ ou simplement e_M.

b) Soit $f : M \to N$ un homomorphisme de G-groupes (I, p. 30, déf. 3) ; montrer que f induit un homomorphisme de groupes $f^0 : H^0(G, M) \to H^0(G, N)$, et une application $f^1 : H^1(G, M) \to H^1(G, N)$ telle que $f^1(e_M) = e_N$.

c) Soit $M \xrightarrow{i} N \xrightarrow{p} Q$ une suite de G-groupes et d'homomorphismes, avec i injectif, p surjectif et

$$\operatorname{Im}(i) = \operatorname{Ker}(p) .$$

Montrer que le groupe $N' = p^{-1}(H^0(G, Q))$ agit sur $Z^1(G, M)$ de façon que $(n.h)(g) = n^{-1}\, h(g)\, {}^g n$ pour $n \in N'$, $h \in Z^1(G, M)$, $g \in G$; montrer que cette action définit par passage au quotient une action de $H^0(G, Q)$ sur $H^1(G, M)$. L'application $i^1 : H^1(G, M) \to H^1(G, N)$ passe au quotient et définit une bijection de $H^1(G, M)/H^0(G, Q)$ sur Im (i^1).

d) L'action de $H^0(G, Q)$ sur $H^1(G, M)$ permet de définir une application $\partial : H^0(G, Q) \to H^1(G, M)$ par $\partial(q) = q.e_M$ pour $q \in H^0(G, Q)$. Montrer que l'on a

$$\operatorname{Im}(i^0) = \operatorname{Ker}(p^0), \operatorname{Im}(p^0) = \partial^{-1}(e_M), \qquad \operatorname{Im}(\partial) = (i^1)^{-1}(e_N), \qquad \operatorname{Im}(i^1) = (p^1)^{-1}(e_Q) .$$

e) On suppose désormais que $i(M)$ est contenu dans le centre de N. Montrer que ∂ est un homomorphisme de groupes ; construire une action du groupe $H^1(G, M)$ sur l'ensemble $H^1(G, N)$ de telle sorte que l'application p^1 passe au quotient et définisse une bijection de $H^1(G, N)/H^1(G, M)$ sur Im (p^1).

f) Soit E l'ensemble des applications k de G dans N telles que $p \circ k \in Z^1(G, Q)$. Pour $k \in E$, montrer qu'il existe un élément f_k de $Z^2(G, M)$ tel que $i(f_k(x, y)) = k(x)\, {}^x k(y)\, (k(xy))^{-1}$ pour $x, y \in G$. Montrer que l'application $k \mapsto f_k$ définit par passage au quotient une application $\partial^1 : H^1(G, Q) \to H^2(G, M)$. Démontrer que l'on a Im $(p^1) = (\partial^1)^{-1}(0)$.

24) Soient K un corps commutatif, L une extension galoisienne finie de K, de groupe de Galois G.

Soient V (resp. V′) un K-espace vectoriel, t (resp. t') un tenseur de type (p, q) sur V (resp. V′) (III, p. 63). On appelle K-isomorphisme (ou simplement isomorphisme) de (V, t) sur (V', t') un isomorphisme K-linéaire $u : V \to V'$ tel que $(\mathbf{T}^p(u) \otimes \mathbf{T}^q(\check{u}))(t) = t'$. On notera V_L le L-espace vectoriel $L \otimes_K V$ et t_L le tenseur de type (p, q) sur V_L déduit de t par extension des scalaires. On désigne par $F_{L/K}(V, t)$ l'ensemble des classes d'isomorphisme de couples (W, τ) tels que (W_L, τ_L) soit L-isomorphe à (V_L, t_L).

a) Soit M le groupe des L-automorphismes de (V_L, t_L). Pour $m \in M$ et $\sigma \in G$, on pose

$$^{\sigma}m = \pi_V(\sigma) \circ m \circ \pi_V(\sigma)^{-1},$$

où $\pi_V : G \to \mathrm{Aut}_K(V_L)$ désigne l'action de G sur $V_L = L \otimes_K V$ déduite de l'action de G sur L. Montrer que l'on définit ainsi une structure de G-groupe sur M.

b) Soit (W, τ) un élément de $F_{L/K}(V, t)$, et soit u un L-isomorphisme de (V_L, t_L) sur (W_L, τ_L). Pour $\sigma \in G$, on note $f_u(\sigma)$ l'élément $u^{-1} \circ \pi_W(\sigma) \circ u \circ \pi_V(\sigma)^{-1}$ de M. Montrer que $f_u \in Z^1(G, M)$ (exercice 23), et que sa classe dans $H^1(G, M)$ est indépendante du choix de u ; on la note $\theta(W, \tau)$.

c) Montrer que l'application $\theta : F_{L/K}(V, t) \to H^1(G, M)$ est *bijective*, et que l'on a $\theta(V, t) = e_M$.

¶ 25) Soient K un corps commutatif, L une extension galoisienne finie de K, G son groupe de Galois. On fait opérer G sur le groupe $\mathbf{GL}(n, L)$ en posant $\sigma(a_{ij}) = (\sigma(a_{ij}))$ pour $\sigma \in G$, $(a_{ij}) \in \mathbf{GL}(n, L)$. Tout sous-groupe de $\mathbf{GL}(n, L)$ stable pour cette action est ainsi muni d'une structure de G-groupe (exercice 23).

a) Montrer que les ensembles $H^1(G, \mathbf{GL}(n, L))$ et $H^1(G, \mathbf{SL}(n, L))$ sont réduits à un élément (*cf.* V, § 10, n° 5, prop. 9).

b) Montrer que l'ensemble $H^1(G, \mathbf{PGL}(n, L))$ s'identifie à l'ensemble des classes d'isomorphisme d'algèbres simples centrales S telles que l'algèbre $L \otimes_K S$ soit isomorphe à $\mathbf{M}_n(L)$ (utiliser l'exercice 24). En associant à une telle algèbre sa classe dans le groupe Br(K, L) (VIII, § 13) et en identifiant ce dernier groupe à $H^2(G, L^*)$ (*loc. cit.*), on obtient une application $H^1(G, \mathbf{PGL}(n, L)) \to H^2(G, L^*)$ qui est l'opposée de l'application ∂^1 (exercice 23, *f*)) déduite de l'extension $L^* \to \mathbf{GL}(n, L) \to \mathbf{PGL}(n, L)$. Montrer que l'image de ∂^1 est formée d'éléments d'ordre n dans $H^2(G, L^*)$.

c) Montrer que l'ensemble $H^1(G, \mathbf{Sp}(2n, L))$ est réduit à un élément (*cf.* IX, § 5, n° 1, th. 1).

d) Soit Q une forme quadratique sur le K-espace vectoriel V, Q_L la forme quadratique qui s'en déduit sur $L \otimes_K V$. Montrer que $H^1(G, \mathbf{O}(Q_L))$ s'identifie à l'ensemble des classes d'isomorphisme de formes quadratiques Q' sur V telles que Q'_L soit isomorphe à Q_L.

26) On note A^e la k-algèbre $A \otimes_k A^0$; tout (A, A)-bimodule est muni naturellement d'une structure de A^e-module à gauche et aussi d'une structure de A^e-module à droite. Soient M un (A, A)-bimodule, n un entier $\geqslant 0$; on pose :

$$H_n(A, M) = \mathrm{Tor}_n^{A^e}(M, A) \qquad H^n(A, M) = \mathrm{Ext}_{A^e}^n(A, M).$$

a) Le k-module $H_0(A, M)$ est isomorphe au quotient de M par le sous-k-module engendré par les éléments $(am - ma)$ pour $a \in A$, $m \in M$; le k-module $H^0(A, M)$ est isomorphe au sous-k-module de M formé des éléments m tels que $am = ma$ pour tout $a \in A$. Le k-module $H^1(A, M)$ s'identifie au quotient du k-module des dérivations $D_k(A, M)$ par le sous-k-module des dérivations intérieures, c'est-à-dire des dérivations d_m, pour $m \in M$, définies par $d_m(a) = am - ma$ pour tout $a \in A$ (*cf.* III, p. 132).

b) On suppose que A est un k-module *projectif*. Montrer que la résolution standard B(A) (X, p. 58) définit une résolution projective du A^e-module à gauche A. En déduire que les k-modules $H^n(A, M)$ sont isomorphes aux modules d'homologie du complexe C(A, M), où, pour $p \geqslant 0$, $C^p(A, M)$ est le k-module des applications k-multilinéaires de A^p dans M, $C^p(A, M) = 0$ pour $p < 0$, la différentielle étant donnée par la formule :

$$(df)(x_0, \ldots, x_p) = x_0.f(x_1, \ldots, x_p) + \sum_{i=0}^{p-1} (-1)^{i+1} f(x_0, \ldots, x_i.x_{i+1}, \ldots, x_p) + (-1)^{p+1} f(x_0, \ldots, x_{p-1}).x_p$$

pour $f \in C^p(A, M)$, $x_0, \ldots, x_p \in A$.

Donner une expression analogue pour les k-modules $H_n(A, M)$.

c) Sous l'hypothèse de *b*), soit $\rho : k \to k'$ un homomorphisme d'anneaux commutatifs, A' la k'-algèbre $k' \otimes_k A$, M' un (A', A')-bimodule. Montrer que les k-modules $H_n(A, M')$ et $H_n(A', M')$ (resp. $H^n(A, M')$ et $H^n(A', M')$) sont isomorphes.

d) On suppose désormais que k est un corps. Soient B une seconde k-algèbre (associative et unifère), M un (A, A)-bimodule, N un (B, B)-bimodule. Pour tout $n \geqslant 0$, définir un isomorphisme de k-modules

$$H_n(A \otimes_k B, M \otimes_k N) \to \bigoplus_{p+q=n} (H_p(A, M) \otimes_k H_q(B, N)).$$

Si l'on suppose de plus que A et B sont de dimension finie sur k, montrer qu'il existe de même un k-isomorphisme

$$H^n(A \otimes_k B, M \otimes_k N) \to \bigoplus_{p+q=n} (H^p(A, M) \otimes_k H^q(B, N)) \quad \text{pour tout} \quad n \geqslant 0$$

(utiliser X, p. 76, th. 3).

e) Soient M, N deux A-modules à gauche, P un A-module à droite, de sorte que les k-modules $\mathrm{Hom}_k(\mathrm{M}, \mathrm{N})$ et $\mathrm{M} \otimes_k \mathrm{P}$ ont des structures naturelles de (A, A)-bimodules. Définir pour tout $n \geqslant 0$ des isomorphismes de k-modules :

$$\mathrm{H}^n(\mathrm{A}, \mathrm{Hom}_k(\mathrm{M}, \mathrm{N})) \to \mathrm{Ext}^n_{\mathrm{A}}(\mathrm{M}, \mathrm{N}) \quad \text{et} \quad \mathrm{H}_n(\mathrm{A}, \mathrm{M} \otimes_k \mathrm{P}) \to \mathrm{Tor}^{\mathrm{A}}_n(\mathrm{P}, \mathrm{M}).$$

¶ 27) On appelle *augmentation* de la k-algèbre A un homomorphisme unifère de k-algèbres $\pi : \mathrm{A} \to k$; on dit que le couple (A, π) est une *k-algèbre augmentée.* L'augmentation munit k d'une structure de A-module à gauche. Soient M un A-module à gauche, N un A-module à droite ; on pose

$$\mathrm{H}_n(\mathrm{A}, \pi ; \mathrm{N}) = \mathrm{Tor}^{\mathrm{A}}_n(\mathrm{N}, k) \quad \text{et} \quad \mathrm{H}^n(\mathrm{A}, \pi ; \mathrm{M}) = \mathrm{Ext}^n_{\mathrm{A}}(k, \mathrm{M}) \quad \text{pour tout} \quad n \geqslant 0 .$$

a) On note $\mathrm{M}_{(\pi)}$ (resp. $\mathrm{N}_{(\pi)}$) le groupe M (resp. N) muni de la structure de (A, A)-bimodule définie par :

$$ama' = \pi(a')\,am \quad (\text{resp. } ana' = n\pi(a)\,a' \quad \text{pour} \quad a,\ a' \in \mathrm{A}\,, \quad m \in \mathrm{M}\,, \quad n \in \mathrm{N}\,.$$

Montrer que le k-module $\mathrm{H}_0(\mathrm{A}, \pi ; \mathrm{N})$ (resp. $\mathrm{H}^0(\mathrm{A}, \pi ; \mathrm{M})$, resp. $\mathrm{H}^1(\mathrm{A}, \pi ; \mathrm{M})$) est isomorphe au k-module $\mathrm{H}_0(\mathrm{A}, \mathrm{N}_{(\pi)})$ (resp. $\mathrm{H}^0(\mathrm{A}, \mathrm{M}_{(\pi)})$, resp. $\mathrm{H}^1(\mathrm{A}, \mathrm{M}_{(\pi)})$) défini dans l'exercice 26.
b) On suppose désormais que A est un k-module *projectif.* Définir à l'aide de la résolution standard (X, p. 58) des k-isomorphismes $\varphi_n : \mathrm{H}_n(\mathrm{A}, \mathrm{N}_{(\pi)}) \to \mathrm{H}_n(\mathrm{A}, \pi ; \mathrm{N})$ et $\varphi^n : \mathrm{H}^n(\mathrm{A}, \mathrm{M}_{(\pi)}) \to \mathrm{H}^n(\mathrm{A}, \pi ; \mathrm{M})$ pour tout $n \geqslant 0$.
c) On suppose qu'il existe un homomorphisme de k-algèbres $\rho : \mathrm{A} \to \mathrm{A}^e$ qui fasse de A^e un A-module à droite projectif et tel que l'idéal à gauche de A^e engendré par $\rho(\mathrm{Ker}\,\pi)$ soit le noyau de l'homomorphisme $\mathrm{A} \otimes_k \mathrm{A}^{\circ} \to \mathrm{A}$ défini par la multiplication dans A. Montrer qu'il existe pour tout (A, A)-bimodule Q et tout entier $n \geqslant 0$ des k-isomorphismes $\mathrm{H}_n(\mathrm{A}, \pi ; \mathrm{Q}) \to \mathrm{H}_n(\mathrm{A}, \mathrm{Q})$ (resp. $\mathrm{H}^n(\mathrm{A}, \pi ; \mathrm{Q}) \to \mathrm{H}^n(\mathrm{A}, \mathrm{Q})$), Q étant considéré comme A-module à droite (resp. à gauche) via l'homomorphisme ρ. (Utiliser les homomorphismes canoniques de X, p. 109.)
d) Montrer que les hypothèses de *c*) sont vérifiées dans les cas suivants :
α) A est l'algèbre (sur k) d'un groupe G, ρ est défini par $\rho(e_g) = e_g \otimes e_{g^{-1}}$.
β) A est l'algèbre tensorielle (resp. symétrique) d'un k-module projectif V ; ρ est défini par

$$\rho(v) = v \otimes 1 - 1 \otimes v\,.$$

* γ) A est l'algèbre enveloppante d'une algèbre de Lie $\mathfrak{g}$ sur k, libre en tant que k-module ; on a

$$\rho(x) = x \otimes 1 - 1 \otimes x \quad \text{pour} \quad x \in \mathfrak{g}$$

(utiliser le cor. 5 au th. 1 de LIE I, § 2, nº 7).
δ) A est l'anneau de fonctions d'un groupe algébrique lisse G sur un corps k ; on prend

$$\rho(f) = \sum_{i=1}^{k} f_i' \otimes f_i''\,, \quad \text{où} \quad f(gh^{-1}) = \sum_{i=1}^{k} f_i'(g)\,f_i''(h) \quad \text{pour} \quad g\,,\, h \in \mathrm{G}\,. \;_*$$

* 28) Soient $\mathfrak{g}$ une algèbre de Lie sur l'anneau commutatif k, U son algèbre enveloppante. On munit k de la structure de U-module à gauche correspondant à la représentation triviale de $\mathfrak{g}$. Soient N un $\mathfrak{g}$-module à droite, M un $\mathfrak{g}$-module à gauche, n un entier $\geqslant 0$; on pose

$$\mathrm{H}_n(\mathfrak{g}, \mathrm{N}) = \mathrm{Tor}^{\mathrm{U}}_n(\mathrm{N}, k) \quad \text{et} \quad \mathrm{H}^n(\mathfrak{g}, \mathrm{M}) = \mathrm{Ext}^n_{\mathrm{U}}(k, \mathrm{M})\,.$$

a) Le k-module $\mathrm{H}_0(\mathfrak{g}, \mathrm{N})$ (resp. $\mathrm{H}^0(\mathfrak{g}, \mathrm{M})$) est isomorphe à $\mathrm{N}/\mathrm{N}\mathfrak{g}$ (resp. au sous-module de M formé des éléments annulés par $\mathfrak{g}$). On note $\mathrm{Z}^1(\mathfrak{g}, \mathrm{M})$ (resp. $\mathrm{B}^1(\mathfrak{g}, \mathrm{M})$) le sous-$k$-module de $\mathrm{Hom}_k(\mathfrak{g}, \mathrm{M})$ formé des éléments f tels que $f([x, y]) = xf(y) - yf(x)$ pour $x, y \in \mathfrak{g}$ (resp. des éléments f_m, pour $m \in \mathrm{M}$, tels que $f_m(x) = xm$ pour $x \in \mathfrak{g}$). Montrer que $\mathrm{H}^1(\mathfrak{g}, \mathrm{M})$ s'identifie au quotient $\mathrm{Z}^1(\mathfrak{g}, \mathrm{M})/\mathrm{B}^1(\mathfrak{g}, \mathrm{M})$.
b) On suppose désormais que $\mathfrak{g}$ est un k-module libre. Montrer que les k-modules $\mathrm{H}^n(\mathfrak{g}, \mathrm{M})$ s'identifient aux modules d'homologie du complexe $\mathrm{C}(\mathfrak{g}, \mathrm{M})$, où pour $p \geqslant 0$, $\mathrm{C}^p(\mathfrak{g}, \mathrm{M})$ est le k-module des applications multilinéaires alternées de $\mathfrak{g}^p$ dans M, $\mathrm{C}^p(\mathfrak{g}, \mathrm{M}) = 0$ pour $p < 0$, la différentielle étant donnée par la formule

$$df(x_1, \ldots, x_{p+1}) = \sum_{1 \leqslant i \leqslant p+1} (-1)^{i+1}\, x_i . f(x_1, \ldots, \hat{x}_i, \ldots, x_{p+1}) + \sum_{1 \leqslant i < j \leqslant p+1} (-1)^{i+j} f([x_i, x_j], x_1, \ldots, \hat{x}_i, \ldots, \hat{x}_j, \ldots, x_{p+1})$$

pour $f \in \mathrm{C}^p(\mathfrak{g}, \mathrm{M})$, $x_1, \ldots, x_{p+1} \in \mathfrak{g}$ (où le signe ^ sur une lettre signifie qu'elle doit être omise).

Donner une expression analogue pour les k-modules $H_p(\mathfrak{g}, M)$. (Utiliser X, p. 184, exercice 21.)

c) On suppose que $\dim_k(\mathfrak{g}) = n < \infty$. Montrer que $H^p(\mathfrak{g}, M) = 0$ pour tout $p \geqslant n + 1$ et tout $\mathfrak{g}$-module M, et qu'il existe un $\mathfrak{g}$-module N tel que $H^n(\mathfrak{g}, N) \neq 0$ (prendre $N = \mathsf{\Lambda}^n \mathfrak{g}$, où $\mathfrak{g}$ opère par la formule

$$x.(x_1 \wedge \dots \wedge x_n) = \sum_{i=1}^{n} x_1 \wedge \dots \wedge x_{i-1} \wedge [x, x_i] \wedge x_{i+1} \wedge \dots \wedge x_n ;$$

montrer que $df = 0$ pour tout $f \in C^{n-1}(\mathfrak{g}, N)$).

d) La représentation adjointe de $\mathfrak{g}$ et la représentation de $\mathfrak{g}$ sur M définissent une représentation θ de $\mathfrak{g}$ dans $C(\mathfrak{g}, M)$, telle que

$$(\theta(x) f)(x_1, \dots, x_p) = x.f(x_1, \dots, x_p) - \sum_{i=1}^{p} f(x_1, \dots, [x, x_i], \dots, x_p)$$

pour $f \in C^p(\mathfrak{g}, M)$, $x, x_1, \dots, x_p \in \mathfrak{g}$. Montrer que, pour tout $x \in \mathfrak{g}$, $\theta(x)$ est un endomorphisme homotope à zéro du complexe $C(\mathfrak{g}, M)$ (définir une homotopie $i(x)$ en posant $(i(x) f)(x_1, \dots, x_p) = f(x, x_1, \dots, x_p)$). $_*$

¶ * 29) On garde les notations de l'exercice précédent ; on suppose de plus que k est un corps de caractéristique zéro, et que l'algèbre de Lie $\mathfrak{g}$ est *semi-simple* (LIE, I, § 6). Soit M un $\mathfrak{g}$-module de dimension finie sur k.

a) Si M est simple et non trivial, on a $H^p(\mathfrak{g}, M) = 0$ pour tout $p > 0$ (la forme bilinéaire sur $\mathfrak{g}$ associée à M est non dégénérée (LIE, I, § 6, n° 1, prop. 1) ; observer que la multiplication par l'élément de Casimir correspondant (LIE, I, § 3, n° 7) est nulle dans k et bijective dans M).

b) Montrer que $H^1(\mathfrak{g}, M) = 0$ quel que soit M (utiliser *a*) et le fait que $\mathfrak{g} = \mathscr{D}\mathfrak{g}$). Inversement, une k-algèbre de Lie $\mathfrak{h}$ (de dimension finie) telle que $H^1(\mathfrak{h}, M) = 0$ pour tout $\mathfrak{h}$-module M de dimension finie est semi-simple.

c) On munit k de la structure de $\mathfrak{g}$-module correspondant à la représentation triviale. Montrer que, pour tout $p \geqslant 0$, le k-espace vectoriel $H^p(\mathfrak{g}, k)$ est isomorphe au sous-espace vectoriel de $C^p(\mathfrak{g}, k)$ formé des formes p-linéaires alternées f qui sont *invariantes*, c'est-à-dire telles que

$$\sum_{i=1}^{p} f(x_1, \dots, [x, x_i], \dots, x_p) = 0 \quad \text{pour tous} \quad x, x_1, \dots, x_p \in \mathfrak{g} .$$

(Déduire de la semi-simplicité des représentations de $\mathfrak{g}$ et de l'exercice 28, *d*) que $H^p(\mathfrak{g}, k)$ est isomorphe à $H^p(C_\theta(\mathfrak{g}, k))$, où $C_\theta(\mathfrak{g}, k)$ est le sous-complexe de $C(\mathfrak{g}, k)$ annulé par tous les endomorphismes $\theta(x)$ pour $x \in \mathfrak{g}$; puis montrer que $C_\theta(\mathfrak{g}, k)$ est à différentielle nulle.)

d) Déduire de *c*) que $H^2(\mathfrak{g}, M) = 0$ pour tout $\mathfrak{g}$-module M de dimension finie sur k. (Montrer que toute forme bilinéaire invariante sur $\mathfrak{g}$ est symétrique, en se ramenant au cas où $\mathfrak{g}$ est simple et k algébriquement clos.) $_*$

§ 7

1) Soient k un anneau commutatif, A une k-algèbre associative et unifère, M un (A, A)-bimodule. On appelle *extension de* A *par* M la donnée d'une k-algèbre B associative et unifère et d'une suite exacte de k-modules

$$(\mathscr{E}) : 0 \to M \xrightarrow{i} B \xrightarrow{p} A \to 0 ,$$

où p est un homomorphisme d'algèbres et où

$$i(p(b)\, m) = b i(m) \quad \text{et} \quad i(m p(b)) = i(m)\, b \quad \text{pour} \quad b \in B , \quad m \in M .$$

Deux extensions $0 \to M \xrightarrow{i} B \xrightarrow{p} A \to 0$ et $0 \to M \xrightarrow{i'} B' \xrightarrow{p'} A \to 0$ sont dites *équivalentes* s'il existe un homomorphisme d'algèbres $u : B \to B'$ tel que $p' \circ u = p$ et $u \circ i = u'$; l'homomorphisme u est alors bijectif.

a) On suppose que la suite exacte de k-modules $0 \to M \xrightarrow{i} B \xrightarrow{p} A \to 0$ est *scindée* ; soit $s : A \to B$ une section k-linéaire de p. Montrer qu'il existe un élément $f \in C^2(A, M)$ (X, p. 195, exercice 26, *b*)) tel que $s(a)\, s(a') - s(aa') = i(f(a, a'))$ pour $a, a' \in A$. Montrer que f est un 2-cocyle et que sa classe dans $H^2(A, M)$ est indépendante du choix de s ; on la note $c(\mathscr{E})$.

b) Soit $\mathrm{Ex}_k(\mathrm{A}, \mathrm{M})$ l'ensemble des classes d'équivalence d'extensions de A par M qui sont triviales comme extensions de k-modules. Montrer que c définit une bijection de $\mathrm{Ex}_k(\mathrm{A}, \mathrm{M})$ sur $\mathrm{H}^2(\mathrm{A}, \mathrm{M})$.

c) Soient $\mathscr{E} : 0 \to \mathrm{M} \xrightarrow{i} \mathrm{B} \xrightarrow{p} \mathrm{A} \to 0$ et $\mathscr{E}' : 0 \to \mathrm{M} \xrightarrow{i'} \mathrm{B} \xrightarrow{p'} \mathrm{A} \to 0$ deux extensions de A par M. On note C la sous-algèbre de $\mathrm{B} \times \mathrm{B}'$ formée des éléments (b, b') tels que $p(b) = p'(b')$, $\mathfrak{c}$ l'idéal de C formé des éléments $(i(m), -i'(m))$ pour $m \in \mathrm{M}$, B″ l'algèbre $\mathrm{C}/\mathfrak{c}$, $\pi : \mathrm{C} \to \mathrm{B}''$ l'homomorphisme de passage au quotient. Soient $i'' : \mathrm{M} \to \mathrm{B}''$ et $p'' : \mathrm{B}'' \to \mathrm{A}$ les homomorphismes tels que $i''(m) = \pi((m, 0))$ pour $m \in \mathrm{M}$ et $p''\pi((b, b')) = p(b)$ pour $b \in \mathrm{B}$, $b' \in \mathrm{B}'$. Montrer que la suite $0 \to \mathrm{M} \to \mathrm{B}'' \to \mathrm{A} \to 0$ est une extension de A par M, appelée extension somme de $(\mathscr{E})$ et $(\mathscr{E}')$, et que l'on définit ainsi une loi de groupe commutatif sur l'ensemble des classes d'équivalence d'extensions de A par M. En particulier, l'ensemble $\mathrm{Ex}_k(\mathrm{A}, \mathrm{M})$ est muni ainsi d'une structure de groupe, et l'application c est un isomorphisme de groupes.

2) On suppose que la k-algèbre A admet une *augmentation* $\pi : \mathrm{A} \to k$ (X, p. 196, exercice 27) et que, de plus, A est un k-module projectif. On note I le noyau de π. Soit M un A-module à gauche.

a) Soit $(\mathscr{E}) : 0 \to \mathrm{M}_{(\pi)} \xrightarrow{i} \mathrm{B} \xrightarrow{p} \mathrm{A} \to 0$ une extension de A par le (A, A)-bimodule $\mathrm{M}_{(\pi)}$ (X, p. 196, exercice 27) ; on note $\overline{\mathrm{B}}$ l'idéal de B formé des éléments $b \in \mathrm{B}$ tels que $p(b) \in \mathrm{I}$. On a $i(m)\, b = 0$ pour $m \in \mathrm{M}$ et $b \in \overline{\mathrm{B}}$, de sorte que $\overline{\mathrm{B}}$ est muni d'une structure de A-module à gauche telle que $p(\beta)\, b = \beta b$ pour $\beta \in \mathrm{B}$, $b \in \overline{\mathrm{B}}$. Montrer qu'il existe une suite exacte de A-modules $0 \to \mathrm{M} \to \overline{\mathrm{B}} \to \mathrm{I} \to 0$; on note $\theta(\mathscr{E})$ la classe de cette suite exacte dans $\mathrm{Ext}^1_{\mathrm{A}}(\mathrm{I}, \mathrm{M})$.

b) Montrer que θ définit une application de $\mathrm{Ex}_k(\mathrm{A}, \mathrm{M}_{(\pi)})$ dans $\mathrm{Ext}^1_{\mathrm{A}}(\mathrm{I}, \mathrm{M})$. Démontrer la commutativité du diagramme :

$$\begin{array}{ccc} \mathrm{Ex}_k(\mathrm{A}, \mathrm{M}_{(\pi)}) & \xrightarrow{\theta} & \mathrm{Ext}^1_{\mathrm{A}}(\mathrm{I}, \mathrm{M}) \\ \downarrow c & & \downarrow -\delta \\ \mathrm{H}^2(\mathrm{A}, \mathrm{M}_{(\pi)}) & \xrightarrow{\varphi} & \mathrm{Ext}^2_{\mathrm{A}}(k, \mathrm{M}) \end{array}$$

où δ est l'homomorphisme de liaison déduit de la suite exacte $0 \to \mathrm{I} \to \mathrm{A} \xrightarrow{\pi} k \to 0$, et où φ est l'isomorphisme obtenu en calculant à l'aide de la résolution standard (X, p. 196, exercice 27, *b*)). En déduire que θ est un isomorphisme de groupes.

3) Soient G un groupe, A l'algèbre $\mathbf{Z}^{(\mathrm{G})}$, $j : \mathrm{G} \to \mathrm{A}$ l'injection canonique. On munit A de l'augmentation $\pi : \mathrm{A} \to \mathbf{Z}$ définie par $\pi(e_g) = 1$ pour tout $g \in \mathrm{G}$. Soit M un A-module à gauche.

a) Soit $0 \to \mathrm{M}_{(\pi)} \xrightarrow{i} \mathrm{B} \xrightarrow{p} \mathrm{A} \to 0$ une extension de A par le (A, A)-bimodule $\mathrm{M}_{(\pi)}$ (X, p. 196, exercice 27). On note Γ le sous-ensemble de B formé des éléments b de B tels que $p(b) \in j(\mathrm{G})$. Montrer que Γ, muni de la multiplication induite par celle de B, est un groupe, extension de G par le G-module M.

b) La construction précédente définit une application de $\mathrm{Ex}_{\mathbf{Z}}(\mathrm{A}, \mathrm{M}_{(\pi)})$ dans $\mathrm{Ex}(\mathrm{G}, \mathrm{M})$ (VIII, § 13). Montrer que le diagramme

$$\begin{array}{ccc} \mathrm{Ex}_{\mathbf{Z}}(\mathrm{A}, \mathrm{M}_{(\pi)}) & \longrightarrow & \mathrm{Ex}(\mathrm{G}, \mathrm{M}) \\ \downarrow c & & \downarrow \\ \mathrm{H}^2(\mathrm{A}, \mathrm{M}_{(\pi)}) & \xrightarrow{\varphi^2} & \mathrm{H}^2(\mathrm{G}, \mathrm{M}) \end{array}$$

est commutatif.

* 4) Soient $\mathfrak{g}$ une k-algèbre de Lie, M un $\mathfrak{g}$-module. Une *extension de* $\mathfrak{g}$ *par* M est une suite exacte de k-modules $0 \to \mathrm{M} \xrightarrow{i} \mathfrak{h} \xrightarrow{p} \mathfrak{g} \to 0$ où $\mathfrak{h}$ est une k-algèbre de Lie, p un homomorphisme d'algèbres de Lie, et où $i(p(\mathrm{H})\, m) = [\mathrm{H}, i(m)]$ pour $\mathrm{H} \in \mathfrak{h}$, $m \in \mathrm{M}$. Deux extensions

$$0 \to \mathrm{M} \xrightarrow{i} \mathfrak{h} \xrightarrow{p} \mathfrak{g} \to 0, \quad 0 \to \mathrm{M} \xrightarrow{i'} \mathfrak{h}' \xrightarrow{p'} \mathfrak{g} \to 0$$

sont dites équivalentes s'il existe un homomorphisme $u : \mathfrak{h} \to \mathfrak{h}'$ tel que $p' \circ u = p$, $u \circ i = i'$. On note $\mathrm{Liex}(\mathfrak{g}, \mathrm{M})$ l'ensemble des classes d'équivalence d'extensions de $\mathfrak{g}$ par M. On suppose que $\mathfrak{g}$ est un k-module libre.

a) Soit $(\mathscr{E}) : 0 \to \mathrm{M} \xrightarrow{i} \mathfrak{h} \xrightarrow{p} \mathfrak{g} \to 0$ une extension de $\mathfrak{g}$ par M ; on choisit une section k-linéaire $s : \mathfrak{g} \to \mathfrak{h}$ de p. On définit un élément $f \in \mathrm{C}^2(\mathfrak{g}, \mathrm{M})$ (X, p. 196, exercice 28, *b*)) en posant

$$i(f(x, y)) = [s(x), s(y)] - s([x, y]) \quad \text{pour} \quad x, y \in \mathfrak{g}\,.$$

Montrer que f est un 2-cocycle et que sa classe dans $\mathrm{H}^2(\mathfrak{g}, \mathrm{M})$ ne dépend pas du choix de s ; on la note $\theta(\mathscr{E})$.

b) Montrer que θ définit une bijection de $\mathrm{Liex}(\mathfrak{g}, \mathrm{M})$ sur $\mathrm{H}^2(\mathfrak{g}, \mathrm{M})$. Décrire directement la structure de groupe sur $\mathrm{Liex}(\mathfrak{g}, \mathrm{M})$ obtenue par transport par γ.

c) Soient U l'algèbre enveloppante de $\mathfrak{g}$, $M_{(\pi)}$ le (U, U)-bimodule associé à M à l'aide de l'augmentation $\pi : U \to k$ (X, p. 196, exercice 27). Soit $0 \to M_{(\pi)} \to B \xrightarrow{p} U \to 0$ une extension de U par $M_{(\pi)}$ (exercice 1) ; on note $\mathfrak{b}$ l'ensemble des éléments b de B tels que $p(b) \in j(\mathfrak{g})$.
Montrer que $\mathfrak{b}$ est une k-algèbre de Lie, extension de $\mathfrak{g}$ par M. Cette construction définit une application $\lambda : \mathrm{Ex}_k(U, M_{(\pi)}) \to \mathrm{Liex}(\mathfrak{g}, M)$. Montrer que le diagramme

$$\begin{array}{ccc} \mathrm{Ex}_k(U, M_{(\pi)}) & \xrightarrow{\lambda} & \mathrm{Liex}(\mathfrak{g}, M) \\ \downarrow c & & \downarrow \gamma \\ H^2(U, M_{(\pi)}) & \xrightarrow{\varphi^2} & H^2(\mathfrak{g}, M) \end{array}$$

(où φ^2 est l'isomorphisme défini en X, p. 196, exercice 27) est commutatif. En déduire que λ est un isomorphisme. $_*$

¶ 5) Soient G, F deux groupes.

a) Pour toute extension $\mathscr{E} : F \to E \to G$ de G par F (I, p. 62), l'opération de E sur F par automorphismes intérieurs définit un homomorphisme $E \to \mathrm{Aut}(F)$, d'où par passage au quotient un homomorphisme de groupes $\theta : G \to \mathrm{Aut}(F)/\mathrm{Int}(F)$, appelé homomorphisme associé à l'extension $\mathscr{E}$. Deux extensions isomorphes de G par F ont même homomorphisme associé.

b) On considère inversement un homomorphisme de groupes $\theta : G \to \mathrm{Aut}(F)/\mathrm{Int}(F)$. Notons

$$p : \mathrm{Aut}(F) \to \mathrm{Aut}(F)/\mathrm{Int}(F)$$

l'application de passage au quotient. On choisit une application σ de G dans Aut (F) telle que $p \circ \sigma = \theta$, et une application f de $G \times G$ dans F telle que $\sigma(x)\,\sigma(y)\,(\sigma(xy))^{-1} = \mathrm{Int}(f(x, y))$ pour $x, y \in G$; on pose $c(x, y, z) = \sigma(x)\,(f(y, z)).f(x, yz).(f(xy, z))^{-1}.(f(x, y))^{-1}$. Montrer que $c(x, y, z)$ appartient au centre Z de F.

c) On considère Z comme un G-module en posant $g.z = \sigma(g)(z)$ pour $g \in G$, $z \in Z$; cette définition est indépendante du choix de σ. L'application c définit un élément de $C^3(G, Z)$; montrer que c est un 3-cocycle, et que sa classe dans $H^3(G, Z)$ est indépendante des choix de σ et de f. On la note $\omega(G, F, \theta)$.

d) Montrer que la nullité de $\omega(G, F, \theta)$ est une condition nécessaire et suffisante pour qu'il existe une extension de G par F ayant pour homomorphisme associé θ (si $\omega(G, F, \theta) = 0$, montrer que l'on peut choisir f de façon que le cocycle c soit nul, puis définir une loi de groupe sur $G \times F$).

e) On suppose $\omega(G, F, \theta) = 0$. Montrer que l'ensemble des classes d'isomorphisme d'extensions de G par F, d'homomorphisme associé θ, est un ensemble principal homogène sous le groupe $H^2(G, Z)$.

f) Soient H un groupe, M un $\mathbf{Z}^{(H)}$-module, x un élément de $H^3(H, M)$. Montrer qu'il existe un groupe E de centre M et un homomorphisme $\varphi : H \to \mathrm{Aut}(E)/\mathrm{Int}(E)$, induisant sur M la structure de H-module donnée, tels que $\omega(H, E, \varphi) = x$ (prendre $E = M \times L$, où L est le groupe libre construit sur $H \times H$).

6) Soient M un A-module à droite, N un A-module à gauche. Pour $n \geqslant 0$, on note $\mathscr{T}_n(M, N)$ l'ensemble des triplets (P, p, q), où P est un complexe de A-modules libres de type fini, tel que $P_r = 0$ pour $r < 0$ et $r > n$, et où $p : P \to N$ et $q : P^* \to M(n)$ sont des morphismes de A-complexes (on désigne par P^* le complexe $\mathrm{Homgr}_A(P, A)$). On dit que deux éléments (P, p, q) et (P', p', q') de $\mathscr{T}_n(M, N)$ sont *liés* s'il existe un morphisme $u : P \to P'$ tel que $p = p' \circ u$ et $q' = q \circ {}^t u$; on note $T_n(M, N)$ le quotient de $\mathscr{T}_n(M, N)$ par la relation d'équivalence la plus fine pour laquelle deux éléments liés sont équivalents (*cf.* II, p. 52, exercice 9).

a) Montrer que $T_n(M, N)$ s'identifie à $\mathrm{Tor}_n^A(M, N)$.

b) Soit $(\mathscr{E}) : 0 \to M' \xrightarrow{i} M \xrightarrow{\pi} M'' \to 0$ une suite exacte de A-modules à droite. Décrire l'homomorphisme de liaison $\partial : T_n(M'', N) \to T_{n-1}(M', N)$ déduit de $\partial(\mathscr{E}, N)$ à l'aide des identifications précédentes.

(Si $(P, p, q) \in \mathscr{T}_n(M'', N)$, montrer que l'on a $\partial(P, p, q) = (\overline{P}, \overline{p}, \overline{q})$, où $\overline{P}$ est le complexe obtenu en remplaçant P_n par 0 dans P, $\overline{p}$ est le morphisme déduit de p et $(\overline{q})^{n-1} : P^*_{n-1} \to M'$ est égal à u^{n-1}, u étant un morphisme de P^* dans le complexe $(\mathrm{Con}(i))(n)$ tel que $\pi \circ u^n = q^n$.)

¶ 7) Soient A' une k-algèbre (associative et unifère) et $B = A \otimes_k A'$.

a) Soient M un A-module à gauche, Q un A-module à droite, M' un A'-module à gauche, Q' un A'-module à droite. Soit (P, p) (resp. (P', p'), resp. (R, r)) une résolution projective du A-module M (resp. du A'-module M', resp. du B-module $M \otimes_k M'$). Montrer qu'il existe un morphisme de B-complexes

$$u : P \otimes_k P' \to R,$$

unique à homotopie près, tel que $r \circ u = p \otimes p'$. Définir à l'aide de u un k-homomorphisme gradué de degré zéro

$$\top : \mathrm{Tor}^{A}(Q, M) \otimes_k \mathrm{Tor}^{A'}(Q', M') \to \mathrm{Tor}^{B}(Q \otimes_k Q', M \otimes_k M') .$$

Montrer que $\top$ ne dépend pas du choix des résolutions P, P′, R et du morphisme u. Si $a \in \mathrm{Tor}^{A}(Q, M)$ et $a' \in \mathrm{Tor}^{A'}(Q', M')$, on pose $\top(a \otimes a') = a \top a'$.

b) On suppose de plus que les k-modules A et A′ sont *projectifs* et que l'on a $\mathrm{Tor}_n^k(M, M') = 0$ pour $n > 0$. Montrer que $P \otimes_k P'$ est alors une résolution projective du B-module $M \otimes_k M'$; en déduire, pour tout A-module N et tout A′-module N′, un k-homomorphisme gradué de degré zéro

$$\vee : \mathrm{Ext}_{A}(M, N) \otimes_k \mathrm{Ext}_{A'}(M', N') \to \mathrm{Ext}_{B}(M \otimes_k M', N \otimes_k N') .$$

Montrer que $\vee$ est indépendant du choix des résolutions P et P′. Si $b \in \mathrm{Ext}_{A}(M, N)$ et $b' \in \mathrm{Ext}_{A'}(M', N')$, on note $\vee(b \otimes b') = b \vee b'$.

c) Soient A″ une troisième k-algèbre (associative et unifère), M″ et N″ des A″-modules à gauche, Q″ un A″-module à droite. On identifie les k-algèbres $A \otimes_k (A' \otimes_k A'')$ et $(A \otimes_k A') \otimes_k A''$, ainsi que les k-modules $M \otimes_k (M' \otimes_k M'')$ et $(M \otimes_k M') \otimes_k M''$, $N \otimes_k (N' \otimes_k N'')$ et $(N \otimes_k N') \otimes_k N''$, $Q \otimes_k (Q' \otimes_k Q'')$ et $(Q \otimes_k Q') \otimes_k Q''$. Démontrer les formules

$$a \top (a' \top a'') = (a \top a') \top a'' \quad \text{pour} \quad a \in \mathrm{Tor}^{A}(Q, M), \quad a' \in \mathrm{Tor}^{A'}(Q', M'), \quad a'' \in \mathrm{Tor}^{A''}(Q'', M'')$$

$$b \vee (b' \vee b'') = (b \vee b') \vee b'' \quad \text{pour} \quad b \in \mathrm{Ext}_{A}(M, N), \quad b' \in \mathrm{Ext}_{A}(M', N'), \quad b'' \in \mathrm{Ext}_{A''}(M'', N'') .$$

d) Soient $\sigma : \mathrm{Tor}^{A \otimes_k A'}(Q \otimes_k Q', M \otimes_k M') \to \mathrm{Tor}^{A' \otimes_k A}(Q' \otimes_k Q, M' \otimes_k M)$ et

$$\tau : \mathrm{Ext}_{A \otimes_k A'}(M \otimes_k M', N \otimes_k N') \to \mathrm{Ext}_{A' \otimes_k A}(M' \otimes_k M, N' \otimes_k N)$$

les isomorphismes déduits des isomorphismes de commutation

$$A \otimes_k A' \to A' \otimes_k A , \quad M \otimes_k M' \to M' \otimes_k M , \quad N \otimes_k N' \to N' \otimes_k N , \quad Q \otimes_k Q' \to Q' \otimes_k Q .$$

Démontrer les formules

$$\sigma(a \top a') = (-1)^{pq} a' \top a \quad \text{pour} \quad a \in \mathrm{Tor}_p^{A}(Q, M), \quad a' \in \mathrm{Tor}_q^{A'}(Q', M')$$

$$\tau(b \vee b') = (-1)^{pq} b' \vee b \quad \text{pour} \quad b \in \mathrm{Ext}_{A}^{p}(M, N), \quad b' \in \mathrm{Ext}_{A'}^{q}(M', N') .$$

e) Soit $(\mathscr{E}) : 0 \to M_2 \to M_1 \to M_0 \to 0$ une suite exacte de A-modules, telle que la suite

$$(\mathscr{E} \otimes M') : 0 \to M_2 \otimes_k M' \to M_1 \otimes_k M' \to M_0 \otimes_k M' \to 0$$

soit exacte. On note δ (resp. Δ) l'homomorphisme de liaison $\partial(Q, \mathscr{E})$ (resp. $\partial(Q \otimes_k Q', \mathscr{E} \otimes M')$). Montrer que l'on a $(\delta a) \top a' = \Delta(a \top a')$ pour $a \in \mathrm{Tor}^{A}(Q, M_0)$, $a' \in \mathrm{Tor}^{A}(Q', M')$. Démontrer les formules analogues pour le produit $\vee$.

f) Si k est un corps, montrer que $\top$ est un isomorphisme de k-modules gradués ; il en est de même de $\vee$ si de plus A et A′ sont noethériens à gauche et si le A-module M et le A′-module M′ sont de type fini.

g) Si on identifie les modules $\mathrm{Tor}_n^{A}(Q, M)$ aux ensembles $T_n(Q, M)$ définis dans l'exercice 6, démontrer la formule $(P, p, q) \top (P', p', q') = (P \otimes_k P', p \otimes p', q \otimes q')$.

8) On garde les notations de l'exercice 7 ; on suppose que les k-modules A et A′ sont projectifs.

a) On suppose que l'on a $\mathrm{Tor}_i^k(M, M') = 0$ pour $i > 0$. Montrer que l'application $b \mapsto b \vee 1_{M'}$ définit un k-homomorphisme gradué de degré zéro de $\mathrm{Ext}_{A}(M, N)$ dans $\mathrm{Ext}_{B}(M \otimes_k M', N \otimes_k M')$, qui induit en degré zéro l'homomorphisme canonique $b \mapsto b \otimes 1_{M'}$.

b) On suppose que le k-module M′ est plat. Soit

$$0 \to N \to R_n \to \cdots \to R_1 \to M \to 0$$

une suite exacte de A-modules, de classe $b \in \mathrm{Ext}_{A}^{n}(M, N)$. Montrer que la suite exacte de B-modules

$$0 \to N \otimes_k M' \to R_n \otimes_k M' \to \cdots \to R_1 \otimes_k M' \to M \otimes_k M' \to 0$$

a pour classe $b \vee 1_{M'}$ dans $\mathrm{Ext}_{B}^{n}(M \otimes_k M', N \otimes_k N')$.

c) On suppose que les k-modules M, M′, N, N′ sont plats. Montrer que l'on a :

$$b \vee b' = (b \vee 1_{N'}) \circ (1_M \vee b') = (-1)^{pq} (1_N \vee b') \circ (b \vee 1_{M'})$$

pour $b \in \mathrm{Ext}^p_A(M, N)$, $b' \in \mathrm{Ext}^q_{A'}(M', N')$.

9) On suppose l'anneau A commutatif. Soient B, C deux A-algèbres associatives et unifères ; on note $m_B : B \otimes_A B \to B$ la multiplication de B, et m_C la multiplication de C.

a) Montrer que l'homomorphisme

$$\mathrm{Tor}(m_B, m_C) \circ T : \mathrm{Tor}^A(B, C) \otimes_A \mathrm{Tor}^A(B, C) \to \mathrm{Tor}^A(B, C)$$

(*cf.* exercice 7) définit sur $\mathrm{Tor}^A(B, C)$ une structure de A-algèbre graduée, associative et unifère.

b) Soient S une A-algèbre différentielle graduée et $p : S_0 \to B$ un homomorphisme de A-algèbres tels que (S, p) soit une résolution libre de B (*cf.* X, p. 183, exercice 18). Montrer que l'isomorphisme

$$\psi(S, C) : \mathrm{Tor}^A(B, C) \to H(S \otimes_A C)$$

est un *isomorphisme de* A-*algèbres* si l'on munit $H(S \otimes_A C)$ de la structure d'algèbre déduite de la structure d'algèbre différentielle graduée de $S \otimes_A C$ (X, p. 183, exercice 18, *b*) et *c*)).

c) Si les A-algèbres B et C sont commutatives, démontrer que l'algèbre graduée $\mathrm{Tor}^A(B, C)$ est *alternée* (*cf.* X, p. 183, exercice 19).

10) Soit B une k-*bigèbre* (III, p. 148), que l'on considère comme une k-algèbre augmentée (X, p. 196, exercice 27) par la coünité $\beta : B \to k$; on suppose que le k-module B est projectif.

a) Soient M, N deux B-modules à gauche. L'homomorphisme $\vee$ de l'exercice 7 s'identifie à un homomorphisme gradué de degré zéro

$$H^{\cdot}(B, \gamma ; M) \otimes_k H^{\cdot}(B, \gamma ; N) \to H^{\cdot}(B \otimes_k B, \gamma \otimes \gamma ; M \otimes_k N) ;$$

par composition avec l'homomorphisme déduit de la comultiplication, en déduire un homomorphisme gradué de degré zéro $\cup : H^{\cdot}(B, \gamma ; M) \otimes_k H^{\cdot}(B, \gamma ; N) \to H^{\cdot}(B, \gamma ; M \otimes_k N)$.

b) Soit C une k-algèbre associative et unifère, que l'on munit de la structure de B-module déduite de γ. Montrer que l'homomorphisme $\cup$ définit sur $H^{\cdot}(B, \gamma ; C)$ une structure de k-algèbre graduée associative et unifère ; si C est commutative et si la bigèbre B est cocommutative, l'algèbre $H^{\cdot}(B, \gamma ; C)$ est anticommutative.

c) On prend $C = k$. Montrer que le produit $\cup$ coïncide avec le produit de composition sur $\mathrm{Ext}_B(k, k)$.

d) Soient G un groupe, M et N deux $\mathbf{Z}^{(G)}$-modules. On munit $M \otimes_{\mathbf{Z}} N$ de la structure de $\mathbf{Z}^{(G)}$-module définie par $g(x \otimes y) = gx \otimes gy$ pour $g \in G$, $x \in M$, $y \in N$. Montrer que l'application

$$\cup : H^{\cdot}(G, M) \otimes_{\mathbf{Z}} H^{\cdot}(G, N) \to H^{\cdot}(G, M \otimes_{\mathbf{Z}} N)$$

est l'homomorphisme induit sur l'homologie par l'homomorphisme gradué de degré zéro

$$u : C^{\cdot}(G, M) \otimes_{\mathbf{Z}} C^{\cdot}(G, N) \to C^{\cdot}(G, M \otimes_{\mathbf{Z}} N)$$

défini par $u(f \otimes h)(g_1, \ldots, g_{p+q}) = f(g_1, \ldots, g_p) \otimes g_1, \ldots, g_p h(g_{p+1}, \ldots, g_{p+q})$ pour

$$f \in C^p(G, M), \quad h \in C^q(G, N), \quad g_1 \ldots g_{p+q} \in G .$$

(Utiliser l'exercice 5, p. 185.)

¶ 11) On suppose que la bigèbre B admet une *inversion* i (*cf.* III, p. 198, exercice 4). Soient M et N des B-modules. Le k-module $M \otimes_k N$ (resp. $\mathrm{Hom}_k(M, N)$) a une structure naturelle de $B \otimes_k B$-module (resp. $B \otimes_k B^{\circ}$-module) ; on le munit de la structure de B-module déduit de l'homomorphisme c (resp. $(1_B \otimes i) \circ c$).

a) Montrer que l'homomorphisme u (exercice 10) définit un homomorphisme gradué de degré zéro

$$\cup : H^{\cdot}(B, \gamma ; \mathrm{Hom}_k(M, N)) \otimes_k H^{\cdot}(B, \gamma ; M) \to H^{\cdot}(B, \gamma ; N) .$$

b) Soit $0 \to M \to R_n \to \cdots \to R_1 \to k \to 0$ une suite exacte de B-modules, avec R_i projectif $(1 \leqslant i \leqslant n)$; soit θ sa classe dans $\mathrm{Ext}^n_B(k, M) = H^n(B, \gamma ; M)$. Montrer que pour $p \geqslant 1$, l'application $x \mapsto x \cup \theta$ est un k-*isomorphisme* de $H^p(B, \gamma ; \mathrm{Hom}_k(M, N))$ sur $H^{p+n}(B, \gamma ; N)$.

(Démontrer que cette application se factorise en

$$H^p(B, \gamma\,;\ \mathrm{Hom}_k(M, N)) \to \mathrm{Ext}^p_B(M, N) \xrightarrow{\theta} \mathrm{Ext}^{p+n}_B(k, N)\,.)$$

c) Soient G un groupe, N un $\mathbf{Z}^{(G)}$-module. Soit F un groupe libre, $p : F \to G$ un homomorphisme surjectif, $R = \mathrm{Ker}(p)$, $\overline{R} = R/(R, R)$, $\overline{F} = F/(R, R)$. L'extension $\overline{R} \to \overline{F} \to G$ définit une classe $\varepsilon \in H^2(G, \overline{R})$; démontrer que l'application $x \mapsto x \cup \varepsilon$ de $H^p(G, \mathrm{Hom}_{\mathbf{Z}}(\overline{R}, N))$ dans $H^{p+2}(G, N)$ est un isomorphisme pour $p \geqslant 1$ (utiliser l'exercice 3, *d*), p. 179).

§ 8

1) Soient $u : A \to B$ un homomorphisme d'anneaux, M un B-module. Démontrer l'inégalité

$$\mathrm{dp}_A(M) \leqslant \mathrm{dp}_B(M) + \mathrm{dp}_A(B_s)\,.$$

(Raisonner par récurrence sur $\mathrm{dp}_B(M)$ ou utiliser la suite spectrale de l'exercice 6, p. 188.)

2) On suppose l'anneau A nœthérien ; soit M un A-module de type fini, de dimension projective *n*. Montrer que le *k*-module $\mathrm{Ext}^n_A(M, A)$ est non nul.

3) Soit *n* un entier $\geqslant 1$. Montrer que $\mathrm{dh}(\mathbf{M}_n(A)) = \mathrm{dh}(A)$ (*cf.* VIII, § 4).

4) Soit M un A-module. On appelle *dimension injective* de M, et on note $\mathrm{di}_A(M)$, la borne inférieure dans $\overline{\mathbf{Z}}$ des longueurs des résolutions injectives de M.

Si *n* est un entier $\geqslant 0$, montrer que les conditions suivantes sont équivalentes :

α) $\mathrm{di}_A(M) \leqslant n$;

β) $\mathrm{Ext}^r_A(N, M) = 0$ pour tout A-module N et tout entier $r > n$;

γ) $\mathrm{Ext}^{n+1}_A(N, M) = 0$ pour tout A-module N ;

δ) $\mathrm{Ext}^{n+1}_A(N, M) = 0$ pour tout A-module monogène N ;

ε) pour toute suite exacte $0 \to M \to I^0 \to \cdots \to I^{n-1} \to N \to 0$, où les I^k sont injectifs, N est injectif.

5) Soit $(M_i)_{i \in E}$ une famille de A-modules.

a) Montrer que $\mathrm{di}_A(\prod_{i \in E} M_i) = \sup_{i \in E} \mathrm{di}_A(M_i)$.

b) Si A est nœthérien, montrer que $\mathrm{di}_A(\bigoplus_{i \in E} M_i) = \sup_{i \in E} \mathrm{di}_A(M_i)$.

c) Si $\mathrm{di}_A(\bigoplus_{i \in E} M_i) = \sup_{i \in E} \mathrm{di}_A(M_i)$ pour toute famille $(M_i)_{i \in E}$ de A-modules, A est nœthérien (utiliser l'exercice 21, p. 170).

6) Soit I l'ensemble des idéaux à gauche de A. Montrer que $\mathrm{dh}(A) = \sup_{\mathfrak{a} \in I} \mathrm{dp}_A(A/\mathfrak{a})$.

7) Soit M un A-module. On appelle *dimension plate* de M, et on note $\mathrm{dpl}_A(M)$, la borne inférieure dans $\overline{\mathbf{Z}}$ des longueurs des résolutions plates de M.

a) Si *n* est un entier $\geqslant 0$, montrer que les conditions suivantes sont équivalentes :

α) $\mathrm{dpl}_A(M) \leqslant n$.

β) $\mathrm{Tor}^A_r(N, M) = 0$ pour tout A-module à droite N et tout entier $r > n$.

γ) $\mathrm{Tor}^A_{n+1}(N, M) = 0$ pour tout A-module à droite N.

δ) $\mathrm{Tor}^A_{n+1}(N, M) = 0$ pour tout A-module à droite monogène N.

ε) Pour toute suite exacte $0 \to K \to P_{n-1} \to \cdots \to P_0 \to M \to 0$ où les P_k sont plats, K est plat.

b) Montrer que l'on a $\mathrm{dpl}_A(M) \leqslant \mathrm{dp}_A(M)$; il y a égalité si A est nœthérien et M de type fini.

c) Soient $(N_\alpha)_{\alpha \in I}$ un système inductif de A-modules et N sa limite inductive. Démontrer l'inégalité

$$\mathrm{dpl}_A(N) \leqslant \sup_{\alpha \in I} \mathrm{dpl}_A(N_\alpha)\,.$$

8) On appelle *tor-dimension* de A et on note td(A) la borne supérieure dans $\overline{\mathbf{Z}}$ de l'ensemble des entiers *n* pour lesquels il existe un A-module à gauche N et un A-module à droite M tels que $\mathrm{Tor}^A_n(M, N) \neq 0$.

a) Soit *n* un entier $\geqslant 0$. Montrer que les conditions suivantes sont équivalentes :

α) $\mathrm{td}(A) \leqslant n$.

β) Pour tout A-module M, on a $\mathrm{dpl}_A(M) \leqslant n$ (exercice 7).

γ) Pour tout A-module monogène M, on a $\mathrm{dpl}_A(M) \leqslant n$.

b) Montrer que l'on a $\mathrm{td}(A) = \mathrm{td}(A^\circ)$ et $\mathrm{td}(A) \leqslant \mathrm{dh}(A)$; l'égalité a lieu si A est nœthérien à gauche.

¶ 9) *a*) Montrer que les conditions suivantes sont équivalentes :

α) Tout idéal (à gauche) de type fini de A est un A-module projectif.

β) Tout sous-module de type fini d'un A-module projectif est projectif.

γ) On a td (A) $\leqslant 1$ (exercice 8), et l'anneau A est cohérent (X, p. 181, exercice 11).

δ) Pour tout ensemble I, tout sous-module de A^I est plat.

b) On suppose que l'anneau A vérifie les conditions équivalentes de *a*). Démontrer que tout A-module projectif est isomorphe à une somme directe d'idéaux de type fini de A. (Traiter d'abord le cas d'un module de type fini ; traiter ensuite par récurrence le cas d'un module admettant une famille dénombrable de générateurs, en observant que tout élément d'un A-module projectif P est contenu dans un facteur direct de type fini de P. Déduire le cas général du théorème de Kaplansky (II, p. 183, exercice 2).)

10) On suppose A intègre ; soit K son corps des fractions. On dit qu'un idéal $\mathfrak{a}$ de A est *inversible* s'il existe des éléments $x_1, \ldots, x_n$ de K tels que $x_i\,\mathfrak{a} \subset A$ pour $1 \leqslant i \leqslant n$ et $\sum_i x_i\,\mathfrak{a} = A$.

a) Montrer que tout idéal inversible est de type fini.

b) Montrer qu'un idéal non nul de A est un A-module projectif si et seulement s'il est inversible.

c) Soit $\mathfrak{a}$ un idéal inversible de A, D un A-module divisible. Démontrer que $\mathrm{Ext}^i_A(A/\mathfrak{a}, D) = 0$ pour $i \geqslant 1$.

11) *a*) On suppose l'anneau A intègre. Montrer que les conditions α) à δ) de l'exercice 9 sont encore équivalentes aux conditions suivantes :

ε) Tout A-module de type fini sans torsion est projectif.

ζ) Tout A-module sans torsion est plat.

η) Tout sous-module d'un A-module plat est plat.

(Utiliser l'exercice 13, p. 169.)

Un anneau intègre vérifiant ces conditions est dit *prüférien*.

b) Soit B un anneau intègre, réunion d'une famille filtrante croissante de sous-anneaux prüfériens. Montrer que B est prüférien.

* *c*) Montrer que l'anneau des entiers algébriques est prüférien. *

12) On suppose l'anneau A intègre. Montrer que les conditions suivantes sont équivalentes :

α) $\mathrm{dh}(A) \leqslant 1$.

β) Tout A-module divisible est injectif.

γ) L'anneau A est prüférien (exercice 11) et nœthérien.

(Pour montrer que α) entraîne β), utiliser l'exercice 10.)

On dit alors que A est un *anneau de Dedekind*.

13) On suppose A nœthérien à gauche et à droite. Montrer que les conditions suivantes sont équivalentes :

α) $\mathrm{dh}(A) \leqslant 2$.

β) Pour tous entiers p, q et toute application A-linéaire $u : A^p \to A^q$, le noyau de u est un A-module projectif.

γ) Le dual de tout A-module de type fini est projectif.

14) Soit x un élément de A *simplifiable à gauche*.

a) Montrer que l'idéal xA est bilatère si et seulement s'il existe un endomorphisme σ de l'anneau A tel que $ax = x\sigma(a)$ pour tout $a \in A$.

b) On suppose désormais vérifiées les conditions de *a*). Soit M un A-module tel que $xM = 0$. Démontrer l'égalité $\mathrm{dp}_A(M) = \mathrm{dp}_{A/xA}(M) + 1$ (on pourra utiliser la suite spectrale de l'exercice 6, *d*), p. 188).

c) On suppose que x appartient au radical de A, et que A est nœthérien. Soit N un A-module de type fini, tel que l'homothétie de rapport x soit injective dans N. Montrer que l'on a $\mathrm{dp}_A(N) = \mathrm{dp}_{A/Ax}(N/xN)$.

d) Sous les conditions de *c*), montrer que l'on a $\mathrm{dh}(A) = \mathrm{dh}(A/Ax) + 1$.

15) Soit σ un *automorphisme* de l'anneau A.

a) On note $A_\sigma[X]$ l'anneau défini en VIII, § 1, n° 3. Montrer que

$$\mathrm{dh}(A_\sigma[X]) = \mathrm{dh}(A) + 1\,.$$

(L'inégalité $\mathrm{dh}(A_\sigma[X]) \geqslant \mathrm{dh}(A) + 1$ résulte de l'exercice 14, *b*) ; pour l'inégalité opposée, s'inspirer de la démonstration de X, p. 142, lemme 3, *a*).)

b) On note $A_\sigma[[X]]$ l'anneau défini dans IV, § 4, exercice 8. Montrer que si A est nœthérien, on a $\mathrm{dh}(A_\sigma[[X]]) = \mathrm{dh}(A) + 1$ (utiliser l'exercice 14).

16) Soient A un anneau local nœthérien à droite et à gauche, $\mathfrak{m}$ son idéal maximal ; on note k_s (resp. k_d) le A-module à gauche (resp. à droite) $A/\mathfrak{m}$. Soient M un A-module à gauche de type fini et n un entier.

a) Montrer que l'on a $\mathrm{dp}_A(M) \leqslant n$ si et seulement si $\mathrm{Tor}^A_{n+1}(k_d, M) = 0$ (utiliser l'exercice 4, p. 185).

b) Montrer que l'on a $\mathrm{dh}(A) = \mathrm{dp}_A(k_s)$; pour que $\mathrm{dh}(A) \leqslant n$, il faut et il suffit que l'on ait

$$\mathrm{Tor}^A_{n+1}(k_d, k_s) = 0\,.$$

c) Soit x un élément du centre de A, appartenant à $\mathfrak{m}$, tel que l'homothétie de rapport x dans M soit injective. Montrer que l'on a $\mathrm{dp}_{\mathrm{A}}(\mathrm{M}/x\mathrm{M}) = \mathrm{dp}_{\mathrm{A}}(\mathrm{M}) + 1$ (*cf.* aussi exercice 14).

17) Soient M un A-module, I un ensemble bien ordonné, $(\mathrm{M}_\alpha)_{\alpha \in \mathrm{I}}$ une famille croissante de sous-modules de M, telle que $\mathrm{M} = \bigcup_{\alpha \in \mathrm{I}} \mathrm{M}_\alpha$. On pose $\mathrm{M}'_\alpha = \bigcup_{\beta < \alpha} \mathrm{M}_\beta$ pour $\alpha \in \mathrm{I}$.

a) Démontrer l'inégalité $\mathrm{dp}_{\mathrm{A}}(\mathrm{M}) \leqslant \sup_{\alpha \in \mathrm{I}} \mathrm{dp}_{\mathrm{A}}(\mathrm{M}_\alpha/\mathrm{M}'_\alpha)$.

b) On suppose qu'il existe un entier n tel que $\mathrm{dp}_{\mathrm{A}}(\mathrm{M}'_\alpha) \leqslant n$ pour tout $\alpha \in \mathrm{I}$. Montrer que l'on a

$$\mathrm{dp}_{\mathrm{A}}(\mathrm{M}) \leqslant n + 1 .$$

18) *a*) Soient $(\mathrm{M}_\alpha)_{\alpha \in \mathrm{I}}$ un système inductif de A-modules relatif à un ensemble I *dénombrable*, M sa limite, n un entier $\geqslant 0$. Montrer que si $\mathrm{dp}_{\mathrm{A}}(\mathrm{M}_\alpha) \leqslant n$ pour tout $\alpha \in \mathrm{I}$, on a $\mathrm{dp}_{\mathrm{A}}(\mathrm{M}) \leqslant n + 1$ (se ramener au cas $n = 0$ et $\mathrm{I} = \mathbf{N}$, puis écrire une suite exacte $0 \to \bigoplus_n \mathrm{M}_n \to \bigoplus_n \mathrm{M}_n \to \mathrm{M} \to 0$).

b) Soit P un A-module plat admettant une présentation $\mathrm{A}^{(\mathrm{S})} \to \mathrm{A}^{(\mathrm{T})} \to \mathrm{P} \to 0$, où l'ensemble S est *dénombrable*. Déduire de *a*) que l'on a $\mathrm{dp}_{\mathrm{A}}(\mathrm{P}) \leqslant 1$.

c) On suppose que tout idéal à gauche de l'anneau A est engendré par un ensemble dénombrable d'éléments. Démontrer que l'on a $\mathrm{dp}_{\mathrm{A}}(\mathrm{M}) \leqslant \mathrm{dpl}_{\mathrm{A}}(\mathrm{M}) + 1$ pour tout A-module M engendré par une famille dénombrable d'éléments. En déduire les inégalités $\mathrm{dh}(\mathrm{A}) \leqslant \mathrm{td}(\mathrm{A}) + 1$ et $|\mathrm{dh}(\mathrm{A}) - \mathrm{dh}(\mathrm{A}^\circ)| \leqslant 1$. (Utiliser l'exercice 12, p. 181, l'exercice 8, p. 202, ainsi que *b*).)

¶ 19) *a*) Soient n un entier $\geqslant 0$, $(\mathrm{M}_\alpha)_{\alpha \in \mathrm{I}}$ un système inductif de A-modules, M sa limite. On suppose que $\mathrm{Card}(\mathrm{I}) \leqslant \aleph_n$ (E, III, p. 87, exercice 10) et qu'il existe un entier r tel que $\mathrm{dp}_{\mathrm{A}}(\mathrm{M}_\alpha) \leqslant r$ pour tout $\alpha \in \mathrm{I}$. Montrer que l'on a $\mathrm{dp}_{\mathrm{A}}(\mathrm{M}) \leqslant r + n + 1$ (raisonner par récurrence sur n, en utilisant l'exercice 18, *a*) et l'exercice 17).

b) On suppose que tout idéal à gauche de A est engendré par une famille d'éléments de cardinal $\leqslant \aleph_n$. Démontrer que l'on a $\mathrm{dp}_{\mathrm{A}}(\mathrm{M}) \leqslant \mathrm{dpl}_{\mathrm{A}}(\mathrm{M}) + n + 1$ pour tout A-module M engendré par une famille d'éléments de cardinal $\leqslant \aleph_n$. En déduire les inégalités

$$\mathrm{dh}(\mathrm{A}) \leqslant \mathrm{td}(\mathrm{A}) + n + 1 \quad \text{et} \quad |\mathrm{dh}(\mathrm{A}) - \mathrm{dh}(\mathrm{A}^\circ)| \leqslant n + 1 .$$

¶ 20) Soient R un anneau principal, K son corps de fractions. On note B le sous-anneau de $\mathbf{M}_2(\mathrm{K})$ formé des matrices $\begin{pmatrix} a & 0 \\ x & y \end{pmatrix}$ avec $a \in \mathrm{R}$, $x, y \in \mathrm{K}$.

a) Montrer que B est nœthérien à gauche mais pas nœthérien à droite.

b) Montrer que $\mathrm{dh}(\mathrm{B}) = 1$ et $\mathrm{dh}(\mathrm{B}^\circ) = 2$.

¶ 21) Soit $\mathfrak{r}$ le radical de A. Montrer que les conditions suivantes sont équivalentes :

α) $\mathrm{A}/\mathfrak{r}$ est semi-simple, et pour toute suite $(a_n)_{n \geqslant 1}$ d'éléments de $\mathfrak{r}$, il existe un entier n tel que $a_1 \dots a_n = 0$.

β) Tout A-module admet une couverture projective.

γ) Pour tout A-module M, on a $\mathrm{dpl}_{\mathrm{A}}(\mathrm{M}) = \mathrm{dp}_{\mathrm{A}}(\mathrm{M})$ (X, p. 202, exercice 7).

δ) Pour tout système inductif $(\mathrm{M}_\alpha, f_{\beta\alpha})_{\alpha \in \mathrm{I}}$ de A-modules, on a :

$$\mathrm{dp}_{\mathrm{A}}(\varinjlim \mathrm{M}_\alpha) \leqslant \sup_{\alpha \in \mathrm{I}} \mathrm{dp}_{\mathrm{A}}(\mathrm{M}_\alpha) .$$

ε) Tout A-module plat est projectif.

φ) Toute suite décroissante d'idéaux à droite monogènes de A est stationnaire.

(Pour l'équivalence de α) et β), *cf.* VIII, § 8, exercice 26. Pour montrer que β) entraîne γ), remarquer que M admet une résolution projective minimale P et que $\mathrm{P}_n/\mathfrak{r}\mathrm{P}_n$ est isomorphe à $\mathrm{Tor}_n^{\mathrm{A}}(\mathrm{A}/\mathfrak{r}, \mathrm{M})$. Pour prouver ε) ⇒ φ), soit $(\mathrm{I}_n)_{n \geqslant 1}$ une suite décroissante d'idéaux à droite monogènes, de sorte que

$$\mathrm{I}_n = a_1 \dots a_n \mathrm{A} , \quad \text{avec} \quad a_i \in \mathrm{A} .$$

Dans le module libre $\mathrm{A}^{(\mathbf{N})}$, considérer les sous-modules N_p engendrés par $e_1 - a_1 e_2, \dots, e_p - a_p e_{p+1}$. Déduire de ε) que $\mathrm{N} = \bigcup_p \mathrm{N}_p$ est facteur direct dans $\mathrm{A}^{(\mathbf{N})}$; en conclure que $\mathrm{I}_{n+1} = \mathrm{I}_n$ pour n assez grand. Pour l'implication φ) ⇒ α), utiliser VIII, § 9, exercice 12.)

22) Montrer que les conditions suivantes sont équivalentes :

α) Tout A-module de présentation finie et de dimension projective finie est projectif.

β) Tout A-homomorphisme injectif $\mathrm{A}^p \to \mathrm{A}^q$ admet une rétraction.

γ) Pour tout idéal à droite de type fini $\mathfrak{a}$ distinct de A, il existe un élément x non nul de A tel que $x\mathfrak{a} = 0$.

δ) Tout A-module à droite simple et de présentation finie est isomorphe à un idéal à droite (minimal) de A.

(Observer que la condition γ) équivaut à la condition β) dans le cas $p = 1$.)

¶ 23) Montrer que les conditions suivantes sont équivalentes :

α) Tout A-module de dimension projective finie est projectif.

β) L'anneau A vérifie les conditions équivalentes de l'exercice 21, et pour tout idéal à droite de type fini $\mathfrak{a}$ distinct de A, il existe un élément $x \neq 0$ de A tel que $x\mathfrak{a} = 0$.

γ) L'anneau A vérifie les conditions équivalentes de l'exercice 21, et tout A-module simple est quotient d'un A-module injectif.

(Montrer que α) entraîne que toute suite décroissante d'idéaux à droite monogènes de A est stationnaire en adaptant la démonstration de l'exercice 21. Déduire alors de l'exercice 22 l'équivalence de α) et β). Pour voir que α) entraîne γ), considérer une couverture projective P du module simple M, un module injectif I contenant P et une couverture projective Q de I ; définir un A-homomorphisme de Q dans P, et en déduire une surjection de I dans M. Pour montrer que γ) entraîne α), montrer qu'un A-module M tel que $\mathrm{dp}_A(M) \leqslant 1$ est projectif en considérant une couverture projective $p : P \to M$ et une surjection de $\operatorname{Ker} p$ sur un module simple.)

24) On note dhf (A) (resp. dif (A), resp. tdf (A)) la borne supérieure des dimensions projectives (resp. injectives, resp. plates) des A-modules pour lesquels cette dimension est finie. Si A est de dimension homologique finie, on a $\mathrm{dhf}(A) = \mathrm{dif}(A) = \mathrm{dh}(A)$ et $\mathrm{tdf}(A) = \mathrm{td}(A)$. Si $\mathrm{td}(A) < \infty$, on a $\mathrm{tdf}(A) = \mathrm{td}(A)$.

a) Montrer que l'on a $\mathrm{tdf}(A) \leqslant \mathrm{dif}(A^{\circ})$; il y a égalité si A est noethérien à gauche (utiliser X, p. 189, exercice 3).

b) On suppose A nœthérien à gauche. Montrer que l'on a $\mathrm{dhf}(A) \leqslant \mathrm{di}_A(A_s)$. Si $\mathrm{di}_A(A_s)$ et dif(A) sont finies, montrer qu'elles sont égales (utiliser l'exercice 2, p. 202).

c) Soient G un groupe fini non réduit à l'élément neutre, A l'anneau $\mathbf{Z}^{(G)}$. Montrer que l'on a

$$\mathrm{dh}(A) = +\infty\,, \quad \mathrm{dhf}(A) = \mathrm{dif}(A) = \mathrm{tdf}(A) = 1\,, \quad \mathrm{di}_A(A_s) = +\infty$$

(*cf.* exercice 20, p. 193).

d) On suppose l'anneau A *auto-injectif* (*cf.* X, p. 171, exercice 26), non semi-simple. Montrer que tout A-module non projectif est de dimension projective et de dimension injective infinies. En déduire que l'on a $\mathrm{dh}(A) = +\infty$, $\mathrm{dhf}(A) = \mathrm{dif}(A) = \mathrm{tdf}(A) = \mathrm{di}_A(A_s) = 0$.

25) On note A^e la k-algèbre $A \otimes_k A^{\circ}$, et on considère A comme un A^e-module à gauche. On pose

$$\mathrm{da}_k(A) = \mathrm{dp}_{A^e}(A)\,.$$

Si n est un entier $\geqslant 0$, l'inégalité $\mathrm{da}_k(A) \leqslant n$ est donc équivalente à la nullité de $H^{n+1}(A, M)$ pour tout (A, A)-bimodule M (X, p. 195, exercice 26). On a $\mathrm{da}_k(A) = \mathrm{da}_k(A^{\circ})$.

a) Montrer que l'on a $\mathrm{da}_k(\mathbf{M}_n(k)) = 0$ et $\mathrm{da}_k(k[X_1, \ldots, X_n]) = n$ pour tout $n \geqslant 0$.

b) Si k est un corps, on a $\mathrm{da}_k(A) = 0$ si et seulement si la k-algèbre A est absolument semi-simple (*cf.* VIII, § 11, n° 3, th. 2).

c) Soit M un k-module libre. Démontrer que l'on a $\mathrm{da}_k(\mathbf{T}_k(M)) = 1$ (si $(e_i)_{i \in I}$ est une base de M, prouver que les éléments $(e_i \otimes 1 - 1 \otimes e_i)$ forment une base de l'idéal à gauche de A^e noyau de la multiplication $A \otimes_k A^{\circ} \to A$, avec $A = \mathbf{T}_k(M)$).

d) On suppose désormais le k-module A *projectif*. Soit $\rho : k \to k'$ un homomorphisme d'anneaux commutatifs ; montrer que l'on a $\mathrm{da}_{k'}(A \otimes_k k') \leqslant \mathrm{da}_k(A)$. Si ρ est injectif et si $\rho(k)$ est facteur direct du k-module k', on a égalité (utiliser X, p. 195, exercice 26, *c*)).

e) Soit B une seconde k-algèbre (associative et unifère), projective sur k. Montrer que

$$\mathrm{da}_k(A \otimes_k B) \leqslant \mathrm{da}_k(A) + \mathrm{da}_k(B)\,.$$

Si de plus k est un corps et A et B sont de dimension finie sur k, il y a égalité (utiliser X, p. 195, exercice 26, *d*)).

f) On suppose que k est un corps. Démontrer les inégalités $\mathrm{dh}(A) \leqslant \mathrm{da}_k(A)$ et $\mathrm{dh}(A^{\circ}) \leqslant \mathrm{da}_k(A)$ (*cf.* X, p. 196, exercice 26, *e*)).

26) Soit A une k-algèbre augmentée (X, p. 196, exercice 27) ; on suppose qu'il existe un homomorphisme $\rho : A \to A^e$ qui vérifie les conditions de X, p. 196, exercice 27, *c*). Montrer que $\mathrm{da}_k(A) = \mathrm{dp}_A(k)$; si de plus k est un corps, on a $\mathrm{da}_k(A) = \mathrm{dp}_A(k) = \mathrm{dh}(A) = \mathrm{dh}(A^{\circ})$. (Utiliser l'exercice 27, *b*) et *c*), p. 196, et l'exercice 26, *e*), p. 196.) En particulier, si V est un k-espace vectoriel non nul, on a $\mathrm{dh}\,\mathbf{T}_k(V) = 1$.

$_*$ 27) On suppose que k est un corps. Soient $\mathfrak{g}$ une algèbre de Lie sur k, de dimension n, U son algèbre enveloppante. Montrer que dhU $= n$. (Utiliser l'exercice 26, l'exercice 27, d), p. 196, et l'exercice 28, c), p. 197.) $_*$

¶ 28) Soit G un groupe. On appelle *dimension cohomologique* de G, et on note dc(G), la dimension projective du $\mathbf{Z}^{(G)}$-module $\mathbf{Z}$. Si n est un entier, on a donc dc(G) $\leqslant n$ si et seulement si $H^q(G, M) = 0$ pour tout $\mathbf{Z}^{(G)}$-module M et tout $q > n$.

a) Démontrer que l'on a $\mathrm{da}_{\mathbf{Z}}(\mathbf{Z}^{(G)}) = \mathrm{dc}(G)$ (utiliser l'exercice 26 et l'exercice 27, d), p. 196).

b) Si G est un groupe libre non réduit à l'élément neutre, on a dc(G) $= 1$.

c) Soit H un sous-groupe de G ; démontrer l'inégalité dc(H) $\leqslant$ dc(G). Si dc(G) $< \infty$ et si H est d'indice fini dans G, montrer que dc(H) $=$ dc(G) (montrer que pour $q = \mathrm{dc}(G)$, l'homomorphisme

$$t^q : H^q(H, M) \to H^q(G, M)$$

de l'exercice 14, p. 191, est surjectif).

d) Montrer que la dimension cohomologique d'un groupe fini non réduit à l'élément neutre est infinie. En déduire que si dc(G) $< \infty$, tout élément de G distinct de l'élément neutre est d'ordre infini (on dit alors que G est *sans torsion*).

e) Si G est sans torsion et si H est un sous-groupe d'indice fini de G, montrer que l'on a dc(H) $=$ dc(G). (Si (P, p) est une résolution projective du $\mathbf{Z}^{(H)}$-module $\mathbf{Z}$ et si $(G : H) = n$, définir sur le $\mathbf{Z}^{(H)}$-module gradué $\mathbf{T}^n_{\mathbf{Z}}(P)$ une structure de $\mathbf{Z}^{(G)}$-complexe de façon que $(\mathbf{T}^n_{\mathbf{Z}}(P), p^{\otimes n})$ soit une résolution projective du $\mathbf{Z}^{(G)}$-module $\mathbf{Z}$.)

f) Si H est un sous-groupe distingué de G, montrer que l'on a

$$\mathrm{dc}(G) \leqslant \mathrm{dc}(H) + \mathrm{dc}(G/H).$$

§ 9

1) Soient A un anneau, L un A-module, K le complexe $\mathbf{S}(L) \otimes_A \mathbf{\Lambda}(L)$ (X, p. 151, exemple 1).

a) Montrer qu'il existe un endomorphisme A-linéaire s de K, gradué de degré zéro, tel que

$$ds(x) + sd(x) = (p + q)\,x$$

pour tous entiers $p, q \geqslant 0$ et tout $x \in \mathbf{S}^p\,L \otimes_A \mathbf{\Lambda}^q\,L$.

b) On suppose que A est une $\mathbf{Q}$-algèbre. Montrer que K définit une résolution du A-module A.

2) Soient A un anneau, $u : L \to M$ un homomorphisme de A-modules.

a) On note ε le facteur de commutation sur $\mathbf{Z}^2$ défini par $\varepsilon(\alpha, \beta) = \alpha_2\,\beta_2$ pour $\alpha, \beta \in \mathbf{Z}^2$, $\alpha = (\alpha_1, \alpha_2)$, $\beta = (\beta_1, \beta_2)$. Montrer qu'il existe une unique (A, ε)-dérivation (III, p. 118) d de l'algèbre bigraduée $\mathbf{S}(M) \otimes_A \mathbf{\Lambda}(L)$, de degré $(1, -1)$, telle que l'on ait $d(1 \otimes x) = u(x) \otimes 1$ pour $x \in L$. Montrer que $d \circ d = 0$, de sorte que $\mathbf{S}(M) \otimes_A \mathbf{\Lambda}(L)$, muni de la graduation déduite de celle de $\mathbf{\Lambda}(L)$ et de la différentielle d, définit un complexe $\mathbf{K}(u)$.

b) Si $M = L$ et $u = \mathrm{Id}_L$, montrer que $\mathbf{K}(u)$ est égal au complexe défini au nº 3, p. 151.

c) Soit $B = \mathbf{S}_A(M)$, et soit $\overline{u} : B \otimes_A L \to B$ le B-homomorphisme déduit de u. Montrer que $\mathbf{K}(u)$ s'identifie canoniquement au complexe $\mathbf{K}^B(\overline{u})$.

d) Soit $u' : L' \to M'$ un second A-homomorphisme. Montrer que les complexes $\mathbf{K}(u \oplus u')$ et $\mathbf{K}(u) \otimes_A \mathbf{K}(u')$ sont isomorphes.

e) Soient $f : L \to L'$ et $g : M \to M'$ deux A-homomorphismes tels que $g \circ u = u' \circ f$. Montrer que l'homomorphisme $\mathbf{S}(g) \otimes \mathbf{\Lambda}(f)$ est un morphisme de complexes de $\mathbf{K}(u)$ dans $\mathbf{K}(u')$. En particulier, si $v : M \to P$ est un A-homomorphisme tel que $v \circ u = 0$, on obtient un morphisme de complexes $h : \mathbf{K}(u) \to \mathbf{S}_A(P)$.

f) On suppose que la suite $0 \to L \xrightarrow{u} M \xrightarrow{v} P \to 0$ est une suite exacte de A-modules plats. Montrer que h est un isomorphisme (se ramener au cas où L, M, P sont libres de type fini, et utiliser d)). En déduire pour tout $n \geqslant 1$ une suite exacte

$$0 \to \mathbf{\Lambda}^n\,L \to M \otimes_A \mathbf{\Lambda}^{n-1}\,L \to \cdots \to \mathbf{S}^{n-1}\,M \otimes_A L \to \mathbf{S}^n\,M \to \mathbf{S}^n\,P \to 0\,.$$

3) Soient n un entier, k un anneau, $A = k[X_1, \ldots, X_n]$. Montrer qu'il existe pour tout A-module M un isomorphisme de A-modules gradués

$$\delta_M : \mathrm{Tor}^A(k, M) \to \mathrm{Ext}_A(k, M)(-n)$$

tel que pour tout homomorphisme de A-modules $u : M \to N$, on ait $\mathrm{Ext}(1_k, u) \circ \delta_M = \delta_N \circ \mathrm{Tor}(1_k, u)$.

4) Soient A un anneau, L un A-module, $u : L \to A$ une forme linéaire.

a) Montrer que le complexe $\mathbf{K}(u)$, muni de la structure d'algèbre de $\mathbf{\Lambda}(L)$, est une A-algèbre différentielle graduée (X, p. 183, exercice 18).

b) Soit B une A-algèbre différentielle graduée telle que $B_0 = A$ et soit $f : L \to B_1$ un A-homomorphisme tel que $d_1 \circ f = u$. Montrer qu'il existe un unique morphisme de A-algèbres différentielles graduées $F : \mathbf{K}(u) \to B$ tel que $F_0 = 1_A$ et $F_1 = f$.

5) Soient A un anneau, M un A-module, $\boldsymbol{x} = (x_1, \ldots, x_n)$ une suite d'éléments de A, $\boldsymbol{k} = (k_1, \ldots, k_n) \in \mathbf{N}^n$, $\boldsymbol{x}^{\boldsymbol{k}} = (x_1^{k_1}, \ldots, x_n^{k_n})$. Démontrer que la suite $\boldsymbol{x}^{\boldsymbol{k}}$ est M-régulière si et seulement si la suite $\boldsymbol{x}$ l'est ; dans ce cas le A-module $M/(\boldsymbol{x}^{\boldsymbol{k}})M$ admet une suite de composition dont les quotients sont isomorphes à $M/(\boldsymbol{x})M$. (Raisonner par récurrence sur n.)

6) Soit A un anneau, $\boldsymbol{x} = (x_1, \ldots, x_n)$ une suite d'éléments de A, $\mathfrak{x}$ l'idéal $\sum_i x_i A$. Soit

$$0 \to M' \xrightarrow{i} M \to M'' \to 0$$

une suite exacte de A-modules. On suppose que la suite $\boldsymbol{x}$ est complètement sécante pour M et que les A-modules $M''/(x_1 M'' + \cdots + x_{i-1} M'')$ sont séparés pour la topologie $\mathfrak{x}$-adique ($1 \leqslant i \leqslant n$). Montrer que les conditions suivantes sont équivalentes :

α) La suite $\boldsymbol{x}$ est complètement sécante pour M″.

β) L'homomorphisme $\bigoplus_r (\mathfrak{x}^r M'/\mathfrak{x}^{r+1} M') \to \bigoplus_r (\mathfrak{x}^r M/\mathfrak{x}^{r+1} M)$ induit par i est injectif.

γ) L'homomorphisme $M'/\mathfrak{x}M' \to M/\mathfrak{x}M$ induit par i est injectif.

7) Soient A un anneau, M un A-module, $\boldsymbol{x} = (x_1, \ldots, x_n)$ une suite d'éléments de A.

a) Montrer qu'il existe une suite spectrale E (X, pp. 175-177, exercices 14 à 17), convergeant vers $H_\bullet(\boldsymbol{x}, M)$, telle que $E^2_{pq} = \mathrm{Tor}^A_p(H_q(\boldsymbol{x}, A), M)$ (utiliser X, p. 186, exercice 8).

b) Soit p un entier $\leqslant n$; on pose $\boldsymbol{x}' = (x_1, \ldots, x_p)$ et $\boldsymbol{x}'' = (x_{p+1}, \ldots, x_n)$. Montrer qu'il existe une suite spectrale 'E, telle que $'E^2_{pq} = H_p(\boldsymbol{x}'', H_q(\boldsymbol{x}', M))$, convergeant vers $H_\bullet(\boldsymbol{x}, M)$.

8) Soient A un anneau, M un A-module, $\boldsymbol{x}' = (x_1, \ldots, x_p)$ et $\boldsymbol{x}'' = (x_{p+1}, \ldots, x_n)$ deux suites d'éléments de A ; on note $\boldsymbol{x}$ la suite $(x_1, \ldots, x_n)$, et M′ le A-module $M/(\boldsymbol{x}')M$.

a) Si $\boldsymbol{x}'$ est complètement sécante pour M et $\boldsymbol{x}''$ complètement sécante pour M′, montrer que $\boldsymbol{x}$ est complètement sécante pour M.

b) Si les suites $\boldsymbol{x}$ et $\boldsymbol{x}'$ sont complètement sécantes pour M, montrer que la suite $\boldsymbol{x}''$ est complètement sécante pour M′.

c) Donner un exemple d'une suite A-régulière (x, y) contenue dans le radical de A, telle que x soit complètement sécant pour A/yA, mais que y ne soit pas complètement sécant pour A.

9) Soient A un anneau, M un A-module, k un entier $\geqslant 1$. On dit qu'une famille $\boldsymbol{x}$ d'éléments de A est k-sécante pour M si on a $H_i(\boldsymbol{x}, M) = 0$ pour $1 \leqslant i \leqslant k$. Une famille $\boldsymbol{x}$ est donc complètement sécante si et seulement si elle est k-sécante pour tout $k \geqslant 1$.

a) Soit $0 \to M' \to M \to M'' \to 0$ une suite exacte de A-modules. Montrer que si la famille $\boldsymbol{x}$ est k-sécante pour M′ et M″, elle l'est pour M.

b) Si $\boldsymbol{x}$ est k-sécante pour M et si N est un A-module plat, $\boldsymbol{x}$ est k-sécante pour $M \otimes_A N$.

c) Soient $a_1, \ldots, a_n$ des entiers $\geqslant 1$. Montrer qu'une suite $(x_1, \ldots, x_n)$ est k-sécante pour M si et seulement s'il en est de même de la suite $(x_1^{a_1}, \ldots, x_n^{a_n})$.

d) Pour tout couple d'entiers k, n avec $1 \leqslant k < n$, donner un exemple d'un anneau A, d'un A-module M et d'une suite $(x_1, \ldots, x_n)$ d'éléments de A qui est k-sécante mais non $(k+1)$-sécante pour M (utiliser X, p. 159, *remarque* 4).

10) Soient A un anneau, M un A-module, $\boldsymbol{x} = (x_1, \ldots, x_n)$ une suite d'éléments de A, p un entier $\leqslant n$. On note $\boldsymbol{x}' = (x_1, \ldots, x_p)$, $\boldsymbol{x}'' = (x_{p+1}, \ldots, x_n)$ et $M' = M/(\boldsymbol{x}')M$.

a) Soient k, k' deux entiers tels que $k \leqslant k'$. On suppose que la suite $\boldsymbol{x}'$ est k'-sécante pour M (exercice 9). Montrer que la suite $\boldsymbol{x}$ est k-sécante pour M si et seulement si la suite $\boldsymbol{x}''$ est k-sécante pour M′.

b) Montrer que si la suite $\boldsymbol{x}$ est 1-sécante pour M, la suite $\boldsymbol{x}''$ est 1-sécante pour M′.

¶ 11) Soient A un anneau *local noethérien*, $\mathfrak{m}$ son idéal maximal, $k = A/\mathfrak{m}$. Soit M un A-module non nul de type fini. On appelle *profondeur* de M, et on note prof (M), la borne supérieure des entiers n pour lesquels il existe une suite $(x_1, \ldots, x_n)$ d'éléments de $\mathfrak{m}$ qui soit complètement sécante pour M.

a) Montrer que l'on a prof (M) $= 0$ si et seulement si $\mathfrak{m}$ est associé à M (X, p. 172, exercice 28), autrement dit, si M contient un sous-module isomorphe à k (observer qu'un idéal contenu dans une réunion d'idéaux premiers est nécessairement contenu dans l'un d'eux).

b) Montrer que prof(M) est la borne inférieure des entiers n pour lesquels $\mathrm{Ext}^n_A(k, M)$ est non nul (raisonner par récurrence sur n). Si prof(M) $= n$, toute suite $(x_1, ..., x_p)$ d'éléments de $\mathfrak{m}$ complètement sécante pour M ($p \leqslant n$) peut être prolongée en une suite $(x_1, ..., x_n)$ dans $\mathfrak{m}$ complètement sécante pour M.
c) Si $(x_1, ..., x_k)$ est une suite d'éléments de $\mathfrak{m}$ complètement sécante pour M, montrer que

$$\mathrm{prof}(M/(x_1 M + \cdots + x_k M)) = \mathrm{prof}(M) - k .$$

d) On suppose que M est de *dimension projective finie.* Démontrer l'égalité $\mathrm{dp}_A(M) + \mathrm{prof}(M) = \mathrm{prof}(A)$ (raisonner par récurrence sur $\mathrm{dp}_A(M)$).
e) Montrer que prof(A) est la borne supérieure des dimensions projectives des A-modules qui sont de *type fini* et de *dimension projective finie.*

¶ 12) Soient A un anneau local nœthérien, $\mathfrak{m}$ son idéal maximal.
a) Montrer que si $0 < \mathrm{dh}(A) < \infty$, il existe un élément non diviseur de zéro dans $\mathfrak{m} - \mathfrak{m}^2$ (montrer comme dans l'exercice 11, *a*) que $\mathfrak{m}$ serait sinon associé à A, d'où une suite exacte

$$0 \to k \to A \to N \to 0 ;$$

aboutir à une contradiction en utilisant l'exercice 16, p. 203).
b) Soit n un entier. Montrer que l'on a $\mathrm{dh}(A) = n$ si et seulement s'il existe une suite $(x_1, ..., x_n)$ complètement sécante pour A, engendrant $\mathfrak{m}$ (raisonner par récurrence sur n, en utilisant *a*) et l'exercice 14, p. 203).
On dit qu'un anneau local est *régulier* s'il est nœthérien et de dimension homologique finie.

13) Soit A un anneau local régulier (exercice 14) de dimension homologique n ; on note $\mathfrak{m}$ son idéal maximal et $k = A/\mathfrak{m}$.
a) Montrer que l'on a $\dim_k(\mathfrak{m}/\mathfrak{m}^2) = n$.
b) Montrer que la k-algèbre $\bigoplus_{r \geqslant 0} (\mathfrak{m}^r/\mathfrak{m}^{r+1})$ est isomorphe à une algèbre de polynômes en n indéterminées.
c) Si $n = 0$, A est un corps. Si $n = 1$, montrer que A est un anneau principal * et donc un anneau de valuation discrète * (montrer que A est intègre en observant que $\mathfrak{m}.\bigcap_n \mathfrak{m}^n = \bigcap_n \mathfrak{m}^n$, d'où $\bigcap_n \mathfrak{m}^n = 0$).
d) Montrer que l'anneau A[[T]] est régulier.

14) Soient A un anneau, $\mathfrak{a}$ un idéal de A. On considère la $(A/\mathfrak{a})$-algèbre graduée alternée $\mathrm{Tor}^A(A/\mathfrak{a}, A/\mathfrak{a})$ (*cf.* X, p. 201, exercice 9) et l'homomorphisme de $(A/\mathfrak{a})$-algèbres graduées $\theta : \mathbf{\Lambda}_{A/\mathfrak{a}}(\mathfrak{a}/\mathfrak{a}^2) \to \mathrm{Tor}^A(A/\mathfrak{a}, A/\mathfrak{a})$ déduit de l'isomorphisme $\mathfrak{a}/\mathfrak{a}^2 \to \mathrm{Tor}^A_1(A/\mathfrak{a}, A/\mathfrak{a})$ (X, p. 73). Montrer que si l'idéal $\mathfrak{a}$ est engendré par une suite complètement sécante dans A, θ est un isomorphisme.

15) Soient A un anneau *nœthérien*, $\mathfrak{a}$ un idéal contenu dans le radical de A. On suppose que le $(A/\mathfrak{a})$-module $\mathfrak{a}/\mathfrak{a}^2$ est libre et que l'homomorphisme $\theta_2 : \mathbf{\Lambda}^2_{A/\mathfrak{a}}(\mathfrak{a}/\mathfrak{a}^2) \to \mathrm{Tor}^A_2(A/\mathfrak{a}, A/\mathfrak{a})$ (exercice 14) est surjectif. Montrer que $\mathfrak{a}$ est engendré par une suite complètement sécante dans A. (Si $\boldsymbol{x}$ est une famille minimale de générateurs de $\mathfrak{a}$, montrer à l'aide de l'exercice 7 (ou directement) que Coker (θ_2) est isomorphe à $H_1(\boldsymbol{x}, A) \otimes_A A/\mathfrak{a}$.)

16) Soient A un anneau *local nœthérien*, $\mathfrak{m}$ son idéal maximal, $k = A/\mathfrak{m}$. Montrer que l'homomorphisme de k-algèbres graduées $\theta : \mathbf{\Lambda}_k(\mathfrak{m}/\mathfrak{m}^2) \to \mathrm{Tor}^A(k, k)$ est injectif : si θ_2 est bijectif, l'anneau A est *régulier* (exercice 12).
(Si $\boldsymbol{x}$ est un système minimal de générateurs de $\mathfrak{m}$, montrer que le complexe $\mathbf{K}(\boldsymbol{x}, A)$ vérifie les conditions de l'exercice 14, p. 182 ; utiliser les exercices 4 et 15.)

¶ 17) Soit A un anneau tel que le A-module A_s soit de *dimension injective finie* (X, p. 202, exercice 4 ; un anneau local *régulier* (exercice 12) satisfait cette propriété).
a) Soit x un élément non diviseur de zéro et non inversible dans A. Montrer que l'on a

$$\mathrm{di}_{A/Ax}(A/Ax) = \mathrm{di}_A(A) - 1 .$$

(Soit $0 \to A \to I^0 \to I^1 \to \cdots$ une résolution injective *minimale* (X, p. 182, exercice 13) de A ; montrer que le complexe $\mathrm{Hom}_A(A/Ax, I^1) \to \mathrm{Hom}_A(A/Ax, I^2) \to \cdots$ définit une résolution injective minimale du (A/Ax)-module A/Ax.)
b) On suppose désormais que l'anneau A est *local noethérien.* Démontrer l'égalité di(A) = prof(A) (exercice 11 ; raisonner par récurrence sur di(A)).
c) Soit $(x_1, ..., x_n)$ une suite complètement sécante pour A, contenue dans l'idéal maximal de A, avec $n = \mathrm{di}(A)$. Montrer que l'anneau A est *auto-injectif* (X, p. 171, exercice 26).

18) Soient A un anneau nœthérien, $\mathscr{C}$ un ensemble stable de classes de A-modules (X, p. 40), $\boldsymbol{x} = (x_1, ..., x_n)$

une suite d'éléments de A, $\mathfrak{x}$ l'idéal engendré par $\boldsymbol{x}$. On note $\mathscr{C}_{\boldsymbol{x}}$ l'ensemble des éléments de $\mathscr{C}$ qui sont annulés par $\mathfrak{x}$. Soit M un A-module de type fini.

a) Démontrer que pour tout $i \geqslant 0$, il existe un élément M_i de $\mathscr{C}_{\boldsymbol{x}}$ tel que l'on ait

$$\sum_{k \geqslant 0} (-1)^k [H_{i+k}(\boldsymbol{x}, M)] = [M_i]$$

dans $K(\mathscr{C}_{\boldsymbol{x}})$ (raisonner par récurrence sur n, en utilisant la prop. 4, p. 157 ; dans le cas $n = 1$, considérer les puissances successives de l'endomorphisme $(x_1)_M$).

b) On suppose que $A/\mathfrak{x}$ est de longueur finie. Montrer qu'il existe des entiers positifs m_i ($i \geqslant 0$) tels que l'on ait long $H_i(\boldsymbol{x}, M) = m_i + m_{i+1}$.

Index des notations

Index terminologique

Table des matières

MASSON, Éditeur.
120, bd Saint-Germain 75280 PARIS CEDEX
Dépôt légal : 4e trim. 1980

Imprimé en France
Imprimerie JOUVE, 17, rue du Louvre, 75001 Paris